普通高等教育计算机规划教材

计算机应用基础教程

刘志强　主编

沈　红　贾应智　杨忠孝　编著

机 械 工 业 出 版 社

"计算机应用基础"课是现代远程教育试点高校网络教育实行全国统一考试的4门公共基础课程之一。本教材是根据国家教育部全国高校网络教育考试委员会制定的"计算机应用基础"考试大纲(2007年修订版)编写的课程教学配套教材。

本书共分9章,与考试大纲的章节编排完全一致。教材内容按"应知"(应该知道的计算机基本知识)和"应会"(应该会的计算机基本操作)的要求,包含了"考试大纲"规定的572个知识点和技能点。

本书精心选编了每章的习题和章节内容中的例题。习题涵盖了所有的知识点,而例题则涵盖了所有的操作技能点。

本书可作为教育部批准的现代远程试点教育高校网络教育学院"计算机应用基础"课程的通用教材,也可以作为本科层次教育、成人教育、培训学校、公务员培训的教材,还可以作为普通读者自学计算机应用基础知识和技能的参考用书。

图书在版编目(CIP)数据

计算机应用基础教程/刘志强主编. —北京:机械工业出版社,2009.10(2017.8重印)
(普通高等教育计算机规划教材)
ISBN 978-7-111-28676-9

Ⅰ.计… Ⅱ.刘… Ⅲ.电子计算机-高等学校-教材 Ⅳ.TP3

中国版本图书馆CIP数据核字(2009)第189948号

机械工业出版社(北京市百万庄大街22号 邮政编码 100037)
责任编辑:张宝珠
责任印制:乔 宇
三河市国英印务有限公司印刷
2017年8月第1版第13次印刷
184mm×260mm·23.75印张·587千字
32901—34700册
标准书号:ISBN 978-7-111-28676-9
定价:38.00元

凡购本书,如有缺页、倒页、脱页,由本社发行部调换

电话服务
服务咨询热线:010-88379833
读者购书热线:010-88379649

网络服务
机 工 官 网:www.cmpbook.com
机 工 官 博:weibo.com/cmp1952
教育服务网:www.cmpedu.com
金 书 网:www.golden-book.com

出版说明

信息技术是当今世界发展最快、渗透性最强、应用最广的关键技术，是推动经济增长和知识传播的重要引擎。在我国，随着国家信息化发展战略的贯彻实施，信息化建设已进入了全方位、多层次推进应用的新阶段。现在，掌握计算机技术已成为21世纪人才应具备的基础素质之一。

为了进一步推动计算机技术的发展，满足计算机学科教育的需求，机械工业出版社聘请了全国多所高等院校的一线教师，进行了充分的调研和讨论，针对计算机相关课程的特点，总结教学中的实践经验，组织出版了这套“普通高等教育计算机规划教材”。

本套教材具有以下特点：

（1）反映计算机技术领域的新发展和新应用。

（2）注重立体化教材的建设，多数教材配有电子教案、习题与上机指导或多媒体光盘等。

（3）针对多数学生的学习特点，采用通俗易懂的方法讲解知识，逻辑性强、层次分明、叙述准确而精炼、图文并茂，使学生可以快速掌握，学以致用。

（4）符合高等院校各专业人才的培养目标及课程体系的设置，注重培养学生的应用能力，强调知识、能力与素质的综合训练。

（5）适合各类高等院校、高等职业学校及相关院校的教学，也可作为各类培训班和自学用书。

机械工业出版社

前言

按培养“新型工业化社会”人才的战略构想，掌握计算机基础知识和应用能力已经成为素质教育的基本内容之一。作为高校网络教育非计算机专业的第一门计算机基础课的“计算机应用基础”（对有些专业来说是唯一的一门计算机课程），担负着培养学生计算机素质和应用能力的重任。

“计算机应用基础”课是现代远程教育试点高校网络教育实行全国统一考试的4门公共基础课之一。本着培养新型工业化社会应用型人才的目标，以全国高校网络教育考试委员会制定的“计算机应用基础”考试大纲（2007年修订版）为纲，针对从业人员在职学习和继续教育的特点，再结合长期从事成人教育、继续教育、函授教育和网络教育的经验，编写了这套书。

本书的特点：

1. 完全依据统考大纲。以全国高校网络教育公共基础课统一考试用书（2007年修订版计算机应用基础）中的各章知识点为依据，涵盖全部知识点内容。

2. 立体化教学资源。网络教育基于虚拟的教学平台。在虚拟的数字化教室中为学生提供教学、答疑、自测练习、模拟考试、作业提交等教学环境。书中知识点和技能点的素材全部整合在数字化教学环境中，学生可以非常方便的获取。

3. 精讲多练、适合自学。针对成人学习以自主安排学习时间为主以及学习目的性很强的特点，合理组织、编排、整合教学资源；授课内容精讲（涵盖全部知识点），实验内容面广（涵盖全部操作技能点），配以大量自测练习题，力求将书本知识和操作技能融会贯通，达到熟能生巧、举一反三之目的。

4. 通俗易懂。考虑到部分学生是“零”起点，大多数学生基础知识不系统，本书中尽量少用生僻专用术语，第一次出现的技术术语均给予必要解释；操作步骤尽量详细，保证如法炮制就能实现操作结果。

5. 精选习题和操作案例。考试大纲要求理论知识和实际操作各占40%和60%。由于实行“考教分离”（教学老师不出考试题），本书精选各章习题和操作案例，力求习题能涵盖所有知识点，案例能涵盖所有操作技能点。

本书由在高校长期从事计算机基础课教学的第一线老师编写。其中沈红老师编写了第3章、第5章、第8章和第9章，贾应智老师编写了第1章、第6章和第7章，杨忠孝老师编写了第2章和第4章，刘志强负责统稿。

在本书的编写过程中，得到了西安交通大学网络教育学院院长郑庆华教授的大力支持，得到了远程教育中心陶龙主任、教学管理科刘洁科长、资源开发科方璐科长的具体指导和帮助，承担西安交通大学网络教育学院西安校区课程辅导的马卫红老师在本书的案例选择、测试以及校阅中提出了宝贵的建议和意见，在此一并表示衷心感谢。

由于时间仓促，编者水平有限，错误之处难免，恳请广大读者批评、指正。

编　者

目　录

第 1 章　计算机基础知识

本章要点：

- 计算机基本概念
- 计算机系统组成
- 信息编码
- PC 硬件组成

从第一台电子数字计算机的诞生至今已过去了半个多世纪，在这期间，计算机硬件、软件技术都发生了巨大的变化。硬件从最初的以电子管为主要元器件发展到如今采用超大规模集成电路作为主要元器件，这一变化使得计算机的性能指标急剧提高。同时，计算机软件也得到了迅速的发展。

伴随着硬件、软件的发展，计算机的应用领域也由最初单纯的数值计算扩展到人类社会生活的各个领域，如科研、教学、企业等，尤其是计算机网络技术的发展，使得计算机的应用更加迅速地进入了家庭生活、学习工作的方方面面。

在当今的信息社会中，计算机已成为最重要的信息处理工具，因此掌握计算机的基础知识，是有效地获取信息和处理信息的基本技能。

本章介绍计算机的基本概念，内容包括计算机的发展历史、计算机的系统组成、信息的二进制编码表示，以及微型计算机系统的硬件组成。

1.1　计算机的基本概念

考试内容：

计算机的发展过程、分类、应用范围及特点，信息的基本概念

教学要求：

- 了解计算机的发展过程
- 了解计算机的分类
- 理解计算机的主要特点
- 了解计算机的主要用途
- 了解信息的基本概念

知识点（24 个）：

- 计算机的诞生、计算机的发展、微型计算机的发展、新一代计算机
- 3 种分类方法：计算机处理数据的方式、使用范围、规模和处理能力

- 自动控制、高速运算、记忆、精度、逻辑判断、通用型
- 科学计算、数据处理、自动控制、计算机辅助、人工智能、网络、多媒体
- 数据、信息、信息处理、信息系统

1.1.1 计算机发展史

1946 年，世界上第一台电子计算机在美国的宾夕法尼亚大学诞生，这台计算机被称为 ENIAC（Electronic Numerical Integrator And Calculator，电子数字积分计算机）。

ENIAC 使用了 18800 只电子管，1500 多个继电器，重 30 t，占地约 150 m^2，耗电 150 kW。虽然体积如此庞大，但运算速度并不快，每秒种只能进行 5000 次的加法运算、300 多次的乘法运算。不论从性能上还是可靠性上，ENIAC 都无法和当今的任何一台计算机相比较。但是，它比当时最快的计算工具要快 300 倍，更为重要的是，它的问世，是计算机发展史上的一个重要的里程碑，标志着电子计算机时代的到来。

从第一台计算机的诞生到现在的半个多世纪中，计算机得到了快速的发展，经历了大型计算机阶段、微型计算机阶段和计算机网络阶段。其中，电子元器件的发展对计算机的发展起到了决定性的作用。

1. 大型计算机的发展

对于大型计算机，通常是根据计算机中采用的基本构成元器件的不同来划分阶段的，将其发展分为电子管、晶体管、集成电路和超大规模集成电路 4 个阶段。

（1）第一代计算机

第一代计算机从 1946 ~ 1957 年，计算机采用电子管作为基本元器件，内存储器的容量仅为几千个字节，外存储器有纸带、卡片、磁带和磁鼓等，运算速度为每秒钟几千次到几万次的基本运算，采用机器语言和汇编语言编写程序。

第一代计算机体积庞大、造价昂贵、速度低、存储容量小，可靠性差，因此主要用于军事领域和科研领域进行数值计算。

（2）第二代计算机

第二代计算机从 1958 ~ 1964 年，计算机采用晶体管作为主要的电子元器件，内存储器采用磁芯存储器，每颗磁芯存储一位二进制代码。外存储器有磁盘、磁带，由于电子元器件的体积缩小，使计算机的整体体积缩小、功耗降低，运算速度提高到每秒钟几十万次，内存容量扩大到几十万字节。

这一阶段的软件技术也有了较大的发展，出现了操作系统的概念，同时高级程序设计语言，如 Basic、FORTRAN 和 COBOL 的出现使得程度开发变得更加容易。

与第一代计算机相比较，采用晶体管为主要元器件的第二代计算机体积小、重量轻、功耗低、速度快、可靠性高，应用范围也从科学计算扩大到数据处理和事务管理等领域。

（3）第三代计算机

第三代计算机从 1965 ~ 1970 年，计算机采用小规模集成电路（Small Scale Integrated Circuits，SSI）和中规模集成电路（Medium Scale Integrated Circuits，MSI）。

一个小规模集成电路上集成十几个电子元器件，一个中规模集成电路上集成几十个电子元器件，内存储器采用半导体存储器芯片，存储容量和可靠性有了较大的提高。计算机的体积、功耗、重量进一步减少，可靠性进一步提高，运算速度可以达到每秒 100 万次以上。

软件技术特别是操作系统的发展逐步成熟，出现了分时操作系统，而程序设计也出现了结构化设计方法。例如，Pascal 语言的使用，为开发复杂软件提供了技术支持。

这一阶段的计算机向标准化、多样化、通用化的方向发展。

（4）第四代计算机

第四代计算机从 1971 年至今，采用大规模集成电路（Large Scale Integrated Circuits，LSI）和超大规模集成电路（Very Large Scale Integrated Circuits，VLSI），一个大规模集成电路芯片中可以容纳数千个到数万个晶体管，而一个超大规模集成电路芯片中可以容纳几万个到几十万个晶体管，VLSI 可以将计算机的核心部分甚至整个计算机集成在一个芯片上。

第四代计算机中存储器的存取速度和存储容量都有了较大的提升，运算速度可以达到每秒钟几百万次至上亿次；软件方面出现了分布式操作系统、数据库系统，软件产业成为新兴的高科技产业，计算机应用领域不断向各个方面渗透。同时，微型计算机在这一阶段得到了迅速的发展。

这一阶段计算机的发展进入了以计算机网络为特征的时代。

2. 微型计算机的发展

超大规模集成电路技术的发展促进了计算机向微型化和巨型化两个方向发展，其中的微型计算机从 20 世纪 70 年代初诞生到 80 年代获得了迅速的发展。

微型计算机以微处理器为核心，就是采用超大规模集成电路将运算器和逻辑控制电路集成在一个芯片上，所以通常是以微处理器为标志来划分微型计算机。例如，286 机、386 机、486 机、Pentium 机、PII 机、PIII 机和 PIV 机等。

第一个 4 位的 LSI 微处理器芯片 4004 于 1971 年在美国 Intel 公司研制成功，以该微处理器为核心组成了微型计算机 MCS-4，从此计算机进入一个新的发展时期，出现了不同规模、不同性能的微型计算机。

微处理器从最早的 4 位发展到 8 位、16 位、32 位、64 位，直到现在的 128 位，速度越来越快，容量也越来越大。

1973 年，Intel 公司研制成功了 8 位微处理器 8080，随着微处理器的发展，以微处理器为核心的微型计算机发展也十分迅猛。其他的许多公司也相继推出了典型的微处理器和微型计算机。例如，Motorola、Zilog 公司推出的微处理器，1977 年美国 Apple 公司推出的 AppleII 计算机，采用 8 位的 6502 处理器，是第一种广泛使用的微型计算机，1981 年 IBM 公司（国际商用机器公司）推出的 IBM－PC（个人计算机）以其优良的性能、低廉的价格和技术上的优势迅速占领市场，它的发展同时也影响着计算机技术本身的发展。

1.1.2 计算机的分类

随着计算机技术的迅速发展，计算机的种类也非常多，可以按不同的方法对计算机进行分类。

1. 按处理数据的方式分类

按处理数据的形态，可以将计算机分为电子模拟计算机、电子数字计算机和电子模拟数字混合计算机。

（1）电子模拟计算机

电子模拟计算机处理的数据是连续的，称为模拟量。模拟量可以用电信号的连续变化的幅值来模拟数值或物理量的大小，如电流、温度等。

模拟计算机的优点是运算速度快；缺点是精度差，通用性差。因此，现在已经很少使用。

（2）电子数字计算机

电子数字计算机处理的数据都是用“0”或“1”表示的二进制数，用二进制数来表示时间上、幅度上离散的量。它的基本运算部件是数字逻辑电路，运算结果也是以数字形式保存，然后通过输出设备将其转换为相应的信号形式进行输出。

数字计算机的优点是精度高、存储量大、通用性强。计算机的内部操作和运算是在程序控制下自动进行的。

一般不做特别说明时，通常所说的计算机都是电子数字计算机，而目前普及使用的计算机全称应该是微型电子数字计算机。

（3）模拟数字混合计算机

混合计算机兼有数字和模拟两种计算机的优点，既可以输入、处理和输出模拟量，也可以输入、处理和输出数字量。

2. 按计算机性能分类

这是常用的一种分类方法，体现在计算机的规模和处理能力上，如体积、字长、运算速度、存储容量、外部设备等。

按这种方法，可以将计算机分为巨型机、大型机、小型机、微型机、工作站和服务器。

（1）巨型机

巨型机也称为超级计算机，是目前功能最强、速度最快，价格最昂贵的计算机，一般用于气象、航空、能源等尖端科学研究和战略武器研制中的复杂计算。巨型机主要用在国家的高级研究机关，如国防的尖端技术、空间技术、重大的灾害预报等。

巨型机的开发研制是一个国家综合国力和国防实力的体现，世界上只有少数几个国家能生产这种机器。例如，美国克雷公司生产的 Cray-1、Cray-2 和 Cray-3，我国生产的银河-Ⅳ、曙光 5000 型和神威千亿次机都属于巨型机。

（2）大型机

大型机也有较高的运算速度和较大的存储容量，规模上比巨型机要小，允许有几十个用户同时使用。例如，IBM4300 系列、IBM9000 系列等都属于大型机。

大型机主要用于科学计算、银行业务、大型的企业等。

（3）小型机

小型机规模比大型机要小，但仍可以支持十几个用户同时使用，这类机器价格便宜，适合于中小型单位使用。例如，DEC 公司生产的 VAX 系统，IBM 公司生产的 AS/400 系列都是典型的小型机。

（4）微型机

微型机也称为个人计算机（Personal Computer，PC），采用微处理器芯片、半导体存储器芯片和输入/输出芯片等主要元件组装。其最大的特点就是体积小、价格便宜、灵活性好，最适合于家庭个人的使用，因此更有利于普及和推广。目前，微型机已广泛应用于办公自动化、信息检索、数据库管理、企业管理、图像识别、家庭教育和娱乐等。

通常的微型机包括台式机和笔记本电脑，除此之外，掌上电脑和 PDA（个人数字助理）

等也属于微型机。

（5）工作站

工作站与功能较强的高档计算机之间已经没有明显的差别，通常它比微型机有较大的存储容量、较快的运算速度和较强的通信能力，同时还配备有大屏幕的显示器，因此工作站主要用于图像处理和计算机辅助设计等领域。

（6）服务器

服务器是一种可以被网络用户共享的高性能的计算机，为了提供较高的运行速度，很多服务器都配置两个 CPU，同时具有大容量的存储设备和丰富的外部接口。

服务器用于存放各类网络资源并为网络用户提供不同的资源共享服务，常用的服务器有 Web 服务器、电子邮件服务器、域名服务器、文件传输（FTP）服务器等。

3. 按使用范围分类

按使用范围可以将计算机分为通用计算机和专用计算机。

（1）通用计算机

通用计算机适用于科学运算、工程设计和数据处理等，通常所说的计算机就是指通用计算机，是一种用途广泛、结构复杂的计算机。

（2）专用计算机

专用计算机是为处理某种特殊应用需要而设计的计算机，如生产车间的流水线控制、数控机床、大型的医学诊断仪器等，其运行程序不变，速度快、效率高、精度高、结构比通用计算机简单。

1.1.3 计算机的特点

计算机之所以能够越来越广泛地应用于各个领域、发挥各种神奇的功能，是因为计算机具有以下特点。

1. 高速运算

从计算机发展过程的特点可以知道，现在的计算机已经可以达到每秒钟执行几十万次，对于巨型机，每秒钟可以运行百亿次、千亿次，这样的速度，对于过去用手工需要几年或几十年才能完成的运算可以在几小时或更短的时间内得出结果。

2. 自动控制

计算机的所有工作都是在人们预先编制好的程序控制下自动进行的，根据解决问题的需要，事先编制好程序并通过输入设备输入到计算机中，计算机就可以自动、连续地工作，这里，存储程序是计算机完成自动控制的前提。

3. 计算精度高

由于数字计算机采用二进制进行运算，运算精度主要取决于计算机的字长。随着处理器字长的增加和计算技术的发展，计算精度不断提高，可以满足各类复杂计算对精度的要求。例如，使用计算机计算圆周率，目前可以计算到小数点后的百万位。

4. 存储容量大

计算机的存储设备可以存储计算机指挥计算机自动工作的程序，也用来保存原始数据、中间的处理结果和最后输出的结果。存储容量的大小表示了存储设备可以保存（记忆）的信息的多少，体现了计算机的记忆能力。

随着微电子技术的发展，计算机的存储容量越来越大，如微型计算机的内存容量在256 MB ~4 GB。常用的外存中，光盘容量超过600 MB，硬盘容量可以达到80 ~2050 GB等，达到了海量存储。上面关于存储容量的单位MB、GB将在下面介绍。

5. 可靠性高

随着计算机硬件技术的发展，采用了大规模和超大规模集成电路的计算机具有了非常高的可靠性，因硬件引起的错误越来越少了。

6. 逻辑判断能力

计算机能够进行算术运算和逻辑运算，因此也就有了逻辑判断能力。当然，这个逻辑判断要和程序设计结合起来。

7. 通用性强

由于计算机的可编程性，可以将任何复杂的信息处理任务分解为一系列的基本的算术运算和逻辑运算，最后反映在计算机程序中，而程序又可以事先保存在存储器中，存储的程序又指挥和控制计算机自动进行信息的处理。

显然，同样一台计算机，存储的程序不同，完成的处理任务也就不同，这就使计算机具有很大的通用性。

1.1.4 计算机的用途

计算机的应用最早是在数值计算上，而现在的计算机应用在非数值计算方面要远比数值计算的领域广泛得多。非数值计算方面主要是数据采集和处理、信息传输和处理、实时控制、计算机辅助教育、计算机辅助设计、人工智能与机器人等方面。

1. 数值计算

数值计算即科学计算，是指计算机应用于完成科学研究和工程技术中的科学计算。科学计算是计算机最早的应用领域，第一台电子计算机研制的目的就是用于军事计算，计算机发展的初期也主要用于科学计算。今天，虽然计算机在其他方面的应用不断加强，但仍然是科学研究和科学计算的最佳工具。在这个领域要求计算机速度快、精度高、存储容量大。

2. 信息处理

信息处理是计算机应用最广泛的领域，处理的信息有文字、图形、声音、图像等各种信息形式，信息处理主要是指对信息的收集、存储、加工、分类、排序、检索和发布等一系列工作，信息处理的领域包括办公自动化（OA）、企业管理、情报检索、报刊编排处理等，特点是要处理的原始数据量大，算术运算较简单，有大量的逻辑运算与判断，对于处理结果，要求以表格或文件形式存储和输出。

这一领域的应用促进了数据库技术的发展。

3. 自动控制

自动控制也称为过程控制，主要是指在工业生产过程中，自动地对控制对象进行控制和调节，在自动控制中，用计算机采集检测数据，按一定的算法进行处理，用处理的结构对控制对象进行自动控制或自动调节。利用计算机进行过程控制，不仅提高了控制的自动化水平，而且大大提高了控制的及时性和准确性，从而改善劳动条件、提高产品质量、提高生产效率、降低能耗和成本。

过程控制一般都是实时控制，因此要求计算机可靠性高、响应及时。

4. 计算机辅助系统

计算机辅助系统包括计算机辅助设计（Computer Aided Design，CAD）、计算机辅助制造（Computer Aided Manufacturing，CAM）、计算机辅助测试（Computer Aided Test，CAT）、计算机辅助工程（Computer Aided Engineering，CAE）、计算机辅助教学（Computer Aided Instruction，CAI）等系统。

计算机辅助设计是利用计算机的计算、逻辑判断等功能，帮助人们进行产品设计和工程技术设计。在设计中可通过人—机交互方式更改设计和布局，反复迭代设计直至满意为止。它能使设计过程逐步趋向自动化，大大缩短设计周期，增强产品在市场上的竞争力，同时也可节省人力和物力，降低成本，提高产品质量。

计算机辅助设计和辅助制造结合起来可直接把CAD设计的产品加工出来。

将CAD、CAM和数据库技术结合起来，形成计算机集成制造系统（Computer Integrated Manufacturing System，CIMS）。CIMS是集工程设计、生产过程控制、生产经营管理为一体的高度计算机化、自动化和智能化的现代化生产大系统，是制造业的未来。

CAI最大的特点是交互式教学和进行个别的指导，它改变了传统的教师在讲台上讲课而学生在课堂内听课的教学方式。近年来，迅速发展起来的远程教育更是在教学的各个环节大量使用了各种计算机系统。

5. 人工智能

人工智能（Artificial Intelligence，AI）是指利用计算机模拟人的智能方面的应用，主要包括模拟人脑的推理和决策的思维过程。

人工智能主要的应用领域有专家系统、机器学习、模式识别、定理证明、博弈、人工神经网络等。

6. 计算机网络技术

计算机网络技术是计算机技术和通信技术的相结合而发展起来的，利用计算机网络可以实现信息的传递、交换、传播，主要的应用有电子邮件、数据交换、文件传递等。

7. 多媒体技术

多媒体技术把数字、文字、声音、图形、图像和动画等多种媒体有机地组合起来，利用计算机、通信和广播电视技术，使它们建立起逻辑联系，并能进行加工处理，这些处理包括对媒体信息的录入、压缩和解压缩、存储、显示和传输等技术。

目前，多媒体计算机技术的应用领域正在不断拓宽，除了知识学习、电子图书、商业及家庭应用外，在远程医疗、视频会议中都得到了极大的推广。

1.1.5 信息的基本概念

在计算机技术中，有两个相互密切相关的概念，这就是信息和数据。

信息是人们从客观事物得到的，经过加工处理并对人类客观行为产生影响的事物属性的表现形式。数据是指用符号记录下来的、可识别的信息，是反映客观事物属性的记录。数据是信息的载体，是信息的表示，信息通过数据符号来传播，而信息则是数据的内在涵义。

对信息进行输入、存储、加工、传输、输出等一系列的过程称为信息处理，完成这一处理的系统称为信息系统。

1.2 信息编码

考试内容：

数据在计算机中的表示形式

教学要求：

- 了解数据在计算机中的表示形式及数制转换
- 了解字符编码

知识点（7个）：

- 十进制、二进制、八进制、十六进制、进制转换
- 字符编码、汉字编码

计算机中处理的数据可以分为两大类，分别是数值数据和非数值数据。非数值数据中包括西文字母、标点符号、汉字、图形、声音等。

不论什么类型的数据，在计算机内都使用二进制形式进行表示和处理，对于数值型的数据，可以将其转换成二进制数，而对于非数值型的数据，则采用二进制编码的形式。

本节介绍计算机中常用的数制、不同数制之间的转换，以及不同类型信息的二进制编码方法。

1.2.1 常用进制

数制是指数的表示规则，主要有进位原则和采用的基本数码，为便于理解数制的概念，在计算机科学中，常用的有二进制、八进制和十六进制，这里先从日常使用较多的十进制说起。

1. 十进制

我们平时使用的十进制数，是用10个数码0、1、2、3、4、5、6、7、8、9组成的数码串表示数字，其加法的规则是"逢十进一"。

一个数制中包含的数码个数称为该数制的基数，因此十进制数的基数就是10。

不同的数码代表不同的数值，就是相同的一个数码，在一个数中处在不同位置时，也代表不同的数值，因此数值代表的大小与采用的进制和处在的位置有关。

例如，对于十进制数471.67，整数部分的第1个数码4处在百位，表示400，第2个数码7处在十位，表示70，第3个数码1处在个位，表示1，小数点后第1个数码6处在十分位表示0.6，小数点后第2个数码7处在百分位，表示0.07。这样，十进制的数471.67可以写成下列的形式：

$$4 \times 100 + 7 \times 10 + 1 \times 1 + 6 \times 0.1 + 7 \times 0.01$$

进一步，这个数也可以写成下列的形式：

$$4 \times 10^2 + 7 \times 10^1 + 1 \times 10^0 + 6 \times 10^{-1} + 7 \times 10^{-2}$$

最后的这个等式称为十进制数的按权数展开式，其中 10^i 称为权数。

推广到一般情况，使用不同的基数，就可以得到不同的进位计数制，设"R"表示基

数，则称为R进制，使用R个基本的数码，其加法运算规则就是“逢R进一”。

在R进制中，一个数码所表示数的大小不仅与基数有关，而且与其所在的位置即“权数”有关。

也就是说，对于R进制的数，各位的权依次为：

$$\cdots,R^4,R^3,R^2,R^1,R^0,R^{-1},R^{-2},R^{-3},R^{-4},\cdots$$

这样，对于R进制的任意数 $N_2N_1N_0.N_{-1}N_{-2}$，也可以按权数展开为下面的形式：

$$N_2N_1N_0.N_{-1}N_{-2}=N_2\times R^2+N_1\times R^1+N_0\times R^0+N_{-1}\times R^{-1}+N_{-2}\times R^{-2}$$

2. 二进制

如果基数R的值取为2，就可以得到二进制，它有两个数码，分别是0和1，加法的运算规则是“逢二进一”。

二进制是计算机内部使用的进制，它有如下的特点。

(1) 实现容易

由于二进制中只有两个数码，可以用两种不同的稳定状态来表示，而具有两个稳定状态的电子元器件或电路是很容易实现的。

(2) 运算规则简单

使用二进制时，计算规则比较简单。例如，对于二进制加法，只须定义以下4条规则：

$$0+0=0\quad 0+1=1\quad 1+0=1\quad 1+1=10$$

而对于二进制乘法，同样也需要定义4条规则：

$$0\times 0=0\quad 0\times 1=0\quad 1\times 0=0\quad 1\times 1=1$$

如果使用十进制，其加法和乘法规则就要分别定义100条。

(3) 适合逻辑运算

二进制中的0和1恰好分别与逻辑运算中的假值（False）和真值（True）相对应，因此很容易实现逻辑运算。

正因为二进制具有上述特点，在计算机中，所有的数字和符号都是用二进制的“1”和“0”进行编码的，甚至计算机所使用的指令也是用二进制代码表示的。

3. 八进制和十六进制

由于二进制数制中只有两个数码，用来表示数字时使用的位数较多，书写形式也较长，不便于阅读也容易出错，为了简化书写，在计算机技术文献中也经常使用十六进制或八进制来表示。

八进制数中采用8个数码0~7，进位规则是“逢八进一”。用3位二进制可以表示一位八进制编码。例如，二进制数“101 001”，表示为八进制数为“5 1”。

十六进制数中采用16个数码，分别是0~9、A~F，进位规则是“逢十六进一”。用4位二进制可以表示一位十六进制编码。例如，二进制“10 1100”，表示为十六进制数为“2C”。

二进制、十进制、八进制和十六进制这4种进制之间的对应关系见表1-1。

表1-1　4种进制之间的对应关系

十进制	二进制	八进制	十六进制
0	0000	0	0
1	0001	1	1

（续）

十进制	二进制	八进制	十六进制
2	0010	2	2
3	0011	3	3
4	0100	4	4
5	0101	5	5
6	0110	6	6
7	0111	7	7
8	1000	10	8
9	1001	11	9
10	1010	12	A
11	1011	13	B
12	1100	14	C
13	1101	15	D
14	1110	16	E
15	1111	17	F

4. 不同进制的表示方法

以上介绍了4种进制，对于数据3AB2，从使用的数码可以知道它是以上4种进制中的十六进制，而对于数据1796，它代表十进制还是十六进制数呢？又如数据101101，这4种进制都有可能。显然，仅仅书写了采用的数码还不能完全区分具体的数制。

为了区分不同进制的数，在书写时可以使用两种不同的方法。

一种方法是将数字用圆括号括起来，在括号的右下角写上基数来表示不同的进制。例如，$(1011)_2$、$(56)_8$、$(987)_{10}$、$(1A3)_{16}$分别表示二进制数、八进制数、十进制数和十六进制数。另一种方法是在一个数的后面加上不同的字母表示进制，其中D表示十进制、B表示二进制、O表示八进制、H表示十六进制。

这样，上面4个数也可以分别表示成：1011B、56O、987D、1A3H。

1.2.2 不同进制数之间的转换

下面介绍这4种不同进制数据之间的转换方法。

1. N进制数转换成十进制数

这里的N表示二进制、八进制和十六进制，转换时整数部分和小数部分同时进行。

先将N进制数按权展开，然后将展开的算式按十进制规则进行计算，计算结果就是转换后的十进制数。

【例1-1】 将二进制数10110.101转换成十进制数。

$$\begin{aligned}10110.101B &= 1\times2^4+0\times2^3+1\times2^2+1\times2^1+0\times2^0+1\times2^{-1}+0\times2^{-2}+1\times2^{-3}\\ &=16+0+0+4+2+0+0.5+0+0.125\\ &=22.625D\end{aligned}$$

【例1-2】 将十六进制数2BA转换成十进制数。

$$\begin{aligned}2BA &= 2\times16^2+B\times16^1+A\times16^0\\&=2\times256+11\times16+10\times1\\&=512+176+10\\&=698\end{aligned}$$

2. 十进制数转换成 N 进制数

转换时整数部分和小数部分分别进行。

（1）整数部分

整数部分的转换采用“除以 N 取余”的方法，就是将整数部分除以 N，取其余数，然后不断地将其商再除以 N，再取余数，直到商为 0 为止，最后将得到的各个余数按相反的方向排列，这样得到的余数序列就是转换后的 N 进制。

【例 1–3】 将十进制整数 25 转换为二进制数。

十进制整数转换为二进制数时，采用“除以 2 取余”的方法，具体过程是将十进制整数除以 2，得到一个商数和一个余数；接下来将所得的商数再除以 2，又得到一个商数和一个余数，这样不断地用商数除以 2 直到商为 0 时为止。每次相除所得的余数就是对应的二进制数的各位数字，其中第一次得到的余数作为最低位，最后一次得到的余数作为最高位，转换过程如图 1–1 所示。

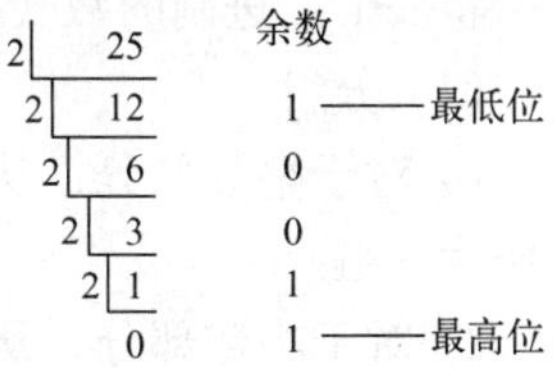

图 1–1 十进制整数转换成二进制

所以：25D = 11001 B

同样，将十进制整数转换为八进制或十六进制时，分别连续地按“除以 8 取余”或“除以 16 取余”，直到商为 0 时为止。

【例 1–4】 将十进制整数 192 转换为十六进制数。

转换时采用“除以 16 取余”的方法。

193 除以 16 后商为 11，余数为 1，将第一次的商数 11 再除以 16，商为 0，余数为 11，即十六进制的 B，两次的余数分别是 1 和 B。

因此：193D = B1H。

（2）小数部分

小数部分采用“乘以 2 取整”的方法，即用小数部分不断地乘以 2 后取其整数，将所得到的各个整数按先后顺序依次排列就是转换后的 N 进制小数。

【例 1–5】 将十进制小数 0. 3125 转换为二进制数。

十进制小数转换为二进制数时，采用“乘以 2 取整”的方法，具体过程是将十进制小数乘以 2，对结果取出整数部分，接下来将小数部分再乘以 2，又得到一个结果，这样不断地将小数部分乘以 2 直到小数部分为 0 时为止，每次取出的整数部分就是转换后的二进制。

转换过程如图 1–2 所示。

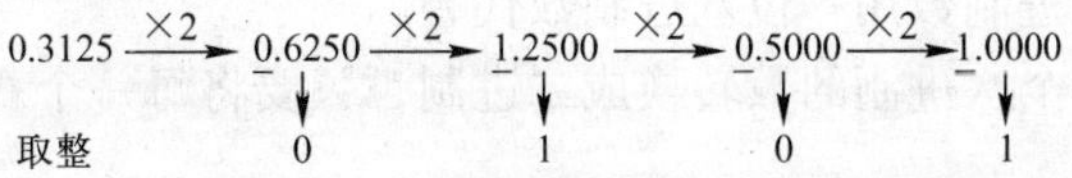

图 1–2 十进制小数转换成二进制的过程

所以：0.3125D＝0.0101 B

上面的转换经过了 4 次乘以 2 后，小数部分变为零。但是，并不是任何一个十进制的小数都可以经过有限次的乘以 2 后使小数部分变为零。例如，小数 0.3512 就不可能通过反复乘以 2 使小数部分变为零的，这时要根据题目要求转换到相应的精度。

如果一个十进制数整数部分和小数部分都有，则按不同规则分别进行转换后将结果合在一起即可。

3. 二进制数和十六进制数之间的转换

从表 1–1 可以看出，由于 $2^4=16$，因此 1 位十六进制数可用 4 位二进制数表示，反之 4 位二进制数可以用 1 位十六进制数表示，即 1 位十六进制数和 4 位二进制数之间存在着一一对应的关系，这种对应关系就是两者进行转换的基础。

将一个二进制的数转换成十六进制，按以下的过程进行。

（1）分组

1）对于整数部分，从个位数开始从右向左每 4 位二进制数一组，最后一组不足 4 位时，也作为一组。

2）对于小数部分，从小数点后第一位开始从左向右每 4 位一组，最后一组不足 4 位时，在右边补 0 组成 4 位。

（2）替换

将每一组的 4 位二进制数用一位十六进制数代替。

【例 1–6】 将二进制数 1111101011011.001101 转换成十六进制数。

首先分组，整数部分分为 4 组：1 1111 0101 1011，其中左边一组不足 4 位也是一组，小数部分分为两组：0011　0100，其中右边一组不足 4 位在右边补了两个 0，接下来对每一组分别用一位十六进制数代替。

所以：1111101011011.001101B＝1F5B.34H

如果要将一个十六进制的数转换成二进制，只要将每一个十六进制的数用 4 位二进制代替即可。

4. 二进制数和八进制数之间的转换

由于 $2^3=8$，因此一位八进制数可用 3 位二进制数表示，反之 3 位二进制数可以用 1 位八进制数表示，可利用这种对应关系对两者进行转换。

将一个二进制的数转换成八进制数的过程如下。

（1）分组

1）对于整数部分，从个位数开始从右向左每 3 位二进制数一组，最后一组不足三位时，也作为一组。

2）对于小数部分，从小数点后第一位开始从左向右每 3 位一组，最后一组不足 3 位时，在右边补 0。

（2）替换

对每一组的 3 位二进制数用一位八进制数代替。

反之，如果要将一个八进制的数转换成二进制，只要将每一个八进制的数用 3 位二进制数代替即可。

【例 1–7】 将二进制数 10100101.01011101 转换成八进制数。

首先分组，整数部分分组情况为：10 100 101，小数部分分组为：010 111 010，将每一组分别用一位八进制数代替。

所以：10100101.01011101B = 245.272O

5. 八进制数和十六进制数之间的转换

由于八进制、十六进制与二进制之间的转换非常方便，因此八进制和十六进制之间的转换可以借助二进制进行，即先将八进制数转换成二进制数，然后再将二进制数转换成十六进制，反之亦然，这里就不再重复了。

1.2.3 数值在计算机中的表示

以上讨论了进制之间的转换，对任意进制的数都可以转换成二进制数，这样其他进制的数据就可以在计算机中表示了。

数值数据在计算机内保存时，除了进制转换，还有两个问题要解决，这就是数字的正负号和小数点的位置。

正负号也是采用编码的方法，可以将一个二进制数的最高位定义为符号位，用 0 表示正号，1 表示负号。例如，“-1011001”可以表示为“11011001”，而“+1011001”可以表示为“01011001”。在具体保存二进制数据时有原码、反码和补码的方法。

而对于小数点的位置，处理时可以采用定点数和浮点数的表示，这些内容可以查阅相关的参考书籍。

1.2.4 ASCII 码

编码的概念在日常生活中也是经常使用的。例如，我们每个人身份证上的编号就是一个编码，只不过这个编码是十进制编码。

计算机在处理非数值数据，如西文字符、汉字时，要将每个数据用确定的二进制序列进行编码，大多数计算机中对西文字符进行编码采用的是 ASCII 编码。

1. ASCII 码的编码规则

ASCII 码的全称是美国信息交换标准代码（American National Standard Code for Information Interchange），该标准已被国际标准化组织（ISO）指定为国际标准。

ASCII 码通常用 7 位二进制编码表示一个字符，其编码范围是 0000000B ~ 1111111B，对应十进制的 0 ~ 127，编码总数为 2^7 共 128 个，相应地有 128 个不同的字符，表 1-2 显示了 7 位 ASCII 码中的所有字符。

表 1-2 ACI Ⅱ 字符集

低 4 位 $d_3d_2d_1d_0$	高 3 位 $d_6d_5d_4$							
	000	001	010	011	100	101	110	111
0000	NUL	DLE	SP	0	@	P	`	p
0001	SOH	DC1	~	1	A	Q	a	q
0010	STX	DC2	“	2	B	R	b	r
0011	ETX	DC3	#	3	C	S	c	s
0100	EOT	DC4	$	4	D	T	d	t

（续）

低4位 $d_3d_2d_1d_0$	高3位 $d_6d_5d_4$							
	000	001	010	011	100	101	110	111
0101	ENQ	NAK	%	5	E	U	e	u
0110	ACK	SYN	&	6	F	V	f	v
0111	BEL	FTB	‘	7	G	W	g	w
1000	BS	CAN	(	8	H	X	h	x
1001	HT	EM	)	9	I	y	i	y
1010	LF	SUB	*	:	J	Z	j	z
1011	VT	ESC	+	;	K	[	k	{
1100	FF	FS	,	<	L	\	l	|
1101	CR	GS	-	=	M	]	m	}
1110	SO	RS	.	>	N	^	n	~
1111	SI	US	/	?	O	_	o	DEL

在表中根据字符所在的列确定ASCII码的高3位（$d_6d_5d_4$）、根据所在的行确定其低4位（$d_3d_2d_1d_0$），高位与低位合在一起就是该字符的ASCII码。例如，字母“A”的高3位是100、低4位是0001，因此它的ASCII编码就是“1000001”。

表中每个字符对应的二进制编码其数值称为ASCII码的值。例如，字母“A”的编码为“1000001B”，即65D或41H，字母“a”的编码是“11000001B”，即97D或61H，数字“0”的编码是“0110000B，即48D或30H。

由于ASCII码只有7位，在用一个字节保存一个字符的ASCII编码时，占用该字节的低7位，因此最高位补0。

2. ASCII码中包含的字符

从表1-2可以看出，ASCII码中包含的字符可以分为以下4类。

（1）控制字符

控制字符是指编码值为0～32D和127D的字符，共34个，其中0～31D的字符用于计算机通信中的通信控制或对计算机设备的控制，编码值为32D的是空格字符，用SP表示，编码值是127D的是删除控制字符，用DEL表示。

（2）字母

在ASCII码中，除了控制字符以外，其余的字符编码范围为21H～7EH，共有94个字符，这些字符称为可显示的字符，其中包括字母、数字和特殊字符。

52个大小写字母中，大写字母的ASCII码范围是65D～90D，小写字母的ASCII码范围是97D～122D，其顺序与字母表中顺序是一样的。

（3）数字

0～9这10个数字字符的高3位是011，低4位是0000～1001，低4位正好是0～9这10个数字的二进制形式。

（4）特殊符号

除了以上3类符号以外，其余的编码包含标点符号、运算符号等。

1.2.5 汉字的表示

计算机中对汉字的处理要远比西文字符复杂得多，主要体现在数量繁多、字形复杂和字音的多变上，因此在汉字编码上也要复杂得多。

1. 汉字字符集

由于汉字的数量巨大，不可能对所有的汉字都进行编码，因此可以在计算机中处理的汉字是指包含在国家或国际组织制定的汉字字符集中的汉字，常用的汉字字符集有以下几种。

（1）GB 2312—1980 编码

GB 2312—1980 编码是我国国家标准总局于 1981 年颁布的，其全称是“国家标准信息交换用汉字编码字符集——基本集”，简称交换码，也称为国标码。标准中共收集了 6763 个汉字，682 个非汉字符号，非汉字符号包括希腊字母、俄文字母、日文假名、汉语拼音符号、汉语注音字母、标点符号、数学符号等。

GB 2312—1980 是一个简化汉字的编码，通行于我国大陆地区。

（2）UCS 中的 CJK

UCS 的全称是“通用编码字符集”（Universal Coded Character Set），它是国际标准化组织（ISO）公布的编码标准，编号是 ISO10646。

在 UCS 中，每个字符用 4 个字节表示，每个字节分别表示字符的组号、平面号、行号和列号，称为 UCS-4，可以提供 13 亿个字符编码，这样的编码空间可以容纳世界上各种文字，其中的 0 组 0 面称为基本多文种平面，这个平面上的字符编码可以省略组号和平面号。这样，0 组 0 面的字符只需用两个字节表示，这个字符集称为 UCS-2，它是 UCS 的子集，又称为统一码 Unicode。

在最新的 Unicode 3.0 中包括了以下内容：

- 世界各国和各地区使用的拉丁字母、音节文字。
- 各类标点符号、数学符号、技术符号、几何形状、箭头和其他符号。
- 中、日、韩（CJK）统一的象形文字 27484 个。

上面 3 类总计 49192 个编码，为世界各国和地区使用的每个字符提供了唯一的编码，其中的 CJK 编码称为中、日、韩统一汉字编码字符集，字符集中以汉字字形为编码标准，按部首笔画排序。

（3）GB 18030—2000 编码

GB 18030—2000 编码是我国信息产业部和国家质量技术监督局在 2000 年联合发布的，全称是“信息技术 信息交换用汉字编码字符集 基本集的扩充”，它是在 GB 2312—1980 和 GBK 编码标准基础上扩展而成的。

GB 18030—2000 编码采用单字节、双字节和 4 字节混合编码，编码空间 160 多万个，基本平面内的汉字数 27000 多个。

GB 18030—2000 编码支持全部 CJK 统一汉字字符。

2. 区位码、国标码和机内码

汉字的机内码用于在计算机内对汉字进行存储、处理和传输，下面通过区位码和国标码引出机内码的编码方法。

（1）区位码

在 GB 2312—1980 字符集中，共收录了 6763 个汉字，682 个非汉字符号，共计 7455 个字符，其中 6763 个汉字中，有一级常用字 3755 个，按汉语拼音字母的顺序排列，二级次常用字 3008 个，按部首的顺序排列。

将 7455 个汉字和符号放置在一个 94 行 ×94 列的方阵中，方阵的每一行称为汉字的一个“区”，区号范围是 1 ~ 94，各区是这样安排字符的：

- 1 ~ 15 区是非汉字符号区。
- 16 ~ 55 区是一级常用汉字区。
- 56 ~ 87 区是二级次常用汉字区。
- 88 ~ 94 区是保留区，用来存储自定义的代码。

方阵中的每一列称为汉字的“位”，位号范围也是 1 ~ 94，这样一个汉字在方阵中的位置可以用它的区号和位号来确定，将区号和位号组合起来就得到该汉字的区位码。

区位码使用 4 位数字编码，前两位是区号，后两位是位号，显然区位码和每个汉字之间具有一一对应的关系。

例如，汉字“中”在 54 区 48 位，其区位码就是 5448；汉字“啊”在 16 区 1 位，其区位码就是 1601。

（2）国标码

国标码中用两个字节对汉字进行编码，每个字节只用 7 位，这样总共可以表示 2^{14}，即 16384 个不同的汉字，这对于 GB 2312—1980 中的 7455 个字符已经足够使用。

GB 2312—1980 中规定，所有的汉字和符号其国标码的每个字节编码范围与 ASCII 码中的 94 个可显示字符（编码范围是 21H ~ 7EH）相一致，即每个字节的范围都是 21H ~ 7EH。

国标码可以用区位码进行转换得到，转换方法是先将汉字的十进制区号和十进制位号分别转换成十六进制数，然后再分别加上 20H，就成为该字的国标码。

例如，汉字“中”的区位码是 5448，其区号 54 转换成十六进制为 36，位号 48 转换为十六进制为 30，即 3630H，两个字节再分别加上 20H，即 3630H + 2020H，这样汉字“中”的国标码为 5650H。

汉字“中”的国标码为 5650H，这两个字节分别用二进制表示就是“01010110”和“01010000”，查找表 1-2 中的 ASCII 码可以知道，英文字母“V”和“P”的 ASCII 码恰好也分别是“01010110”和“01010000”，这样，如果在计算机中有两个字节的内容分别是“01010110”和“01010000”，就无法确定究竟是表示一个汉字“中”还是两个英文字母“V”和“P”。

显然，在计算机内是不能直接使用国标码保存汉字的，为解决这一问题，通常是将汉字国标码两个字节的最高位都设置为 1，计算方法是对国标码的两个字节都加上 10000000B，即 80H，这样就可以得到汉字的机内码，简称内码。

这样，计算机在处理字符时，如果遇到最高位为 0 的字节，将其看做是一个 ASCII 码的西文字符，如果遇到最高位为 1 的字节，就将该字节连同后续的最高位也为 1 的另一个字节一起作为一个汉字的机内码，这样就实现了中西文字符的混合使用和区分。

例如，汉字“中”的国标码为 5650H，则 5650H + 8080H = D6D0H，因此汉字“中”的机内码为 D6D0H。

综上所述，区位码、国标码和机内码之间具有下面的关系：

国标码 = 区位码（十六进制）+2020H

机内码 = 国标码 +8080H

1.3 计算机系统的组成

考试内容：

计算机系统的基本组成及各部件的主要功能，数据存储的概念

教学要求：

- 理解计算机系统的基本组成
- 了解硬件系统的组成及各个部件的主要功能
- 理解计算机上数据存储的基本概念
- 了解指令、程序、软件的概念以及软件的分类

知识点（16 个）：

- 软件系统和硬件系统组成
- 冯·诺依曼结构、运算器、控制器、存储器、输入设备、输出设备
- 位、字节、字、存储容量
- 指令、程序、程序设计语言、软件的定义、软件的分类

一个完整的计算机系统由硬件（Hardware）系统和软件（Software）系统两部分组成。

硬件系统是指客观存在的物理实体，即由电子电路、电子元器件和机械元器件构成的各个具体的装置。例如，在计算机机箱内的主板、插卡板，机箱外的键盘、鼠标、显示器、打印机等都是硬件。

软件是指运行在硬件上的程序、运行程序所需的数据和相关的文档的总称，我们将没有软件的计算机称为“裸机”，单独的“裸机”是无法正常工作的，必须要有软件的配合。

硬件为软件的运行提供了舞台和物质基础，软件是使计算机系统发挥强大功能的灵魂，两者相互配合才能完成完整的功能。

1.3.1 计算机硬件系统及功能

1. 冯·诺依曼原理

1946 年，在研制 ENIAC 计算机时，美籍匈牙利人冯·诺依曼提出了存储程序的原理，这一原理的主要思想如下：

1）存储程序原理：将程序和数据存放到计算机内部的存储器中，计算机在程序的控制下，一步步地进行自动处理，直到得到结果。

2）程序由指令组成，指令和数据都用二进制表示。

3）计算机的硬件由 5 个基本部分组成，这 5 个部分分别是运算器、控制器、存储器、输入设备和输出设备，它们之间的关系如图 1-3 所示。图中的双线表示信息流，代表数据

或指令，在计算机内用二进制的形式表示；图中的单线表示控制流，代表控制信号，在计算机内表现为高低电平的形式。

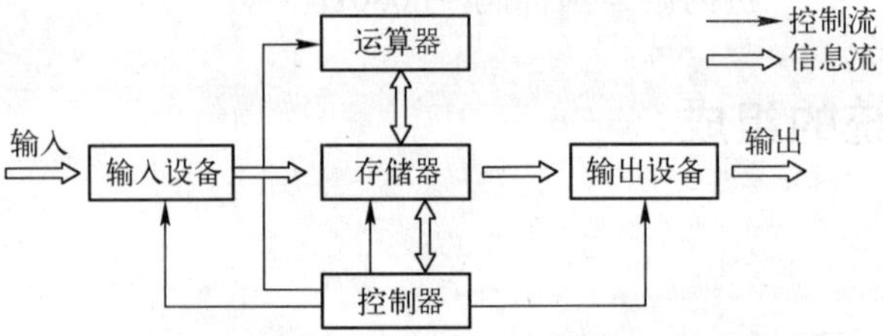

图 1–3　计算机硬件原理图

冯·诺依曼原理奠定了计算机的基本结构和工作原理的技术基础，按此原理制造的计算机称为冯·诺依曼结构的计算机，今天所使用的计算机，不论规模大小，都属于冯·诺依曼计算机。

2. 硬件的功能

下面分别介绍硬件各个组成部分的作用。

（1）运算器

运算器由算术逻辑单元（Arithmetic Logic Unit，ALU）、累加器和寄存器构成，其中 ALU 是进行算术运算和逻辑运算的单元，寄存器是临时保存数据的地方，累加器用来累加和保存数据。

算术运算包括加、减、乘、除等，逻辑运算主要有与、或、非等操作。

（2）控制器

控制器是计算机的指挥系统，它的主要作用是从存储器中读取指令、分析指令，然后根据指令要求完成相应的操作，协调并控制计算机的各个部件按事先在程序中安排好的指令序列执行指定的操作。

控制器是计算机的指挥系统，而运算器则是计算机内进行计算的核心部分，因此常将这两部分合称为中央处理单元（Central Processing Unit，CPU）。

如果将这两部分集成到一块集成电路芯片上作为独立的器件，则称为微处理器（Micro-Processor，MP）。

（3）存储器

存储器是具有记忆功能的器件，用于存放程序、需要用到的数据、运算中间的结果和运算后的结果，程序中的指令被送到控制器解释并执行，数据则被送到运算器中进行运算，而运算的结果可以被送回到存储器中。

对存储器的操作主要有两种：存数和取数。存数就是向存储器中写入数据，存数时，新写入的数据代替原有的数据。取数是从存储器中读出数据，取数时，原有的数据不被清除，存数和取数的操作统称为对存储器的访问。

存储器分为两类，分别是主存储器或称为内存储器（简称内存）和辅助存储器或称为外存储器（简称外存）。这两类存储器的分工不同，内存容量较小，但存取速度快，用来存放将要执行的指令和运算数据；外存的容量大、存取速度慢，用来存放需要长期保存的程序和数据。

CPU 只能直接访问内存中的数据，所以存放在外存中的程序要运行时，必须先读到内存中，然后才能进行处理。

（4）输入设备

输入设备用来向计算机输入命令、程序、文字、数据以及其他形式的信息，如图形、声音等。它的主要作用是将可读的信息转换为计算机可以识别的二进制代码输入到计算机中，常用的输入设备有键盘、鼠标、扫描仪、磁盘驱动器等。

（5）输出设备

输出设备的主要功能是将计算机处理后的二进制结果转换为人们能识别的形式，如文字、图形、声音等，并表现出来。例如，在屏幕上显示，在打印机上打印等。常用的输出设备有显示器、打印机、绘图仪、音箱等。

1.3.2 计算机软件系统及功能

软件是指计算机程序以及开发、使用和维护程序所需要的相关的技术文档资料。

1. 软件的分类

根据软件的用途可以将软件分为系统软件和应用软件两大类。

（1）系统软件

系统软件是指管理、维护计算机，为用户使用计算机提供服务的软件。系统软件一般与具体的应用无关，目的是确保计算机的正常工作和为用户提供使用计算机的操作环境，系统软件包括操作系统、语言处理程序、数据库系统和服务软件等。

操作系统（Operation System，OS）是管理、控制和监督计算机硬件、软件资源、协调程序运行的系统，由一系列具有不同管理和控制功能的程序组成。

操作系统是在“裸机”之上的最基本的系统软件，是系统软件的核心，使用操作系统有两个目的：一是统一管理计算机系统的所有资源；二是为方便用户使用计算机而在用户和计算机之间提供接口，用户通过操作系统来使用计算机。

常用的操作系统有 Windows、UNIX、Linux 等。

（2）应用软件

应用软件是为某一个特定的应用目的而开发的软件，也就是为解决各类实际问题而设计的，按其服务对象不同，可以分为通用软件和专门软件。

通用软件是为解决某一类问题而开发的，这类问题是大多数用户都要遇到和使用的，如文字处理、表格处理、电子演示文稿、电子邮件的收发、图像处理等。

专用软件是针对特殊用户要求而开发的软件。例如，在某个医院里，病房的监护系统就是一个专用软件。

2. 程序和程序设计语言

计算机硬件能够识别和执行的是指令。所谓指令，是指计算机执行某种操作的命令，由操作码和操作数组成，操作码规定了操作的性质，即说明完成什么样的操作，操作数可以是操作使用的数据，也可以是数据在存储器中存放的地址。

为解决某一个问题而设计的若干条指令有序的集合就称为程序，编写程序所使用的语言称为程序设计语言。按照和硬件结合的程度，程序设计语言分为机器语言、汇编语言和高级语言，其中前两类依赖于计算机硬件，统称为低级语言，而高级语言与计算机硬件的联系较小。

（1）机器语言

机器语言以计算机所能识别和执行的以“0”和“1”组成的二进制编码来表示指令，机器语言的优点是计算机能够直接识别、执行效率高，其缺点是难记忆、难书写、编程困难、可读性差且容易出现编写错误。机器语言是面向机器的语言，因机器而异，可移植性差。

（2）汇编语言

为了克服机器语言的缺点，人们采用了助记码与符号地址来代替机器指令中的操作码与操作数，如用ADD表示加法操作，用SUB表示减法操作，而且操作数可以使用二进制、八进制、十进制和十六进制数表示，这种表示计算机指令的语言称为汇编语言。

汇编语言也是一种面向机器的语言，由于它比机器语言可理解性好，比其他语言执行效率高，许多系统软件的核心部分仍采用汇编语言编制。

但计算机不能直接执行汇编语言程序。用它编写的程序必须经过汇编程序翻译成机器指令后才能在计算机上执行。

（3）高级语言

所谓高级语言就是更接近自然语言、更接近数学语言的程序设计语言。它是面向应用的计算机语言，其优点是符合人类表达问题的习惯，而且简单易学。

高级语言种类较多，常用的有面向过程的程序设计语言，如FORTRAN、Basic、C、Pascal等，近些年来用得较多的还有面向对象的程序设计语言，如Visual Basic、C ++ 、Visual C ++ 、Java、Delphi等。

3. 语言处理程序

使用汇编语言或高级语言编写的程序称为源程序，由于计算机硬件能识别和执行的是用机器语言编写的程序，如果使用汇编语言或高级语言编写的程序，在执行之前要先进行一个翻译的处理过程，完成这个翻译过程的工具称为语言处理程序，如汇编程序、解释程序和编译程序。

（1）汇编程序

汇编程序的作用是将用汇编语言编写的源程序翻译成机器语言的目标程序。

（2）解释程序

将高级语言编写的源程序翻译成机器语言指令时，有两种翻译方式，分别是“解释”方式和“编译”方式，分别由解释程序和编译程序完成。

解释方式是通过解释程序对源程序一边翻译一边执行，通过解释程序完成，早期的Basic语言采用的就是解释方式，解释方式的过程如图1-4所示。

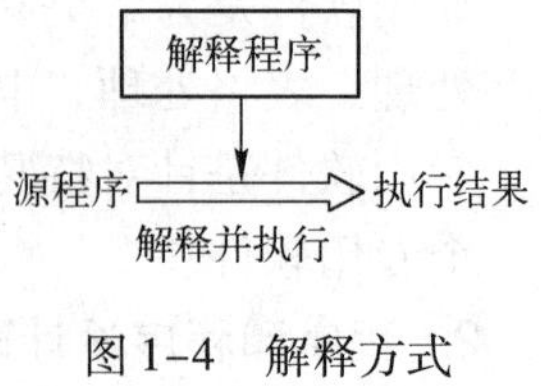

图1-4 解释方式

（3）编译程序

大多数高级语言编写的程序采用编译的方式，不同的高级语言对应不同的编译程序。

编译过程是：首先将源程序编译成目标程序，目标程序文件的扩展名是”. obj”，然后再通过连接程序将目标程序和有关的库文件相连接形成可执行文件，可执行文件的扩展名是“. exe”，编译方式的过程如图1-5所示。

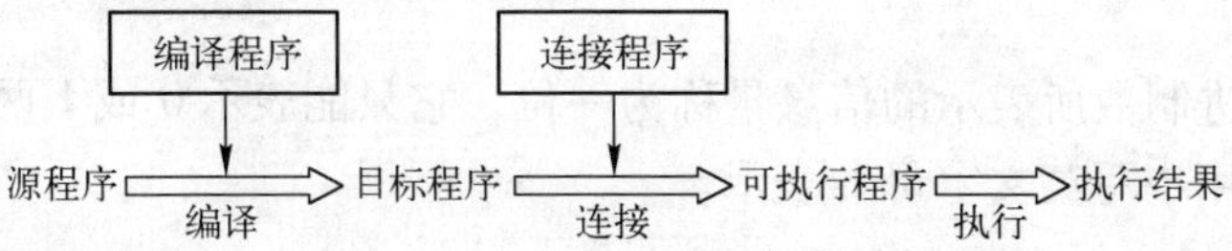

图 1-5　编译方式

由于形成的可执行文件独立于源程序，因此可以反复地运行，运行时只要给出可执行程序的文件名即可，因此运行速度较快。

4. 数据库系统

数据库系统是计算机科学中发展最快的领域之一，主要是解决数据处理的非数值计算问题，数据库系统可以用于档案管理、图书管理、财物管理、仓库管理等的数据处理。数据处理的特点是数据量大，处理的主要内容是数据的存储、查询、修改、分类等，数据库技术就是针对这类数据处理而产生和发展起来的。

数据库系统是一个复杂的系统，通常由硬件、操作系统、数据库、数据库管理系统和应用程序组成。

数据库（DataBase，DB）是指按一定的组织方式组织起来的数据的集合，它具有数据冗余度小、可以共享等特点。

数据库管理系统简称（DataBase Management System，DBMS），是一类软件，它的主要作用一方面是对数据库进行统一的管理，包括建立数据库、数据的维护、检索、统计等，另一方面是使用数据库编程语言并结合数据进行应用程序的开发。

常用的 DBMS 有 FoxBase、FoxPro、Oracle、Access、SQL Server 等。

数据库系统中的应用程序是指使用 DBMS 开发的用于数据管理的应用系统。

由上面的介绍可以知道，一个完整的计算机系统由硬件系统和软件系统两部分组成。软件系统中包含系统软件和应用软件，这些部分构成了计算机系统的层次结构，如图 1-6 所示。

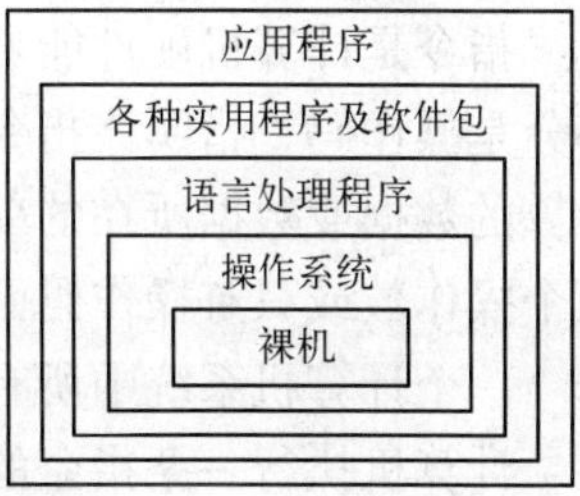

图 1-6　计算机系统的层次结构

从图中的层次结构可以看出：

1）“裸机”（硬件）位于最底层，是所有软件的运行基础。

2）操作系统介于硬件和外层软件之间，对内控制硬件，对外则为其他软件的执行提供运行的环境。

3）操作系统之外的其他各层不直接与硬件接触，都在操作系统提供的平台上运行。

4）最外层的应用程序表示用户使用的软件。

显然，系统软件中的操作系统是系统软件的核心，是每一台计算机必不可少的，其他的系统软件和应用软件则是根据用户的不同需要和用途进行不同的配置和安装。

1.3.3　计算机中信息度量和存储的单位

计算机中的程序和数据都保存在存储器中，不同的计算机的存储容量是不同的，下面介绍存储能力的度量单位。

存储容量表示存储设备存储信息的能力，通常使用以下的单位。

（1）位

1 位（bit）二进制数所表示的信息量称为一位，它只能表示 0 或 1 两个信息，这是最小的信息单位，通常用小写英文字母 b 表示。

（2）字节

1 个字节（Byte）由 8 位二进制位组成，即 1 Byte = 8 bits，字节是在计算机内表示信息的常用单位，通常用大写英文字母 B 表示。

（3）其他单位

由于计算机的存储容量较大，除了字节以外，实际使用的单位还有千字节（KB）、兆字节（MB）、吉字节（GB）、太字节（TB），它们之间的换算关系如下：

$$1\ \text{KB} = 2^{10}\ \text{B} = 1024\ \text{B}$$

$$1\ \text{MB} = 2^{10}\ \text{KB} = 2^{20}\ \text{B}$$

$$1\ \text{GB} = 2^{10}\ \text{MB} = 2^{30}\ \text{B}$$

$$1\ \text{TB} = 2^{10}\ \text{GB} = 2^{40}\ \text{B}$$

以上所用的单位可以表示存储设备的存储能力。例如，目前的微型计算机中配置的内存其容量可以是 1 GB，硬盘的容量可以是 80 GB 或 120 GB 甚至更高，而使用的 U 盘容量可以是 512 MB、1 GB、4 GB 等。

在操作系统的文件系统中，这些单位也可以用来表示文件所占空间的大小，如某个文件的长度为 23 MB。

1.3.4 计算机的工作原理

了解了硬件的各个基本组成部分之后，下面结合软件说明计算机的工作原理。

1. 指令的执行过程

指令是计算机硬件能够识别和执行的一步基本操作，通常一条指令由两部分组成，前一部分是操作码，指明该指令要完成的操作，如加法、减法等，后一部分是操作数，是指参与运算的数据或数据所在的单元地址。根据指令完成的功能不同，指令中可以有一个操作数、两个操作数或只有操作码而没有操作数。

一个计算机系统中所有指令的集合称为该计算机的指令系统。

计算机执行一条指令的过程一般分为下面 4 个步骤：

1）取出指令：将要执行的指令从内存取到 CPU 内部的指令寄存器中。

2）分析指令：将保存在指令寄存器中的指令送到指令译码器中进行分析。

3）执行指令：根据指令的译码结果判断该指令要完成的操作，然后向各个部件发出完成该操作的控制信号，完成该指令的功能。

4）形成下一条指令的地址，即为执行下一条指令做好准备。

一条指令执行后再按同样的过程处理下一条指令。

2. 程序的执行过程

程序是指用户根据要解决问题的具体步骤而编制的由若干条指令构成的指令序列。

由于程序是由一系列的指令构成的，因此一个程序的执行过程就是分别执行程序中每一条指令的过程，即 CPU 不断地取指令、分析指令、执行指令，从而完成程序的执行。

综上所述，在使用计算机解决问题时，先编制程序，然后通过输入设备将程序送到存储器中保存起来，这就是存储程序，而计算机的工作过程就是执行程序的过程，即不断地执行程序中各条指令的过程，从而实现程序的自动执行。

1.4 微型计算机的硬件组成

考试内容：

微型计算机的硬件组成部分

教学要求：

- 理解微处理器、微型计算机和微型计算机系统的概念
- 了解 CPU、内存、接口和总线的概念
- 理解常用外部设备的性能指标
- 理解微型计算机的主要性能指标

知识点（21 个）：

- 结构、主板、中央处理器、内存、接口、总线
- 微处理器、微型计算机、微型计算机系统
- 外存、键盘、鼠标、扫描仪、显示器、打印机、绘图仪
- 运算速度、主频、字长、内存容量、外设的配置与扩展

1.4.1 微处理器及微型计算机

将运算器和控制器这两部分集成在一块集成电路芯片上作为独立的器件，则称为微处理器，也叫做中央处理单元或微处理单元（MicroProcessing Unit，MPU），如图 1-7 所示。它是微型计算机的核心，主要完成各种算术运算及逻辑运算，并控制计算机各部件协调地工作。

图 1-7 微处理器芯片

微型计算机是以微处理器为核心，加上大规模集成电路构成的存储器、输入/输出接口电路、系统总线。

以微型计算机为中心，配合相应的外部设备、电源和其他的辅助电路以及指挥计算机工作的系统软件就构成了微型计算机系统。

1.4.2 微型计算机主机系统

1. CPU

计算机中所有的操作都受 CPU 的控制，因此 CPU 的性能指标直接决定的微型计算机的性能指标。CPU 的性能指标主要是字长和时钟主频，像 Pentium4 CPU 的字长为 64 位，主频为 3 GHz 以上。

CPU 可以直接访问内存储器，它和内存储器构成了计算机的主机，而输入设备、输出设备和外存储器统称为外部设备（简称外设）。

2. 内存储器

存储器分为两大类：一类是内存储器（简称内存），也称为主存储器，主要用于临时存放当前运行的程序和程序所用的数据，内存属于主机的一部分；另一类是外存储器，简称外存，也称为辅助存储器或辅存，外存用来永久存放暂时不使用的程序和数据，外存属于外部设备。

程序和数据在外存中以文件的形式存储，程序要运行时，首先从外存调入内存，然后在内存中运行。

内存储器使用的都是半导体存储器，半导体存储器是由包含成千上万个存储元器件的集成电路构成的，因此其读写速度要远远高于外存。

内存储器的工作速度和存储容量对系统的整体性能、所能解决的问题的规模和效率都有很大的影响。

（1）内存的组成

内存由若干个存储单元组成，每个存储单元存储一个字节的数据。这样，一个存储系统中存储单元的总数也就决定了内容的容量。

每个存储单元从 0 开始编号，这个编号称为存储单元的地址，每个单元保存的具体数据称为存储单元的内容，CPU 对内存单元的读或写操作都是通过内存单元的地址进行的。

（2）内存条

内存主要是以芯片的形式出现，通常将若干个内存芯片固定在一个电路板上，这个电路板一般是条状的，也称为“内存条”，如图 1-8 所示。内存条需要插在主板上的内存槽中才能工作，一台计算机的主板上可以插入多个内存条。

图 1-8　内存条

（3）内存的分类

内存分为随机存储器（Random Access Memory，RAM）和只读存储器（Read Only Memory，ROM）两类。

RAM 也叫读写存储器，它存储数据时有两个特点：一是其中的信息随时可以读出或写入，读出时，原来的信息不丢失，写入时，原有信息被写入的信息替代；二是一旦断电，RAM 中保存的数据就会消失而且无法恢复，所以 RAM 称为临时存储器。因此，RAM 中主要用来存储当前使用的操作系统、应用程序、输入/输出数据和中间的运算结果。

只读存储器只能进行读出其内容而不能进行写入内容的操作。ROM 主要用来存放固定不变的控制计算机的系统程序和数据，如监控程序、基本 I/O 系统等，ROM 中的信息是厂家在制造 ROM 集成电路时用专门设备一次写入的，即使关机或断电其保存的信息也不会丢失。

3. 接口

CPU 和内存之间可以直接进行数据交换，但 CPU 与外设之间或内存与外设之间都不能直接进行数据交换，主要原因是CPU、内存与外设之间存在的速度不匹配、信号电平和驱动能力的差异、信号形式的匹配，以及数据格式上的差异。

因此，CPU和外设之间必须通过输入/输出接口来实现数据交换。输入/输出接口也简称I/O接口，主要起到以下的作用：

- 匹配主机和外设之间的数据形式。
- 协调主机和外设之间的工作速度。
- 在主机和外设之间传递控制信息。

显然，接口在这里起着主机与外部设备之间数据通信的“桥梁”的作用。

接口的种类很多。如果从传送信息的方式上分，可分为并行接口和串行接口。并行接口按并行方式传送数据，即数据总线有多少位，可同时传送的数据就有多少位；而串行接口则按串行方式传送数据，一次只能传送一位二进制码。并行接口通常用于连接近距离的外设，如打印机等；串行接口则常用于远距离的数据传输。串行接口目前应用的非常广，如最常见的USB接口、红外线接口等。

从接口在系统中扮演的角色也可分为输入接口和输出接口。输入接口用于连接输入设备，负责将数据送入主机，而输出接口则负责将数据输出到输出设备中。

也可以从传送信息的类型上将接口分为数字接口与模拟接口。数字接口传送数字量（即二进制码）信息，模拟接口则通常用于实现模拟量与数字量的相互转换，从而使得产生连续变化的模拟信号的设备能够与只能识别离散数字信号的计算机连接。

4. 总线

在计算机中，硬件的各个组成部件之间通过总线（BUS）连接，总线就是计算机系统各组成部分之间传送信息的公共通道，它的主要作用就是连接各部件和传递数据与控制信号，采用总线连接的方式使各部件之间的连接简便，同时也使得添加设备更加方便。

根据连接的位置不同，总线可以分为芯片总线、系统总线和外总线。

芯片总线也称为局部总线，是处在微处理器内部的总线，用来连接同一部件内部的各个部分。例如，CPU中连接控制器、运算器和寄存器的总线。

系统总线也称为板总线，是一台计算机中的各部件之间相互连接的总线。例如，CPU、内存、I/O接口之间相互连接的总线路，用来连接各种插件板。在微型计算机中，显示适配器（简称显卡）、声卡、网卡等都是以插件板的形式插入系统总线扩展槽的，如图1-9所示。

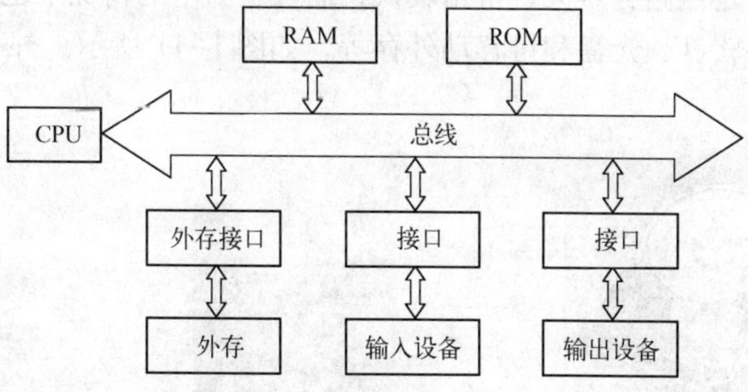

图1-9　总线结构

微型计算机中常用的系统总线有ISA总线、EISA总线、PCI总线等，其中PCI总线是一种高性能的总线，构成了CPU和外部设备之间的高速通道，在个人计算机中，基本上都使用 PCI 总线。

外总线又称为通信总线，用来连接外部设备，如 SCSI、IDE、USB 等。

按照传递的信息类型不同，系统总线可分为 3 种，即数据总线（Data Bus，DB）、地址总线（Address Bus，AB）和控制总线（Control Bus，CB）。

数据总线是双向总线，用于在 CPU、存储器、I/O 接口之间进行数据传递，总线的条数称为总线宽度，数据总线的宽度和计算机的字长相同。

地址总线是单向总线，用来传递 CPU 要访问的存储单元或 I/O 接口的地址信息，地址总线的宽度决定了系统能直接访问的存储空间的容量。

控制总线用来控制总线上的操作和数据传递的方向，实现 CPU 和外部部件之间的协调操作。

本节着重介绍了微型计算机硬件的组成情况，和前面介绍的软件系统综合起来，一个完整的微型计算机系统组成如图 1-10 所示。

- 微机系统
  - 硬件系统
    - 主　机
      - 中央处理器(CPU)
      - 内存储器
      - 总线
      - I/O接口
    - 外部设备
      - 外存储器（软盘、硬盘、光盘等）
      - 输入设备（键盘、鼠标、扫描仪、数码照相机等）
      - 输出设备（显示器、打印机、绘图仪等）
      - 其他（网卡、调制解调器、声卡、显卡等）
  - 软件系统
    - 系统软件
      - 操作系统
      - 语言处理程序
      - 数据库系统
      - 服务程序
    - 应用软件

图 1-10　微型计算机系统的组成

1.4.3　微型计算机外部设备

微型计算机的外部设备包括外存储器、输入设备和输出设备。

1. 外存储器

外存储器的特点是存储容量大、价格较低，而且在断电的情况下也可以长期保存，目前常用的外存有硬盘、软盘、光盘和可移动外存等，如图 1-11 所示。外存容量也是以字节作为基本单位的。

硬盘　　软盘　　光盘

图 1-11　常用的外存储器

（1）磁盘

磁盘分为软磁盘和硬磁盘两类，分别简称为软盘和硬盘。软盘只有一个盘片，硬盘通常由一组重叠的盘片组成，每个盘片的上下两面各有一个读写磁头，硬盘的盘片和驱动器密封成一个整体，安装在主机箱内，随着硬盘技术的发展，硬盘容量有了非常大的提高，目前常用的硬盘容量在 60 ~ 250 GB 或更大。

不论硬盘还是软盘，每个盘片都按下面的方法分配区域保存信息。首先在每个盘片的表面划分半径不同的同心圆，每个同心圆都称为磁道，每个磁道按径向由外向内从 0 开始编号，每个盘片上划分的磁道数目相同，对硬盘来说，盘片组中相同编号的磁道形成了一个假想的圆柱称为硬盘的柱面。

接下来将每个磁道等分成若干个弧段，每个弧段称为一个扇区，对扇区同样要进行编号。划分磁道和扇区是在对磁盘格式化时完成的。

磁盘和主机交换信息时是以扇区为单位进行的，每个扇区可以通过磁头号、柱面号（磁道号）和扇区号来确定。

一个扇区的容量通常是 512 B，因此一个硬盘的容量可以按下面的公式计算：

硬盘容量 = 512 B/扇区 × 扇区数/磁道 × 磁道数/面 × 面数(磁头数)

【例 1-8】 某个硬盘有 15 个磁头，8894 个柱面，每道 63 个扇区，每个扇区 512 B，计算该硬盘的容量。

由上面的计算公式，该硬盘的容量为：

容量 = 512 B/扇区 × 63 扇区/磁道 × 8894 磁道/面 × 15 面
= 4303272960 B
= 4 GB

由于软盘只有一个盘片，可以使用的盘面只有两个，因此其容量可按下面的公式计算：

软盘容量 = 512 B/扇区 × 扇区数/磁道 × 磁道数/面 × 2 面

（2）光盘

光盘是用光学方式读写信息，光盘存储器主要包括光盘、光盘驱动器（即 CD - ROM 驱动器）和光盘控制器。

按读写方式可将光盘分为只读光盘（Compact Disc Read Only Memory，CD-ROM）、一次性写入光盘（CD-R），也称为 WORM（Write Once Read Many）和可擦除型光盘（CD-RW），目前，CD-ROM 或 CD-RW 驱动器已成为微型计算机的标准配置，光盘存储容量约为 650 MB。

CD-ROM（也包括 CD、VCD）均是一次成型的产品，最大特点是盘上信息一次制成，可以反复读取而不能再写入。

CD-R 只能写入一次信息，它需要用专门的光盘刻录机将信息写入，刻录好的光盘不允许再作更改。

CD-RW 与 CD-R 光盘本质的区别是可以重复读写，也就是说，对于存储在光盘上的信息，可以像保存在硬盘上一样根据用户的需要自由更改、读出、删除。

光盘具有以下的特点：

- 存储容量大，一张光盘容量最少达 650 MB。
- 不受电磁干扰，可靠性高。

• 存取速度快。

光驱的技术指标通常有数据传输率和读取时间。

在光驱中将 150 KB/s 的数据传输率称为单倍速，记为“1X”，数据传输率为 300 KB/s 的 CD-ROM 驱动器称为 2 倍速光驱，记为“2X”，依此类推。常见的光驱速度有“36X”、“40X”、“50X”等。

读取时间是指 CD-ROM 驱动器接收到命令后，移动光头到指定位置，并把第一个数据读入 CD-ROM 驱动器的缓冲存储器这个过程所花费的时间。目前，CD-ROM 驱动器的读取时间一般在 200 ~ 400 ms。

（3）可移动外存

由于软盘存储容量较小，也较易损坏，已经被一种可移动的存储设备所取代，这就是 U 盘和可移动硬盘，如图 1-12 所示。这两种存储设置都使用通用串行总线接口（USB）与主机相连。

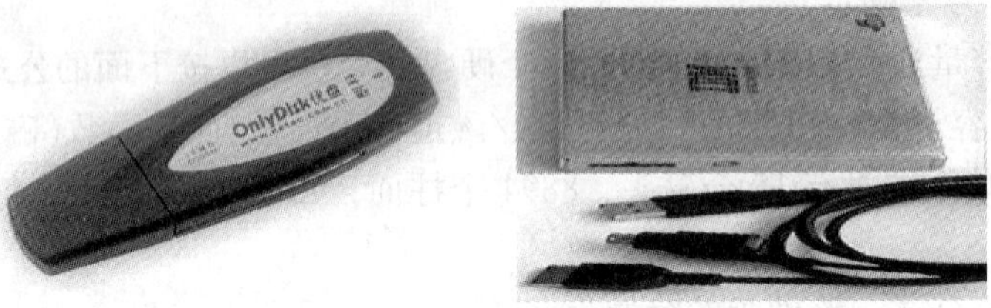

图 1-12　U 盘和可移动硬盘

U 盘又称为闪存盘（Flash Disk），它采用一种可读写非易失的半导体存储器——闪速存储器（Flash Memory）作为存储媒介，可以像使用软、硬盘一样在该盘上读写、传送文件。目前的 U 盘产品可擦写次数都在 100 万次以上，数据至少可保存 10 年，而存取速度至少比软盘快 15 倍以上。

U 盘的容量有多种选择，如 512 MB、1 GB、4 GB 等，可靠性也远高于磁盘，对于数据安全性提供了更好的保障。

U 盘在工作时不需要外接电源，支持热插拔，体积较小，很适于携带。同时还有很好的抗震防潮，耐高低温等特点。

对于需要存储的数据量更大时，U 盘的存储容量就不能满足要求。这时可以使用另一种容量更大的可移动存储设备，这就是可移动硬盘，又称为 USB 硬盘。目前 USB 硬盘容量通常在 40 GB ~ 500 GB 之间。

2. 输入设备

输入设备是把数字、文字、符号、图形、图像、声音等形式的信息转换成二进制代码，然后输入给计算机的设备，基本的输入设备有键盘、鼠标等。

（1）键盘

键盘是计算机中最基本的输入设备，通过键盘可以输入用户的各种命令、程序和数据。

键盘是由一组按键开关组成，每按下一个键，则产生一个相应的扫描码，不同位置的按键对应了不同的扫描码，键盘中的控制电路将扫描码输入到主机，再由主机将扫描码转换成 ASCII 码。

微型计算机上常用的键盘有 101 键和 104 键，而 Windows 标准键盘在最下面一行又多了

"开始菜单"按键和"快捷菜单"按钮，如图1-13所示。

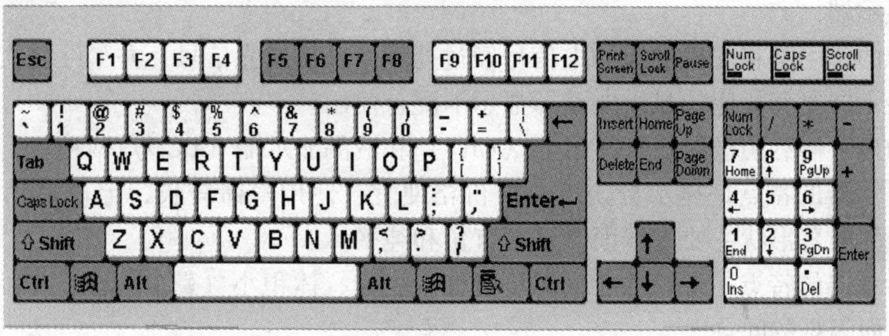

图1-13　Windows标准键盘

除了按键外，键盘的右上角还有3个指示灯，分别是"Num Lock"、"Caps Lock"和"Scroll Lock"，用来表示不同的状态。

（2）鼠标

鼠标也称为鼠标器，是快速输入设备，用来取代键盘上的光标移动键，也是一种目前基本的输入设备，其上有左右两个按键或左中右3个按键，如图1-14所示。通过移动鼠标可以快速定位屏幕上的对象，通过拖动鼠标可以移动屏幕上的标记，从而实现执行命令、设置参数和选择菜单等操作。

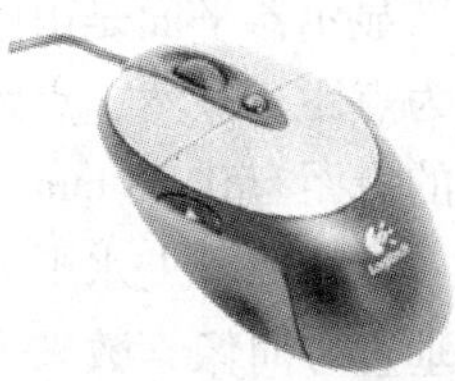

图1-14　鼠标

鼠标一般通过微型计算机中的RS232C串行接口、PS/2鼠标插口或USB接口与主机连接。

鼠标的操作包括两种：一种是平面上的移动；另一种就是按键的按下和释放。当鼠标器在平面上移动时，通过机械或光学的方法把鼠标器移动的距离和方向转换成脉冲信号传送给计算机，计算机中的鼠标驱动程序将脉冲个数转换成鼠标器的水平方向和垂直方向的位移量，从而控制显示屏上光标箭头随鼠标的移动而移动。

按照不同的工作原理，鼠标可以分为机械式和光电式两种。机械式鼠标是最常见的鼠标，其结构简单、价格便宜、操作方便，但准确度、灵敏度都较差；光电式鼠标需要一个专用的平板与之配合使用。

（3）其他输入设备

除了键盘和鼠标以外，还有其他一些输入设备，如扫描仪、条码阅读器、光学字符阅读器（OCR）、触摸屏、手写笔、麦克风（扩音器，输入声音）、数码照相机（输入图像）等。

扫描仪是图像或文本的输入设备，可以将图形、图像、文本或照片直接输入到计算机中，有彩色和黑白两种，扫描仪在多媒体计算机中已广泛使用。

条码阅读器是专门用来扫描条码的装置，当扫描器从左向右扫描条码时，可以将不同宽度的黑白条纹转换成对应的编码输入到计算机中，条码阅读器广泛用在超市的结账、图书馆的图书借阅和归还系统中。

光学字符阅读器是一种快速字符阅读装置，用来扫描输入一行或一页的文字。

3. 输出设备

输出设备用来把主机内的二进制信息转换成数字、文字、符号、图形、图像或者声音进行输出，常用的输出设备有显示器、打印机等。

（1）显示器

显示器的作用是将主机输出的电信号经过处理后转换成光信号，并最终将文字、图形显示出来，显示器要和相应的显示电路即显示卡配合使用。

常用的显示器有阴极射线管显示器（CRT）和液晶显示器（LCD）两种。

CRT显示器的特点是显示分辨率高、价格便宜、使用寿命较长，但电源消耗大、体积大，显示器的屏幕形状主要有球面、平面直角和纯平。

LCD显示器的特点是外尺寸相同时可视面积更大、体积小（薄）、图形清晰、不存在刷新频率和画面闪烁的问题。

显示器的主要技术指标有尺寸、像素和分辨率。

显示器的尺寸是用显示屏幕的对角线来度量，常用的有15 in（1 in = 0.0254 m）、17 in和19 in等。

显示器平面是由一个个的像素（Pixel）点组成的，而屏幕上相邻两个像素之间的距离称为点距。显然，点距越小，显示出来的图像越细腻，分辨率越高。目前，微型计算机显示器的点距有0.25 mm、0.28 mm和0.31 mm，常用的是0.28 mm。

整个屏幕上水平方向和垂直方向上最大的像素个数称为分辨率，一般用水平方向像素数×垂直方向像素数来表示。例如，640×480、800×600、1024×768和1280×1024等。

不同分辨率的显示器对应不同的接口控制电路，称为显示适配器，俗称为显卡。通过显卡将显示器和主机相连，显卡由显示控制器、显示存储器和接口电路组成，显卡常用的标准有CGA（320×200）、EGA（640×350）、VGA（640×480），在VGA之后又出现了SVGA、TVGA等。

除此之外，显卡的内存容量也是一个重要的指标。

目前的许多显卡在显示内存、分辨率和颜色种类上都有了较大的提高，有的显示卡还加上了专门处理三维图形的芯片组，用来提高三维图形的显示效果和速度。

（2）打印机

打印机也是计算机系统的标准输出设备之一，它与主机之间的数据传送方式有并行的，也有串行的。大多数打印机采用并行数据传送方式，即通过并行接口与主机连接。目前也有部分打印机通过USB接口和主机连接。

打印机的种类很多，按照打印原理，可分为击打式打印机和非击打式打印机。

击打式打印机有针式打印机（也称为点阵打印机）和字符式打印机；非击打式打印机有静电打印机、喷墨打印机、激光打印机和热敏打印机，目前使用较多的是针式打印机、激光打印机和喷墨打印机。

针式打印机主要由打印头、运载打印头的小车机构、色带机构、传纸机构和控制电路构成，其中打印头的主要部分是打印针，有9针和24针打印机，24针打印机是目前使用较多的点阵打印机。点阵打印机是在脉冲电流信号控制下，使打印针通过色带击打打印纸实现印字，该类打印机的最大优点是耗材便宜，缺点是打印速度慢、噪声大、打印质量不如激光打印机和喷黑打印机，目前银行、税务等行业需要打印正、副本单据时还在使用此类打印机。

激光打印机综合了复印机和激光技术，激光打印机的优点是无噪声、打印速度快、打印质量好；缺点是设备价格高、耗材贵、打印成本最高。

喷墨打印机用非常细的喷墨管将墨水喷射到打印纸上，其优点是设备价格较低、打印质量高于针式打印机、可彩色打印；缺点是打印速度慢。

打印机主要的性能指标主要有分辨率、打印速度和打印幅面。

分辨率用 DPI（Dot Per Inch）表示，即每英寸打印的点数，它是衡量打印质量的重要指标。不同类型的打印机其打印质量也不同，针式打印机的分辨率较低，一般为 180 ~ 360 DPI，喷墨打印机分辨率一般为 300 ~ 1440 DPI，激光打印机的分辨率为 300 ~ 2880 DPI。

针式打印机的速度用每秒打印字符数（CPS）表示，针式打印机的打印速度由于受机械运动的影响，在印刷体方式下一般不超过 100 CPS，在草稿方式下可以达到 200 CPS。喷墨打印机和激光打印机都属于页式打印机，打印速度以每分钟打印页数（P/min）表示，一般在几页每分到几十页每分之间。

打印幅面的大小，对于针式打印机规格有两种：80 列和 132 列，即每行可打印 80 个或 132 个字符，对非击打式打印机，使用幅面最多的是 A4、A3 和 B4。

1.4.4 微型计算机性能指标

计算机的性能指标用来标志计算机的工作性能、存储能力等，常用的有字长、内存容量、主频等。

1. 字长

计算机字长是指计算机的运算部件能一次处理的固定位数的二进制数据的位数，显然，字长越长，计算机的运算速度和运算精度相应地也就越高。

早期的微型计算机字长是 8 位，接下来是 16 位、32 位，后发展到 64 位。可见，字长总是成倍递增的。

2. 主频

主频也称为时钟频率，是指 CPU 在单位时间（s）内发出的脉冲数，是决定计算机的运算速度的重要指标，主频越高，计算机的运算速度越快，主频使用的基本单位为 Hz，除此之外，还有 MHz 和 GHz。

3. 运算速度

计算机的运算速度通常表示为每秒钟执行的加法指令数目，用每秒百万次指令（Million Instructions Per Second，MIPS）表示，计算机的运算速度与主频、字长、内存容量、硬盘的工作速度有关。

4. 内存容量

内存容量代表了计算机运算程序和存储数据的能力，容量越大，运行程序的能力和规模也越大。

除了以上的主要指标，还要考虑外部设备的配置与扩展能力、软件的配置、机器的可靠性和兼容性等问题。

1.5 习题

1.（　　）不是冯·诺依曼计算机体系结构中的部件。

A. 缓冲区　　B. 控制器　　C. 运算器　　D. 存储器

2. 从第一代电子计算机到第四代计算机的体系结构都是相同的，被称为（　　）体系结构。

A. 艾伦·图灵　　B. 比尔·盖茨　　C. 冯·诺依曼　　D. 克劳德·香农

3. 中央处理器（CPU）可直接读写的存储器是（　　）。

A. 内存　　B. 硬盘　　C. 软盘　　D. 外存

4. 目前，微型计算机中采用的逻辑部件是（　　）。

A. 晶体管　　B. 集成电路　　C. 大规模集成电路　　D. 电子管

5. 计算机内部使用的数是（　　）。

A. 十进制　　B. 八进制　　C. 十六进制　　D. 二进制

6. 一个字节由（　　）个二进制位组成。

A. 2　　B. 8　　C. 4　　D. 16

7. 计算机的内存储器比外存储器（　　）。

A. 价格便宜　　B. 存储容量大　　C. 读写速度快　　D. 读写速度慢

8. （　　）是不属于微机主板上的主要组件。

A. 键盘　　B. 内存插槽　　C. 高速缓存（Cache）　　D. CMOS

9. CPU 主要由运算器与控制器组成，下列说法中正确的是（　　）。

A. 运算器主要负责分析指令，并根据指令要求作相应的运算

B. 运算器主要完成对数据的运算，包括算术运算和逻辑运算

C. 控制器主要负责分析指令，并根据指令要求作相应的运算

D. 控制器直接控制计算机系统的输入与输出操作

10. 在微型计算机中信息传递是通过下列（　　）设备进行的。

A. 总线　　B. 寄存器　　C. 控制器　　D. 运算器

11. 计算机的存储器应包括（　　）。

A. 软盘、硬盘　　B. 磁盘、磁带、光盘

C. 内存储器、外存储器　　D. RAM、ROM

12. 电子计算机若按规模和处理能力分类，可以分为（　　）。

A. 巨型计算机、大中型机、小型计算机和微型计算机

B. 科学与过程计算机、工业控制计算机和数据计算机

C. 电子数字计算机和电子模拟计算机

D. 通用计算机和专用计算机

13. 计算机的技术指标有多种，而最主要的应该是（　　）。

A. 语言、外设和速度　　B. 主频、字长和内存容量

C. 外设、内存容量和体积　　D. 软件、速度和重量

14. 计算机系统是由（　　）组成的。

A. 主机及外部设备　　B. 主机、键盘显示器和打印机

C. 系统软件和应用软件　　D. 硬件系统和软件系统

15. （　　）是系统软件。

A. IE　　B. Word　　C. PowerPoint　　D. UNIX

16. 微型计算机系统中的中央处理器是由（　　）组成的。

A. 内存储器和控制器　　B. 内存储器和运算器

C. 控制器和运算器　　D. 内存储器、控制器和运算器

17. 和十进制数255 相等的二进制数是（　　）。

A. 11101110　　B. 11111110　　C. 10000000　　D. 11111111

18. 十进制数1385 转换十六进制数为（　　）。

A. 586　　B. 569　　C. D85　　D. D55

19. 第四代计算机问世的标志是（　　）。

A. 诞生微处理器4004　　B. 出现操作系统　　C. 使用鼠标　　D. 使用高级语言

20. 十进制数511 等值的十六进制数为（　　）。

A. 1FF　　B. 2FF　　C. 1FE　　D. 2FE

21. 下列各项中，不是微型计算机的主要性能指标的是（　　）。

A. 字长　　B. 存取周期　　C. 主频　　D. 硬盘容量

22. 不同的芯片有不同的字长，Pentium 4 芯片的字长是（　　）。

A. 8 位　　B. 16 位　　C. 32 位　　D. 64 位

23. 人们通常所说的“裸机”指的是（　　）的计算机。

A. 只装有操作系统　　B. 主机裸露在外　　C. 未装任何软件　　D. 不带输入/输出设备

24. 下面几个不同进制的数中，最大的数是（　　）。

A. 二进制数1100010　　B. 十六进制数1FE

C. 十进制数500　　D. 八进制数225

25. 下列术语中，属于显示器性能指标的是（　　）。

A. 速度　　B. 可靠性　　C. 分辨率　　D. 精度

26. 15 MB 是（　　）字节。

A. 15728000　　B. 15728640　　C. 15000000　　D. 15728600

27. 计算机系统软件不包括（　　）。

A. 打印机驱动程序　　B. OS　　C. Word　　D. TCP/IP

28. 汉字处理过程中使用多种编码形式，存放在计算机中的是（　　）。

A. 输入码　　B. 国标码　　C. 点阵码　　D. 机内码

29. 下列关于计算机的论述中，不正确的是（　　）。

A. 计算机在人的控制实现规定的操作

B. 计算机最终可以代替人进行思考

C. 计算机系统是由软件和硬件组成

D. 计算机可以模拟人的思维

30. 多媒体计算机系统主要利用的是（　　）。

A. 计算机技术和通信技术　　B. 数字化技术和人机交互技术

C. 计算机极强的记忆能力　　D. 计算机存储容量的增大

31. 下列设备（　　）不能作为微型计算机的输出设备。

A. 打印机　　B. 键盘　　C. 显示器　　D. 绘图仪

32. 微型计算机中，运算器的主要功能是进行（　　）。

A. 逻辑运算　　B. 算术运算

C. 复杂方程的求解　　D. 算术运算和逻辑运算

33. 下列存储器中，存取速度最快的是（　　）。

A. 软磁盘存储器　　B. 硬磁盘存储器　　C. 光盘存储器　　D. 内存储器

34. 下列打印机中，打印效果最佳的一种是（　　）。

A. 点阵打印机　　B. 激光打印机　　C. 热敏打印机　　D. 喷墨打印机

35. 下列 4 个无符号十进制数中，能用八位二进制表示的是（　　）。

A. 256　　B. 299　　C. 199　　D. 312

36. 下列 4 个不同进制的无符号整数中，数值最小的是（　　）。

A. $(10010010)_2$　　B. $(221)_8$　　C. $(147)_{10}$　　D. $(94)_{16}$

37. 下列字符中，ASC II 码值最大的是（　　）。

A. k　　B. a　　C. Q　　D. M

38. 在下面的叙述中，正确的是（　　）。

A. CPU 可以直接访问外存储器

B. 计算机中信息存储的最小单位是字节

C. 外存储器包括磁盘存储器、光盘存储器和闪存存储器

D. DVD 不是光盘存储器

39. 计算机在工作中由于某种原因突然“死机”，重新启动后则计算机中（　　）将全部消失。

A. ROM 和 RAM 中的信息　　B. ROM 中的信息

C. 硬盘中的信息　　D. RAM 中的信息

40. “CPU”的中文名称是（　　）。

A. 中央处理器　　B. 主存储器　　C. 运算器　　D. 控制器

41. 操作系统是一种（　　）。

A. 系统软件　　B. 应用软件　　C. 源程序　　D. 操作规范

42. 微型计算机中普遍使用的字符编码是（　　）。

A. BCD 码　　B. 拼音码　　C. 补码　　D. ASC II 码

43. 微型计算机中，属于控制器功能的是（　　）。

A. 存储各种控制信息　　B. 传输各种控制信号

C. 产生各种控制信息　　D. 输出各种信息

44. 下列设备中，既能向主机输入数据又能接受主机输出数据的是（　　）。

A. 显示器　　B. 扫描仪　　C. 磁盘存储器　　D. 音响设备

45. CPU 不能直接访问的存储器是（　　）。

A. ROM　　B. RAM　　C. Cache　　D. CD－ROM

46. 下列叙述中，属于 RAM 特点的是（　　）。

A. 可随机读写数据，且断电后数据不会丢失

B. 可随机读写数据，断电后数据将全部丢失

C. 只能顺序读写数据，断电后数据将部分丢失

D. 只能顺序读写数据，且断电后数据将全部丢失

47. 下列设备中，属于输入设备的是（　　）。

A. 声音合成器　　B. 激光打印机　　C. 扫描仪　　D. 显示器

48. 在微型计算机中，常见到的 EGA、VGA 等是指（　　）。

A. 微型计算机的型号　　B. 显卡的类型

C. CPU 类型　　D. 键盘类型

49. I/O 接口应位于（　　）之间。

A. 总线和 I/O 设备　　B. 主机和 I/O 设备　　C. 主机和总线　　D. CPU 和内存储器

50. 微型计算机配置高速缓冲存储器是为了解决（　　）。

A. 主机与外设之间速度不匹配问题

B. CPU 与辅助存储器之间速度不匹配问题

C. 内存储器与辅助存储器之间速度不匹配问题

D. CPU 与内存储器之间速度不匹配问题

51. 64 位微型计算机系统是指（　　）。

A. 内存容量 64 MB　　B. 硬盘容量 64 MB

C. 计算机有 64 个接口　　D. 计算机的字长为 64 位

52. 将二进制数 0. 10101 转化为八进制数应是（　　）。

A. 0. 62　　B. 0. 52　　C. 0. 42　　D. 0. 32

53. 将十进制数 0. 90625 转化为二进制数应是（　　）。

A. 0. 11101　　B. 0. 11111　　C. 0. 11011　　D. 0. 11110

54. 硬盘和软盘驱动器是属于（　　）。

A. 内存储器　　B. 外存储器　　C. 只读存储器　　D. 半导体存储器

55. 分时系统中为了使多个用户同时与系统交互，关键问题是（　　）。

A. 计算机运算速度要足够的快　　B. 能快速进行内外存之间的信息交换

C. 系统能够及时接收多个用户的输入　　D. 短时间内所有用户程序都能运行

56. 用高级语言编写的程序必须经过编译或（　　）变成机器指令才能在计算机上执行。

A. 解释　　B. 解密　　C. 运算　　D. 编排

57. 若对 56 个符号进行二进制编码，则需要（　　）位二进制码。

A. 4　　B. 5　　C. 6　　D. 7

58. （　　）不属于计算机的主要特点。

A. 逻辑判断能力　　B. 计算精度高　　C. 图形处理　　D. 自动控制能力

59. 从用户的角度看，操作系统是（　　）。

A. 用户与计算机之间的接口　　B. 控制和管理计算机资源的软件

C. 合理组织计算机流程的软件　　D. 一个应用程序

60. 如果按字长来划分，微型计算机可分为 8 位机、16 位机、32 位机、64 位机和 128 位机等。所谓 32 位机是指该计算机所用的 CPU（　　）。

A. 一次能处理 32 位二进制数　　B. 具有 32 位的寄存器

C. 只能处理 32 位浮点数　　D. 有 32 个寄存器

61. 既是输入设备又是输出设备的是（　　）。

A. 磁盘驱动器　　B. 显示器　　C. 键盘　　D. 鼠标器

62. I/O 设备直接（　　）。

A. 与主机相连接　　B. 与 CPU 相连接

C. 与主存储器相连接　　D. 与I/O接口相连接

63. 个人计算机（PC）除了主机外，还包括外部设备，而其必备的外部设备是（　　）。

A. 键盘和软驱　　B. 显示器和键盘　　C. 键盘和打印机　D. 显示器和扫描仪

64. 与内存储器相比较而言，外存储器的特点是比内存（　　）。

A. 读写速度快　　B. 体积小

C. 存储数据时间短　　D. 存储容量大

65. 一台完整的计算机硬件由（　　）构成。

A. 中央处理器、输入设备、输出设备

B. 运算器、存储器、输入设备、输出设备

C. CPU、RAM、ROM、总线

D. 中央处理器、存储器、输入设备、输出设备

66. CPU 的主要功能是（　　）。

A. 传送信息　　B. 把数据存入存储器

C. 识别指令和执行指令　　D. 控制输入/输出设备

67. ROM 中的数据在计算机断电后（　　）丢失。

A. 完全　　B. 部分　　C. 有时　　D. 不会

68. 计算机系统中，外部设备必须通过（　　）才能实现与主机的信息交换。

A. 电缆　　B. 总线插槽　　C. 接口　　D. 电源

69. 为满足用户的操作需求，操作系统程序（　　）。

A. 存放在 BIOS 中　　B. 存放在 ROM 中　C. 存放在 RAM 中　D. 存放在外存中

70. 微型计算机的主要技术指标有（　　）。

A. 外部设备种类齐全

B. 存储空间的大小

C. 显示器的分辨率、打印机的配置

D. CPU 主频、字长、内存容量和存取速度

1.6 习题答案

1. A	2. C	3. A	4. C	5. D	6. B
7. C	8. A	9. B	10. A	11. C	12. A
13. B	14. D	15. D	16. C	17. D	18. B
19. A	20. A	21. D	22. C	23. C	24. B
25. C	26. B	27. C	28. D	29. B	30. B
31. B	32. D	33. D	34. B	35. C	36. B
37. A	38. C	39. D	40. A	41. A	42. D
43. C	44. C	45. D	46. B	47. C	48. B
49. B	50. A	51. D	52. B	53. A	54. B
55. A	56. A	57. C	58. C	59. A	60. A
61. A	62. D	63. B	64. D	65. D	66. C
67. D	68. C	69. C	70. D		

第2章 Windows XP操作系统及其应用

本章要点：

- 操作系统概述
- Windows XP基本知识
- Windows XP基本操作
- 资源管理器
- 系统资源环境设置
- 附件常用工具

2.1 操作系统概述

教学要求：

- 操作系统基本概念
- 操作系统的功能
- 操作系统的分类
- 常用操作系统简介

知识点（18个）：

- 操作系统概念
- 操作系统功能（处理机管理、存储器管理、文件管理、输入/输出管理、接口）
- 操作系统分类（单用户、多用户、批处理、实时处理、分时处理、分布式、嵌入式、网络操作系统）
- 流行操作系统（MS-DOS、Windows、UNIX、Linux）

有人把操作系统在计算机系统中的作用比喻为“大脑”在人体中的作用。不论这种比喻是否恰当，但至少说明了一个问题——操作系统对计算机系统而言是至关重要的。

本节将简要介绍操作系统的基本概念，包括什么是操作系统、它有哪些功能、操作系统的分类，以及常见、流行的操作系统。

计算机操作系统是随着计算机研究和应用的发展逐步形成并发展起来的，它是计算机系统中最重要的软件。操作系统的作用主要是管理和使用计算机。

操作系统是最重要的一种系统软件，并统一管理和支持各种应用软件的运行。它是代替人管理机器的指挥中枢，就像人类大脑的“神经中枢”一样。当让计算机做一件事情时，是操作系统听从命令，指挥相应的软件及硬件完成想做的事情。例如，我们要上网，只要用鼠标双击IE图标，操作系统要作一系列的事情：启动IE浏览器并和主页的服务器取得联系，将主页显示在屏幕上。要发送电子邮件，是操作系统打开 OE 客户端软件，写完以后，操作系统负责把邮件发送给收信人，如果需要打印邮件，是操作系统把邮件的内容传送给打印机，并通知打印机打印出来。由此可见，操作系统是人和计算机之间的一个接口，计算机使用者都必须和操作系统打交道。因此，要学会使用计算机，首先要了解一些操作系统的知识。

2.1.1 什么是操作系统

操作系统（Operating System，OS）是一组控制和管理计算机软、硬件资源，为用户提供便捷使用计算机的程序的集合。它是配置在计算机硬件上的第一层软件，是对硬件功能的首次扩充。其他软件则是依附于操作系统之上的。只有在操作系统的指挥控制下，各种计算机资源才能被分配给用户使用，也只有在操作系统的支撑下，其他系统软件，如编译系统、程序库和运行支持环境才得以取得运行条件。没有操作系统，任何应用软件都无法运行。

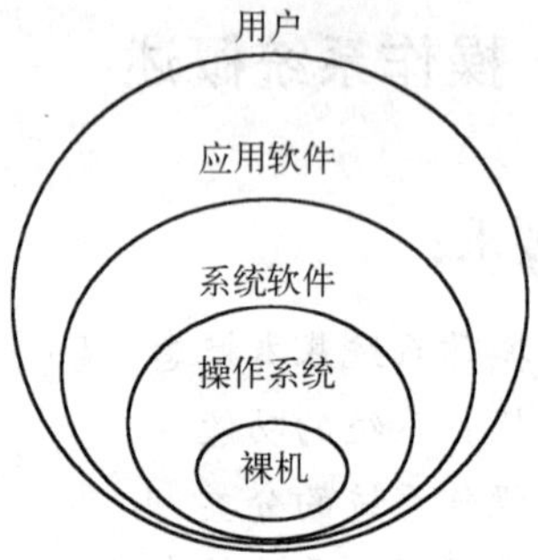

图 2-1　操作系统的位置

操作系统是一个复杂的软件系统，它与计算机硬件系统紧密联系着，也与用户紧密联系着，如果我们把一台没有任何软件设置和支持的计算机称为“裸机”。要让“裸机”接收用户的命令，执行相应的操作是非常难的事情，这是因为二进制不是人们熟悉的语言，而操作系统在硬件之上建立了一个服务体系，为用户使用计算机提供了一个非常友好、方便的环境界面。如果把现在的计算机系统分为若干层次，操作系统所处的地位就十分清楚了，如图 2-1 所示。操作系统种类繁多，但基本目的只有一个，即要实现在不同环境下为不同应用目的提供不同形式和不同效率的资源管理，以满足不同用户的操作需要。

2.1.2 操作系统的功能

操作系统的功能主要体现在两个方面：一是管理计算机，用来更有效地管理和分配计算机系统的硬件和软件资源，使得有限的系统资源能够发挥更大的作用；二是使用计算机，通过内部复杂、严谨的管理，为用户提供友好、便捷的操作环境，以便用户无须了解计算机硬件和软件的有关细节就能方便地使用计算机。

从资源管理的角度看，操作系统功能可分为以下 5 个方面。

1. 处理机管理

处理机是计算机系统中最重要的硬件资源（如微型机计算机中的 CPU），任何程序只有占用了处理机才能运行。同时，由于处理机的速度远比存储器的速度和外部设备速度快，只有协调好它们之间的关系才能充分发挥处理机的作用。操作系统可以使处理机在同一段时间内并发地处理多项任务，从而使计算机系统的工作效率得到最大程度的发挥。

2. 存储管理

当计算机在处理一个作业时，操作系统、用户程序和数据需要占用内存资源，这就需要操作系统进行统一的内存分配与管理，使它们既保持联系，又避免互相干扰。如何合理地使用与分配有限的存储空间，是操作系统对存储器管理的一个重要工作。操作系统按一定原则回收空闲的存储空间，必要时还可以使有用的内容临时覆盖掉暂时无用的内容，待需要时再把被覆盖掉的内容从外部存储器调入内存，从而相对地增加了可用的内存容量。当内存不够时，它通过调用虚拟内存来保障作业的正常处理。

3. 文件管理

把逻辑上具有完整意义的信息集合，将它们整体记录下来，并保存在存储设备中，这个整体就称为文件。为了区别不同信息的文件，应分别对它们命名，这个名字称为文件名。例如，一个源程序、一批数据、一个文档、一幅图像、一首乐曲或一段视频都可以各自组成一个文件。文件是由文件系统来管理的，文件系统是一个可以实现文件“按名操作”的系统软件。文件系统根据用户要求实现按文件名存取文件、负责对文件的组织，以及对文件存取权限、打印等的控制。

4. 设备管理

操作系统控制外部设备和CPU之间的通信，把提出请求的外部设备按一定的优先顺序排好队，等待CPU的处理。为了提高CPU与输入/输出设备之间并行操作的程度，协调高速CPU和低速输入/输出设备之间工作，操作系统通常在内存中设定一些缓冲区，使CPU与外部设备通过缓冲区成批传送数据。数据传输方式是，先从外部设备一次读入一组数据到内存的缓冲区，CPU依次从缓冲区读取数据，待缓冲区中的数据用完后再从外部设备读入一组数据。这样成组进行CPU与输入/输出设备之间的数据交互；减少了CPU外部设备之间的交互次数，提高了运算速度。

5. 用户接口

用户操作计算机的界面称为用户接口（或用户界面），通过用户接口，用户只须进行简单操作，就能实现复杂的应用处理。用户接口有两种类型：

1）命令接口。用户通过交互命令方式直接或间接地对计算机进行操作。

2）程序接口。供用户以程序方式进行操作。程序接口也称为应用程序编程接口（Application Programming Interface，API），用户通过API可以调用系统提供的例行程序，实现既定的操作。

2.1.3 操作系统的分类

对操作系统进行严格的分类是比较困难的。目前，操作系统种类很多，分类也具有不同的分类方式和特征。从操作系统工作的角度分为单用户操作系统、批处理操作系统、分时操作系统、实时操作系统、网络操作系统、分布式操作系统，以及嵌入式操作系统等。

1. 单用户操作系统

单用户操作系统面对单一用户，所有资源均提供给单一用户使用，用户对系统有绝对的控制权。

2. 批处理操作系统

批处理操作系统将作业成批提交给系统，由计算机顺序自动完成后再给出结果，从而减少了用户作业建立和中断的时间。

3. 分时操作系统

一台功能很强的主计算机，可以连接多个终端（几十台、上百台终端），提供多个用户同时上机操作。每一个用户通过自己操作的终端，把用户程序送入主计算机，计算机也通过终端向各用户反馈其程序运行的情况。主计算机采用时间分片的方式，轮流地为各个终端上的用户服务，及时地对用户的服务请求予以响应。虽然物理上只有一台计算机，但是每一个用户都可以得到及时的服务响应，每一个用户都感觉到是一台计算机在专门为他服务，这就是分时操作系统，如图 2-2 所示。

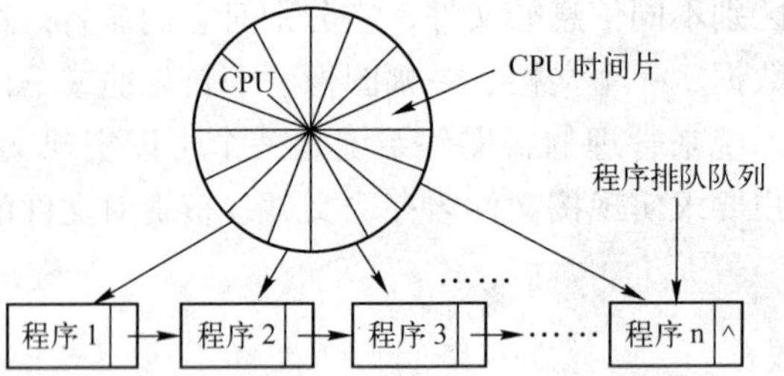

图 2-2　分时操作系统

4. 实时操作系统

实时操作系统主要应用于需要对外部事件进行及时响应并处理的领域。实时系统是指系统对输入的及时响应，对输出的按需提供，无延迟的处理。换句话说，计算机能及时响应外部事件的请求，在规定的时间内完成事件的处理，并能控制所有实时设备和实时任务协调运行。

5. 网络操作系统

与传统的单机操作系统有所不同，网络操作系统是建立在单机操作系统之上的一个开放式的软件系统。它面对的是各种不同的计算机系统的互联操作，面对不同的单机操作系统之间的资源共享、用户操作协调和与单机操作系统的交互，从而解决多个网络用户（甚至是全球远程的网络用户）之间争用共享资源的分配与管理。

6. 分布式操作系统

许多计算机通过网络被连接在一起，能获得极高的运算能力和广泛的数据共享。这种系统被称作分布式操作系统。分布式操作系统可以以较低的成本获得较高的性能。分布式操作系统的另一个优点是它的高可靠性。由于有多个独立的主机系统，因此当一个主机系统发生故障时，整个系统仍旧能够工作。对于要求极高的环境，如核电站等，分布式操作系统是非常有用的。

7. 嵌入式操作系统

嵌入式操作系统是指运行在嵌入式系统环境中，对整个嵌入式系统，以及它所操作、控制的各种部件装置等资源进行统一协调、调度、指挥和控制的操作。嵌入式操作系统具有通用操作系统的基本特点，能够有效管理复杂的系统资源。与通用操作系统相比较，嵌入式操作系统在系统实时高效性、硬件的相关依赖性、软件固态化，以及应用的专用性等方面具有较为突出的特点。在制造工业、过程控制、通信、仪器、仪表、汽车、船舶、航空、航天、军事装备、消费类产品等方面均是嵌入式操作系统的应用领域。例如，家用电气产品中的智能功能，就是嵌入式系统的应用。

2.1.4 常用操作系统简介

到目前为止，世界上存在的几种主要的操作系统能够适应的计算机类型还是各不相同的。其主要原因是由于操作系统与计算机硬件的关系很密切，很多管理和控制的工作都依赖于硬件的具体特性，以至于每种操作系统都只能在特定的计算机硬件系统上运行。这样，不同的计算机之间或不同的操作系统之间一般都没有"兼容性"，即没有一种可互相替代的关系。目前，多数用户使用的都是微型计算机，微型计算机流行的操作系统主要有以下几种。

1. MS-DOS 操作系统

MS-DOS 操作系统是美国微软（Microsoft）公司在 20 世纪 80 年代为 IBM 微型计算机开发的操作系统。它是一种单用户操作系统，单个用户的唯一任务占用计算机上所有的硬件和软件资源。

MS-DOS 系统有很明显的弱点：一是它作为单任务操作系统已不能满足需要；二是由于最初是为 16 位微处理器开发的，因而所能访问的内存地址空间太小，限制了微型计算机的性能。

2. Windows 和 Vista 操作系统

Windows 是微软公司开发的具有图形用户界面的操作系统。在 Windows 系统下可以同时运行多个应用程序。例如，在使用 Word 文字处理软件编写一篇文章时，如果想在其中插入一幅图画，可以不退出 Word 而启动 Windows 中附带的应用软件"画笔"来画图，然后插入正在用 Word 软件编写的文章中去。这时，两个应用程序实际上都已调入内存储器中，处于工作状态。

1995 年推出的 Windows 95 是一个真正的个人用 32 位操作系统，它比以前的 Windows 版本增强了许多功能，图形界面上也有改进。在 Windows XP 之后，微软又根据计算机及计算机网络技术的进步而推出了 Windows Vista 操作系统。这种操作系统扩充了 Windows XP 的功能，并在安全性、可靠性、易用性、互联互通，以及多媒体处理等多方面都有了明显的进步。

3. UNIX 操作系统

UNIX 操作系统是一款功能强大的多用户、多任务操作系统，支持多种处理器结构，于 1969 年由美国 AT&T 的贝尔实验室开发推出。经过长期的发展和完善，目前已成长为一种主流的操作系统技术和基于这种技术的产品大家族。由于 UNIX 具有技术成熟、可靠性高、网络和数据库功能强、伸缩性突出和开放性好等特点，可满足各行各业的实际需要，特别能满足企业重要业务的需要，使之成为被业界公认的工业化标准的操作系统。UNIX 也是目前唯一能在各种类型计算机（从微型计算机、工作站到巨型计算机）的各种硬件平台上稳定运行的操作系统。

4. Linux 操作系统

Linux 是一款与 UNIX 完全兼容的操作系统，但它的内核全部重新编写，且所有源代码都是公开发布的。Linux 由芬兰人 Linus Torvalds 于 1991 年 8 月在芬兰赫尔辛基大学上学时发布的（那年 Torvalds 25 岁）。后来经过众多世界顶尖的软件工程师的不断修改和完善，

Linux 得以在全球普及，已经成为一个稳定可靠、功能完善、性能卓越的操作系统。目前，Linux 已获得了许多国外计算机公司，如 IBM、SGI、HP，以及多个中国公司的支持。许多公司还相继推出了在 Linux 环境中运行的应用软件。Linux 正在成为 Windows 操作系统强有力的竞争对手。

5. 其他操作系统

除了上述操作系统之外，还有其他一些操作系统值得注意。例如，Macintosh OS 是美国苹果（Apple）公司为苹果系列计算机上配置的操作系统，曾因硬件的升级而多次改名。该系统于 1984 年推出，是微型计算机市场上第一个成功采用图形用户界面的操作系统。由于苹果系列计算机在美国等国家和地区一直有较大的市场份额，因而这种操作系统也成为一种行销全球的产品。

2.2 Windows XP 基本知识

考试内容：

Windows 操作系统的运行环境及相关知识

教学要求：

- Windows 运行环境
- Windows 桌面的组成
- Windows 的文件、文件夹、逻辑盘、路径
- Windows 窗口组成
- Windows 的菜单
- Windows“开始”菜单的定制

知识点（21 个）：

- 处理器、内存、硬盘、显示器、光盘、鼠标
- 桌面图标、“开始”按钮、任务栏
- 文件、文件夹（目录）、逻辑盘、路径
- 应用程序窗口、文档窗口、文件夹窗口、对话窗口
- 下拉菜单、快捷菜单
- 更改样式、添加项目

2.2.1 Windows 概述

Windows 是美国 Microsoft 公司继成功开发了 MS-DOS 之后，为高档 PC（32 位机）开发的又一个个人计算机操作系统。Windows 是一个采用图形窗口界面的多任务的操作系统，它使用户对计算机的各种复杂操作只须通过单击鼠标即可轻松实现，从而为更广大的用户（甚至是对计算机知识为零的用户）使用计算机提供了方便。

自 1983 年开发成功 Windows 操作环境，到如今 Windows 已经成为微型计算机行业典型、

主流的操作系统，在20多年的发展过程中，出现了一系列不同版本的Windows系统，目前流行的、比较成熟的是Windows XP。

2005年7月22日微软对外宣布推出新一代操作系统Windows Vista。作为微软的最新操作系统，Vista第一次引入了“Life Immersion”概念，即在系统中集成许多人性的因素，一切以人为本。使得操作系统尽最大可能贴近用户，了解用户的感受，从而方便用户使用。

从2008年6月30日起微软停止向OEM厂商提供Windows XP产品。

Vista与Windows XP比较：

1）成熟性。Windows XP比较成熟，兼容性、软件支持和操作性等方面都比较好；而Vista技术还不成熟，与许多软件还不兼容。

2）环境要求。Vista推荐2 GB内存容量，要求机器配置较高。

鉴于此，如果是使用了两年以上的计算用户，最好用Windows XP，这样更经济、更保险。

Windows的系列家族产品包括Windows 3. X、Windows 95、Windows 98、Windows 2000、Windows ME、Windows XP、Windows 2003和Windows Vista等。

2.2.2 Windows XP特点

Windows XP是为家用和商业计算设计的最新版Windows，发布于2001年10月。“XP”是英文“体验”（eXPerience）的缩写。Microsoft董事长兼首席软件设计师比尔·盖茨在解释XP版本时指出：“它们将使用户更有效地进行交流与合作，更富有创造力，工作更有成果，并从技术中领会更多乐趣”。

Windows XP采用的是Windows NT的核心技术，具有运行可靠、稳定而且速度快的特点，这将为用户的计算机安全、高效运行提供保障。它不但使用更加成熟的技术，而且外观设计也焕然一新。系统增强了多媒体性能，对多媒体播放器进行了彻底的改造，使之与系统完全融为一体。用户无须安装其他的多媒体播放软件，使用系统的“娱乐”功能，就可以播放和管理各种格式的音频和视频文件。

Windows版本的不断升级，对运行环境也提出了一定的要求，微软给出Windows XP运行环境的最低配置为：

- CPU：Intel MMX 233 MHz。
- 内存：128 MB。
- 硬盘空间：1.5 GB。
- 显示器：SVGA（800×600），4 MB显存以上的PCI、AGP显卡。
- 声卡：最新的PCI声卡。
- CD-ROM：8X以上CD-ROM。

键盘和鼠标也是不可缺少的输入设备。

以上所列出的只是安装运行Windows XP所需要的最低硬件要求，要想充分发挥Windows XP的威力，仅达到这些配置是远远不够的。其中，内存的作用尤其明显，扩大标准配置的内存是更好运行Windows XP的明智之举。

2.2.3 Windows XP 操作环境

1. 桌面

桌面是 Windows 启动成功后在屏幕上所看到的整个区域，如图 2-3 所示。桌面是用户进行操作的主要界面。Windows 桌面主要由 3 部分组成：桌面图标（常用的应用程序、文件或文件夹以及快捷方式等）、任务栏和“开始”按钮。

图 2-3 Windows XP 桌面

2. 图标

图标是指在桌面上排列的小图像，它包含图形和说明文字两部分。如果将鼠标放在图标上停留片刻，鼠标箭头旁会弹出对图标所示内容的说明或是文件存放的路径。桌面上的图标实质上就是打开各种程序和文件的快捷方式，大多数应用软件安装后会在桌面上建立一个快捷图标。用户也可以在桌面上创建自己经常使用的程序或文件的快捷图标，这样使用时只要在桌面上双击即可快速启动该项目。

3. 窗口

窗口是在 Windows 环境下用户进行操作的主要界面。为方便用户操作，Windows 将所有面向用户的应用操作均设计为窗口界面。换句话说，在 Windows 下用户可以通过窗口实现各种应用操作。不同的操作对应不同的窗口，但是所有窗口都具有统一的样式和基本结构。用户只要熟悉了一种窗口的环境和操作，对其他窗口的环境和操作就能无师自通。一般的窗口组成如图 2-4 所示。

（1）标题栏

标题栏位于窗口最上面一行，包括控制菜单按钮、窗口名称、“最小化”按钮、“最大化/还原”按钮和“关闭”按钮。

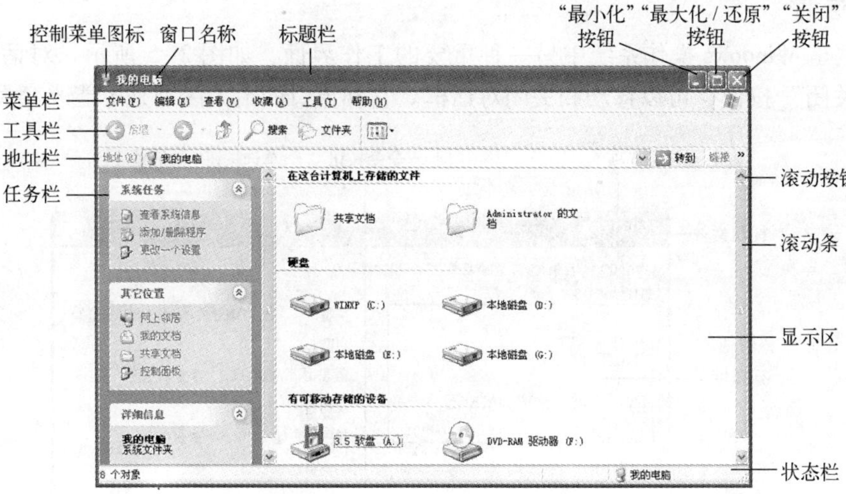

图 2-4　“我的电脑”窗口

（2）控制菜单图标

控制菜单图标位于窗口的左上角。单击控制菜单按钮，可打开控制菜单。

（3）窗口名称

窗口名称显示此窗口对应的程序、文件或文件夹的名称。例如，图 2-4 这个窗口显示“我的电脑”。

（4）“最小化”按钮

单击“最小化”按钮后，窗口将缩小为一个图标，并放置在任务栏上。

（5）“最大化/还原”按钮

单击“最大化/还原”按钮后，窗口将放大为占据整个桌面。

窗口最大化后，“最大化”按钮将变为“还原”按钮，单击“还原”按钮可以将最大化窗口还原为最大化之前的大小。

（6）“关闭”按钮

单击“关闭”按钮将关闭这个窗口，即关闭对应的程序、文件或文件夹，同时该窗口对应在任务栏上的图标也随即消失。

（7）菜单栏

菜单栏列出了这个窗口可以使用的菜单项。每个菜单项可以打开一个下拉菜单，下拉菜单中列出这个窗口的各种操作命令。

（8）工具栏

工具栏由一系列工具按钮组成，工具按钮是菜单栏中最常用的操作命令的图标形式。使用工具栏中的命令图标比使用菜单栏中菜单项命令操作起来更加方便、快捷。

（9）滚动条和滚动按钮

当窗口中的内容不能全部显示时，可以拖动滚动条或单击滚动条、滚动按钮使内容上下滚动，以便显示看不到的内容。

（10）状态栏

状态栏在窗口的最下方，用于提示当前的操作状态。

4. 对话框

对话框是 Windows 操作系统中另一种重要的工作界面，如图 2-5 所示。对话框也有标题栏和“关闭”按钮，可以移动和关闭对话框。它和窗口的最大区别是不能改变大小。

图 2-5　对话框示意图

一般的对话框是由以下控件组成：

- 标题栏：位于对话框的顶部，左端为名称，右端为“帮助”和“关闭”按钮。
- 选项卡：将相关功能合在一起，变一个对话框为多个对话框，单击选项卡，可实现不同项目的切换。
- 文本框：提供信息输入的地方。单击文本框，即可输入信息。
- 列表框：显示一组可用的选项。
- 单选按钮：只能任选其中一个的选项。
- 复选框：可以选择一个或多个的选项。
- 数值框：用来调整或输入数值。
- 滑动式按钮：直观地调整某个参数值。
- 命令按钮：完成特定的命令操作。

5. “开始”按钮

“开始”按钮位于桌面上状态栏的左角。Windows 系统将面向用户的各种操作命令集成在“开始”菜单中。打开“开始”菜单的方法有两种：一种是单击“开始”按钮，打开“开始”菜单；另一种是按〈Ctrl + Esc〉组合键也可打开“开始”菜单。

Windows XP 提供了“默认”开始菜单和“经典”开始菜单。刚安装的 Windows XP 为默认的设置，如图 2-6 所示。

“开始”菜单由 7 部分组成：Internet 栏、历史记录栏、应用程序栏、系统文件夹栏、系统设置栏、系统运行栏和关闭注销栏。单击各栏中包含的命令即可打开相应的程序或选择相应的操作。

图 2-6 “开始”菜单

可以将开始菜单设置成“经典开始菜单”的样式，具体操作步骤如下：

1）鼠标右键单击任务栏空白处，调出“任务栏属性”对话框。

2）单击“开始菜单”标签，并单击该标签页上的“经典开始菜单”选项。

3）单击“确定”按钮，完成设置。

用户可以根据需要自定义开始菜单。鼠标右键单击任务栏空白处，在快捷菜单中选择“属性”命令，打开“任务栏和「开始」菜单属性”对话框，在“开始菜单”选项卡中单击“自定义”按钮，打开“自定义开始菜单”对话框，在“高级”选项卡中的“开始菜单项目”中，能够添加在开始菜单上出现的项目。

6. 菜单

菜单是 Windows 窗口的重要组成部分，是一个应用程序所有命令的分类组合。大部分应用程序窗口都包含“文件”菜单、“编辑”菜单和“帮助”菜单。用户通过执行菜单命令完成用户需要的操作。图 2-7 所示是“我的电脑”窗口中的下拉菜单，这种菜单是目前应用程序中最常用的菜单类型。

在 Windows 操作系统中，鼠标右键单击任何对象都可以弹出一个菜单，此类菜单的弹出和使用都非常方便，称为快捷菜单。快捷菜单中列出了所选对象在当前状态下可以进行的常用操作。当前能完成什么操作，快捷菜单会给出最佳选择。

当使用应用程序中的菜单时，约定如下。

- 灰色命令：灰色命令表示暂时不可使用，因为这个命令所需的条件或环境尚未具备。
- 带省略号（…）：将打开一个对话框。
- 前有符号（√）：当前命令有效，再一次选择，命令无效。
- 带符号“●”：当前命令被选中。
- 带组合键：如〈Ctrl + C〉，按下组合键直接执行相应的命令，而不必通过菜单。

- 带符号（▶）：鼠标指向时，系统弹出一个子菜单。
- 命令键：是指每个命令后面带下画线的英文字母。打开菜单后，按键上的这个字母，就可以执行这个命令。

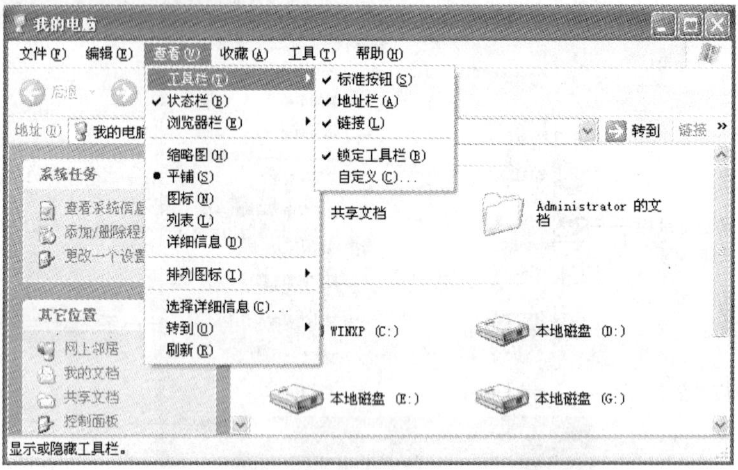

图 2-7　“我的电脑”窗口中的下拉菜单

7. 文件、文件夹和路径

计算机中大多数数据信息都是以文件的形式存储在计算机的硬盘中，对计算机中数据的操作实际上是通过对文件的操作来完成的。在计算机中一般只安装一个硬盘，为了管理方便，硬盘又可被划分为多个逻辑盘，常用字母“C”、“D”、“E”等来标识。文件夹（也称“目录”）是建立在逻辑盘上的某一个存储区域，在这个区域中可以保存文件。

用户根据自己的需要可以建文件夹（子文件夹）。在 Windows 中文件夹采用树形结构（一棵倒置的树）来组织和管理所有的文件。当对某一个文件进行操作（打开，复制、移动、删除等）时，必须先要选定这个文件，选定的过程实际上是指定它所在位置，即“盘符：\ 文件夹树 \ 文件名”。通常把描述文件位置的标识称为“路径”。例如，文件名为“D:\My Documents\ 我的文件夹 \ 个人简历 . DOC”的文件，表明该文件存放在“D”盘、“My Documents\ 我的文件夹”下，文件名为“个人简历 . DOC”。

路径又分为“绝对路径”和“相对路径”两种形式。绝对路径是指从逻辑盘符起到文件所经过的文件夹序列，而相对路径是指从当前文件夹起到文件所经过的文件夹序列。

2.3　Windows XP 基本操作

考试内容：

Windows 操作系统的基本操作方法及使用

教学要求：

- Windows 启动和退出
- Windows 鼠标和键盘的使用

- Windows 中汉字输入
- Windows 窗口操作
- Windows 对话框操作
- Windows 工具栏、任务栏的操作
- Windows 中剪贴板的操作
- Windows 快捷方式的创建、使用及删除
- Windows 中的命令行方式

知识点（24 个）：

- 启动和退出 Windows
- 鼠标操作（5 种）、指针形状（15 种）
- 启动输入法、切换输入法、快捷键操作
- 移动、最大/最小化和恢复窗口改变窗口大小、内容的滚动、窗口标识
- 对话框操作
- 工具栏、任务栏的操作
- 剪切、复制、粘贴、屏幕复制、屏幕窗口复制
- 创建、使用、删除命令
- 切换 MS-DOS 方式

2.3.1 Windows 启动和退出

1. 启动

打开安装了 Windows 系统的计算机电源后，Windows 就会自动启动，受版权的限制，不同厂家、不同版本的 Windows 系统的启动方式不尽相同，但大都要经过以下步骤：

- 检查计算机的硬件配置（CPU 型号、内存容量、外存及 I/O 设备种类、性能等）。
- 引导操作系统，即将 Windows 系统从磁盘装入内存。
- 一般情况下，计算机上都安装有某种查杀病毒的软件（如瑞星、卡巴斯基等），这类软件会在操作系统运行之后自动运行，检查内存及其他部件是否感染计算机病毒，并清除病毒，以保证计算机的正常运行。
- 用户登录。Windows 系统启动之后，自动显示一个对话框，用户在指定的位置上输入“用户名”和“密码”，如果正确的话，启动进入“桌面”环境。

2. 退出

Windows 系统的退出操作表面上看很简单，但是实际上在系统内部要做许多系统管理的工作。例如，关闭所有用户打开的窗口，保存这些窗口的最后工作状态，保存用于管理的系统参数值等。因此，退出系统的操作一定要按规定的程序步骤执行。正常退出系统的操作步骤如下：

1）单击“开始”按钮，打开“关闭 Windows”对话框。

2）选择关闭对话框中的列表项执行相应操作：

- 待机：不关机，但计算机进入低功耗的休眠状态。
- 关闭：关闭计算机。

● 重新启动：先关机再重新启动。

应该注意的是：关闭 Windows 时必须严格按照正确的方法，不能直接关闭机器电源，否则会引起文件丢失或其他错误。操作系统异常关闭或硬盘出现错误，Windows 将自动运行 ScanDisk 程序，以保持用户硬盘处于正常的工作状态，并释放丢失的簇和修复其他错误。

2.3.2 鼠标和键盘的操作

要学会使用计算机，首先应熟悉计算机的键盘和鼠标。因为键盘和鼠标是用户和计算机进行对话和交流的主要工具。在 Windows 环境下工作，只有熟练掌握了键盘和鼠标的使用方法，才能真正体会 Windows 环境操作的方便和快捷，才能得心应手地进行操作。

1. 键盘操作

在键盘上，每个键完成一种或多种功能，其功能均标记在键字上面。主要有：

1）字母键：输入 26 个英文字母。

2）换档键：〈Shift〉键（两个〈Shift〉键功能相同）。输入字母时用此键配合完成大小写的转换；当输入数字键上方的符号时也需要同时按〈Shift〉键。

3）大小写控制键：〈Caps lock〉键。用来转换字母的大小写，是一种开关键。按一下〈Caps lock〉键，输入的都是大写字母，再次按〈Caps lock〉键，转换成小写形式。

4）退格键：〈Backspace〉键，位于“ = ”键的右边（上面标有向左的箭头）。该键的作用是删除插入点左边的一个字符。

5）空格键：位于键盘下部的一个长条键，用来输入空格。

6）功能键：标有“F1，F2，F3，…，F11，F12”的 12 个键，在不同的软件中它们的功能定义不一样。

7）光标键：键盘上 4 个标有箭头的键，箭头的方向分别是上、下、左、右。

8）制表键：〈Tab〉键。按一下该键，光标跳到下一个位置，通常两个位置之间相隔 8 个字符。

9）控制键：这些键中使用最多的是〈Enter〉键，即回车键。还有两个〈Ctrl〉键和两个〈Alt〉键，它们常和其他键一起组合使用。

2. 鼠标操作

鼠标有两键和三键之分（左键、右键及滚轮）。有以下 5 种基本操作。

1）移动：移动鼠标到指定的对象。一般情况下鼠标指针的形状是一个小箭头。

2）左键单击：将鼠标指针指向某一位置或对象，快速按一下左键。功能是选择某个对象。

3）左键双击：将鼠标指针指向某一位置或对象，快速（连续）按两下左键。功能是打开某个窗口或运行某个应用程序。如果不能快速连续地按键，只能产生两次左键单击的效果。

4）鼠标右键单击：将鼠标指针指向某一位置或对象，快速按一下鼠标右键。将弹出该对象的快捷菜单。

5）拖动：将鼠标指针指向某一对象，按下左键不释放，移动鼠标把选定的对象拖动到指定的位置，然后释放左键。拖动操作起到移动对象的操作效果。

在 Windows 下使用鼠标进行操作，它的形状变化将预示着许多含义，表 2-1 给出了常见鼠标光标形状及其含义。

表 2-1　常用鼠标光标形状及其含义

形　状	含　义	形　状	含　义	形　状	含　义
	正常选择	I	选定文本		沿对角线调整 1
	帮助选择		手写		沿对角线调整 2
	后台运行		不可用		移动
	忙	↕	垂直调整	↑	候选
+	精确定位	↔	水平调整		连接选择

2.3.3　输入汉字

输入中文，当然先要选择一种汉字输入方法。在任务栏的右边有一个语言栏，单击该栏图标会弹击一个输入法菜单，如图 2-8 所示。选择其中的一种汉字输入法，就可以输入汉字了。

比较常用的中文输入法有：全拼输入法、智能 ABC 输入法、微软拼音输入法及五笔字型输入法等。

当用户选择某种汉字输入法后，即可转换到特定中文输入法状态，并在屏幕上会出现这种输入法状态窗口，如图 2-9 所示。图中显示的输入法状态表明，当前选中的是智能 ABC 输入法。

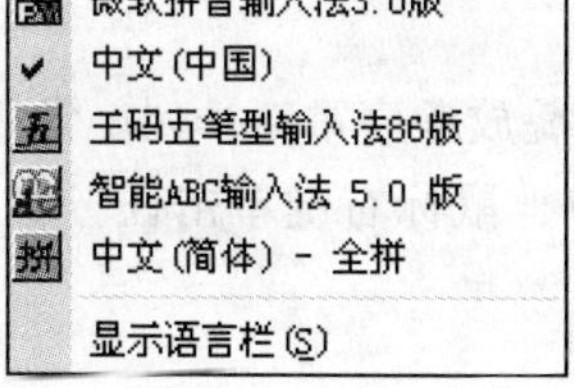

图 2-8　输入法菜单

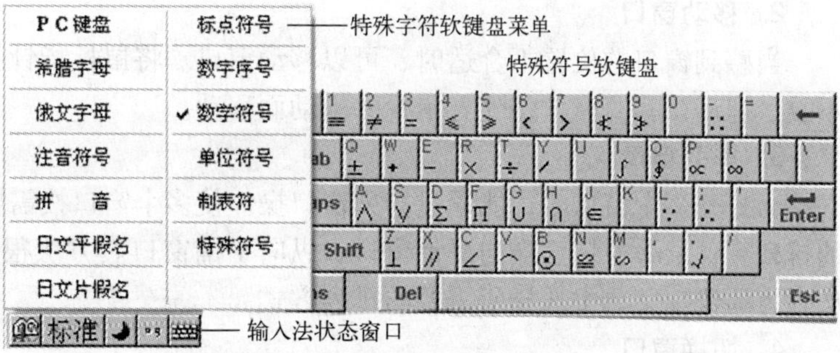

图 2-9　输入法窗口、特殊字软键盘示意图

此时就可以输入中文。单击“输入法状态窗口”中相应用按钮进行全角/半角、中英文标点符号的设置。用鼠标右键单击软键盘按钮（图 2-9 所示输入法状态窗口最右边的一个按钮），会弹出软键盘菜单供选用。例如，图 2-9 所示的是“特殊符号”软键盘。从软键盘中用户就可以选择输入在键盘上没有的特殊字符了（注意：要退出软键盘输入状态，必须左键单击软键盘按钮）。也可以用组合键进行相应的操作，常用的组合键有：

- 〈Ctrl + 空格键〉：用于中、西文之间的切换。

- 〈Shift + 空格键〉：用于全角/半角字符之间的切换。
- 〈Ctrl + Shift〉：用于在已安装的所有输入法之间的切换（循环切换）。
- 〈Ctrl + .〉：用于中、英文标点符号之间的切换。

1. 全拼输入法

全拼输入法是一种简单、易学的中文输入方法，只要会汉语拼音，就可以掌握这种输入方法；缺点是重码率较高，影响输入速度。

打开全拼输入法状态窗口，输入汉语拼音以后，屏幕上显示出 10 个同音字，输入所选汉字前的数字，这个汉子就出现在屏幕上。使用键盘上的等号“=”键或减号“—”键用于前、后翻页。单击显示汉字窗口上的翻页键也能前、后翻页查找所需要的汉字。

2. 智能 ABC 输入法

智能 ABC 输入方法和全拼输入法基本相同，但词组数量比较多。在输入词组时，可以只输入声母。例如，要输入“计算机”，可以只输入“jsj”即可，因此输入速度更快捷。在输入时，与全拼输入法不同的是，输入拼音后，按空格键，汉字显示窗口才会出现汉字。

2.3.4 窗口操作

在 Windows 环境下，运行一个应用程序就会打开一个窗口。所以，在操作过程中经常会涉及窗口操作，包括调整窗口大小、移动、排列、切换和关闭等。

1. 调整窗口的大小

当对窗口大小不满意或者想同时观看多个窗口时，需要调整窗口的大小。单击窗口的“最大化”按钮，可使窗口占满整个屏幕；单击“最小化”按钮，将窗口缩小成一个任务栏上的窗口图标。要想对窗口进行任意大小的调整时，将鼠标指针指向窗口的 4 个边或 4 个角，当光标形状发生变化后，按下左键拖动鼠标，在合适的大小时释放左键，即可改变窗口的大小。

2. 移动窗口

当感到窗口的位置不合适时，可以移动窗口。将鼠标指针指向窗口的标题栏，按住左键不放，拖动鼠标，窗口将随着鼠标的拖动而移动。

3. 排列窗口

当打开多个窗口时，能通过排列窗口操作使多个窗口按需要的叠放顺序重新排列。常用的排列有：层叠窗口、横向平铺窗口、纵向平铺窗口。方法很简单，鼠标右键单击任务栏，从弹出的快捷菜单中选择所需要的排列方式。

4. 切换窗口

当打开多个窗口时，只能使用当前窗口的应用程序。可以通过窗口切换操作在多个应用程序窗口之间进行切换。两种切换方法是：

- 用鼠标单击任务栏上窗口图标。
- 按住〈A1t〉键不放，再不断地按〈Tab〉键，即可切换窗口。

5. 关闭窗口

对于不再使用的窗口，应该关闭它。这样不但可以使屏幕简洁，便于操作，而且通过关闭窗口可以释放应用程序所占用的系统资源。关闭窗口的 4 种方法是：

- 单击窗口标题栏上的“关闭”按钮。

- 单击窗口标题栏上的控制菜单中的“关闭”命令。
- 单击“文件”菜单，选择“退出”命令。
- 按〈Alt + F4〉组合键。

注意：在某些操作过程中，对关闭窗口有严格的要求。例如，使用压缩软件 WinRAR 对文件进行压缩时，要求被压缩文件（窗口）必须是被关闭；通过 FTP、E-mail 传送文件时，也要求被传送的文件必须是关闭的。用户在实际操作时，要格外关注关闭窗口。

2.3.5 对话框操作

对话框在 Windows 环境下有着重要的作用，它是用户和计算机系统之间进行信息交流的特殊窗口。对话框操作包括移动、关闭、选项卡的切换、调用帮助等。

1. 移动和关闭

与窗口移动操作一样，将鼠标指针指向对话框的标题栏，按住左键不放，拖动鼠标，对话框将随着鼠标的拖动而移动。关闭操作的方法有：

- 单击对话框标题栏上的“关闭”按钮。
- 按〈Alt + F4〉组合键。
- 单击“确定”按钮，保存在对话框中所完成的修改；单击“取消”按钮，不保存在对话框中的修改。
- 单击〈Esc〉键。

2. 选项卡（标签）切换

有些对话框中有多个选项卡（标签）。每个选项卡中有不同的选项组，可以通过鼠标单击不同选项卡（标签）的方法切换到不同的选项组。当然也可以使用键盘进行操作，按〈Ctrl + Tab〉组合键完成不同选项卡之间的切换。

3. 调用帮助

在对话框标题栏的右边有一个帮助按钮（“?”图标），当用鼠标单击后，鼠标光标旁会出现一个问号，这意味着进入了及时帮助状态，在对话框中单击不明白的地方，系统就会弹出帮助信息。

2.3.6 任务栏、工具栏操作

1. 任务栏操作

任务栏一般位于桌面下方，也可以通过移动改变任务栏的位置（用鼠标拖动到桌面的左边、右边或顶部）。任务栏中显示系统正在运行的程序和打开的窗口、当前的日期、时间等内容。任务栏由“开始”按钮、快速启动工具栏、窗口图标以及通知区等几部分组成，如图 2-10 所示。

图 2-10 任务栏

1）“开始”按钮：打开“开始”菜单，选择执行系统提供的菜单命令。

2）快速启动工具栏：它由一些常用程序图标组成；单击其中的某个图标可以快速启动相应的程序。该工具栏中一般包括 IE 浏览器图标、收发电子邮件的客户端程序（Outlook Express），以及“显示桌面”等图标。

3）窗口图标：当用户启动某个应用程序后，在任务栏上会出现相应的窗口图标。关闭一个窗口后，其窗口图标从任务栏中消失。借助窗口图标进行窗口切换操作非常方便。

4）通知区：一般包括语言栏，用于各种语言的输入法选择；音量控制器，用于调整声音的大小；隐藏和显示按钮，用于隐藏不活动的图标或显示被隐藏的图标；日期指示器，用于显示当前时间，当将鼠标在它上面停留片刻后，将显示当前的日期。

任务栏中的内容（属性）是可以改变的。鼠标右键单击任务栏空白处，在弹出的快捷菜单中选择“属性”命令，系统弹出“任务栏和「开始」菜单属性”对话框，如图 2-11 所示。

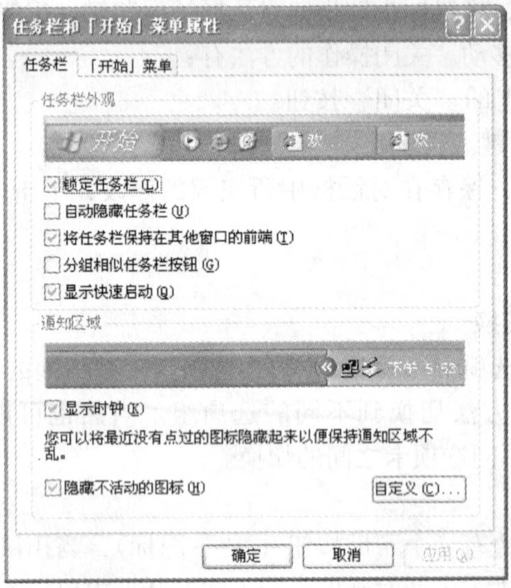

图 2-11　“任务栏和「开始」菜单属性”对话框

在“任务栏外观”选项组中，通过选择复选框可以设置任务栏的外观。复选框包括：

- 锁定任务栏：当选择后，任务栏不能被移动。
- 自动隐藏任务栏：当不对任务栏进行操作时，它自动消失；当需要时，只要将鼠标移到它的位置，任务栏就会自动出现。
- 将任务栏保持在其他窗口的前端：不论打开多少个窗口，也不会盖住任务栏。
- 分组相似任务栏按钮：把相同的程序或相似的文件归类分组使用同一个按钮。
- 显示快速启动：选择后将显示快速启动工具栏。

在“通知区域”选项组中，可以选择是否显示时钟，也可以选择隐藏不活动的图标，以保持通知区域的简洁。

2. 工具栏操作

在任务栏中使用工具栏，能方便快捷地完成一般任务，用户可以根据需要添加或者新建工具栏。

当在任务栏的非按钮区域鼠标右键单击时，在弹出的快捷菜单中指向（选择）“工具栏”可以看到在其子菜单中列出的常用工具栏，如图2-12所示。当选择某一项时，在任务栏上会出现相应的工具栏。在任务栏中可设置的工具栏有：

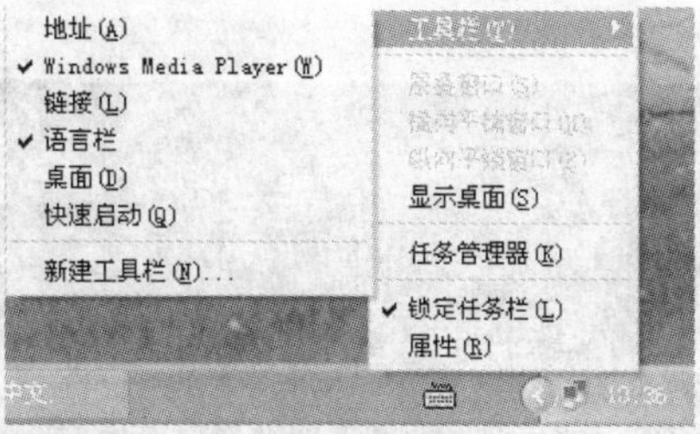

图2-12　工具栏

- 地址工具栏：在此输入文件的路径，按回车键，就会快速找到指定的文件。如果已接入Internet，可以在此输入网址，就会显示给定网址的主页。
- 语言工具栏：显示当前的输入法，依据需要在此完成输入法的查看与切换。
- 桌面工具栏：列出当前桌面上的图标，当需要启动桌面上的程序或者文件时，可以直接在任务栏中启动。
- “快速启动”、“链接”、“Windows Media Player”工具栏。用户根据自己的实际需要，还可以新建工具栏。

2.3.7　命令行方式操作

命令行方式操作即DOS方式操作。Windows应用越来越普及、方便，但DOS命令方式因为运行安全、稳定、占用资源少等特点，仍为一些专业人员所喜爱。所以Windows的各种版本都保留了对DOS应用程序的兼容。

使用DOS命令行方式进行操作，要切换到DOS环境。

操作步骤：单击“开始”菜单，依次选择“所有程序”→“附件”→“命令提示符”菜单命令，即可进入命令行方式，如图2-13所示。

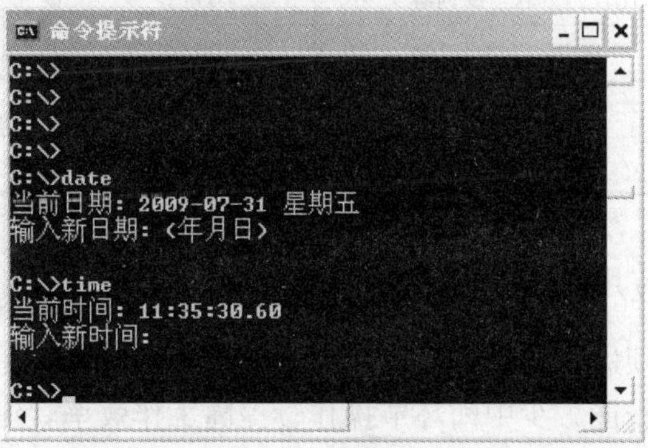

图2-13　“命令提示”窗口

在图2-13窗口中的大于号“>”，就是DOS系统的提示符，它指出了当前路径（例如，图中“C:\>”，表示当前路径是“C:”盘的根目录）。DOS系统在提示符后面闪动的光标处等待用户从键盘输入的命令。例如，当输入“DATE”后，按回车键，窗口中就会显示当前系统的日期，并等待用户输入新的日期。当输入“HELP”后，按回车键，窗口中将显示所有提供给用户操作的 DOS 命令及功能描述，如图 2-14 所示。

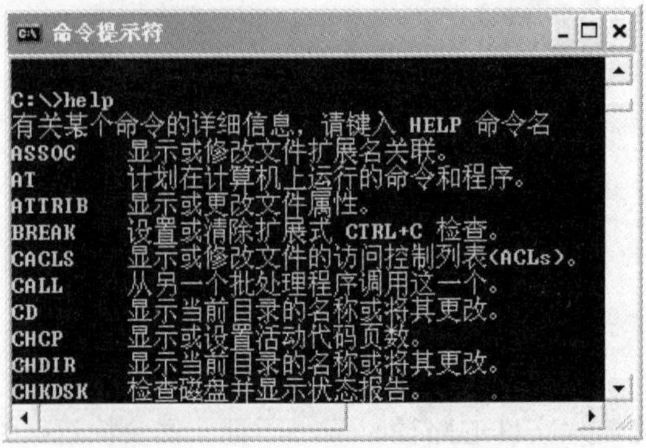

图 2-14　显示命令结果窗口

DOS 命令非常丰富，格式要求也非常严格，在命令行方式下不能使用鼠标，只能通过键盘输入命令完成各种操作。表 2-2 中列出部分 DOS 命令。

表 2-2　DOS 命令列表

命 令 字	命令功能	命 令 字	命令功能
CD	改变路径	HELP	提供命令的帮助信息
CLS	清除屏幕信息	MD	创建子目录
CHKDSK	检查磁盘并显示状态报告	MOVE	将文件从一个移到另一个目录
COPY	复制文件	PATH	显示或设置文件搜索路径
DATE	显示或设置日期	PRINT	打印文本文件
DEL	删除文件	RD	删除目录
DIR	显示目录及文件	REN	修改文件名
DISKCOMP	比较两个软盘的内容	TIME	显示或设置系统时间
EXIT	返回 Windows	TYPE	显示文本文件内容
FIND	在文件中搜索字符串	VER	显示磁盘卷标和序列号
FORMAT	格式化磁盘	XCOPY	复制文件和目录树

2.3.8　快捷方式及应用

快捷方式是一种无须进入安装位置即可启动程序或打开文件（或文件夹）的快速操作方式。使用好快捷方式，能减少中间环节操作，提高工作效率。建立快捷方式有以下两种方法。

1. 创建快捷方式

将快捷方式建立在何处，这对提高工作效率相当重要。为了方便应用，一般把快捷方式建立在桌面上。下面介绍使用快捷菜单在桌面上创建“记事本”程序的快捷方式。

创建“记事本”程序快捷方式的操作步骤如下：

1）鼠标右键单击桌面空白处，在弹出的快捷菜单中依次选择“新建”→“快捷方式”命令，系统弹出“创建快捷方式”对话框。

2）单击“浏览”按钮，系统弹出“浏览文件夹”对话框。

3）依次选择“我的电脑”→C 盘→“WINDOWS”→“System32”→“notepad. exe”命令（“记事本”的可执行程序），单击“确定”按钮，回到“创建快捷方式”对话框。文本框中显示“记事本”程序的详细路径和名称。这一步的作用是查找要创建快捷方式的应用程序，如果知道文件的路径及名称，直接在文本框中输入路径和文件名即可，如图 2-15 所示。

4）单击“下一步”按钮，在“选择程序标题”对话框中可以更改快捷方式的名称。

5）单击“完成”命令按钮，快捷方式创建结束，桌面上显示出“记事本”程序的快捷方式。

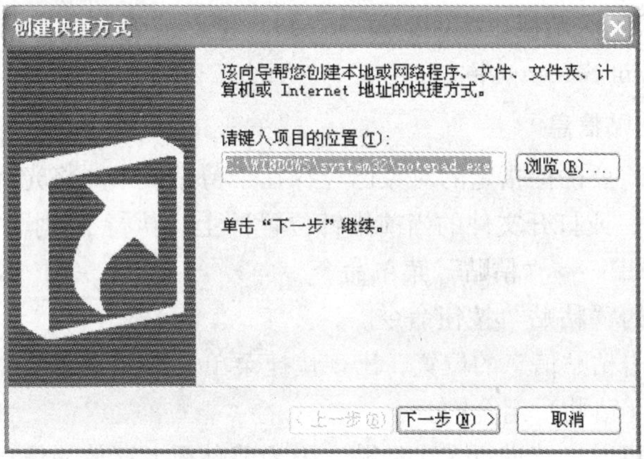

图 2-15　“创建快捷方式”对话框

2. 用鼠标右键拖动建立快捷方式

这是一种更加简捷的创建快捷方式的方法。例如，将“我的音乐”文件夹创建为快捷方式。其操作步骤如下：

1）打开“我的文档”窗口。

2）选中“我的音乐”文件夹，按下鼠标右键向“桌面”拖动，松开右键，系统弹出提示菜单。

3）在菜单中单击“在当前位置创建快捷方式”命令，于是桌面上显示出该文件夹的快捷方式。

默认情况下，系统用“快捷方式”和原对象的名称给新建的快捷方式命名，给快捷方式更名的方法同普通文件一样。

2.3.9　剪贴板应用

剪贴板实际上是系统在内存中开辟的临时存储区域。剪贴板所提供的信息传输和信息共享的技术可用在不同的应用程序之间，也可在同一个应用程序的不同文件之间，或者同一个文件的不同位置。剪贴板不仅可以存储正文，还可以存储图形、图像和声音等信息。

应用剪贴板传输信息需要先将传输的信息存放到剪贴板上，再将剪贴板中存放的信息粘贴到目标对象。

1. 将信息存放到剪贴板

首先选定要放到剪贴板中的对象（可以是文本、图形、图像、声音、文件或文件夹等）。通过剪切或复制命令均可实现存放。两者的不同在于剪切后源对象中被选定的信息消失，而复制后源对象中被选定的信息保留。

完成剪切或复制命令方法有以下几种。

1）依次选择应用程序中“编辑”→“剪切”菜单命令；或者“编辑”→“复制”菜单命令；或者用鼠标右键单击被选择的对象，出现快捷菜单后，选择执行该菜单中“剪切”或“复制”命令。

2）直接单击工具栏中的“剪切”按钮或“复制”按钮；或者按〈Ctrl + X〉（剪切）组合键或〈Ctrl + C〉（复制）组合键。

3）复制整个屏幕到剪贴板。按〈Print Screen〉键；或者复制当前活动窗口或对话框到剪贴板，按〈Alt + Print Screen〉键。

2. 从剪贴板中粘贴信息

执行粘贴操作前，要确保指定的对象已经存在于剪贴板中。将光标定位到要粘贴对象的位置（指定的文件夹，或打开文件的当前指针位置）上，执行下列操作：

- 选择执行“编辑”→“粘贴”菜单命令。
- 单击工具栏中的“粘贴”按钮命令。
- 用鼠标右键单击粘贴信息的位置，出现快捷菜单，选择该菜单中“粘贴”命令。
- 按〈Ctrl + V〉（粘贴）组合键。

剪贴板上的信息可以连续进行多次粘贴。因为剪贴板上存放的信息一直保持到下一次存放新的信息为止。剪贴板上可以按照操作时间的顺序连续保存 12 组信息。如果再有第 13 组信息时，则第 1 组信息被挤掉。

【例 2-1】 桌面的操作

任务和要求：

(1) 练习 Windows 桌面图标的移动、任务栏的移动和隐藏等操作方法。

(2) 查看“开始”菜单的常用选项及其功能。

操作内容 1：拖动图标操作

操作要求：

将桌面上单个图标或全部图标移动位置。

操作方法及步骤：

1）移动鼠标指向某一图标，按下左键拖动即可任意调整图标的位置。

2）按〈Ctrl + A〉组合键或用鼠标拖动的方法选取桌面上的全部图标，按下左键拖动使其整体移动。

操作内容 2：改变图标标题操作

操作要求：

将桌面上“我的电脑”图标的标题改为“电脑资源”。

操作方法及步骤：

鼠标右键单击“我的电脑”按钮，在弹出的快捷菜单中选择择“重命名”命令，将“我的电脑”图标标题改为“电脑资源”。命令执行后，操作对象的名称变为“电脑资源”。

操作内容3：排列图标

操作要求：

按名称重新排列桌面上图标的位置。

操作方法及步骤：

鼠标右键单击桌面空白处，在弹出的快捷菜单中选择“排列图标”命令，在级联菜单中选择“按名称”排列。命令执行后，即可看到桌面上图标按名称重新进行了排列。

操作内容4：自动排列图标

操作要求：

按自动排列方式重新排列桌面上所有图标的位置。

操作方法及步骤：

鼠标右键单击桌面空白处，在弹出的快捷菜单中选“排列图标”命令，在级联菜单中选中“自动排列”选项。命令执行后，即可看到桌面上图标按名称重新进行了排列。

注意：经自动排列后的桌面图标不能再随意地移动位置了。

操作内容5：改变任务栏位置

操作要求：

将任务栏设置在桌面的上方。

操作方法及步骤：

1）鼠标右键单击任务栏空白处，在弹出的快捷菜单中选择“取消锁定任务栏”命令（该命令左边带“√”标记，表示任务栏被锁定，取消锁定后，“√”标记消失）。

2）鼠标指向任务栏空白处，按住鼠标左键不放，拖动任务栏至桌面顶部后松开左键。命令执行后，任务栏处于桌面的上方。

操作内容6：在桌面创建新应用程序的快捷方式

操作要求：

在桌面上建立一个“记事本”应用程序的快捷方式。

操作方法及步骤：

鼠标右键单击桌面空白处，在弹出的快捷菜单中选择“快捷方式”命令，在快捷方式向导中输入记事本应用程序的路径“C:\WINDOWS\notepad.exe”（也可以通过“浏览”按钮找到记事本应用程序的位置），单击“下一步”按钮，如果路径指定无误，单击“完成”按钮，即可实现创建快捷方式的操作。

2.4 Windows资源管理器

考试内容：

Windows资源管理器窗口组成及文件夹和文件管理

教学要求：

- 了解 Windows 资源管理器窗口组成
- 掌握 Windows 文件夹与文件的使用和管理

知识点（21 个）：

- 启动、窗口组成、文件夹树、文件夹内容、窗口分隔条、状态栏、窗口菜单、工具栏、创建快捷方式
- 文件名规则、创建、选择、移动与复制、删除、回收站、重命名、调整显示环境、查看对象属性、查找、显示和隐藏文件

2.4.1 资源管理器概述

Windows 资源管理器提供对文件和文件夹的管理操作。文件和文件夹管理对于操作系统来说是非常重要的功能。所有的信息（包括程序和数据）都是以文件的形式存放在计算机的存储介质上，一台计算机中一般要存放数以万计的文件，每个文件有一个文件名。为了方便管理这些文件，应将它们分类存放在不同的文件夹中，Windows 采用了文件夹的树形层次结构来组织和管理文件。

使用资源管理器之前要先启动它。启动资源管理器的操作很简单：依次选择“开始”→“程序”→“附件”→“Windows 资源管理器”菜单命令，即可打开资源管理器窗口，如图 2-16 所示。

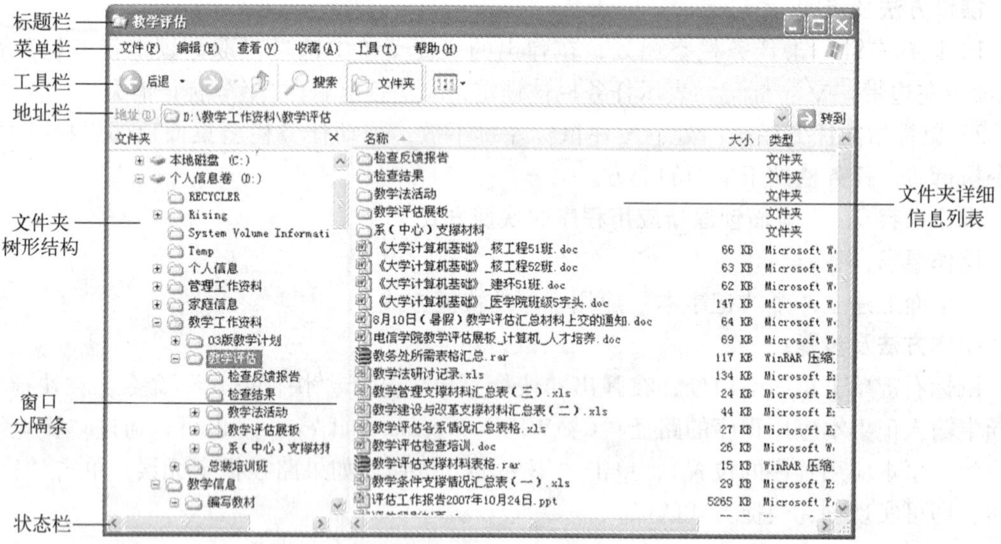

图 2-16 Windows 资源管理器

鼠标右键单击桌面上“我的电脑”、“我的文档”、“回收站”任意一个图标，在弹出的快捷菜单中选取“资源管理器”命令也可以启动资源管理器。

资源管理器由标题栏、菜单栏、工具栏、资源管理器窗口和状态栏组成。

资源管理器的工作区分成左、右两个窗口，左、右窗口之间有分隔条，左、右拖动分隔

条可以改变两个窗口的大小。

地址栏中详细列出了用户访问的当前文件夹的路径。可以在地址栏中直接输入新的路径来访问计算机的资源，也可以单击地址栏右边的下箭头，从中选择一个新路径。

左窗口中显示的是整个计算机资源的文件夹树形结构，其中选定的文件夹称为“当前文件夹”（在地址栏中显示完整路径），其图标呈开口状。当前文件夹的内容显示在右窗口中。

2.4.2 资源管理器操作

1. 文件和文件夹

文件是指已命名的并存放在存储介质上相关信息的集合。在Windows系统中，每个文件对应一个图标，文件名和图标都是文件的标志，对文件的操作可以使用文件名，也可以使用图标。

文件夹是用来组织文件的一个数据结构，又叫文件目录。文件夹是用来存放具有某种关联的若干个文件和子文件夹的。文件夹与文件的区别在于文件中不能再包含文件，而文件夹中却可以包含文件或文件夹。

2. 文件和文件夹的命名

文件和文件夹的命名是有相关约定的。在Windows XP系统中，文件和文件夹命名约定为：

- 不区分英文字母的大小写。
- 命名中可用汉字，但不能出现右边字符串中的字符：#号（#）、百分号（%）、“&”符、星号（*）、竖线（|）、反斜杠（\）、冒号（:）、双引号（”）、小于号（<）、大于号（>）、问题（?）、斜杠（/）。
- 长度最多为255个字符。
- 文件名字中通常有一个不超过3个字符的扩展名，用来标志文件的类型。
- 名字中可用空格符，也可用多个分隔符“.”。

3. 创建文件和文件夹

（1）创建文件夹

创建文件夹的操作步骤如下：

1）先在资源管理器窗口的左窗口中，选定新建文件夹所在的位置（只能是逻辑磁盘号或者是文件夹）。

2）再依次选择“文件”→“新建”→“文件夹”命令，系统即在指定的位置创建了一个名为“新建文件夹”的文件夹。

3）在新建文件夹名称文本框中输入指定的文件夹名后，单击资源管理器窗口的空白处，即可完成创建新文件夹的操作。

（2）创建文件

创建文件的操作步骤如下：

1）先选定要创建文件所在的文件夹。

2）再依次选择“文件”→“新建”菜单命令，出现图2-17所示的菜单，选择该菜单中给出的某种文件类型，则在所选的文件夹中出现带有名为“新建×××文档”的文件。

3）在新建文档名称的文本框中输入新建文件的名称后，单击资源管理器窗口的空白处，即可完成创建新文件的操作。

图 2-17　新建菜单

4. 选定文件和文件夹

在 Windows 系统下对文件夹和文件的操作有一个基本操作规则，那就是“先选择，后操作”。选定文件夹和文件的操作方法对选定其他对象也适用。

具体选定操作方法有：

1）选定单个文件和文件夹。只要单击这个文件或文件夹即可。

2）选定多个连续的文件和文件夹。先单击第一个文件或文件夹，按住〈Shift〉键不放，再单击所选的最后一个文件或文件夹。

3）选定多个不连续的文件和文件夹。单击第一个文件或文件夹，按住〈Ctrl〉键不放，再单击所选的那些文件或文件夹。

5. 删除文件或文件夹

按照“先选择，后操作”的操作规则，在执行删除操作前，要先选定删除的文件或文件夹。下面的方法均可完成逻辑删除操作，也即将删除的对象放入“回收站”。

- 依次选择“文件”→“删除”菜单命令。
- 单击工具栏中的“删除”按钮。
- 鼠标右键单击选定删除的文件或文件夹，在弹出的快捷菜单中选择“删除”命令。
- 直接用鼠标将要删除的文件或文件夹拖到“回收站”中。
- 单击键盘上的〈Delete〉（或〈Del〉）键。

对刚被删除的文件或文件夹，可以选择“编辑”→“撤销删除”菜单命令进行恢复。对以前删除的文件或文件夹只要还保存在“回收站”中，也可以恢复。

若将文件或文件夹从计算机中彻底删除，也就是物理删除（不再保存在回收站中），按〈Shift〉键不放，再执行删除操作。

6. 复制和移动文件或文件夹

复制和移动文件或文件夹的方法有以下几种：

1）选定要复制的文件或文件夹，依次选择“编辑”→“复制”菜单命令，打开目标盘或目标文件夹，依次选择“编辑”→“粘贴”菜单命令。移动与复制的区别仅在于先“剪切”再“粘贴”。

2）用鼠标将选定的文件或文件夹拖动到目标盘或目标文件夹中。

注意：相同驱动器上拖动完成的是移动操作。按下〈Ctrl〉键后再拖动完成的才是复制操作；不同驱动器上拖动完成的是复制操作，按下〈Shift〉键后拖动完成的是移动操作。

3）使用剪贴板也可以实现文件夹或文件的复制和移动。

7. 更改文件或文件夹名称

更改文件或文件夹名称的操作步骤如下：

1）先选定要更名的文件或文件夹。

2）依次选择“文件”→“重命名”菜单命令，此时文件或文件夹名称呈现文本框状，在名称文本框中输入新的文件名后，按回车键即可。

也可以使用快捷菜单选择“重命名”命令来实现更改文件或文件夹名称的操作。

8. 发送文件或文件夹

可将选定的文件或文件夹直接发送到软盘、可移动磁盘、我的文档、邮件接收者或桌面快捷方式等。

发送文件或文件夹的操作步骤如下：

1）先选定待发送的文件或文件夹。

2）依次选择“文件”→“发送到”菜单命令，在出现的菜单中选择目标位置即可。

也可以用快捷菜单方式实现发送操作。

9. 查看或修改属性

在Windows资源管理器中，可以查看文件和文件夹的属性，并可以对属性进行修改。

文件及文件夹的属性有：

- 只读。该文件只能阅读，不能被编辑或删除。
- 隐藏。意味着无法查看指定的文件或文件夹。
- 存档。指定是否应该存档该文件或文件夹。一些程序用此选项来控制要备份哪些文件。

查看或修改文件或文件夹属性的操作步骤如下：

1）先选定要查看或修改其属性的文件或文件夹。

2）依次选择“文件”→“属性”菜单命令，系统弹出如图2-18所示的“属性”对话框。选择“常规”选项卡，便可看到该文件或文件夹的属性和其他信息。

3）若要修改属性，则选择单击对话框中“属性”复选框中的选项（只读、隐藏、存档），最后单击“确定”按钮，完成操作。

10. 搜索文件或文件夹

想在当前主机的磁盘中查找指定的文件或文件夹时，需要使用Windows系统提供的“搜索”功能。

搜索文件或文件夹的操作步骤如下：

1）依次选择“开始”→“搜索”→“文件或文件夹”菜单命令，系统弹出“搜索结果”窗口。

2）在搜索窗口的“要搜索文件或文件夹名为”文本框中输入搜索内容（文件名必须是全名，即“主文件名.文件扩展名”）。

3）在“搜索范围”中选择欲搜索的磁盘逻辑驱动器。

4）单击“立即搜索”按钮开始执行自动搜索操作。搜索结果将显示在窗口的右边。

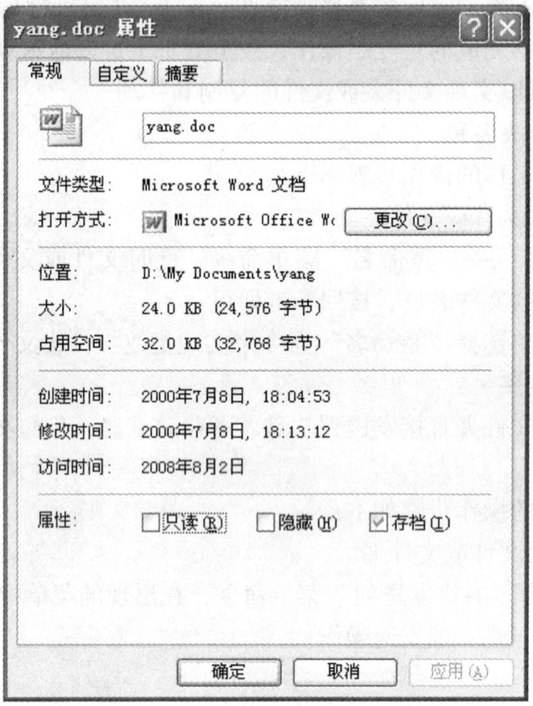

图 2-18　文件“属性”对话框

在输入搜索对象的名称时，如果记不清文件名，或者欲搜索具有某种类型、某种特征的一批对象时，可以使用文件通配符“＊”和“?”。“＊”表示可以通配任意长度的任意字符，“?”表示只能通配一个字符。例如，欲搜索有关“计算机基础”有关的 Word 文档，但确切的文件名并不能全部准确地写出来，这时可以使用“＊”通配符，文件名可输入“计算机基础＊.DOC”。这样搜索的结果中就可能包括“计算机基础知识.DOC”、“计算机基础概论.DOC”、“计算机基础大全.DOC”等一批满足通配条件的文档。

11. 回收站的操作

回收站是在磁盘中开辟的存储区域，用来暂时存放被删除的文件和文件夹。回收站除了具有暂时存放被删除的文件和文件夹外，还有如下功能。

（1）恢复被删除的文件或文件夹

具体操作步骤如下：

1）双击桌面上的“回收站”图标，系统弹出“回收站”窗口。

2）在“回收站”窗口中，先选定要恢复的文件或文件夹。

3）依次选择“文件”→“还原”命令，要恢复的文件或文件夹被恢复到原来的位置。如果原文件夹已不存在，系统将重建该文件夹。

（2）清除回收站中部分或全部文件和文件夹

具体操作步骤如下：

1）打开“回收站”窗口，选定窗口中要清除的文件或文件夹。

2）依次选择“文件”→“删除”菜单命令，确认后可彻底删除。

在“回收站”窗口中依次选择“文件”→“清空回收站”命令，确认后便可将回收站全部清除。

注意：从回收站中清除的文件或文件夹将不可再恢复。

【例2-2】 文件和文件夹操作。

任务和要求：

(1) 理解文件夹的结构，掌握有关文件夹的常用操作方法。

(2) 掌握创建应用程序快捷方式的操作方法。

(3) 掌握文件的选择、移动、复制、删除等操作方法。

操作内容1：创建文件夹

操作要求：

在D盘根目录中创建名为“常用文件”的文件夹。

操作方法及步骤：

1）打开“资源管理器”窗口，在左窗口中选择“D:”盘图标。

2）依次选择“文件”→“新建”→“文件夹”菜单命令，在“D:”盘上创建一个名为“新建文件夹”的文件夹。

3）在该文件夹名的文本框中输入“常用文件”后，在该文件夹图标之外的空白处单击，即可在“D:”盘上创建一个名为“常用文件”的文件夹。

操作内容2：复制文件夹

操作要求：

将“D:”盘根目录中名为“常用文件”的文件夹复制到“E:”盘根目录下。

操作方法及步骤：

1）打开“资源管理器”窗口，在左窗口中选择“D:”盘中的“常用文件”文件夹，鼠标右键单击，在打开的快捷菜单中选择“复制”命令，将复制对象传送到剪贴板中。

2）在资源管理器的左窗口中，选择“E:”盘图标，鼠标右键单击，在打开的快捷菜单中选择“粘贴”命令，即可将剪贴板上的文件夹粘贴到目标位置。

操作内容3：建立文件夹中的子文件夹

操作要求：

在“D:”盘的“常用文件”文件夹下建立子文件夹“家庭文件”和“学习文件”。

操作方法及步骤：

1）打开“资源管理器”窗口，在左窗口中选择“D:”盘的“常用文件”文件夹并双击该文件夹，将其打开。

2）鼠标右键单击资源管理器右窗口中“常用文件”文件夹中的空白处，在弹出的快捷菜单中依次选择“新建”→“文件夹”菜单命令，在该文件中创建一个名为“新建文件夹”的文件夹。

3）在新建文件夹名称的文本框中输入“家庭文件”，即可完成创建子文件夹的操作。

用同样的方法再创建“学习文件”子文件夹。

操作内容4：移动文件夹

操作要求：

将“D:”盘“常用文件”文件夹下的“学习文件”文件夹移动到“E:”盘“常用文件”文件夹下。

操作方法及步骤：

1）打开“资源管理器”窗口，在左窗口中选择“D:”盘“常用文件”文件夹下的“学习文件”子文件夹。鼠标右键单击，在弹出的快捷菜单中选择“剪切”命令。

2）在“资源管理器”左窗口中选择“E:”盘“常用文件”文件夹，鼠标右键单击，在弹出的快捷菜单中选择“粘贴”命令。

操作完成后，原来在“D:”盘“常用文件”下的“学习文件”子文件夹被移动到“E:”盘“常用文件”文件夹下。

操作内容5：选定文件

操作要求：

执行“选择单个文件”、“选择不连续的多个文件”、“选择连续的多个文件”，以及“选择文件夹下的全部文件”的操作。

操作方法及步骤：

执行该操作前，首先根据本地计算机的具体情况，寻找一个内容较多的文件夹，作为执行本操作的素材资源。

1）选择单个文件。鼠标单击某个文件图标即可选定。

2）选择不连续的多个文件。按住〈Ctrl〉键不放，然后分别单击要选择的几个文件图标。

3）选择连续的多个文件。单击一个文件图标，再按住〈Shift〉键不放，再单击另一个文件图标，则选定两个文件图标之间的所有文件。

4）选择文件夹下的全部文件。在“资源管理器”左窗口中打开指定文件夹，依次选择执行资源管理器的“编辑”→“全部选定”命令，即可选定当前文件夹中的所有文件。

注意：按〈Ctrl + A〉组合键，也可以选定指定文件夹中的所有文件。

操作内容6：复制文件

操作要求：

将指定的一个或多个文件复制到本地计算机指定的路径。

操作方法及步骤：

假定已在“E:”盘上创建了“常用文件”文件夹，根据本地计算机的具体情况选择一个或多个文件（可以是任何类型的文件）复制到“E:”盘的“常用文件”文件夹中。

1）打开“资源管理器”窗口，在打开的文件夹中选定一个或几个文件。

2）依次选择执行资源管理器的“编辑”→“复制”菜单命令；或鼠标右键单击所选定的文件，在弹出的快捷菜单中选择“复制”命令或按〈Ctrl + C〉组合键。

3）双击“E:”盘的“常用文件”文件夹图标，打开它。

4）依次选择“编辑”→“粘贴”菜单命令或鼠标右键单击文件夹空白处，在弹出的快捷菜单中选择“粘贴”命令或按〈Ctrl + V〉组合键。到此，完成文件复制操作。

操作内容7：移动文件

操作要求：

将指定的一个或多个文件移动到本地计算机指定的路径。

操作方法及步骤：

假定已在“E:”盘上创建了“常用文件”文件夹，根据本地计算机的具体情况选择一个或多个文件（可以是任何类型的文件）移动到“E:”盘的“常用文件”文件夹中。

1）打开“资源管理器”，在打开的文件夹中选定一个或几个文件。

2）与复制文件操作的步骤2）基本类似，不同的是将“复制”命令换为“剪切”命令，或用〈Ctrl + X〉组合键操作。

3）同复制文件操作的3）。

4）同复制文件操作的4）。到此，完成文件移动操作。

操作内容8：删除文件

操作要求：

将指定的一个或多个文件删除。

操作方法及步骤：

假定经过上述文件复制或文件移动操作后，在“E:”盘“常用文件”文件夹下有一个或多个文件，选择一个或多个文件删除它们。

1）打开“资源管理器”窗口，在左窗口中选择“E:”盘“常用文件”文件夹下一个或多个文件。

2）单击〈Delete〉（或〈Del〉）键，在弹出的“确认文件删除”对话框中，单击“是”按钮，则所选定的文件被删除，放入回收站中。

注意：如果是要物理删除被选定的文件，则按〈Shift + Delete〉组合键（或〈Shift + Del〉），在系统弹出的“确认文件删除”对话框中，单击“是”按钮，则所选定的文件被物理删除（不放入回收站）。

操作内容9：创建资源管理器快捷方式

操作要求：

在桌面上创建资源管理器快捷方式。

操作方法及步骤：

1）依次选择“开始”→“所有程序”→“附件”命令，打开附件的级联命令菜单。

2）按下〈Ctrl〉键不放，用鼠标左键拖动附件级联菜单中的“Windows 资源管理器”菜单项至桌面，松开左键，即可完成在桌面上创建资源管理器快捷方式的操作。

2.5 Windows XP 系统环境设置

考试内容：

Windows 控制面板的使用

教学要求：

- Windows 控制面板的启动
- Windows 中日期、时间、语言和区域设置
- Windows 中程序的添加和删除
- Windows 显示属性的设置

知识点（6 个）：

- 启动方法
- 日期和时间设置、语言和区域设置
- 程序的添加和删除操作
- 显示属性的设置

2.5.1 控制面板

控制面板是 Windows 系统中一个非常重要的系统程序，它也是对系统设备进行设置的一个工具集。通过控制面板可以设置显示器、键盘、鼠标、打印机、日期/时间、网络、输入法等系统工具，还可以添加新硬件、添加/删除程序、多媒体等应用程序，以满足用户的需求。

图 2-19 所示的是“控制面板”窗口。在“控制面板”窗口中，操作功能是按分类进行组织的。要了解某一分类的详细信息，可将鼠标指向这个分类图标，就会弹出一个解释文本框。通过选择“开始”→“设置”→“控制面板”命令，可以打开“控制面板”窗口。

图 2-19 “控制面板”窗口

下面介绍控制面板中的几个主要设置功能。

1. 性能和维护

在“控制面板”窗口中选择“性能和维护”命令，打开“性能和维护”窗口，如图 2-20 所示。

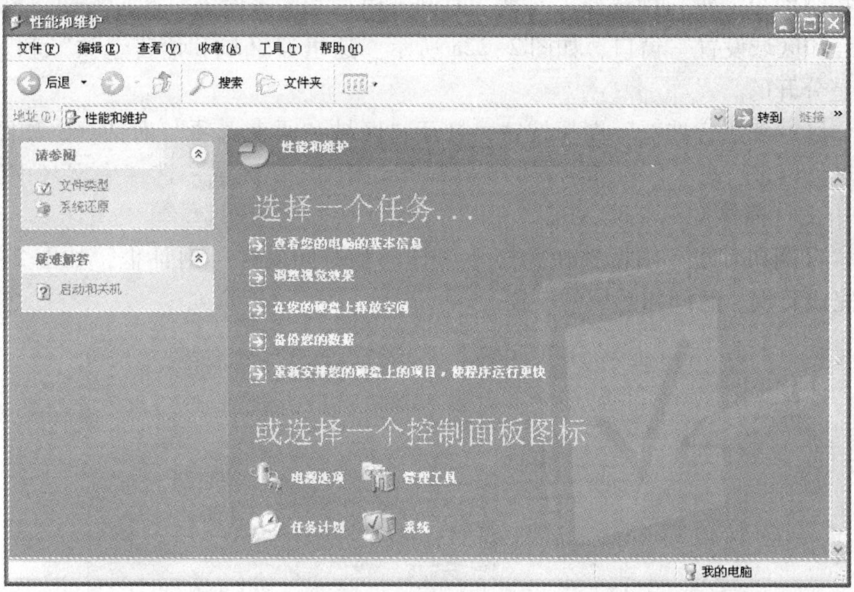

图 2-20 “性能和维护”窗口

单击“系统”图标按钮，打开“系统属性”对话框，如图 2-21a 所示。单击“系统属性”对话框中的“高级”选项卡，系统弹出“高级”选项卡对话框，如图 2-21b 所示。在该选项卡的“性能”选项组中，单击“设置”按钮，系统弹出“性能选项”对话框，如图 2-21c 所示。

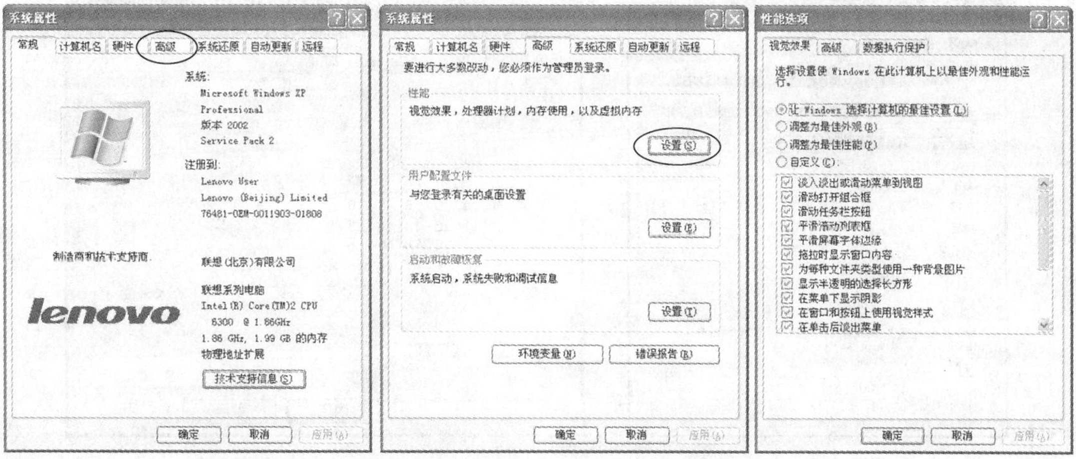

a) b) c)

图 2-21 性能操作对话框示意图

a)“系统属性”对话框 b)“高级”选项卡 c)“性能选项”对话框

在“视觉效果”选项卡中选择“让 Windows 选择计算机的最佳设置”单选按钮，单击“确定”按钮，系统将自动完成最佳的设置。在“性能选项”对话框中单击“高级”选项卡，还可以进行“处理计划”、“内存使用”，以及“虚拟内存”等高级设置。

2. 日期、时间、语言和区域设置

在“控制面板”窗口中选择“日期、时间、语言和区域设置”图标按钮，打开“日期、时间、语言和区域设置”窗口，如图 2-22a 所示。这里“区域和语言选项”和“日期和时间”设置是分开的。

单击“区域和语言选项”图标按钮，打开“区域和语言选项”对话框，如图 2-22b 所示。在这里可以进行有关区域和语言的选择操作。例如，“区域”选“中文（中国）”，“语言”选“中文（简体）－智能 ABC”。

单击“日期和时间”图标按钮，打开“日期和时间属性”对话框，如图 2-22c 所示。在这里可完成日期、时间和区域的设置。

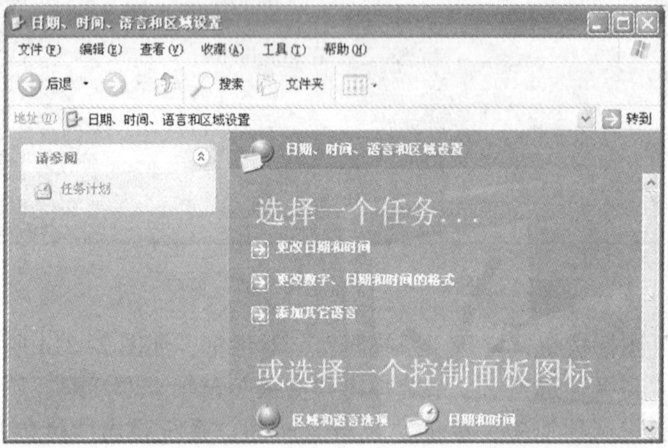

a)

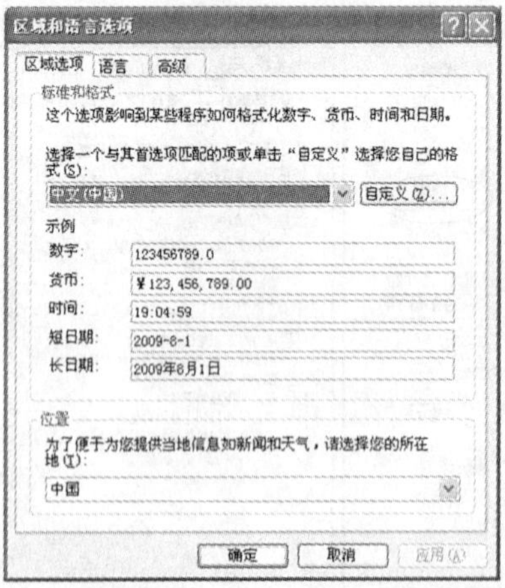

b)

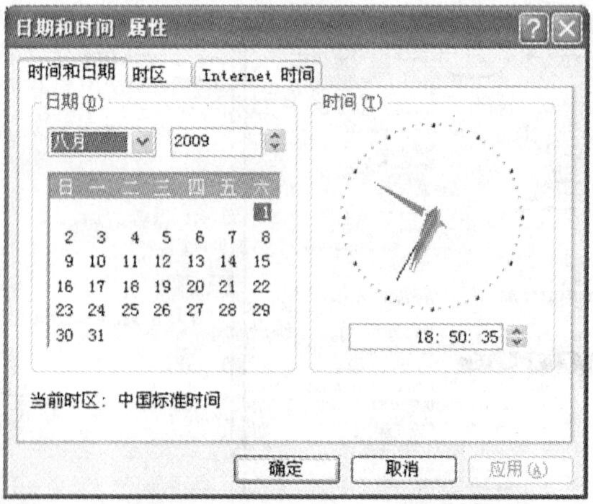

c)

图 2-22 时期、时间、语言和区域设置对话框示意图

a) 日期、时间、语言和区域设置 b) 区域和语言选项 c)“日期和时间属性”对话框

2.5.2 添加或删除应用程序

除了从软盘和光盘安装程序以外，Windows XP 的“控制面板”还提供了一个“添加或删除程序”的向导程序。选择该项目后，出现“添加或删除程序”窗口，如图 2-23 所示。

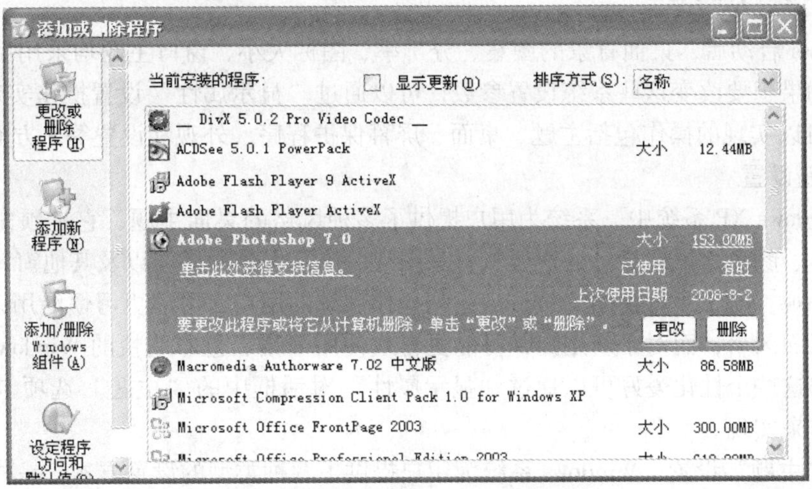

图 2-23　“添加或删除程序”窗口

“添加新程序”或“更改或删除程序”图标可以安装新程序或删除应用程序软件。

“添加/删除 Windows 组件”图标用于添加或删除 Windows 系统组件，并给出组件所占用的磁盘空间。

若要安装 Office 2003 时，只要将安装 CD 盘放入驱动器，安装程序就会自动启动，显示安装窗口如图 2-24 所示。

图 2-24　Office 2003 自动安装窗口

用户可以根据屏幕上的提示进行操作，就很容易完成安装。对于那些不具有自动安装功能的程序，用户在“开始”菜单中选择“运行”命令，并在文本框中输入安装程序的路径和名称，然后单击“确定”按钮，通过这种方式来运行程序。另外，可以利用“添加或删除程序”窗口，单击“添加新程序”按钮来安装新程序。

2.5.3 显示属性设置

Windows 启动后，桌面背景的图案、分辨率、图标大小、窗口主题均采用系统的默认参数设置。如果想要改变这些系统设置参数，可以通过“显示属性”设置操作实现。“显示属性”设置可以实现的操作包括主题、桌面、屏幕保护程序、外观和设置等 5 方面的内容。

1. 主题设置

在 Windows XP 系统中，系统为用户提供了多种风格的桌面主题，它是预先定义的一组图标、字体、颜色、鼠标指针、声音、背景图片、屏幕保护程序，以及其他窗口元素确定桌面的整个外观。对于一直使用 Windows 系列操作系统的用户，可能更习惯沿用以前 Windows 中的经典桌面风格；而对于新用户，可能更喜欢使用简洁、色彩明快的 Windows XP 桌面风格。用户的这些个性化爱好可以通过“显示属性”对话框中的“主题”选项卡中提供的设置选项操作来实现。

关于“主题”设置，Windows 系统为用户提供了两种类型的设置方式：一种是用户在系统提供的主题文件列表中选择自己中意的主题；另一种是让用户通过自定义主题文件（主题文件的扩展名为“. theme”）来设置主题。

“显示属性”主题对话框如图 2-25 所示。

2. 桌面设置

每当用户打开计算机时，最先看到的就是桌面。如果桌面布置得别有趣味，会给用户带来好的心情和美的享受。布置桌面的操作就可以通过“显示属性”对话框中的“桌面”选项卡设置来实现。“桌面”设置的对话框如图 2-26 所示。

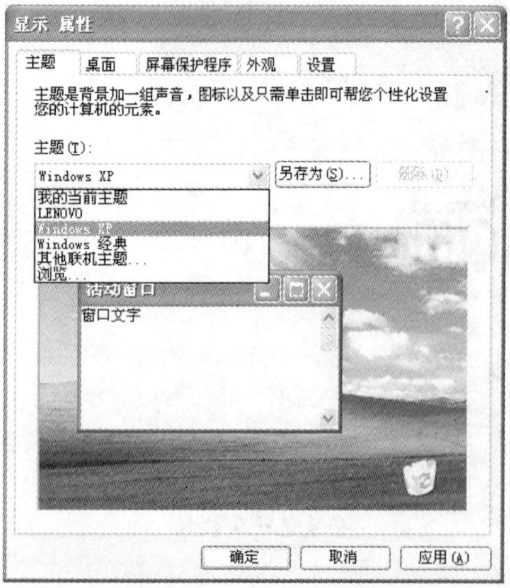

图 2-25 “主题”选项卡设置对话框

图 2-26 “桌面”选项卡设置对话框

关于桌面背景的设置，Windows 系统提供了多种设置选项：一种是让用户在“背景”列表框中选择系统提供的桌面背景图片；另一种则是让用户通过“浏览”（按钮）方式选取中意的图片文件作为桌面背景图片；还有一种就是让用户通过“自定义桌面”（按钮）方式自己设计图片作为桌面背景。

桌面选项中的“位置”下拉列表框，是用于确定选择图片的显示位置。其中，“居中”是让图片以原文件的大小显示在屏幕的中间；“平铺”是让图片以原文件大小铺满屏幕；“拉伸”是让图片拉伸到整个屏幕。

桌面选项中的“颜色”列表框，用于选择背景和颜色。当没有选择背景图片时，此颜色将覆盖整个桌面。

“自定义桌面”按钮。单击该命令按钮后，将打开“桌面项目”对话框。在桌面项目的“常规”选项卡中，用户可以进行改变桌面常用图标的操作。常用图标包括“我的电脑”、“我的文档”、“网上邻居”和“回收站”等。系统为每种常用图标，选配了一组候选图标供选择。如果用户想改变某个常用图标的样式，单击“更改图标”按钮，进行相应的选取新样式图标的操作。操作完成后系统将以新图标样式替代旧的图标样式。若想还原为默认图标，可单击“还原默认图标”按钮。

3. 屏幕保护程序设置

计算机的功耗很大一部分来自屏幕。为此，系统专门设计了屏幕保护功能。屏幕保护程序可以使用户暂时不用计算机时，让屏幕自动处于保护状态。当用户需要使用时，只需移动鼠标或者操作键盘即可恢复到原来的工作状态。“屏幕保护程序”设置对话框如图 2-27 所示。

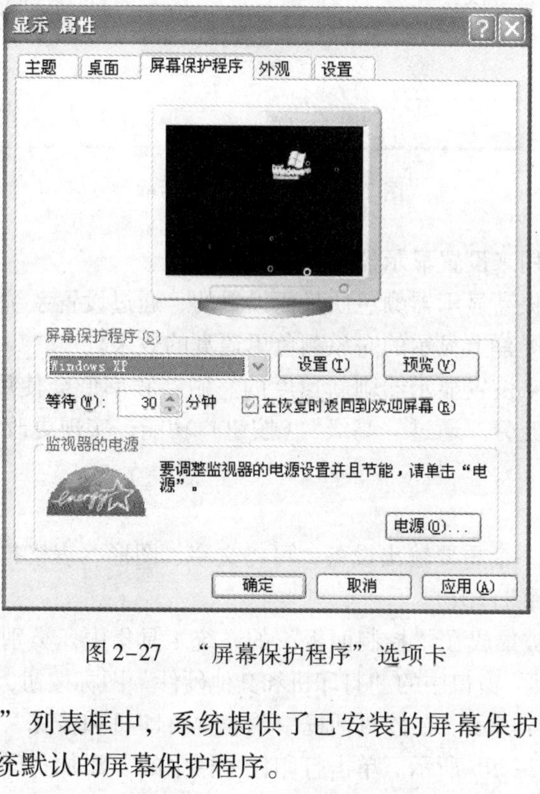

图 2-27 “屏幕保护程序”选项卡

在“屏幕保护程序”列表框中，系统提供了已安装的屏幕保护程序供用户选择使用。当前计算机使用的是系统默认的屏幕保护程序。

更换了屏幕保护程序后，可以通过“预览”（按钮）随即观看屏幕保护程序的效果。

通过“设置”（按钮）功能，对选定的屏幕保护程序进行参数设置，如“等待”时间。当系统待机时间超过设置的等待时间后，自动启动屏幕保护程序。

通过“在恢复时返回到欢迎屏幕”（复选框）功能，可设置屏幕保护密码。当结束屏幕保护程序，恢复计算机操作时，需要重新输入密码才能准入。

“电源”按钮是为节省能源设置的。通过设置计算机电源使用方案达到节能效果。

4. 设置颜色、分辨率和刷新频率

对于显示器的参数设置是在“显示属性”对话框中的“设置”选项卡中实现的。“设置”对话框如图 2-28 所示。

图 2-28 “设置”对话框

- 屏幕分辨率：是用来设置显示器分辨率的。
- 颜色质量：是为提高显示器颜色质量而设置的，通过设置系统和屏幕同时能够支持的颜色数目达到使屏幕上显示的对象颜色更逼真的效果。
- 刷新频率：是用来设置显示器刷新速度的。刷新频率低会使用户有一种闪烁的感觉，容易使人的眼睛疲劳。通过“高级”（按钮）功能，实现更改刷新频率的操作。

2.5.4 安装打印机

打印机是计算机的一个重要输出设备，可将文字、图形、表格打印出来以便交流。在用打印机之前，首先要安装打印机。

安装打印机的功能被集成在“控制面板”的系统工具集中，类别名称为“打印机和其他硬件”。单击“控制面板”窗口中的“打印机和其他硬件”图标按钮，打开“打印机和其他硬件”对话框，如图 2-29a 所示。在该对话框中单击“打印机和传真”图标按钮，打开“打印机和传真”窗口，如图 2-29b 所示。单击打印任务栏中的“添加打印机”图标按钮，即可启动“添加打印机”向导。在添加打印机向导指引下，就可以完成安装打印机的操作。

a) b)

图 2-29 “打印机”设置

a)“打印机和其他硬件”窗口 b)“打印机和传真”窗口

2.5.5 用户管理

在一台计算机上可以创建多个用户，每个用户可以设置不同的密码。这样多个用户可以使用同一台机器的 Windows XP 而互相之间互不干扰。

1. 创建新用户

创建新用户操作的功能集成在“控制面板”的工具集中，类别名为“用户账户”。打开“用户账户”窗口，呈现如图 2-30a 所示的“用户账户”对话框。

在“用户账户”对话框中列有可供选择的任务，包括“更改账户”、“创建一个新账户”和“更改用户登录或注销的方式”。

选择“创建一个新账户”任务，打开如图 2-30b 所示创建新账户向导对话框。创建一个新账户的操作包括输入一个新账户名、选择账户类型；账户类型分为“计算机管理员”和“受限”账户两类。为系统安全起见，一般选择“受限”账户类型。

a) b)

图 2-30 “用户账户”设置

a)“用户账户”窗口 b)“创建一个新账户”窗口

2. 修改账户

在“用户账户”窗口中选择“更改账户”任务，就可以修改某一个指定用户的账户。修改“用户账户”操作包括更改账户名称、更改账户密码、更改图片、更改账户类型、删除账户等。

【例 2-3】 使用控制面板的操作

任务和要求：

(1) 练习控制面板的使用。

(2) 使用控制面板更改桌面项目的外观，应用主题或屏幕保护程序到计算机，或定义“开始”菜单和任务栏。

操作内容 1：设置屏幕保护程序

操作要求：

设置屏幕保护程序中的等待时间为 15 min（分钟）。

操作方法及步骤：

1) 选择“控制面板”窗口中的“显示”任务。依次选择“开始”→“所有程序”→“控制面板”命令，打开“控制面板”窗口。

2) 在“控制面板”窗口中双击“外观和主题”任务类别，打开“外观和主题”窗口。选择该窗口中的“显示”图标，打开“显示属性”对话框。

3) 单击“显示属性”对话框中的“屏幕保护程序”选项卡，进入“屏幕保护程序”操作对话框。

4) 在“屏幕保护程序”对话框中，选择“屏幕保护程序”下拉列表框中的某个屏幕保护程序，在“等待”时间数值框中输入数字“15”，单击“确定”按钮，结束操作。

设置屏幕保护程序还可以使用更简洁的操作方法。鼠标右键单击桌面，在弹出的快捷菜单中选择“属性”命令，就可以打开“显示属性”对话框。接下去的操作如同上述操作过程的 3)、4)。

操作内容 2：安装打印机

操作要求：

安装 HP 公司的 HP Color LaserJet 4500 型打印机。

操作方法及步骤：

1) 依次选择“开始”→“所有程序”→“控制面板”命令，打开“控制面板”窗口。

2) 在“控制面板”窗口中选择“打印机和其他硬件”类别，系统弹出“打印机和其他硬件”窗口，在该窗口中选择“打印机和传真”图标命令，打开“打印机和传真”窗口，在该窗口的“打印机任务”栏中选择“添加打印机”命令，启动添加打印机向导程序。

在个别系统中，1) 和 2) 可以合并为一个步骤，即依次选择“开始”→“所有程序”→“打印机和传真”命令，选择“添加打印机”命令启动添加打印机向导程序。

3) 在图 2-31 所示的“添加打印机向导”对话框中，单击“下一步”按钮，进入如图 2-32 所示的选择“打印机类型”对话框，类型分为“本地”和“网络”打印机两类，单击选择类型单选按钮后，单击“下一步”按钮，进入如图 2-33 所示的“新打印机检测”对话框。

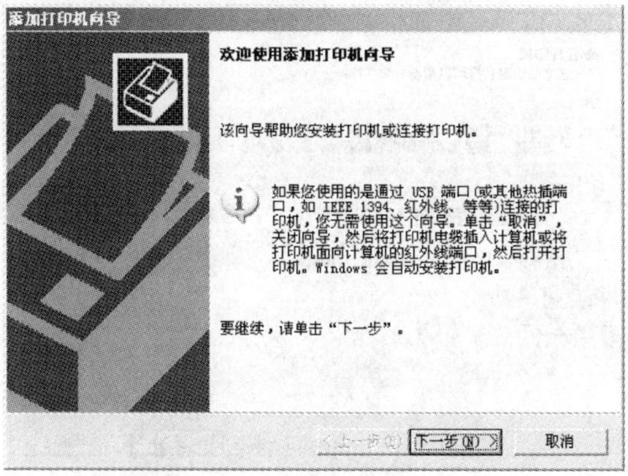

图 2-31　“添加打印机向导”对话框

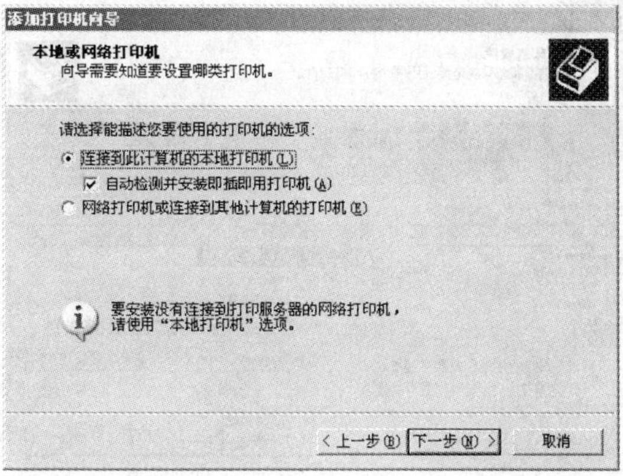

图 2-32　选择“打印机类型”对话框

4）在“打印机测试”期间，系统自动检测新装打印机是否为自动安装的“即插即用”打印机。如果是手动安装打印机，则单击“下一步”按钮，进入如图 2-34 所示的选择“打印机端口”对话框。

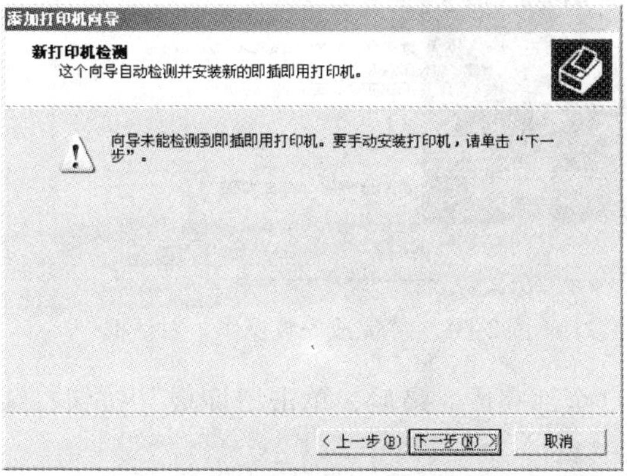

图 2-33　“新打印机检测”对话框

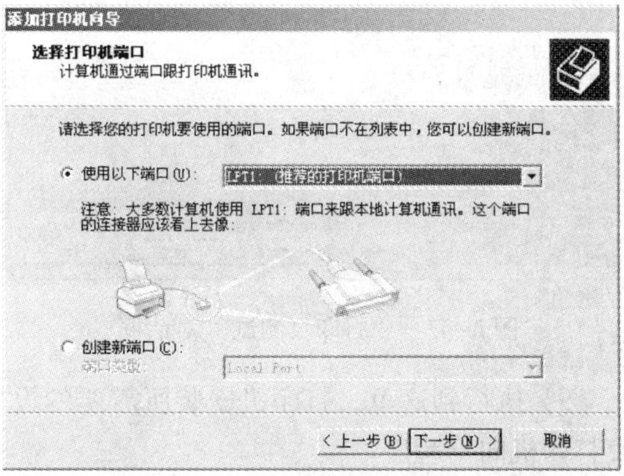

图 2-34　选择“打印机端口”对话框

5）在选择“打印机端口”对话框中，可选择系统提供的端口，也可以创建新端口。系统提供的端口可以通过端口下拉列表框进行选择。选择后，单击“下一步”按钮。进入如图 2-35 所示的选择“安装打印机软件”对话框。

6）在选择“安装打印机软件”对话框中，从“厂商”列表中选择“HP”公司，从“打印机”型号列表中选择“HP Color LaserJet 4500”。选择后，单击“下一步”按钮。进入如图 2-36 所示的“命名打印机”对话框。

7）在“命名打印机”对话框中，可以在打印机名称文本框中输入新打印机名称，也可以使用固有名称。在该对话框中还可以选择该打印机是否为“默认”打印机。选择后，单击“下一步”按钮。进入如图 2-37 所示的“打印测试页”对话框。

8）在“打印测试页”对话框中，选择是否要打印测试页，即每次打印正式文件前先打印测试页。选择后，单击“下一步”按钮。进入如图 2-38 所示的“完成安装操作”对话框。

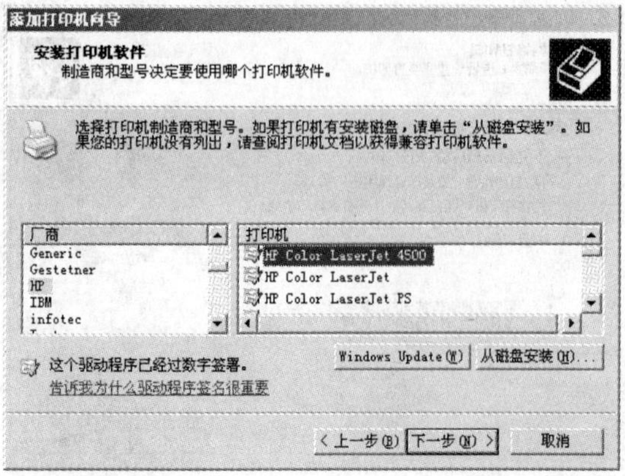

图 2-35 “安装打印机软件”对话框

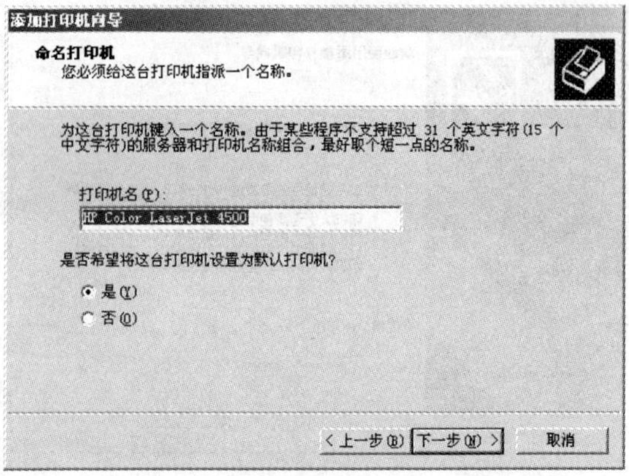

图 2-36 “命名打印机”对话框

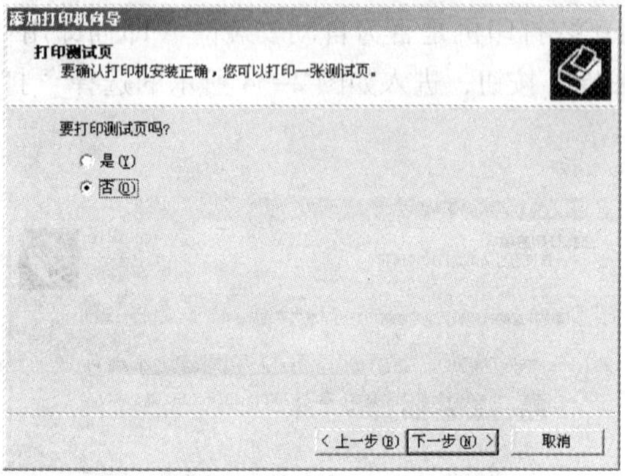

图 2-37 “打印页测试”对话框

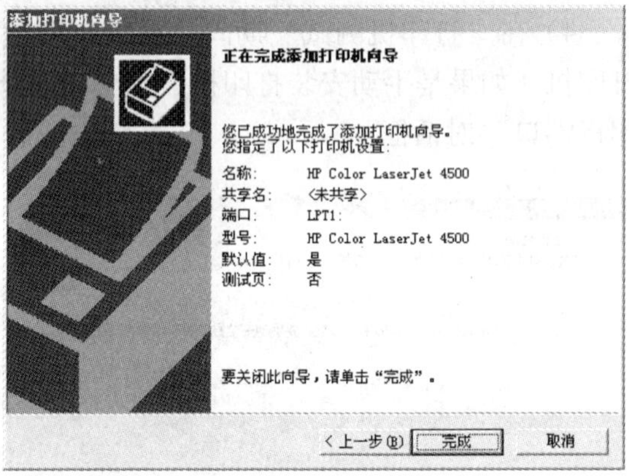

图 2-38 “完成安装操作”对话框

9）执行到这里，打印机安装所需要的设置已全部完成。最后，单击“完成”按钮，结束打印机向导程序。

安装打印机操作成功后，就可以在而后的应用中使用打印机了。

操作内容 3：更改桌面

操作要求：

更改计算机桌面背景图片为“Spring”。

操作方法及步骤：

选择一种简洁的操作步骤，执行更改桌面背景图片的操作。

1）鼠标右键单击桌面，系统弹出“显示属性”对话框。

2）在“显示属性”对话框中单击“桌面”选项卡，进入“桌面”设置对话框。在“背景”列表框中选择“Spring”图片，这时在对话框的模拟屏幕上就能显示“Spring”的画面。在这里还可以选择“位置”和“颜色”。选择后，单击“确定”按钮，完成更改桌面的操作。

操作内容 4：更改文件夹选项

操作要求：

更改文件夹选项，设置“在不同的窗口中打开不同的文件夹”和“不显示隐藏的文件和文件夹”属性。

操作方法及步骤：

1）依次选择“开始”→“所有程序”→“控制面板”命令，在打开的“控制面板”窗口中选择“外观和主题”命令，在打开的“外观和主题”对话框中单击“文件夹选项”图标按钮，打开“文件夹选项”对话框。

2）在“常规”选项卡中选择“在不同的窗口中打开不同的文件夹”单选按钮，单击“查看”选项卡，在“查看”选项卡对话框的“高级设置”列表框中选择“不显示隐藏的文件和文件夹”单选按钮。

3）最后，单击“确定”按钮，完成操作。

2.6 Windows XP 附件常用工具

考试内容：

Windows 附件常用工具的使用

教学要求：

- Windows 的系统工具
- 常用基本工具的简单使用

知识点（7 个）：

- 磁盘清理、碎片整理、系统还原、系统信息
- 记事本、计算器、画图

“附件”是一个应用程序组，它包含写字板、记事本、系统工具、计算器、通信、娱乐等常用工具软件。

2.6.1 记事本

“记事本”是一个纯文本编辑器。它为文本操作提供了方便，常用来查看或编辑纯文本（.TXT）文件，是编辑 HTML 代码的简单工具，也经常用于编写程序的源代码。但因“记事本”仅支持基本格式，不能设置文本的特殊格式（如不能设置文字的颜色，不能改变字号），不能使用图形、图像（不能进行图文混排），所以，使用范围有限。

“记事本”集成于“附件”工具集中，打开“附件”即可找到“记事本”程序。依次选择“开始”→“所有程序”→“附件”命令，在弹出的快捷菜单中选择“记事本”选项，即可打开“记事本”窗口。

“记事本”的操作也很简单，包括“文件”操作、“编辑”操作、“格式”操作、“查看”操作和“帮助”操作。

“文件”操作包括创建一个新的文本文件（.TXT）、打开指定的文本文件、保存文件、打印文件等。

“编辑”操作包括复制、剪切、粘贴、查找、替换、删除、全选等操作。

“格式”只包括简单的“自动换行”和“字体”两项操作内容。字体只支持12磅大小字号、少数几种字体。

“查看”只能查看状态栏信息（显示当前光标所在的行、列数）。

2.6.2 计算器

计算器应用程序，可以模拟日常计算器的窗口界面，其用法和功能与日常的计算器相似。计算器可以执行基本的运算（包括四则运算）、数制转换（如十进制转换为二进制、八进制、十六进制），以及科学计算器中的函数运算（如对数和阶乘等）。计算器也可以进行简单的统计计算。

“计算器”集成于“附件”工具集中，打开“附件”即可找到“计算器”程序。依次选择“开始”→“所有程序”→“附件”命令，在弹出的快捷菜单中选择“计算器”选项，即可打开“计算器”窗口。

计算器有两种操作模式：标准型和科学型。通过查看菜单可进行两种模式的切换。科学计算器拥有比标准计算器更多的键和运算符。但是实际上，两者的操作方式并无不同。用户既可以使用键盘上的数字键和对应的运算键，也可以使用鼠标单击科学计算器上的按键输入数字和运算符来完成计算。

2.6.3 画图

在计算机中，图像分为两种：位图和矢量图。相应的画图软件也分两类。Windows“附件”中的“画图”程序属于处理位图的应用程序，可以生成和编辑位图。与专业图形处理程序（如Photoshop等）相比，它所提供的功能比较简单。

“画图”集成于“附件”工具集中。依次选择“开始”→“所有程序”→“附件”命令，在弹出的快捷菜单中选择“画图”选项，即可打开“画图”窗口。

“画图”程序的功能包括“文件”、“编辑”、“查看”、“图像”、“颜色”和“帮助”操作。

“文件”操作包括创建、打开、保存、打印、预览、设置为墙纸、页面设置等操作。文件格式支持常见的位图文件格式，如bmp、jpeg、gif、tiff、png等。

“查看”功能有对图像进行“缩放”、查看“工具箱”（是否呈现在窗口中）、“状态栏”及“颜料盒”（是否出现在工具栏中）。

“图像”处理的功能包括翻转/旋转、拉伸/扭曲、反色、属性、清除图像以及不透明处理。

“颜色”处理是用来编辑图像颜色的。

2.6.4 磁盘清理

在工作中经常会出现这种情况，有些资料、文件使用过后就再没有什么用途了，最后被当做废品垃圾处理掉。计算机中也会有类似的情况，有些文件可能曾经被使用过，但是今后不会再被使用了。因此，计算机中不再使用的文件也要进行清理。

“磁盘清理”就是清理磁盘上不需要的文件，如“C:”盘存在许多“Internet临时文件”，以及“回收站”中存储的文件，它们将占用一部分硬盘空间。使用“附件”中提供的

"磁盘清理"程序，可将其删除。利用 Windows XP 提供的"磁盘情理"程序，不但可以清除磁盘上不需要的文件，还可以删除不再使用的可选 Windows 组件和安装程序，释放更多磁盘空间。

依次选择执行"开始"→"所有程序"→"附件"→"系统工具"→"磁盘清理"菜单命令，系统弹出"选择驱动器"对话框，如图 2-39 所示。在"驱动器"的下拉列表框中可以选择要清理的驱动器。

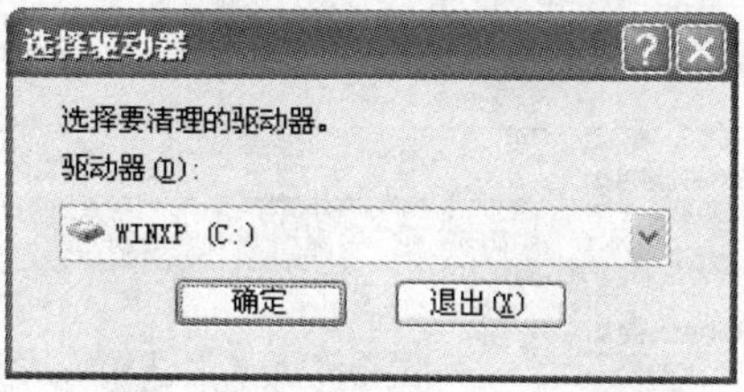

图 2-39　选择驱动器对话框

在进一步的清理操作过程中，系统会显示如图 2-40 所示的"磁盘清理"对话框，在"要删除的文件"列表框中提供有要删除的文件类别清单，只有选中的项（单击要删除文件左边的复选框）才在磁盘清理时删除。系统在"清理磁盘"程序中提供了"其他选项"的操作。"其他选项"对话框如图 2-41 所示。在"其他选项"对话框中可以选择清理不用的可选 Windows 组件和安装程序。还可以通过删除所有还原点，释放更多磁盘空间。

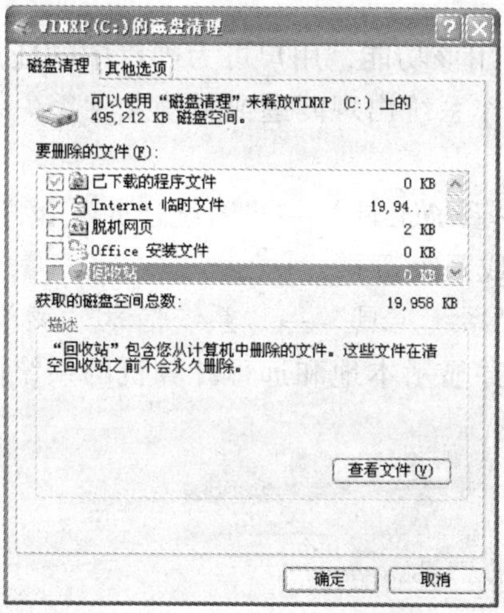

图 2-40　磁盘清理对话框

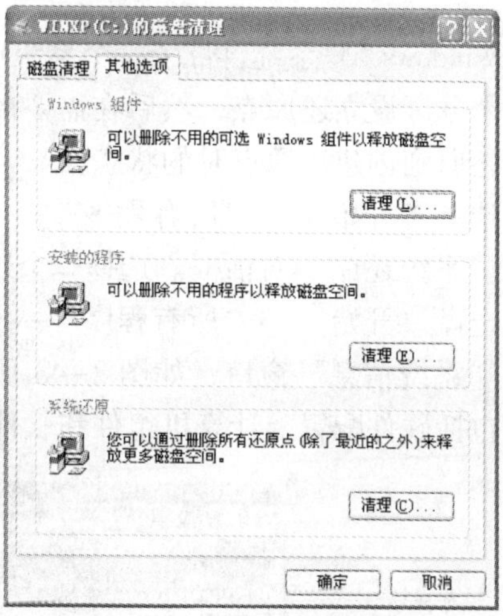

图 2-41　其他选项对话框

2.6.5　磁盘碎片整理

经常进行文件操作（新建、复制、删除等），会导致文件存储空间处于"混乱"（可用空间不连续）状态，增加了系统进行文件空间管理的难度，同时也消耗大量的处理器时间。所以要经常进行磁盘清理的操作。

磁盘碎片整理的操作由"附件"的"系统工具"中的"磁盘碎片整理程序"来实现。

依次选择"开始"→"所有程序"→"附件"→"系统工具"→"磁盘碎片整理程

序”菜单命令，打开“磁盘碎片整理程序”对话框，如图2-42所示。在这个对话框中可以选择要整理的逻辑磁盘。选择了整理操作后，整理磁盘碎片的工作是系统自动完成的，执行过程大约要数分钟，甚至更长时间。

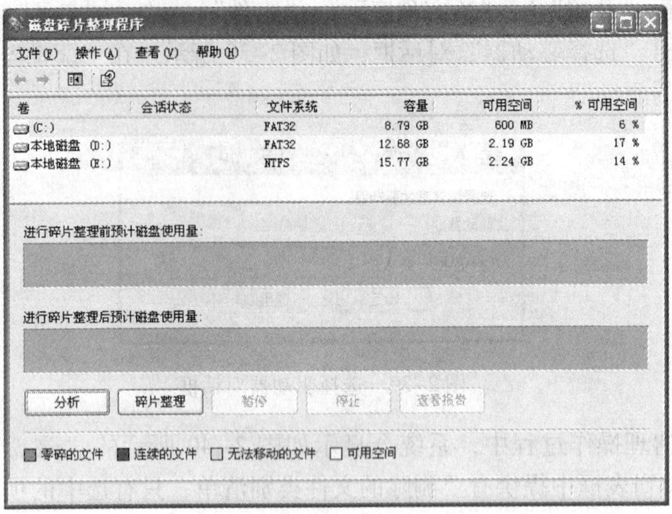

图2-42　“整理磁盘碎片”窗口示意图

2.6.6　系统还原和系统信息

Windows XP系统自带了一个系统还原功能，使用该功能，用户可为硬盘中的任意一个或多个分区设立还原点，然后在需要的时候（若操作系统出现问题或系统文件丢失等）将分区还原到创建还原点时的状态。

选择“开始”→“所有程序”→“附件”→“系统工具”→“系统还原”菜单命令，打开“系统还原”对话框。选择一个还原点即可完成系统还原。

选择“开始”→“所有程序”→“附件”→“系统工具”→“系统信息”菜单命令，打开“系统信息”窗口，如图2-43所示。它收集并显示本地和远程计算机的系统配置信息，包括硬件配置、计算机组件和软件。

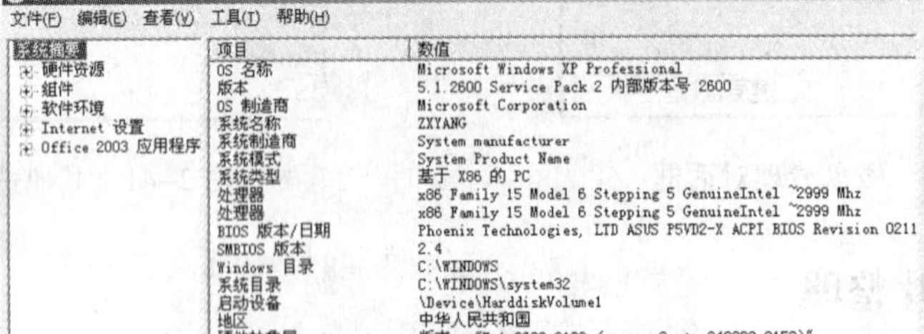

图2-43　选择驱动器对话框

2.7 习题

一、选择题

1. Windows 是一种（　　）的操作系统。

A. 单任务　　B. 多用户　　C. 网络　　D. 多任务

2. 在 Windows 操作系统中，允许同时打开（　　）应用程序窗口。

A. 一个　　B. 两个　　C. 多个　　D. 任意个

3. 在 Windows 文件管理器中，单击第一个文件名后，按住（　　）键，再单击最后一个文件，可选定一组连续的文件。

A. Ctrl　　B. Alt　　C. Shift　　D. Tab

4. 在 Windows 文件管理器中，单击第一个文件名后，按住（　　）键，再单击最后一个文件，可选定一组不连续的文件。

A. Ctrl　　B. Alt　　C. Shift　　D. Tab

5. 在 Windows 中，切换不同的汉字输入法，应同时按下（　　）键。

A. Ctrl + Shift　　B. Ctrl + Alt　　C. Ctrl + 空格　　D. Ctrl + Tab

6. 在 Windows 文件管理器中，选定文件或文件夹后，拖动到同一盘的指定位置，可完成对文件或文件夹的（　　）操作。

A. 复制　　B. 移动　　C. 重命名　　D. 删除

7. 在 Windows 文件管理器中，选定文件或文件夹后，按住（　　）键，再拖动到同一盘指定位置，可完成复制文件或文件夹。

A. Shift　　B. Alt　　C. Ctrl　　D. Del

8. 下列不属于操作系统的是（　　）。

A. DOS　　B. Windows　　C. Linux　　D. Office

9. 在搜索或显示文件目录时，若用户选择通统配符“＊.＊”，其含义为（　　）。

A. 选中所有含有“＊”的文件　　B. 选中所有扩展名中含有“＊”的文件

C. 选中所有文件　　D. 选中非可执行的文件

10. Windows 操作系统中规定文件名中不能含有的符号是（　　）。

A. /：＊ ？# < > $　　B. / ＊ ？” < > $

C. /：＊ ？” < > /@　　D. \/：＊ ？“ < > |

11. 下列说法正确的是（　　）。

A. 安装软件就是把软件直接复制到硬盘　　B. 卸载软件就是用 Delete 命令把它删除

C. 安装就是复制，卸载就是删除　　D. 安装不同于复制，卸载不同于删除

12. 在 Windows 环境中，整个显示屏幕称为（　　）。

A. 窗口　　B. 桌面　　C. 图标　　D. 资源管理器

13. 在 Windows 操作系统中，鼠标是重要的输入工具，而键盘（　　）。

A. 无法起作用

B. 仅能配合鼠标在输入中起辅助作用

C. 仅能在菜单操作中运用，不能在窗口中操作

D. 也能完成几乎所有操作

14. 在 Windows 中，用鼠标双击一个窗口左上角的“控制按钮”，可以（　　）。

A. 放大该窗口　　B. 关闭该窗口　　C. 缩小该窗口　　D. 移动该窗口

15. 用键盘打开系统“开始”菜单，需要（　　）。

A. 同时按下〈Ctrl〉和〈Esc〉键　　B. 同时按下〈Ctrl〉健和〈Z〉键

C. 同时按下〈Ctrl〉和空格键　　D. 同时按下〈Ctrl〉和〈Shift〉键

16. 在 Windows 中，操作的特点是（　　）。

A. 先选定操作对象，再选择操作命令　　B. 先选定操作命令，再选择操作对象

C. 操作对象和操作命令需同时选择　　D. 视具体任务而定

17. 在 Windows 中，要删除已安装并注册了的应用程序，其操作是（　　）。

A. 在资源管理器中找到对应的程序文件直接删除

B. 在 MS-DOS 方式下用 Del 命令删除指定的应用程序

C. 删除“开始”→“程序”中对应的项

D. 通过控制面板中“添加/删除程序”命令

18. 任务栏不能任意移动的位置是（　　）。

A. 上边　　B. 中间　　C. 左边　　D. 右边

19. 在 Windows 中，屏幕上可以同时打开若干窗口，但是其中只能有一个当前活动窗口，指定当前活动窗口的方法是（　　）。

A. 把其他窗口都关闭，只留下一个窗口，即成当前活动窗口

B. 把其他窗口都最小化，只留下一个窗口，即成为当前活动窗口

C. 用鼠标在该窗口内任意位置上双击

D. 用鼠标在该窗口内任意位置上单击

20. 进行文件查找时，不能按文件（　　）进行查找。

A. 属性　　B. 类型　　C. 大小　　D. 创建日期

21. 若某一文件夹下有很多不同类型的文件，需要选取某一类文件，最好把文件按（　　）方式排列。

A. 名称　　B. 大小　　C. 类型　　D. 日期

22. 要删除一个文件或文件夹，下列操作中错误的是（　　）。

A. 选定要删除的文件或文件夹，选择“文件”菜单中的“删除”命令

B. 选定要删除的文件或文件夹，单击鼠标左键弹出快捷菜单，选择其中的“删除”命令

C. 选定要删除的文件或文件夹，直接按键盘上的〈Del〉键

D. 直接将文件或文件夹拖至回收站里

23. Windows 自带的只能处理纯文本的文字编辑工具是（　　）。

A. 写字板　　B. 记事本　　C. Word　　D. 剪贴板

24. “剪贴板”是（　　）。

A. 一个应用程序　　B. 磁盘上的一个文件

C. 内存中的一个空间　　D. 一个专用文档

25. 设置桌面与屏幕保护，应该使用控制面板中的（　　）工具。

A. 系统　　B. 多媒体　　C. 鼠标　　D. 显示

26. 关于 Windows 直接删除文件而不进入回收站的操作中，正确的是（　　）。

A. 选定文件后，同时按下〈Alt〉与〈Del〉键

B. 选定文件后，同时按下〈Ctrl〉与〈Del〉键

C. 选定文件后，按〈Del〉键

D. 选定文件后，按〈Shift〉键后，再按〈Del〉键

27. 下列有关 Windows 菜单命令的说法，不正确的是（　　）。

A. 带省略号（…），执行命令时，会弹出一个子菜单

B. 前有符号（√），表示该命令有效

C. 带符号（▲），当鼠标指向时，会弹出一个子菜单

D. 带省略号（…），当鼠标指向时，会弹了一个子菜单

28. 在 Windows 资源管理器中，如果目录树的某个文件夹图标（　　），表示其中没有任何下级文件夹。

A. 内有+号　　B. 内有-号　　C. 空白　　D. 内有√号

29. 以下关于 Windows 快捷方式的说法正确的是（　　）。

A. 一个快捷方式可指向多个目标对象　　B. 一个对象可有多个快捷方式

C. 只有文件和文件夹对象可建立快捷方式　D. 不允许为快捷方式建立快捷方式

30. 以下关于安装打印机驱动程序的说法中正确的是（　　）。

A. Windows 系统提供的打印机驱动程序支持任何打印机

B. 在安装过程中，可在 Windows 系统所列出的打印机清单中找到所需的打印机

C. 若新安装的打印机与已安装的打印机兼容，则不必再安装驱动程序就可使用

D. 即使所要安装的打印机与已安装的打印机兼容，也必需再安装驱动程序

二、填空题

1. 按文件的使用方式来区分，操作系统可以分为单用户、多用户和（　　　）操作系统3类。
2. 关闭计算机的操作是先单击（　　　）再单击（　　　），选择关闭计算机，即可退出。
3. Windows 提供的基本用户界面有：桌面、图标、（　　　）、菜单、对话框。
4. Windows 是（　　　）用户（　　　）任务操作系统。
5. 安装或删除某个应用程序，要先打开（　　　）窗口。
6. 在 Windows 中，进行系统硬件设置的程序组称为（　　　）。
7. 在 Windows 中，活动窗口与非活动窗口的区别是（　　　）的颜色不同。
8. 在 Windows 中，活动窗口位于所有窗口的（　　　）。
9. Windows 窗口右上角具有最小化、最大化（或复原）和（　　　）窗口按钮。
10. 当鼠标指针自动变成四箭头形时，表示可以（　　　）。
11. 当单击窗口上的关闭按钮后，窗口在屏幕上消失，并且图标也从（　　　）上消失。
12. 窗口排列有层叠、（　　　）和纵向平铺3种方式。
13. 直接用鼠标对文档文件进行拖动操作，若源位置和目标位置不在同一个驱动器上，则该拖动操作产生的效果是（　　　）。

14. 在 Windows 中，通过“发送到”命令，将文档发送到另一个磁盘上，则发送操作等同于（　　）。

15. 使用 Windows 的“搜索”程序同时查找扩展名为“. DOC”和“. TXT”两类文件，则需在“文件名或文件夹名”文本框中输入查找对象时使用的分隔符为（　　）。

三、简答题

1. 在 Windows 中如何获得帮助？
2. 鼠标的操作有哪些？
3. 说出至少 3 种 Windows 窗口组成元素。
4. 文件命名协议是什么？
5. 简述回收站的用途。
6. 简述文档操作中，剪切与复制的区别。
7. 磁盘整理的目的是什么？
9. 简述“剪贴板”的作用。
10. 如何使用“搜索”命令？
11. 如何实现对文件夹或文件的改名？
12. 简述 Windows 任务栏和开始菜单的作用是什么。
13. 如何复制屏幕或当前窗口的内容？

2.8 习题答案

一、选择题

1. D	2. C	3. C	4. A	5. A
6. B	7. C	8. D	9. C	10. D
11. D	12. B	13. D	14. B	15. A
16. A	17. D	18. B	19. D	20. A
21. C	22. B	23. B	24. C	25. D
26. D	27. C	28. C	29. B	30. C

二、填空题

1. 网络	2. 开始按钮　关闭计算机	3. 窗口
4. 单　多	5. 控制面板	6. 控制面板
7. 标题栏	8. 最上面	9. 关闭
10. 移动	11. 任务栏	12. 横向平铺
13. 复制	14. 复制	15. “,”（或“;”或空格）

三、简答题

（略）

第3章　Word 2003 文字处理软件

本章要点：

- Word 基本知识
- Word 文件操作及文本编辑
- 文档格式与版面
- 文档模板与样式
- 创建表格及编辑
- 图形处理及编辑
- 插入对象

3.1　Word 基本知识

考试内容：

Word 的基本知识

教学要求：

- 熟悉 Word 操作环境
- 了解 Word 的视图功能
- 掌握 Word 帮助命令

知识点（22 个）：

- Word 的功能（文字编辑、文字校对、格式排版、图文处理、表格绘制、帮助）
- Word 的启动及退出
- Word 工作界面的构成元素（标题栏、菜单栏、工具栏、标尺、文档编辑区、滚动条、视图按钮、状态栏）
- Word 的任务窗口
- Word 帮助系统

3.1.1　Word 功能

Word 是 Microsoft 公司在 Windows 系统平台上推出的功能强大的文字处理软件，它适合于制作各种文档，包括书籍、公文、传真、信函、报刊和简历等。Word 以所见即所得的方式对文字的格式和版面进行各种编辑操作，操作简便、快捷、效率高。

Word 提供的主要功能有以下几种：

1）文字编辑。Word 具有的文字编辑功能，包括文字的输入、修改、编辑、复制、查找、替换等操作；支持多种中文输入法及中文符号、特殊符号等的输入；可以根据需要设定版面如 A4、B5、16 开、大 16 开、32 开、自定义大小等；可以插入公式、电子表格等对象。

2）文字校对。文字校对功能包括自动更正，自动拼写检查，自动统计（数字、行数、段落），自动编号，自动对字、词、段落进行查找、替换等。

3）格式编排。可以提供对文稿页面的全面排版功能，使用整页“所见即所得”方式，完整地显示字型、字体、字号、颜色；设置页眉、页脚、分栏编排；实现段落设置、页面设置、字间距、行间距设置；实现特殊应用，如设置文字上角标、下角标、特殊效果等。

4）图文处理。图文处理功能包括绘制，插入图形、图片、艺术字，实现图文混排，设置三维效果、阴影效果、文理填充、水印效果等。

5）表格绘制。Word 提供了便捷的制表功能。可以手工制作特形表，也可以自动制表；对表格进行格式化处理，对表格进行拆分、合并处理；对表格数据进行统计、排序等处理。

6）帮助系统。帮助功能可以为用户提供联机的检索、查询、答疑解惑、排忧解难。

3.1.2 Word 的启动及退出

1. 启动 Word

可以用以下几种方式启动 Word：

1）用鼠标单击“开始”菜单，依次选择“所有程序”→“Microsoft Office”→“Microsoft Office Word 2003”命令，即可启动 Word，进入 Word 窗口环境，如图 3-1 所示。在启动 Word 的同时，系统自动生成名为“文档 1. DOC”的空白文档。

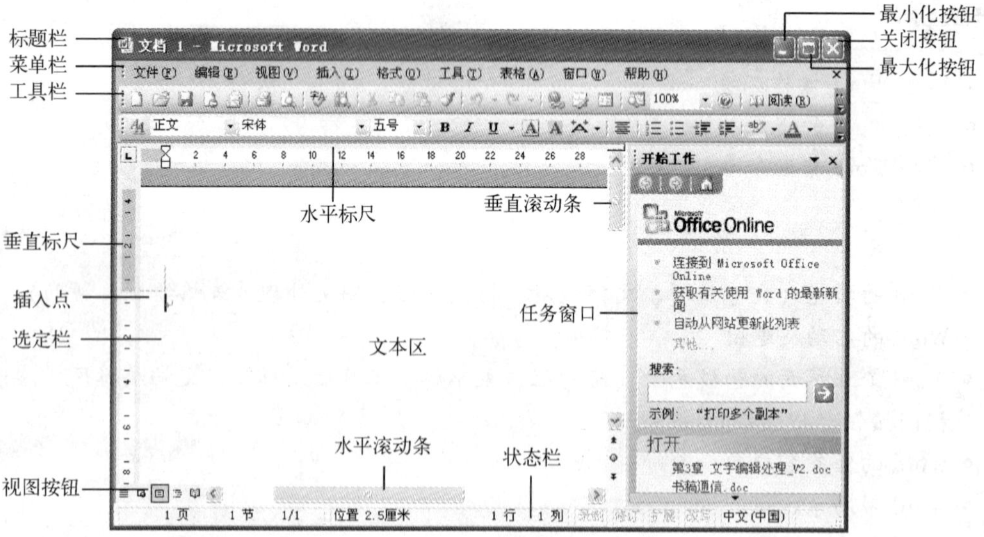

图 3-1 Word 窗口

2）在 Windows 环境下，鼠标双击 Word 文档（. DOC）的文件图标也可以启动 Word，同时打开该 Word 文档。

3）如果桌面上或者某个文件夹下存在 Word 的快捷方式图标，双击该快捷方式图标，也可以启动 Word。

2. 退出 Word

Word 是 Windows 的一个应用程序，它与其他应用程序一样，以窗口的形式存在，关闭 Word 窗口，就退出了 Word。

退出 Word，有以下几种方式可以实现：

1）依次选择“文件”→“退出”命令。

2）鼠标单击 Word 窗口标题栏右上角的“关闭”按钮。

3）同时按〈Alt + F4〉组合键。

3.1.3 Word 操作环境

Word 窗口是由 Windows 窗口标准组件和 Word 窗口特殊组件组成（见图 3-1），包括标题栏、菜单栏、工具栏、标尺、滚动条、文本区、任务窗口、视图按钮及状态栏等。

1. 标题栏

窗口最上面的一栏（蓝色）叫做标题栏，标题栏左边显示文档名称，右边有 3 个按钮，“最小化”、“最大化（还原）”和“关闭”按钮。当 Word 窗口不是全屏时用鼠标拖动标题栏可在屏幕上移动窗口，双击标题栏可以最大化（全屏）或还原屏幕的大小。

2. 菜单栏

菜单栏位于标题栏下面，其中包含文件（F）、编辑（E）、视图（V）、插入（I）、格式（O）、工具（T）、表格（A）、窗口（W）和帮助（H）等 9 个菜单项。各菜单项中包含一组相关的命令，选择命令可完成某种操作。

菜单括号中的带下画线的字母表示：当按下键盘上的〈Alt〉键不放，再同时按下该字母键时，即打开该菜单。与用鼠标单击菜单效果一样，如按下键盘上的〈Alt〉键不放，再同时按下〈E〉键，即打开“编辑”菜单。

3. 工具栏

工具栏位于菜单栏下方，其中包含许多图形按钮，用鼠标单击某一按钮，便执行该按钮所对应的功能操作。例如，要撤销上一步操作，只须用鼠标单击“撤销”按钮 即可。使用工具栏命令按钮，可以使操作更便捷。

Word 默认，启动时在窗口中包括常用工具栏和格式工具栏，也可以将它们隐藏。要使常用工具栏在屏幕上显示或被隐藏，可按如下步骤操作：依次选择“视图”→“工具栏”，在弹出的工具栏列表中选择“常用”选项，选中时“常用”命令左边出现“√”符号，不选择时不出现“√”符号。

格式工具栏位于常用工具栏下方，利用格式工具栏中的按钮，可以设置字符的字体、大小及其修饰，还可以设置段落的对齐格式、建立项目符号和编号等。

如果不知道某一按钮所代表的功能，将鼠标指针指向该按钮，系统便会显示其功能的说明标识。

4. 文本区

窗口中间大部分的空白区域是文本区，用户创建文档、编辑文档和查看文档，都是在文本区中完成的。

文本区中有一个闪烁的垂直线称为插入点，插入点表明当前输入字符的位置，即当前输入的字符出现在插入点位置。

5. 选定栏

选定栏是位于文本区左端的一个隐含栏，即不可见的栏。鼠标指针在该区时变为指向右上方的箭头（⬀），此时单击鼠标，可选择一行；拖动鼠标，可对文本进行大范围的选择。

6. 滚动条

在窗口的右边沿和下边沿各有一个滚动条，分别称为垂直滚动条和水平滚动条。通过拖动滚动条内的滑块或单击箭头按钮，可以浏览查看整个文档内容。

在垂直滚动条下端有一组按钮：选择浏览对象按钮、前一对象按钮后一对象按钮。单击“选择浏览对象”按钮，在弹出的菜单（见图3-2）中选择某个对象，如“按图形浏览”，这时当单击“前一张图形”或“下一张图形”按钮时，插入点将在文档中各图形之间跳转。在编辑长文档时，滚动条的这一功能非常有用。

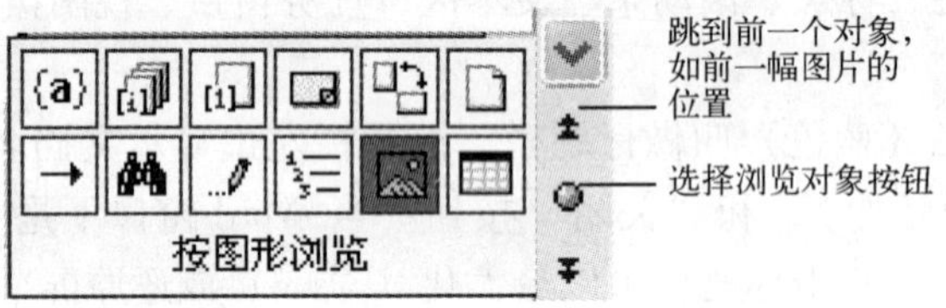

图3-2　选择浏览对象

7. 状态栏

状态栏位于屏幕底部，状态栏显示插入点所在的节号、页号，行号、列号、文档总页数 、操作步骤等信息。

8. 任务窗口

任务窗口是Word 2003新的特点，它将用户要做的许多工作归纳到不同类别的任务中，并将这些任务以一个“任务窗口”的窗口形式提供给用户，以方便用户操作。

Word默认启动时，在窗口的右侧呈现任务窗口。也可以通过依次选择“视图”→“任务窗口”命令将任务窗口打开。

单击“任务窗口”的标题栏，将显示如图3-3所示的菜单，可根据需要从中选择任意一个任务选项。

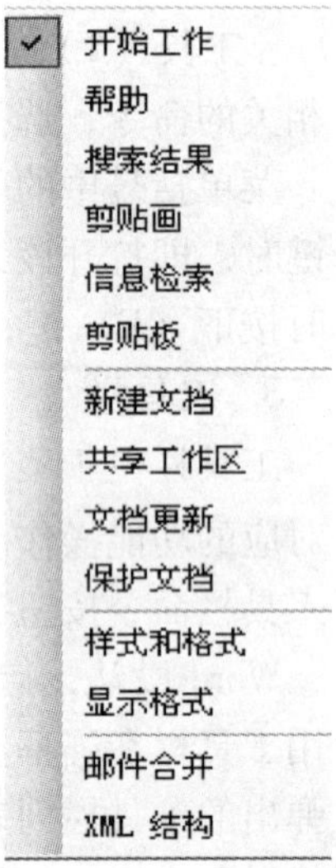

图3-3　任务窗口菜单

3.1.4 Word的视图功能

为方便用户操作，Word提供了6种不同的视图方式，用户在实际操作过程中可以根据需要选择一种适合的视图方式。

1. 普通视图

普通视图是用户进行文字输入、编辑及格式编排时Word 2003所默认的视图。普通视图简化了版面布局，以方便用户输入、编辑文字及进行格式编排，但是用户看不到页边距、页眉、页脚等效果。

如果用户已在其他视图下操作，要回到普通视图，可采用下列两种方法中的一种：

1）依次选择“视图”→“普通”命令。

2）单击水平滚动条左边的“普通视图”按钮，即左边的第一个按钮。

2. 页面视图

在页面视图下，用户可以看到文档的真实打印效果，包括页边距、页眉、页脚及脚注等在页面上的位置及图文框中各项目的确切位置，如不满意可及时修改。

单击水平滚动条左边的“页面视图”按钮▣，可切换到页面视图。

3. 大纲视图

在大纲视图状态下，用户可以创建或修改文档的大纲，组织文档结构。可以只显示标题，将标题下的文本内容隐藏，或者展开文档以查看所有的正文。也可以将标题的层次提升或降低。

因此它特别适合编辑含有大量章节的文档，能使文档层次结构清晰明了，并可根据需要进行调整，如图 3-4 所示。

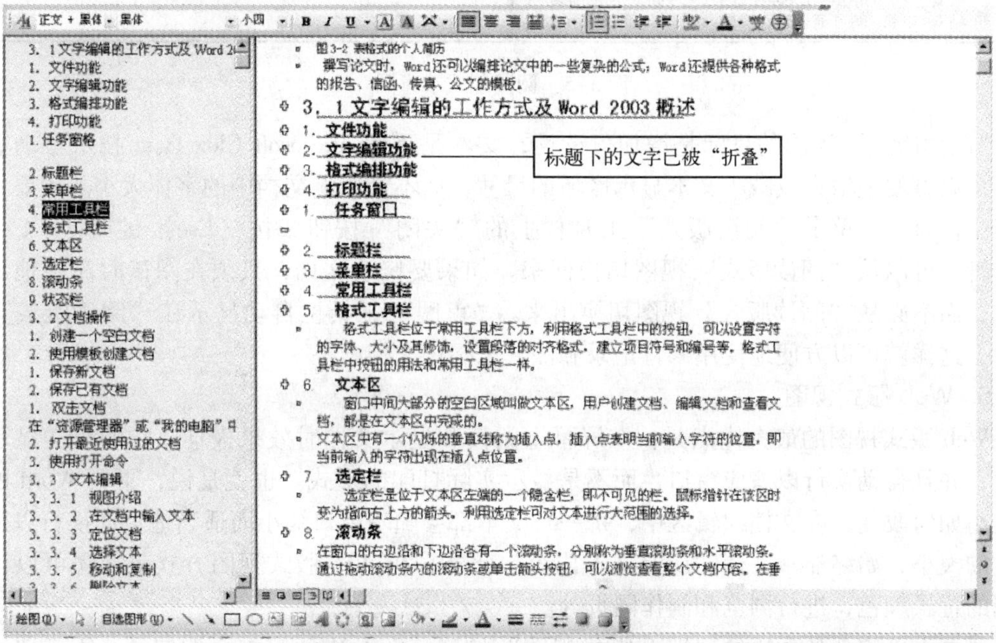

图 3-4　在大纲视图下显示文档的样式

单击水平滚动条左边的“大纲视图”按钮▣，或按〈Ctrl + Alt + O〉组合键可切换到大纲视图。

大纲视图要求文章具备诸如标题样式、大纲符号等表明文章结构的元素。

大纲视图中不显示页边距、页眉和页脚、图片和背景。

4. 阅读版式

在 Word 2003 中增加了独特的“阅读版式”功能，该视图方式下最适合阅读长篇文章。阅读版式将原来的文章编辑区缩小，而文字大小保持不变。如果字数较多，它会自动分成多屏。在该视图下同样可以进行文字的编辑工作，但视觉效果好，眼睛不会感到疲劳。要使用“阅读版式”，只须在打开的 Word 文档中单击工具栏上“阅读”按钮，或者按〈Alt + R〉组合键就可开始阅读了。“阅读版式”视图会隐藏除“阅读版式”和“审阅”工具栏以外的所有工具栏，这样的好处是扩大显示区且方便用户进行审阅编辑，如图 3-5 所示。

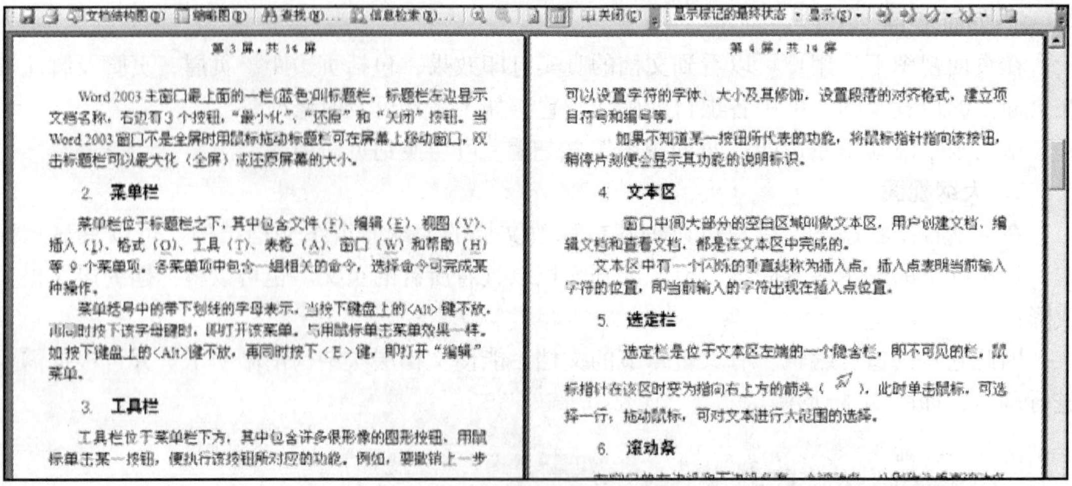

图 3-5　阅读版式示意图

“阅读版式” 视图的目标是增加可读性，文本是采用 Microsoft ClearType 技术自动显示的。可以方便地增大或减小文本显示区域的尺寸，而不会影响文档中的字体大小。想要停止阅读文档时，请单击 “阅读版式” 工具栏上的 “关闭” 按钮或按〈Esc〉键或〈Alt + C〉组合键，可以从 “阅读版式” 视图切换回来。如果要修改文档，只须在阅读时简单地编辑文本，而不必从 “阅读版式” 视图切换出来。“审阅” 工具栏自动显示在 “阅读版式” 视图中，这样就可以方便地使用修订记录和注释来标记文档。

5. Web 版式视图

Web 版式视图的最大优点是：在屏幕上阅读和显示文档时效果极佳，它的正文显示得更大，并且自动换行以适应窗口，而不是显示实际打印的形式。也就是说，不管 Word 的窗口大小如何改变，在文档编辑区中，每一行文本都会随着窗口缩小而适当地自动换行以适应窗口的大小，始终显示文档的所有文本内容。此外，在 Web 版式视图方式下，还可以设置文档的背景颜色，进行浏览和制作网页等。

单击水平滚动条左边的 “Web 版式视图” 按钮，即左边的第二个按钮，便可切换到 Web 版式视图。

6. 打印预览方式

打印预览方式用于显示文档的打印效果（模拟显示）。实际上也是 Word 文档视图方式中的一种，它在页面视图方式显示文档完整打印效果的基础上，增加了同时显示文档多个页面内容的功能，这就有助于用户检查文档的布局，并据此编辑或调整文档格式。要切换到打印预览模式，依次选择 “文件” → “打印预览” 命令，或按下〈Ctrl + Alt + L〉组合键。

注意：在打印预览方式下，用户无法修改文档中的文字信息。

3.1.5　Word 的帮助系统

用户在实际操作过程中经常会因为不知道选择怎样的功能（命令）实现特定的操作而束手无策。实际上，Word 提供了功能强大的帮助系统，可以解决用户在操作过程中遇到的任何问题。用户只要激活帮助系统，输入相应操作的关键字，帮助系统就会帮助用户检索、查询解决问题的方法、操作步骤并以非常简练、易懂的形式显示出来供用户阅读。

激活帮助系统有以下几种方法：

1）依次选择“帮助”→“Microsoft Office Word 帮助”命令，系统将会在 Word 窗口的右侧弹出“Word 帮助”任务窗口。在窗口的“搜索”文本框中输入要求帮助的关键字，单击文本框右端的搜索箭头，帮助系统就会自动查找有关的帮助内容并显示在任务窗口的列表框中。

2）直接按〈F1〉键，也可以打开“Word 帮助”任务窗口。

3）在 Word 窗口右上角有一个帮助工具栏，在其文本框中输入要帮助的关键字，然后按回车键（〈Enter〉键），也可以打开“Word 帮助”任务窗口。

3.2 Word 文件操作和文本编辑

考试内容：

- Word 文件的操作
- Word 文本编辑教学要求

教学要求：

- Word 文件的操作
- Word 文本编辑

知识点（16 个）：

- 新建、打开、保存、关闭 Word 文件、重命名、删除、复制
- 定位插入点、选择文本、复制、移动
- 撤销操作、格式刷
- 查找、替换、自动更正

3.2.1 文件操作

用 Word 编排的文档（论文、著作或是报告）是以文件的形式存放在磁盘上的。对这些文件的操作包括创建一个 Word 文件、保存文件、打开文件、重命名（更改文件名）、删除文件、复制文件等，这些操作的对象是文档文件。

1. 创建文档

创建文档是使用 Word 开始工作的第一步，系统会自动建立一个空白文档并自动以“文档 1. DOC”作为此文档的文件名。

此时若需要再建立一个新文档，具体的操作步骤如下：

- 依次选择“文件”→“新建”命令。
- 在任务窗口中选择“空白文档”选项。

还可以单击常用工具栏中“新建空白文档”按钮或按〈Ctrl + N〉组合键也可快速创建一个新文档。

Word 2003 还提供了一些预先设计的模板供选用。模板就是文档的基本框架和套用的样

板。使用模板可以快速地生成一种类型文档的基本框架。在 Word 中，把模板按照不同的类别分放在相应的选项卡中。这些模板可以用来创建信件，还可以快速地创建标准的传真、简历等专业文档。用户只须将精力集中于文档中的内容，而不必在文档的设计方案或格式上花费太多的时间。具体操作步骤如下：

- 依次选择“文件”→“新建”命令。
- 在任务窗口中选择“本机上的模板”选项（详见 3.4.1 节）。

2. 保存文档

当第一次保存某个文档时（即文档名暂被命名为“文档 1”、“文档 2”等），用户至少要考虑两件事情：一是给这个新文档起名字；二是把这个文档存放在某个位置，以便以后查找。保存文档的操作为：依次选择“文件”→“另存为”命令，打开“另存为”对话框，如图 3-6 所示；选择保存文件的位置，输入文件名，单击“保存”按钮。

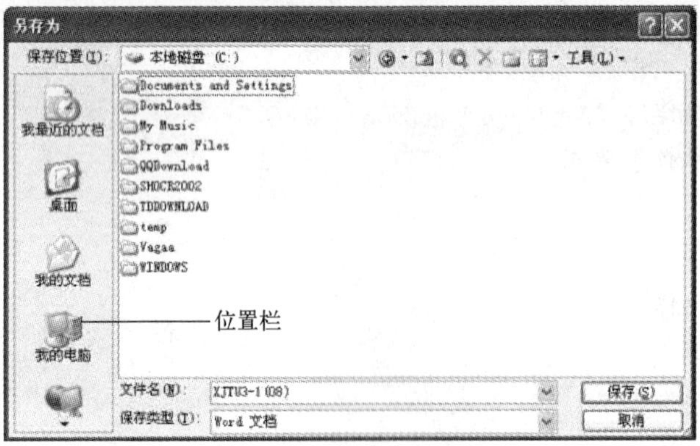

图 3-6　“另存为”对话框

下面对“另存为”对话框作简要说明。

1）位置栏。位于对话框左侧，其中有 5 个图标：我最近的文档、桌面、我的文档、我的电脑、网上邻居。单击图标即可快速在文件列表框中列出相应位置的文件夹和文档名称。

2）“保存位置”下拉列表框。单击此下拉列表框右部的下箭头，在弹出的列表中选择文档所在的驱动器或文件夹名称，找到所需文档。

在“保存位置”下拉列表框右侧有一排按钮，它们的功能分别为：

- “后退”按钮。单击此按钮可将当前文件夹切换至上次显示的文件夹。
- “向上一级”按钮。单击此按钮将当前文件夹切换到当前文件夹的上级文件夹。
- “搜索 Web”按钮。单击此按钮可启动 Web 浏览器并打开 Word 2003 提供的搜索页，查找 Internet 上的文档和有关任意主题的信息。
- “删除”按钮。单击此按钮可将文件列表中选定的文件移到回收站中。
- “新建文件夹”按钮。单击此按钮可在当前文件夹中新建一个文件夹。
- “视图”按钮。单击此按钮可切换文件列表中的文件显示方式，单击按钮右部的下箭头可打开一个菜单，在菜单中可直接选择文档的显示方式。还可以对文件图标进行排列。如果用户希望一次显示更多的文件名，可选择“列表”命令；如果用户需要查看文件的修改日期、大小，可选择“详细资料”命令；如果用户需要了解文档的主题、作者等信息，可选择“属性”命令；如果用户需要在打印文档前确认文档的内容，可选择“预览”命令。用户还可以在“排列图标”子菜单中对文件夹中的文档进行简单的排序，以方便查找。

3）工具菜单。此菜单中提供了一些常用的文档管理命令。

4）“文件名”列表框。Word 根据文档第一行的内容，自动给出文件名。用户可以输入一个便于记忆的新名字来取代它。

对于已命名并保存过的文档，只需要随时单击常用工具栏中的“保存”按钮，或单击文件菜单中的“保存”命令来保存当前文档。系统将自动将当前文档的内容保存在同名的文档中。不再显示“另存为”对话框。

3. 打开文档

可用以下几种方法打开文档：

1）在“资源管理器”或“我的电脑”中找到要打开的文档，双击其文件名或图标即可打开该文件。

2）在“文件”菜单的底部列出 4 个最近使用过的文档名。单击要打开的文件名，或者输入文件名前面所对应的编号，也可以打开相应的文档。

注意：“文件”菜单的底部列出最近使用过的文档个数，可以自定义。操作方法是依次选择“工具”→“选项（O）”命令，在“常规”选项卡中设置“列出最近所使用文件”的个数。

3）使用打开命令。依次选择“文件”→“打开”命令，或单击常用工具栏中的“打开”按钮，系统弹出“打开”对话框。对话框中各元素的含义与“另存为”对话框类似，这里不再赘述。

“打开”按钮。直接单击此按钮可以按默认的方式打开文档，单击按钮右部的下箭头可以选择文档的打开方式。

“文件类型”下拉列表框。打开该列表框可以选择或查看 Word 提供的可以打开的文档类型。如果要打开其他程序创建的文档，可首先在此选择。

在“打开”对话框中选择要打开文件的文件名和它所在的位置等信息之后，单击“打开”按钮，即可打开该文档。

4. 重命名、删除、复制文档文件

在文件名上单击鼠标右键，在快捷菜单中找到相应的命令，按提示执行命令即可完成相应的操作。

3.2.2 文本编辑操作

文本编辑是编排文档内容时的操作，可以输入文字、复制、删除、替换文档中的文字。这些操作的对象是文档的内容。在插入文字和对象时要定位插入点，编辑文字时要选中被编辑的文字和对象。

1. 定位插入点

(1) 使用鼠标移动插入点

使用鼠标移动插入点的方法很简单：只要把鼠标指针移到要设置插入点的位置，然后单击鼠标左键即可。

(2) 利用“选择浏览对象”按钮移动插入点

利用“选择浏览对象”按钮可快速进行编辑位置、图片、表格和标题的定位。在垂直滚动条下方，单击“选择浏览对象”按钮，打开“选择浏览对象”菜单，在该菜单中可以选择需要浏览的对象，比如选择“按图形浏览”对象。此时滚动条的“上一页”和“下一页”按钮会变成“前一张图片”和“下一张图片”按钮，单击该按钮，插入点就能很轻松地在文档中的所有图片之间移动。

(3) 用键盘移动插入点

当正在用键盘输入时，也许更愿意直接用键盘来移动插入点。表 3-1 列出了移动插入点的快捷键。

表 3-1　用于定位的快捷键

按　键	作　用
←	把插入点左移一个字符或汉字
→	把插入点右移一个字符或汉字
↑	把插入点上移一行
↓	把插入点下移一行
Home	把插入点移到当前行的开始处
End	把插入点移到当前行的末尾处
PgUp	把插入点上移一屏
PgDn	把插入点下移一屏
Ctrl + Home	把插入点移到文档的开始处
Ctrl + End	把插入点移到文档的末尾处
Ctrl + PgUp	移到屏幕顶端
Ctrl + PgDn	移到屏幕底端
Ctrl + ←	左移一个单词
Ctrl + →	右移一个单词
Ctrl + ↑	上移一段
Ctrl + ↓	下移一段

2. 选择文本

如果要编辑文档中的某些内容，应首先选定这些内容。可以用鼠标快速地进行选定，也可以用键盘进行选定。下面介绍几种不同的选定方法。

1) 拖动选定。选定文本的最基本方法是利用鼠标拖动要选定的内容，即先将鼠标指向要选定内容的首部，接着按住鼠标左键不放，由左向右、由上向下移动鼠标直到要选定的内容全部反像显示，再放开鼠标左键。

2) 双击选定。为了选定一个英文单词，只须双击该单词的任意部分即可。双击一个汉字便选定了该汉字。

3) 单击—Shift—单击选定方法。首先单击要选定内容的首部，接着按下〈Shift〉键的同时单击要选定内容的尾部。

4) Ctrl—单击选定方法。为了选定一个句子（相邻两个句号之间的部分），按住〈Ctrl〉

键的同时单击要选定句子的任意位置。

5）选定栏选定方法。若选定文档中的一行，只须单击该行左端的选定栏。若选定文档中的一段（一个自然段），只须双击该段任一行左端的选定栏。若选定文档中连续的数行，用鼠标拖动要选定的数行左端的选定栏。

6）键盘选定方法。按下〈Shift〉键的同时，按下其他移动插入点的键。例如，按下〈Shift〉键的同时，按〈→〉键一次，选定右边一个字符或汉字；按〈←〉键一次，选定左边一个字符或汉字。表 3-2 列出了用键盘选定文本的按键方法。

表 3-2　键盘选定文本的组合键

选定目标	组合键	选定目标	组合键
全选	Ctrl + A	左边一个字符	Shift + ←
右边一个字符	Shift + →	到单词开头	Shift + Ctrl + ←
到单词末尾	Shift + Ctrl + →	到行首	Shift + Home
到行尾	Shift + End	上一行	Shift + ↑
下一行	Shift + ↓	到段首	Shift + ↑
到段尾	Shift + ↓	上一屏	Shift + PgUp
下一屏	Shift + Ctrl	到文档首	Shift + Ctrl + Home
到文档尾	Shift + Ctrl + End	到窗口顶	Shift + Ctrl + PgUp
到窗口底	Shift + Ctrl + PgDn		

注意：表中的“+”号表示按住前面键的同时，按下后面的键。例如，“Shift + →”表示按下〈Shift〉键的同时，按下〈→〉键。

3. 复制、移动

在进行复制或移动操作时，是以剪贴板作为“中转站”的，即先把选定的内容“复制”或“剪切”到剪贴板上，然后再将其粘贴到插入点所在位置。

剪贴板是内存中的一块存储区域。所有被复制或剪切的内容都将自动置于剪贴板中。剪贴板中存放的内容将一直保留着，直到关闭了计算机上的所有运行程序。

复制的具体操作步骤如下：

1）选定要复制的文本。

2）依次选择“编辑”→“复制”命令，或单击常用工具栏中的“复制”按钮，或按〈Ctrl + C〉组合键将要移动的文本复制到剪贴板中。

3）依次选择“编辑”→“粘贴”命令，或单击常用工具栏中的“粘贴”按钮，或按〈Ctrl + V〉组合键便将要复制的文本“粘贴”到插入点所在位置，插入点位置处原来内容向后移动。

可以用一种十分简便的方式来进行文本的复制，那就是按住〈Ctrl〉键，同时使用鼠标拖动的方法将内容拖动到目标位置。当用鼠标拖动选定的文本或图形时，鼠标指针变成一个带有虚竖直线和虚方框的箭头。松开鼠标左键时，虚竖直线的位置就是目标位置。

移动文本的具体操作步骤如下：

1）选定要移动的文本。

2）依次选择“编辑”→“剪切”命令，或单击常用工具栏中的“剪切”按钮，或按

〈Ctrl + X〉组合键将要移动的文本“剪切”到剪贴板中。

3）依次选择“编辑”→“粘贴”命令，或单击常用工具栏中的“粘贴”按钮，或按〈Ctrl + V〉组合键将要移动的文本“粘贴”到插入点所在位置。

也可以用鼠标拖动的方法将内容拖动到目标位置。

4. 撤销操作

在进行输入、删除和改写文本等操作时，Word 会自动记录下最新的击键和刚执行过的命令。这种存储功能使得恢复某次编辑操作成为可能。例如，进行了删除文本的操作，单击常用工具栏中的“撤销”按钮，可撤销刚才的删除操作即恢复刚被删除的文本。

单击常用工具栏中的“撤销”按钮右边的下剪头，会自动显示可撤销操作的名称，如“清除”等。有些操作是无法撤销的，如保存文档。

单击“常用”工具栏中的“重复”按钮，可重复地执行刚才的操作。

5. 格式刷

Word 提供的格式刷功能可以轻松地将文档中某一部分文字的格式复制给其他位置的字符。其具体操作方法如下：

1）选定具有被复制格式的源文字块，然后单击常用工具栏上的“格式刷”按钮，这时鼠标指针变成刷子形状，拖动刷子形状的鼠标选定要复制格式的目标文字块，便将源文字块的格式复制给目标文字块。

2）双击常用工具栏上的“格式刷”按钮，可将源文字块的格式复制给多个位置的目标文字块。全部复制完成后，再单击“格式刷”按钮，退出字符格式复制状态。

6. 查找和替换

1. 查找文本

处理一篇长文档时，有时要对整篇文档中的某一相同内容进行修改。例如，要将文档中几百个“word”改成“Word”。Word 提供了查找与替换功能。具体操作步骤如下：

1）依次选择“编辑”→“查找”命令，系统弹出如图 3-7 所示的“查找和替换”对话框。

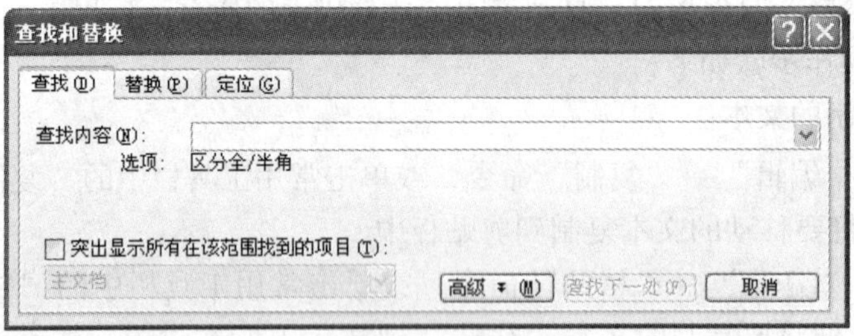

图 3-7 “查找和替换”对话框

2）在“查找内容”文本框中输入要查找的内容。

3）单击“查找下一处”按钮，Word 便从插入点所在位置开始，向后查找指定内容，找到后便将内容反像显示；如果再单击“查找下一处”按钮或按回车键，Word 便继续向后查找第二次出现的指定内容，找到后便将所找到的内容反像显示，依此类推。

当 Word 查找到文档的尾部时，将弹出对话框让用户选择是否从文档的起始处（首部）继续向后查找。单击“是”按钮，将从文档的起始处继续向后查找；单击“否”按钮，将结束查找工作。

2. 替换文本

查找不仅仅是用来定位查找的内容，有时要将找到的对象替换为新的内容。替换的具体操作步骤如下：

1）按〈Ctrl + H〉组合键或在打开“查找和替换”对话框后，选择“替换”选项卡，如图 3-8 所示。

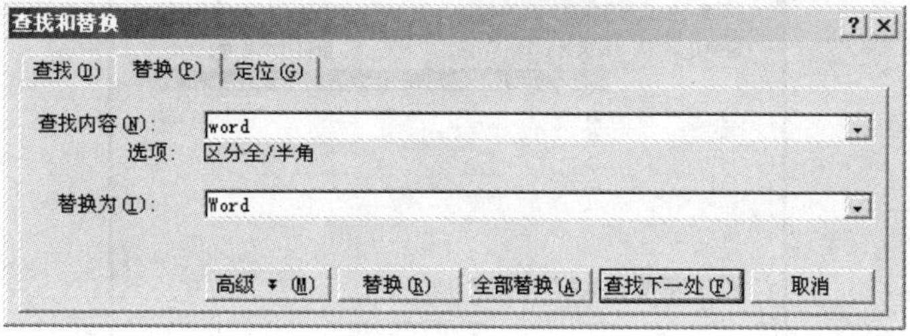

图 3-8　“替换”选项卡

2）在“查找内容”文本框中输入查找内容，这里输入“word”，如果在“查找”选项卡中已经设定过，那么此处可以使用默认值。

3）在“替换为”文本框中输入要替换的内容，这里输入“Word”，然后单击“全部替换”按钮，Word 就会自动将文中所有小写的“word”替换为大写的“Word”。

“查找和替换”功能除了能用于一般文字外，还能查找和替换带有格式的文本，以及一些特殊的字符，如空格符、制表符、分栏符和图片等。要实现这些功能，只须单击图 3-8 中的“高级”按钮，设置对话框中各选项即可。

在“替换”选项卡的“高级”选项中的各个选项的作用如下：

1）“搜索范围”列表框用于选择查找和替换的方向，如可以选择从当前插入点处向上或是向下查找和替换，或者选择全部。

2）单击“格式”按钮可以打开菜单，从中选择命令就可以设置“查找内容”文本框与“替换为”文本框中的文本格式、段落格式及样式等。

3）单击“特殊字符”按钮可以打开菜单，从中选择查找或替换的一些特殊符号，如可以将空格符替换成制表符等。

7. 自动更正

利用自动更正功能，可以防止输入错误单词，如将 and，错误输成 the 时，Word 会自动将其更正。除此以外，还可以通过短语的缩写形式快速输入短语，如通过“xjd”输入“西安交通大学”。为让 Word 能自动将错误的单词进行更正，或将短语的缩写形式替换成短语，要为错误的单词或缩写建立一个自动更正词条。

建立自动更正词条的具体操作步骤如下：

1）依次选择“工具”→“自动更正”命令，系统弹出如图 3-9 所示的“自动更正”对话框。

2）在“替换”文本框中输入错误单词或短语的缩写形式。

3）在“替换为”文本框中输入正确单词或短语的全称。

4）单击“添加”按钮，便将该内容的自动更正词条加入自动更正词条表中。

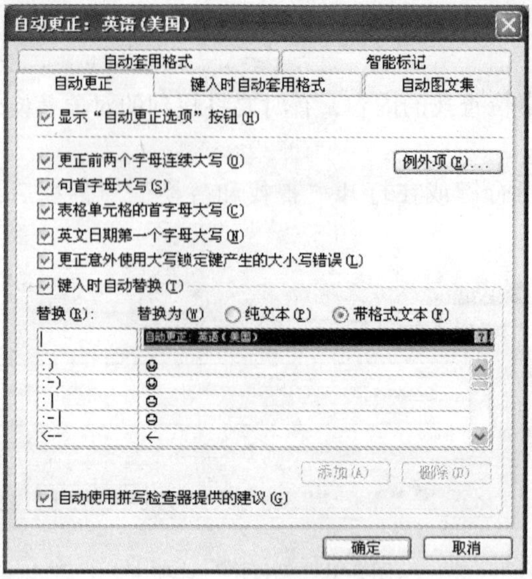

图 3-9 “自动更正”对话框

5）单击“确定”按钮，便完成为该内容建立自动更正词条的操作。

为错误单词或短语的缩写形式建立了自动更正词条后，当输入该错误单词或短语的缩写形式时，按〈Spacebar〉（空格）键或标点符号，Word 便自动将错误单词或短语的缩写形式替换成正确单词或短语的全称。

注意：要让 Word 进行自动更正，应选中图 3-9 所示的自动更正对话框中的“键入时自动替换”复选框。

3.3 Word 文档格式编排

考试内容：

- 字体格式设置
- 段落格式设置
- 页面编排

教学要求：

- 字体格式设置
- 段落格式设置
- 页面编排

知识点（8 个）：

- 字符格式（字体、字形、字号、文字效果）、段落格式（缩进、段前、段后、行间距）、首字下沉、分栏
- 项目符号、项目编号

● 页眉和页脚、边框和底纹

3.3.1 字体格式设置

1. 使用格式工具栏进行字符格式编排

使用格式工具栏中字体和字号列表框可以编排字符的字体和大小，具体操作步骤如下：

1）选定要编排的文字。

2）单击格式工具栏上的工具按钮，如单击字体 宋体 、字号 五号 按钮的下拉箭头，选择字体和字号。

3）单击格式工具栏上的“粗体” B 、“斜体” I 按钮，可将文字修饰成粗体或斜体。

2. 使用字体命令进行字符格式编排

格式工具栏上的各个排版按钮是比较常用的按钮，但有些字符排版的功能却不能在此工具栏上出现，如排版文字的空心字、给文字加动态效果等。所以需要打开“字体”对话框进行排版，具体操作步骤如下：

1）选定要编排格式的文字。

2）依次选择“格式”→“字体”命令，系统弹出如图 3-10 所示的“字体”对话框。

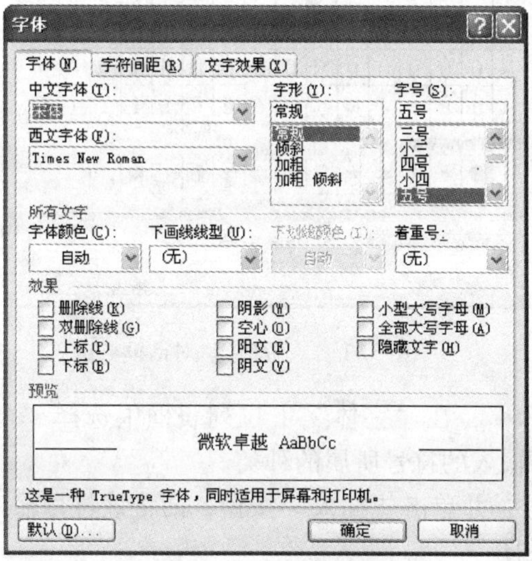

图 3-10 “字体”对话框

3）在“字体”选项卡中，选择所需要的字体、字体大小、下画线线型、着重符号、字体颜色等。

在“文字效果”选项卡中选择是否加删除线、双删除线，是否编排成上标或下标，是否隐藏，是否编排成小型大写字母或全部大写字母。

如果要进行字符缩放，则在“字符间距”选项卡的“缩放”文本框中，选择或输入字符缩放比例。

如果要加宽或紧缩字符间的横向间距，则在“字符间距”选项卡的“间距”列表框和“磅值”文本框中进行相应的选择和输入。

如果要提升或降低字符位置，则在“字符间距”选项卡的“位置”列表框和“磅值”文本框中进行相应的选择和输入。

单击“确定”按钮，便可将选定的文字编排成所要的字符格式。

3. 插入标点符号和特殊符号

插入标点符号要注意输入法的“中文”或“西文”输入状态，同一个键在不同的输入状态下对应不同的符号，见表3-3。

表3-3 中、西文符号

西文标点符号	句号 .	斜杠 \	$	〈〉	^
中文标点符号	句号 。	顿号、	¥	《》	……

可以输入像书名号“《》”和温度单位“℃”之类的标点符号和特殊符号。

插入符号的具体操作步骤如下：

1）依次选择“插入”→“符号”命令，系统弹出如图3-11所示的“符号”对话框。

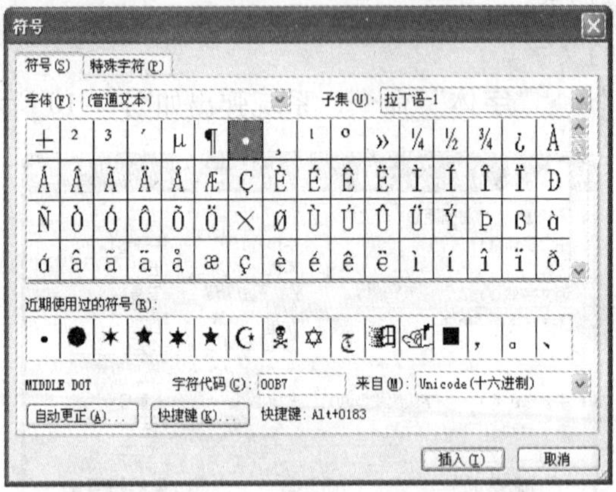

图3-11 “符号”对话框

2）选择“符号”选项卡，在“字体”下拉列表框中选择“全角符号”选项。在“子集”下拉列表框中选择要输入的符号所属的种类。

3）单击要输入的符号，并单击“插入”按钮，便将该符号输入到插入点所在位置，此时“取消”按钮变成“关闭”按钮。

重复2)、3）两个步骤可以输入多个符号。

4）单击“关闭”按钮，便将“符号”对话框关闭，结束输入符号的操作。

利用“快捷键”按钮，可以给常用的符号指定快捷键，按快捷键便可快速输入符号。

输入特殊符号的方法是：依次选择“插入”→“特殊符号”命令，系统弹出如图3-12所示的“插入特殊符号”对话框。选择不同的选项卡，即可在相应的选项卡中找到所需的特殊符号。

除此之外，还可以通过“符号栏”输入标点符号和特殊符号。操作方法是：依次选择“视图”→“工具栏”→“符号栏”命令，使“符号栏”显示在屏幕上，单击“符号栏”中的某个符号按钮，便将该符号输入到插入点位置。

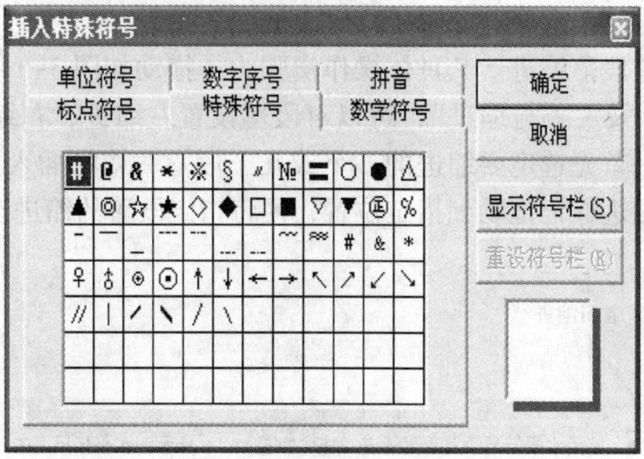

图 3-12 “插入特殊符号”对话框

3.3.2 段落格式设置

1. 段落缩进

使用段落命令设置段落缩进。其具体操作步骤如下：

1）选定要设置缩进的段落，或将插入点移入要缩进的段落。

2）依次选择“格式”→“段落”命令，系统弹出如图 3-13 所示的“段落”对话框。

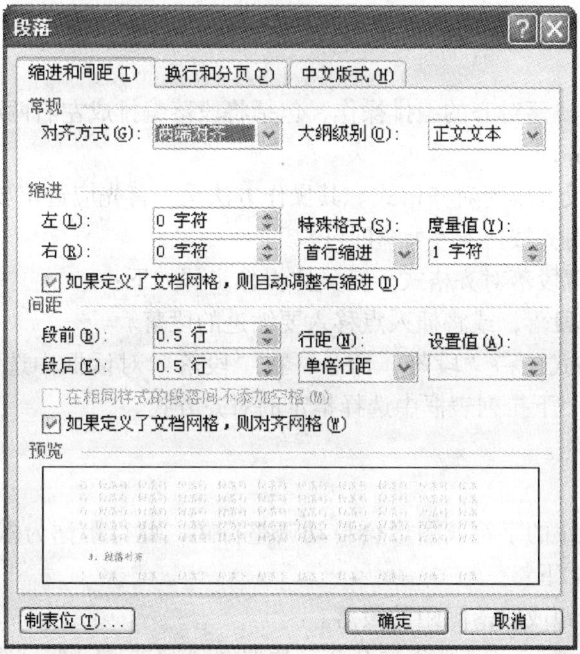

图 3-13 “段落”对话框

3）在“缩进和间距”选项卡的“缩进”选项组中的“左”、“右”文本框中分别输入或选择所要设置的缩进量，可以在“预览”文本框中查看设置后的效果。

4）如果要建立首行缩进或悬挂式缩进，在“特殊格式”下拉列表框中进行选择，并在“度量值”文本框中输入或选择缩进量。

5）单击“确定”按钮。

使用水平标尺设置段落缩进。其具体操作步骤为：拖动如图3-14所示的水平标尺上的“左缩进”、“右缩进”及“首行缩进”，可以对段落设置左缩进、右缩进、首行缩进和悬挂缩进。其操作方法是：首先选定要缩进的一个或几个段落，或将插入点移入要缩进的段落，然后用鼠标将相应的缩进标记拖动到指定位置，便将指定段落的缩进设置到该位置。

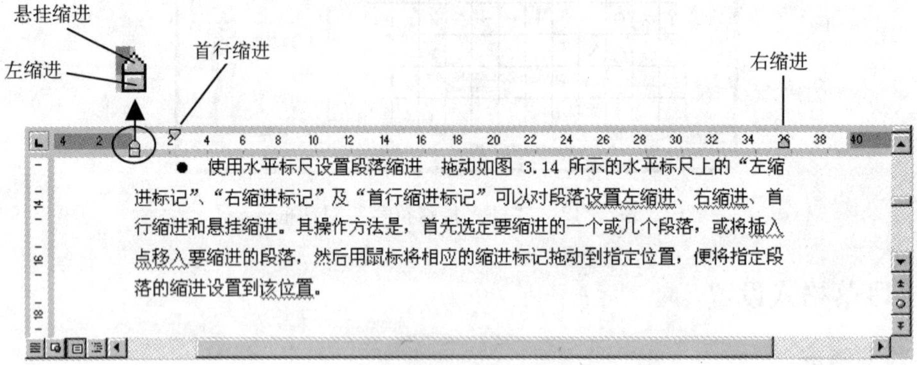

图3-14　使用标尺设置段落缩进示意图

使用格式工具栏设置段落缩进。单击格式工具栏中的“增加缩进量”按钮，将增大选定段落或插入点所在段落的左缩进量，单击格式工具栏中的“减小缩进量”按钮，将减小选定段落或插入点所在段落的左缩进量。

2. 段落对齐

Word 提供了各种段落对齐的编排操作，包括将段落编排成左右两端都对齐、居中对齐、向右边对齐或分散对齐。

使用格式工具栏设置段落对齐格式。其操作方法是：首先应选定要对齐的段落，然后单击格式工具栏相应的对齐按钮即可。

使用段落命令设置段落对齐格式。其具体操作步骤如下：

1）选定要对齐的段落，或将插入点移入要缩进的段落。

2）依次选择“格式”→“段落”命令，在“段落”对话框中选择“缩进和间距”选项卡，在“对齐方式”下拉列表框中选择指定的对齐方式。

单击“确定”按钮。

3. 行间距设置

Word 对于不同大小的字符或图形会自动调整行距，此行距称为默认行距。调整行距与段落间距的操作步骤如下：

1）选定要调整行距或段落间距的段落。

2）依次选择“格式”→“段落”命令，并选择“缩进和间距”选项卡。

3）在“行距”下拉列表框中选择行距类型。如果选择的是“固定值”或“最小值”，还需在“设置值”文本框中输入或选择具体的行距值。如果选择的是“多倍行距”，则应在“设置值”文本框中输入或设置相应倍数。

4）在“段前”和“段后”文本框中输入或选择要设置的段前间距和段后间距值。

5）单击“确定”按钮，完成调整行距或段落间距的操作。

4. 项目符号和编号

项目符号和编号可使文档条理清楚和重点突出并提高文档编辑速度。可使用以下操作方法：

1）单击工具栏中的“编号”、“项目符号”按钮；自动在所在行添加编号或项目符号。

2）依次选择“格式”→“项目符号和编号”命令，系统弹出“项目符号和编号”对话框，在对话框中选择编号或项目符号的样式及其他参数。

3）依次选择“工具”→“自动更正”命令，打开“自动更正”对话框，在“自动更正”对话框中选择“键入时自动套用格式”选项卡；选择“自动符号列表”和“自动编号列表”中的选项。

4）当在段首输入数学序号（一、二；1、2；（1）、（2）等）或大写字母（A、B），输入内容后按回车键时，Word 自动将其转化为“编号”列表。

取消文档中的编号的操作方法如下：

1）按两次“Enter”键，后续段落自动取消编号（不过同时也插入了多余的两行空行）。

2）将光标移到编号和正文间按〈Backspace〉键可删除行首编号。

3）选定（或将光标移到）要取消编号的一个或多个段落，再单击“编号”按钮。以上方法都可用于中断编号列表，但如果要删除多个编号，只能用最后这个方法。

3.3.3 页面编排

1. 分栏

分栏就是将一段文本分成并排的几栏，具体的操作步骤如下：

1）切换到页面视图。

2）选定要编排成多栏的文本。

3）依次选择“格式”→“分栏”命令，系统弹出如图 3-15 所示的“分栏”对话框。

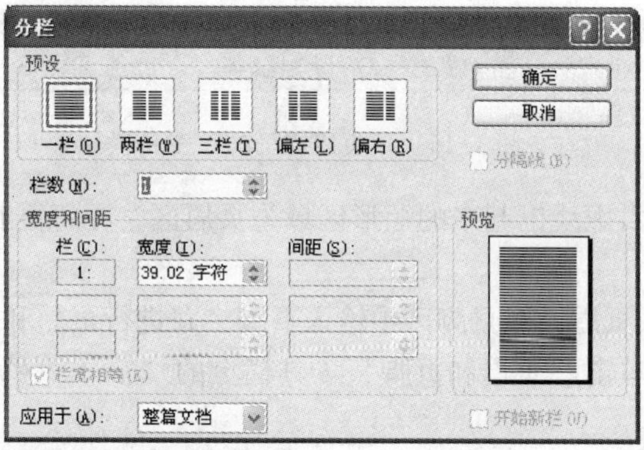

图 3-15 “分栏”对话框

4）在“栏数”文本框中选择或输入栏数，在“宽度”和“间距”文本框中，分别选择或输入各栏的栏宽和栏间距离。也可以从“预设”文本选项框中选择一种格式。

如果要使各栏宽度不等，则不选“栏宽相等”复选框。如果要在相邻两栏之间插入纵向分隔线，选择“分隔线”复选框。

在“预览”文本框中可以看到分栏效果。

5）单击“确定”按钮，便按指定的栏数、栏宽和间距编排选定的文本。

值得说明的是：文档中的一个节只能采用一种分栏格式，当对文档中选定的部分内容分栏时，Word 将自动插入分节符，即将选定的内容作为一节处理。

删除多栏格式非常简单，只须将已分成多栏的文本重新分为一栏即可。

分栏点表示文档中前一栏文本的结束和下一栏文本的开始。在分栏时，Word 自动将选定文本均衡地分配到各栏中。很可能使一个段落分割在两个栏目中，也可能将标题和其后面的文字分开在两个栏目中。用户可通过插入分栏符来使文档在某处强行分栏。具体操作步骤如下：

1）切换到页面视图，将插入点移到要强行分栏的位置。

2）依次选择菜单项“插入”→“分隔符”命令，系统弹出“分隔符”对话框。

3）单击“分栏符”按钮，然后单击“确定”按钮，即在插入点处插入一个分栏符。

将最后一栏调匀。在分栏的文本中，如果最后一页不是一个满页，最后一栏可能比其他各栏短，显得不协调。为了使最后一页各栏长短相等，可以在最后一栏的结尾处插入一个分节符，Word 便将最后一栏调整成各栏相等长度。

2. 页眉、页脚设置

页眉是打印在每页顶部的上页边距线与页上边缘之间的说明性信息，页脚是打印在每页底部的下页边距线与页下边缘之间的说明性信息。

创建页眉和页脚的具体操作步骤如下：

1）依次选择执行菜单项“视图”→“页眉和页脚”命令，Word 自动切换到页面视图方式，并出现页眉）和页脚编辑窗口和“页眉和页脚”工具栏，如图 3-16 所示。

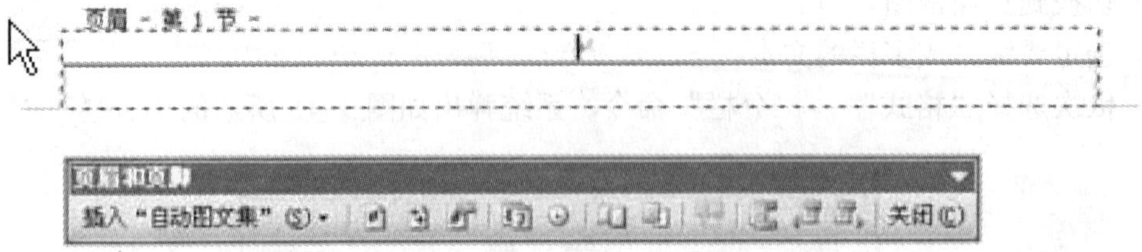

图 3-16　“页眉和页脚”工具栏

在每页顶端出现的由虚线框起来的矩形区域为页眉区，在每页底端出现的由虚线框起来的矩形区域为页脚区。

2）在页眉区中输入页眉，在页脚区中输入页脚，并进行页眉和页脚的格式编排。

如果要插入页号，单击“页眉和页脚”工具栏上的“插入页码”按钮，便在页眉区或页脚区插入页码。

如果要插入日期，单击“页眉和页脚”工具栏上的“插入日期”按钮，便在页眉区或页脚区插入日期。

可通过“格式”工具栏对页眉和页脚进行格式编排，如果要对页眉和页脚进行垂直位置的编排，可单击“页眉和页脚”工具栏上的“页面设置”按钮，在“页面设置”对话框中进行设置。

如果要给首页建立与其他页不同的页眉和页脚，或给奇数与偶数页建立不同的页眉和页脚，可通过页面设置对话框进行。

3）单击“页眉和页脚”工具栏上的“关闭”按钮，完成创建页眉或页脚，同时关闭页眉和页脚编辑窗口，并隐藏“页眉和页脚”工具栏。

建立了页眉和页脚后，便可在页面视图下及打印预览方式下看到所建立的页眉和页脚，但在普通视图下看不到页眉和页脚。

删除页眉和页脚的具体操作步骤如下：

1）将插入点移到要删除页眉或页脚的节中。

2）依次选择执行菜单项“视图”→“页眉和页脚”命令，出现页眉和页脚编辑窗口及“页眉和页脚”工具栏（或双击页眉区）。

3）选定要删除的页眉或页脚，然后按〈Delete〉键。

4）单击“页眉和页脚”工具栏上的“关闭”按钮，便完成删除选定页眉或页脚的操作。

3. 边框底纹

1. 添加边框

Word 可以为文字、段落添加边框，还可以给整个页面添加边框。其具体的操作步骤如下：

1）选择需要添加边框的文字或段落，然后依次选择菜单项“格式”→“边框和底纹”命令，打开“边框和底纹”对话框，如图 3-17 所示。

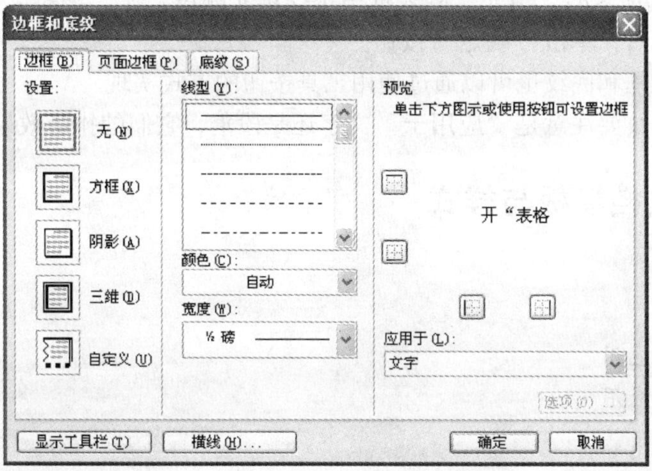

图 3-17 “边框和底纹”对话框

2）选择“边框”选项卡，在“设置”选项组中选择一种边框样式，如“三维”、“阴影”等。

3）在“线型”列表框中选择边框线的线型，如双线、点画线等。

4）在“颜色”列表框中选择边框线的颜色。

5）在“应用范围”框中，可以选择“文字”或“段落”（如果在打开对话框之前已选定了文档内容，此操作可省略），并单击“确定”按钮。

若要取消边框线，在“设置”选项组中选择“无”选项。选择“页面边框”选项卡，可以给整个页面加边框。

2. 添加底纹

添加底纹不同于添加边框，它只能对文字、段落添加底纹，而不能对页面添加底纹。在添加底纹时，首先选定要添加底纹的文本，再打开“边框和底纹”对话框，选择“底纹”选项卡，执行添加底纹的操作，如图 3-18 所示。

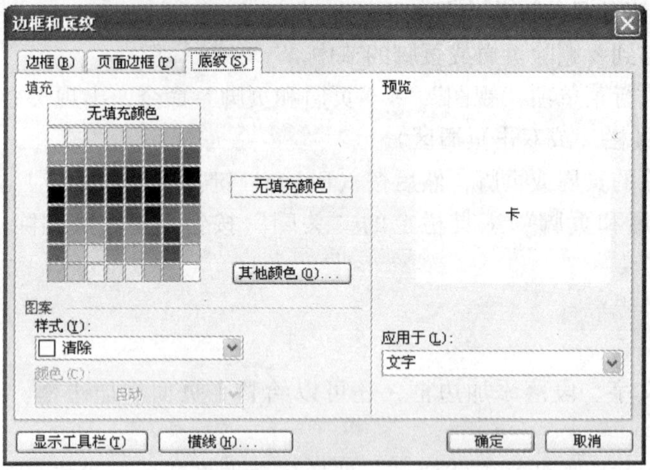

图 3-18　“底纹”选项卡

在“底纹”选项卡的“填充”列表框中选择填充颜色，在“图案”选项组中选择底纹的样式和颜色。最后，单击“确定”按钮。

此外，添加边框和底纹也可以通过使用工具按钮的方式实现。

添加边框和底纹要注意是“应用于”文字还是段落，它们的排版效果是不一样的。

3.4　Word 文档模板与样式

考试内容：

- 文档模板及应用
- 文档样式及应用

教学要求：

- 文档模板及应用
- 文档样式及应用

知识点（2 个）：

- 模板的概念（模板创建文档、创建一个文档模板）
- 样式的建立和使用（查看样式、应用样式、新建样式、撤销样式）

3.4.1　文档模板及应用

模板是文档的基本框架和套用的样板。Word 把模板按照不同的类别分放在相应的选项卡中。这些模板可以用来创建信件，还可以快速地创建标准的传真、简历等专业文档。用户只须将精力集中于文档中的内容，而不必在文档的设计方案或格式上花费太多的时间。

也可以将自己设计的文档保存为模板以供重复套用。

1. 用模板创建文档

用模板创建文档的具体操作步骤如下：

1）依次选择菜单项“文件”→“新建”命令。在任务窗口中选择“本机上模板”命令，在“模板”对话框中选择“其他文档”选项卡。

在“模板”对话框中可看到许多选项卡（见图3-19），如“信函和传真”、“其他文档”等。每个选项卡中按类存放着一些文档模板。

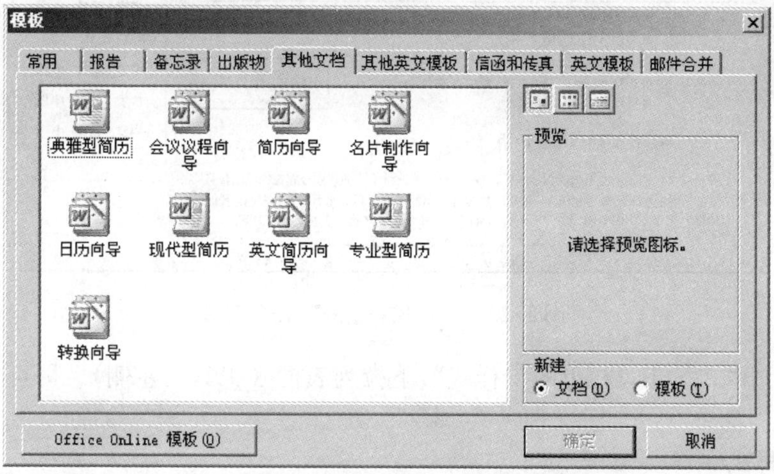

图3-19 “模板”对话框

2）在选项卡中选择某一种，可按照向导提供的步骤创建文档。

2. 将文档保存为模板

将文档保存为模板的具体操作步骤如下：

1）按照需要设计文档。

2）依次选择菜单项“文件”→“另存为”命令或按〈F12〉键。

3）在弹出的对话框中选择“保存类型”为“文档模板＊.DOC”，可以发现所在的文件夹变成了Office目录下的Templates子目录。

4）单击“确定”按钮完成模板制作。

5）制作好模板后，依次选择菜单项“文件”→“新建”命令。在打开的任务窗口中，单击“常用”选项卡，就能看到刚刚制作好的模板，通过这个模板就可以创建新文档。

3.4.2 文档样式及应用

样式是字体、字号，以及缩进等格式设置特性的组合。根据应用对象的不同样式可以分为字符样式和段落样式两种。字符样式是只包含字符格式的样式，用来控制字符的外观。段落样式则是同时包含字符、段落、项目列表符号和编号、文本框、图文框等格式的样式，用于控制段落的外观。样式根据来源不同，又分为内置样式和自定义样式。

1. 查看样式

查看样式的具体操作步骤如下：

1）依次选择菜单项“格式”→“样式和格式”命令，打开“样式和格式”任务窗口，如图 3-20 所示。

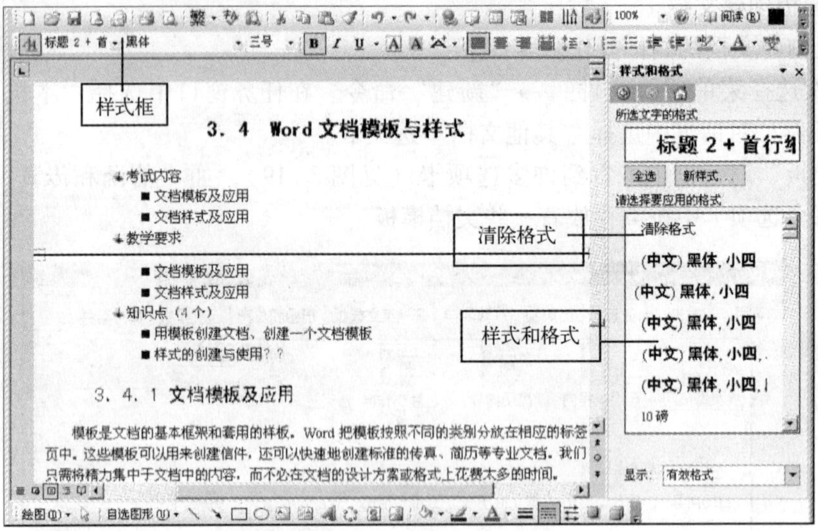

图 3-20　“样式和格式”任务窗口

2）单击“格式”工具栏上的“样式”下拉列表框（工具栏左侧），即可查看系统提供的内置样式。

2. 应用样式

用户在新建的文档中所输入的文本具有 Word 默认的“正文”样式，该样式定义了正文的字体、字号、行间距、对齐方式等格式。在文档中应用样式的具体操作步骤如下：

1）应用字符样式。选定要应用样式的文字，然后单击样式列表框中指定的样式，即可对设置文本的样式为指定的样式。

2）应用段落样式。将指针放入要应用该样式的段落内，然后单击样式列表框中指定的段落样式，即可完成对该段落样式的设置。

3. 新建样式

在制作文档的过程中，经常需要保持整体文档的一致性，如章节标题、字体、字号、对齐方式、段落设置等。为此，将所需要的格式预先设定为样式，再进行命名，然后将该样式应用于整个文档，这样一来，既可提高操作效率（重复的格式设置操作自动完成），又可以保持整个文档格式协调一致。新建样式的具体操作步骤如下：

1）如果希望新建样式基于某个现有的样式，则指向文档中使用该样式的任意位置。

2）在“样式和格式”任务窗口中，单击“新样式”命令，系统弹出“新建样式”对话框，如图 3-21 所示。

3）在“新建样式”对话框中对所需的样式进行设置，包括为样式提供名称（默认为“样式 1”），选择设置“样式类型”，字型、字体、字号、对齐方式等，最后单击“确定”按钮。

4. 撤销样式

撤销样式的具体操作步骤如下：

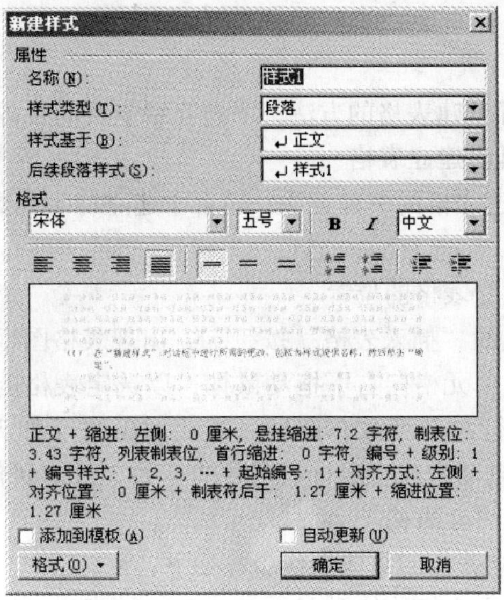

图 3-21 “新建样式”对话框

1）要撤销字符格式或字符样式，先选定要更改的文字，然后在任务窗口中单击“清除格式”命令（见图 3-20）。

2）要撤销段落格式或段落样式，在段落中单击或选定所有文字，然后单击“清除格式”命令。

3.5 Word 表格的建立与编辑

考试内容：

- 创建表格
- 编辑表格
- 单元数据运算

教学要求：

- 创建表格
- 设置表格格式、编辑表格内容

知识点（12 个）：

- 创建表格（使用工具栏创建、菜单创建、“表格和边框”工具栏绘制、文本转换成表格）
- 表格格式和内容的编辑（选择、插入和删除、合并、拆分、自动套用格式、文字对齐、格式化）
- 单元数据运算

3.5.1　创建表格

在 Word 中提供了多种创建表格的方法，下面介绍主要的几种方法。

1. 使用“常用”工具栏建立表格

这是一种简单快捷创建表格的一种方法，适合于建立行、列数不多的小型表格。其具体操作步骤如下：

1）将插入点置于要建立表格的位置。

2）单击常用工具栏上的“插入表格”按钮，出现表格图框如图 3-22 所示。

3）在图框上从左上角单元格向右下拖动鼠标，以选定表格的行数与列数。图框中的蓝色背景为选中的行与列，行数与列数在图框底端显示出来（如 3 ×5 表格）。释放鼠标后，图框消失，在插入点位置自动生成指定行、列数的（如 3 行 5 列）表格。

2. 使用插入表格命令建立表格

使用插入表格命令建立表格的具体操作步骤如下：

1）将插入点移至要建立表格的位置上。

2）依次选择菜单项“表格”→“插入”→“表格”命令，系统弹出“插入表格”对话框（见图 3-23）。在“行数”和“列数”文本框中输入或选择表格的行数和列数。

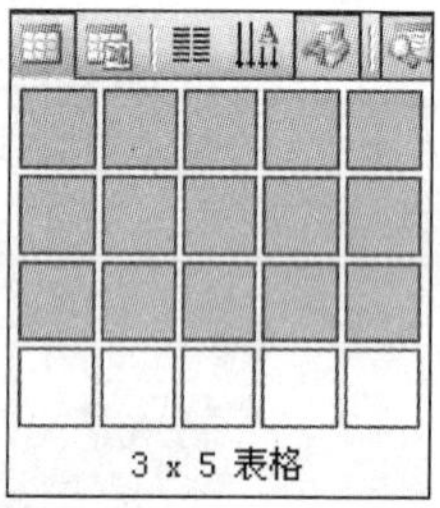

图 3-22　表格图框

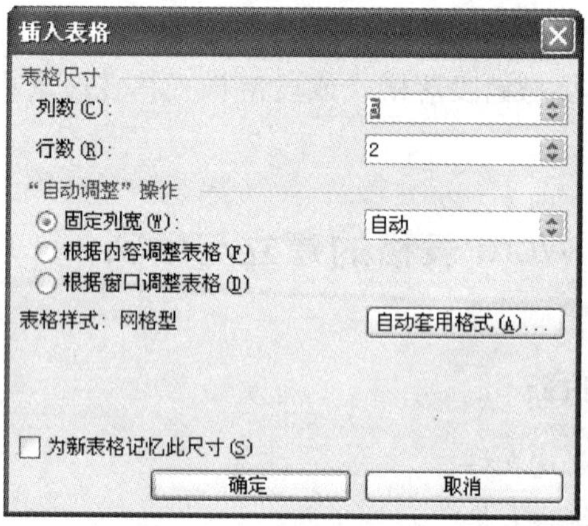

图 3-23　“插入表格”对话框

3）在“固定列宽”文本框中可选择“自动”选项，也可输入列宽数据。如果选择“自动”，Word 将根据纸张的左右页边距建立相等列宽的表格。

4）如果单击“自动套用格式”按钮，系统弹出“表格自动套用格式”对话框，如图 3-24所示。在“表格样式”列表框中选择一种表格格式，在预览框中可看到选择的表格效果。

5）单击“确定”按钮，生成所指定的表格框架。

3. 自动套用格式

如果已经建立了一个表格，要使它变成带有特定的格式，即选择使用一种自动套用格式，其具体操作步骤如下：

1）将插入点置于表格的任一单元格中。

2）依次选择菜单项“表格”→“表格自动套用格式”命令，在出现的表格自动套用格式对话框中，选择一种表格格式。

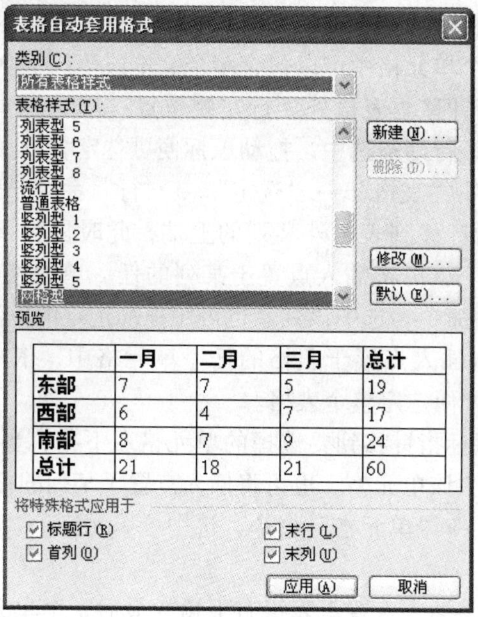

图 3-24　“表格自动套用格式”对话框

3）单击“确定”按钮，将原表格框架改为指定格式的表格框架。

4. 手工绘制表格

有时实际应用的表格是不规则的，如表格单元格中的斜线，上述几种方法都无法制作。手工绘制表格可以满足绘制特殊形式表格的需要。其具体操作步骤如下：

1）将鼠标移动到要插入表格的位置。

2）依次选择菜单项“表格”→“绘制表格”命令，系统弹出手工绘制表格和边框工具栏，如图 3-25 所示。

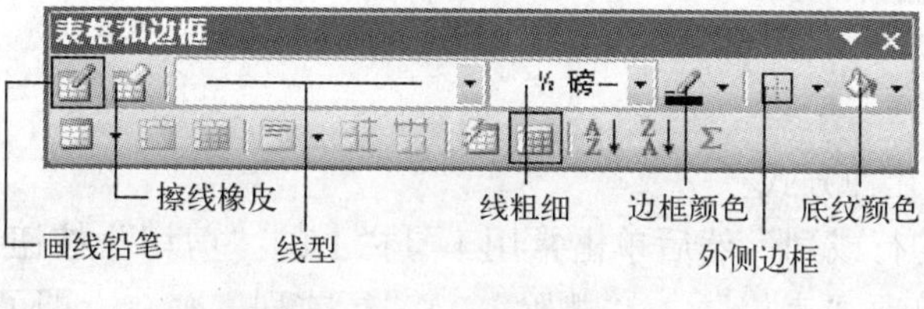

图 3-25　手工绘制表格和边框工具栏

3）利用表格和边框工具栏中的工具，就可以手工绘制特殊形状的表格。例如，先用“外侧边框”工具画出表格框架，再用“画线铅笔”画表格线（包括斜线），可以设定线型、粗细和颜色，还可以使用橡皮擦除不需要的线条。

3.5.2　编辑表格

1. 选定

在任何编辑操作之前，都要选定编辑对象，包括行、列、单元格、整个表格，以及单元格中的内容。

1）选定单元格内容。将鼠标指针移到单元格中首字符左侧位置，这时鼠标指针变为指向右上方的箭头，单击鼠标便选定了该单元格。在单元格中的文本上任意位置双击鼠标便可选中该文本段落内容。一个单元格中可以包含多个文本段落。

2）选定行。将鼠标指针移至表格外某行左侧位置（选定栏），此时鼠标指针变为向右倾斜的箭头，单击鼠标，该行即被选中，拖动鼠标便可选定多行。也可将插入点置于某行任一单元格，依次选行菜单项“表格”→“选定”→“行”命令，选中该行。

3）选定列。将鼠标指针移到表格外某列的上端，此时鼠标指针变为竖直向下的箭头，单击鼠标，该列即被选中。也可将插入点置于某列的任一单元格中，依次选择菜单项“表格”→“选定”→“列”命令，选中该列。也可用拖动选定的方法选定一列或多列。

4）选定整个表格。将插入点置于表格的任一单元格中，依次选择菜单项“表格”→“选定”→“表格”命令，便选定整个表格。

5）选定单元格。将鼠标指针移到要选择的单元格左下角，当鼠标指针变为向右倾斜的箭头时，单击鼠标即可选中该单元格。也可将插入点置于某列的任一单元格中，依次选择菜单项“表格”→“选定”→“单元格”命令，选中该单元格。

2. 插入行和列

在表格后增加一行。将插入点置于表格右下角的最后一个单元格中，按〈Tab〉键，可在表格下方增加一行空白表格行。

要插入行，首先必须选中插入行的位置，然后选择“插入行”命令，方法有 3 种：

- 选中行后，在选中的行中单击鼠标右键，选择快捷菜单中的“插入行”命令。
- 选中行后，依次选择菜单项“表格”→“插入”→“行”命令。
- 选中行后，单击常用工具栏上的“插入行”按钮。

要插入列，方法与插入行的方法类似，不同之处在于插入列之前选择的不是行，而是列。

当在表格中选中行、列或单元格后，“常用”工具栏上的“插入表格”按钮会分别变成“插入行”按钮、“插入列”按钮或者是“插入单元格”按钮。具体取决于选中的对象。

3. 删除行和列

删除操作有以下几种方式：

1）选定要删除的行或列，然后单击常用工具栏上的“剪切”按钮。

2）依次选择菜单项“表格”→“删除”→“行或列”命令，即可完成对选定的行或列（包括其中的内容）的删除。

3）如果只删除行或列中的内容，而不删除表格行或列，首先选定要删除的行或列，然后按〈Delete〉键，即可将选定行或列中的内容全部删除。

4. 插入和删除单元格

首先要选定单元格，然后单击常用工具栏上的“插入单元格”按钮，或者依次选择菜单项“表格”→“删除单元格”命令，系统弹出“插入单元格”或“删除单元格”对话框，如图 3-26 和图 3-27 所示。选择单元格的插入或删除方式，单击“确定”按钮，即可插入或删除指定的单元格。

5. 修改列宽和行高

修改行高和列宽的具体操作步骤如下：

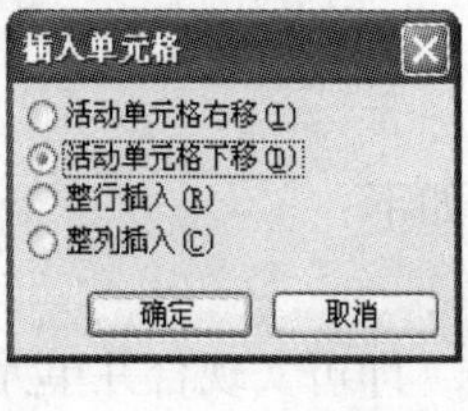

图3-26 “插入单元格”对话框

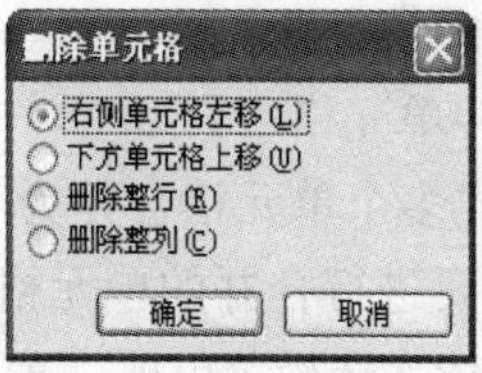

图3-27 “删除单元格”对话框

1）用鼠标拖动列框线改变列宽。将鼠标指针停留在要更改宽度的列边界上，鼠标指针变为双向箭头，左右拖动表格的列框线，便可修改该列框线两侧的列宽。

2）拖动水平标尺上列框线标记也可以改变列宽。

3）如果按下〈Alt〉键，用鼠标拖动列框线时，可看到调整过程中列宽尺寸的变化。

若要将列宽改为一个特定的值，其具体操作步骤如下：

1）选中要编辑的对象。

2）依次选择菜单项“表格”→“表格属性”命令，在打开的“表格属性”对话框中选择“列”选项卡，如图3-28所示。

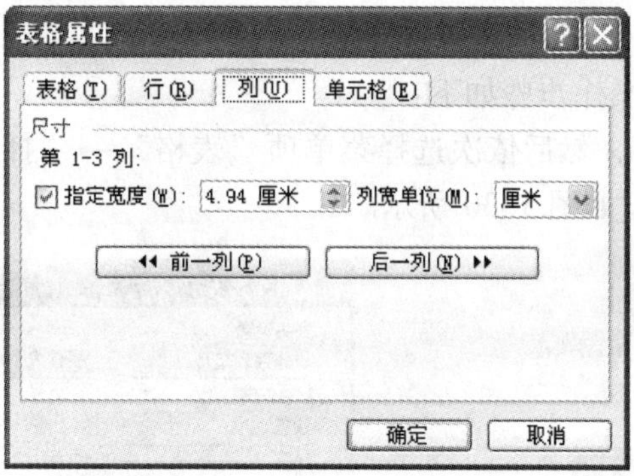

图3-28 “表格属性”对话框

3）在“尺寸”选项组中选中“指定宽度”复选框，并在其后的数值框中输入或选择宽度值。

可以使用同样的方法对行高进行调整。

1）若要使表格中的列根据内容自动调整宽度，可以依次选择菜单项“表格”→“自动调整”命令，根据内容调整表格。

2）如果想统一多行或多列的尺寸，可先选定要统一的行或列，然后依次选择菜单项“表格”→“自动调整”→“平均分布各行”（或“平均分布各列”）命令。

6. 拆分表格

可以将一个表格拆分为上下两个表格，具体操作步骤如下：

将插入点移入要将表格拆分的行上任一个位置，依次选择菜单项“表格”→“拆分表格”命令，便可将原表格拆分为由插入点以上各行和包含插入点在内的以下各行所组成的两个表格。

如果将上下两个表格之间的段落结束符删除，便可将两个表格合并为一个表格。

7. 合并和拆分单元格

（1）合并单元格

将两个或多个单元格合并为一个单元格的具体操作步骤如下：

1）选定要进行合并的单元格。

2）然后依次选择菜单项“表格”→“合并单元格”命令，即可实现合并单元格的操作。

（2）拆分单元格

将一个单元格拆分为两个或多个单元格的具体操作步骤如下：

1）先在该单元格中单击，如果要拆分多个单元格，则选定这些单元格。

2）依次选择菜单项“表格”→“拆分单元格”命令，打开“拆分单元格”对话框，如图3-29所示。

3）在“列数”和“行数”数值框中分别输入或选择要拆分的列数和行数值。

4）单击“确定”按钮，完成拆分操作。

如果用户要拆分的是多个单元格，则“拆分前合并单元格”复选框将为可选状态。选中该复选框，Word将先合并所选单元格，然后将“行数”和“列数”数值框中的值应用于整个所选内容；否则，在“行数”和“列数”数值框中的值分别应用于每个所选单元格。

8. 绘制斜线表头

绘制斜线表头的具体操作步骤如下：

1）将光标置于表格中，然后依次选择菜单项“表格”→“插入斜线表头”命令，打开“插入斜线表头”对话框，如图3-30所示。

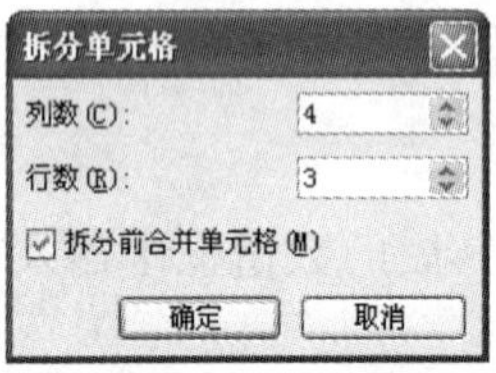

图3-29　“拆分单元格”对话框

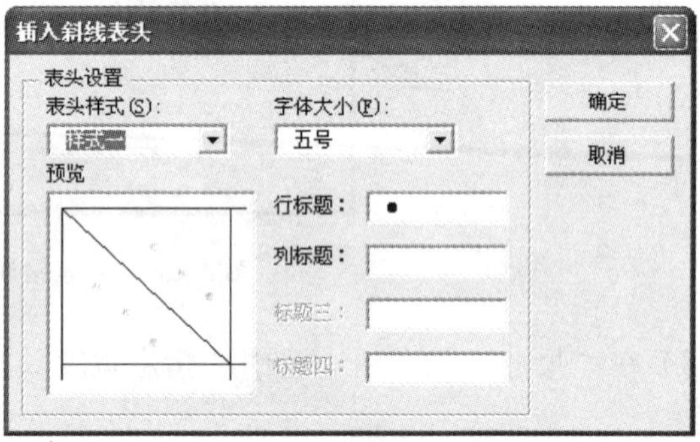

图3-30　“插入斜线表头”对话框

2）在“表头样式”列表框中选择一种表头的样式。共有5种样式供选择。

3）然后在“行标题”、“列标题”文本框中输入表头文本。

4）在“字体大小”列表框中设定字号。

5）单击“确定”按钮即可完成。

9. 删除表格

删除表格的具体操作步骤如下：

选定整个表格，然后依次选择菜单项“表格”→“删除”→“表格”命令，便可将表格删除。

如果按〈Delete〉键，只是将选定表格中各单元格中的内容删除，表格的框架继续保留。

10. 对齐

在默认情况下，Word 根据单元格的左上方对齐表格中的文字。可以更改单元格中文字的对齐方式。单元格中文字的对齐方式分为垂直对齐和水平对齐两种；垂直对齐有顶端对齐、居中和底端对齐，水平对齐有左对齐、居中对齐和右对齐。

图 3-31 中对左边表格中的文字进行垂直居中的处理，得到右表的效果。其做法既可以使用“表格和边框”工具栏，也可以使用“表格属性”对话框，还可以使用右键快捷菜单。

用户信息	UserAddress	{USERADDRESS[邮件地址]}
	UserInitials	{USERINITIALS[缩写]}
	UserName	{USERNAME[姓名]}

a)

用户信息	UserAddress	{USERADDRESS[邮件地址]}
	UserInitials	{USERINITIALS[缩写]}
	UserName	{USERNAME[姓名]}

b)

图 3-31　表格文字对齐处理效果示意图
a）对齐处理前的表格　b）对齐处理后的表格

对齐操作有多种方法，用户可自行选择：

1）依次选择菜单项“视图”→“工具栏”→“表格和边框”命令，在“表格和边框”工具栏中选择垂直居中，如图 3-32 所示。

2）依次选择菜单项“表格”→“表格属性”命令，在“表格属性”对话框中设置垂直居中。

3）鼠标右键单击指定单元格，在弹出的快捷菜单中选择“单元格对齐方式”命令，如图 3-33 所示。

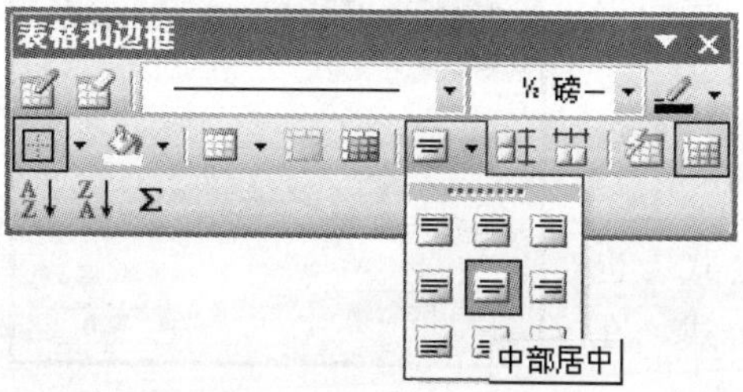

图 3-32　使用“表格和边框”设置垂直居中

图 3-33　使用快捷菜单命令设置垂直居中

3.5.3　单元数据运算

1. 排序

为了美观或便于查询，需要对表格中数据进行排序。例如，先按照表格第一列数据进行排序，当第一列数据相同时，再按照表格第二列数据进行排序等。这时就称第一列为主要关键字，第二、三列分别称为次要关键字和第三关键字。排序的具体操作步骤如下：

1）将插入点移到表格中的任意位置，依次选择菜单项“表格”→“排序”命令，显示如图 3-34 所示的“排序”对话框。

2）在“排序依据”选项组的第一个下拉列表框中，选择主要关键字，以确定要用做排序基准的列；在“类型”下拉列表框中选择按照“笔画”、“拼音”、“数字”或“日期”中的一项作为主关键字排序类型。单击“递增”或“递减”表示按照关键字升序还是降序排列。用类似的方法可以设置“次要关键字”和“第三关键字”的排序方式。

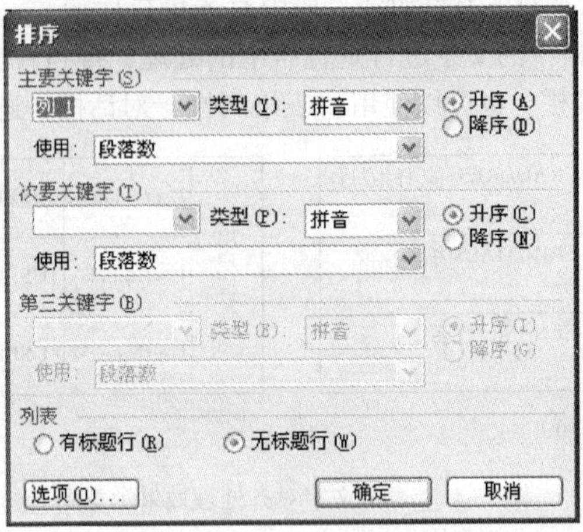

图 3-34　“排序”对话框

3）单击“有标题行”单选按钮可在排序时忽略表格第一行。

4）单击“确定”按钮，完成对表格的排序。

2. 数据计算

Word 中提供了数据计算的功能，计算可以通过“公式”实现，也可以通过“自动求和”方式实现。

利用公式进行计算的具体操作步骤如下：

1）将插入点移入表格中要放置计算结果的一个空白单元格内。

2）依次选择菜单项“表格”→“公式”命令，系统弹出如图 3-35 所示的“公式”对话框。

3）在“公式”文本框中输入“ = ”及计算公式，也可以在“粘贴函数”下拉列表框中选择一个计算公式。在“数字格式”下拉列表框中选择计算结果的表示格式。

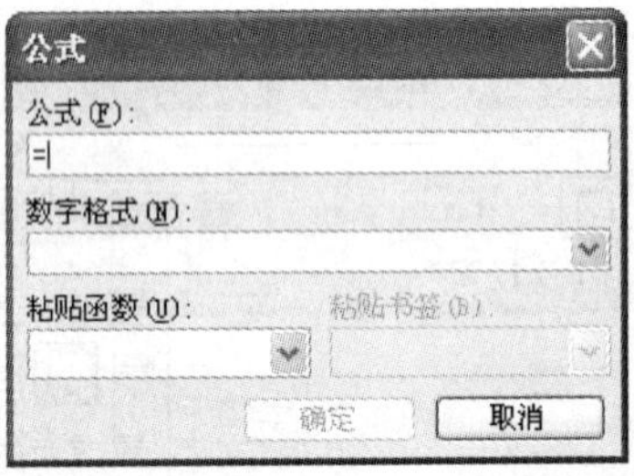

图 3-35　“公式”对话框

在输入计算公式时，要用到单元格的编号。单元格的编号用其所在的列编号和行编号表示。列编号按从左到右的顺序用字母表示，第一列用 A 表示，第二列用 B 表示，依此类推。行编号按照从上到下的顺序以数字表示，第一行用 1 表示，第二行用 2 表示，依此类推。如位于第二列的第三行的单元格编号为 B3。

4）单击“确定”按钮，在插入点得到计算结果。

利用自动求和进行计算的具体操作步骤如下：

1）依次选择菜单项“视图”→“工具栏”→“表格和边框”命令，打开表格和边框工具栏。

2）利用“表格和边框”工具栏中的自动求和按钮Σ，可快速地对表格数据进行求和运算。

3.6　Word 图形的制作与编辑

考试内容：

- 绘制自选图形
- 图形元素的基本操作

教学要求：

- 掌握图形的制作
- 掌握图形的基本编辑操作

知识点（8 个）：

- 图形制作（绘制自选图形、添加文字）
- 图形的基本编辑操作（颜色、阴影和三维、旋转、叠放、组合和取消组合、对齐和排列）

3.6.1　自选图形

在页面视图或打印预览方式显示时，可以使用绘图工具栏上的按钮绘制图形。绘制自选图形有以下几种操作方法：

1）首先单击绘图工具栏上的一个按钮，然后拖动鼠标便可以绘制出相应的图形。

2）单击“自选图形”按钮 自选图形(U) ，打开图形类型菜单，其中有 7 个命令，分别为“线条”、“连接符”、“基本形状”、“箭头总汇”、“流程图”、“星与旗帜”和“标注”。这 7 个命令各包含一组图形。在绘制自选图形时，只须在菜单中单击需要绘制图形的工具按钮，然后按下鼠标左键拖动即可。

3）有时为了方便操作，可以使“自选图形”菜单脱离“绘图”工具栏，单独成为一个工具栏，在打开“自选图形”菜单后，将鼠标移到菜单的标题栏上，就会出现“拖动可使此菜单浮动”标签，这时按下鼠标并拖动到文档窗口中，此菜单就变成了“自选图形”工具栏。同样下级子菜单也能变为一个工具栏，如图 3-36 所示。

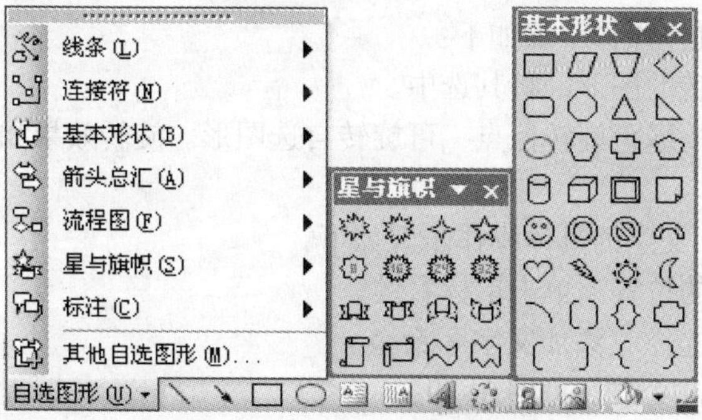

图 3-36　子菜单脱离绘图工具栏

4）单击“直线”按钮，可以画直线，如果要画水平线、30°线、45°线、60°线、垂直线等特殊类型的直线，可在按住〈Shift〉键的同时拖动鼠标。

5）单击“矩形”按钮，可以画矩形。若要画正方形，则按住〈Shift〉键的同时拖动鼠标。

3.6.2 图形编辑

1. 放大、缩小

放大、缩小图形的具体操作步骤如下：

1）鼠标单击要编辑的自选图形，图形四周出现空句点状，如图3-37所示。

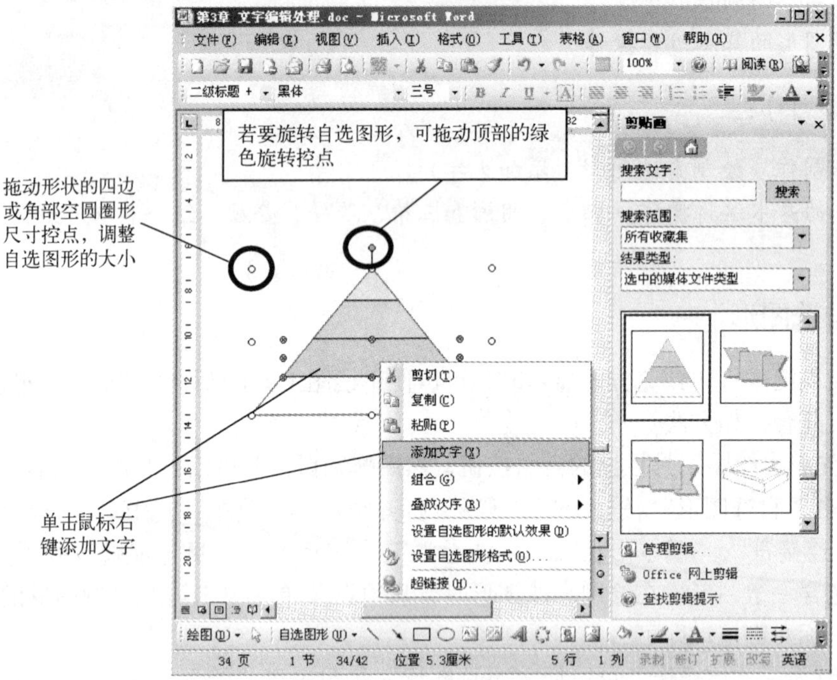

图3-37　编辑自选图形操作示意图

2）拖动图形的四边或角部空圆圈形尺寸控点，调整自选图形的大小。

2. 旋转自选图形

旋转自选图形的具体操作步骤如下：

1）鼠标单击要旋转的图形，将其选中。

2）拖动图形顶部的绿色旋转控点，可旋转自选图形。旋转效果如图3-38所示。

3. 添加文字

在自选图形上添加文字的具体操作步骤如下：

1）在要添加文字的位置上单击鼠标右键。

2）在快捷菜单上选择“添加文字”命令。

3）在文本框中输入文字（见图3-39）。

4. 图形组合

组合图形的具体操作步骤如下：

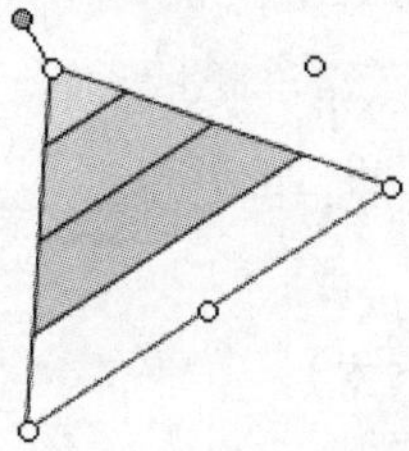

图 3-38　旋转自选图形示意图

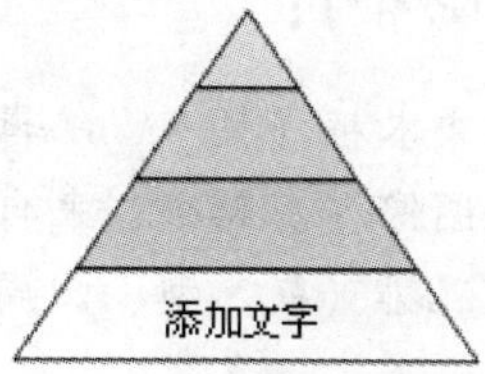

图 3-39　添加文字示意图

1）按住〈Ctrl〉键选中所有图形。

2）单击鼠标右键，在打开的快捷菜单中选择“组合”命令。

5. 添加特效

在 Word 中可以对自选图形进行特效处理，包括添加阴影、三维效果、着色等。其具体操作步骤如下：

1）鼠标单击要编辑的图形。

2）依次选择菜单项“视图”→“工具栏”→“绘图”命令，打开绘图工具栏，如图 3-40所示。

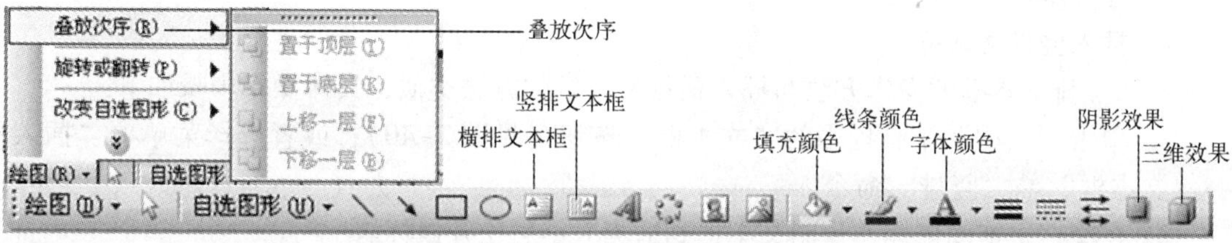

图 3-40　绘图工具栏

3）单击绘图工具栏中的“阴影”按钮，可使图形产生阴影效果；单击“三维”按钮可使图形产生三维效果；单击“填充颜色”按钮，在弹出的调色板中选则填充色，可使图形着色；单击绘图工具栏左侧“绘图”按钮右端的下箭头，在弹出的菜单中选择“叠放次序”命令项，可使图形产生叠放的效果（置于顶层、置于底层、上移一层、下移一层）。

3.7　Word 对象的插入

考试内容：

- 在 Word 中插入对象
- 对象与文字混排

教学要求：

- 了解对象的概念
- 掌握插入文本框、插入图像、图文混排

知识点（12个）：

- 插入文本框（插入、编辑、调整大小、移动、设置属性）
- 插入图像（剪贴画、来自文件的图片）
- 图文混排（嵌入型、四周型、紧密型、文字上方、文字下方）

3.7.1　插入文本框

文本框作为存放文本的工具，可放置在页面上的任意位置，可以像图形对象一样与文本混排，也就是说，文本框能够更灵活地安排版面。另外，还可以设置文本框的边框类型和颜色、填充颜色和背景、三维效果、阴影等。

1. 插入文本框

插入文本框的具体操作步骤如下：

1）单击“绘图”工具栏中的“横排文本框”按钮（见图3-40）；或者选择菜单项“插入”→“文本框”→“横排”命令。

2）在文档中拖动鼠标，绘制文本框到适当大小后松开鼠标。

3）在文本框中输入文字，或者插入图片等。

2. 插入竖排文本框

插入竖排文本框的操作方法与插入横排文本框的方法类似，具体操作步骤如下：

1）单击“绘图”工具栏中的“文本框”按钮（见图3-40）；或者选择菜单项“插入”→“文本框”→“竖排”命令。

2）在文档中拖动鼠标，绘制文本框到适当大小后松开鼠标。

3）在文本框中输入文字。

3. 设置文本框边框和背景

（1）设置文本框边框

在Word中文本框默认的边框是黑色，可以根据需要重新设置文本框边框。其具体操作步骤如下：

1）选中文本框，单击“绘图”工具栏中的“线条颜色”按钮右侧的小黑三角，设置线条颜色；单击“线型”按钮设置线条形状。

2）鼠标右键单击文本框边框，在弹出的快捷菜单中选择“设置文本框格式”命令，打开“设置文本框格式”对话框，如图3-41所示。在对话框中的“颜色与线条”选项卡中，设置线条颜色和形状。

3）去掉文本框的边框和填充色。选择“填充”选项组中“颜色”下拉列表框中的“无填充颜色”选项，选择“线条”选项组中“颜色”下拉列表框中的“无线条颜色”选项。单击“确定”按钮即可。

（2）设置文本框背景

在Word软件中，文本框默认的背景颜色是白色。可以根据需要重新设置文本框的背景。其具体操作方法如下：

1）选中文本框，单击“绘图”工具栏中的“填充颜色”按钮右侧的小黑三角，设置背景颜色。

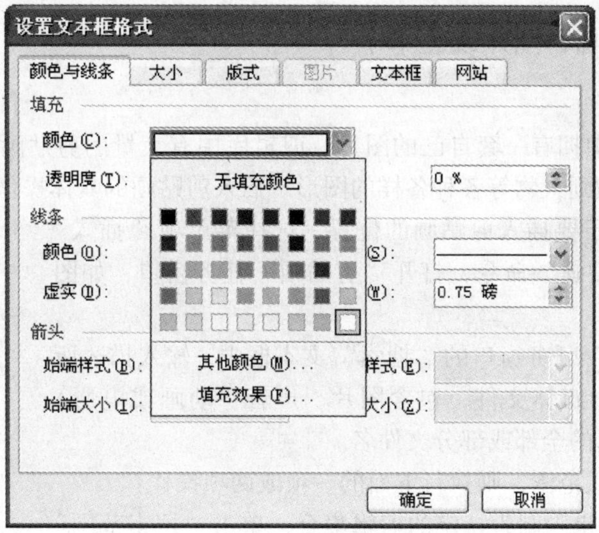

图 3-41 “设置文本框格式”对话框

2）或者类似于设置文本边框的操作方法，打开设置文本框格式对话框，在“填充”栏中单击“颜色”下拉列表框右端的下箭头，选择设置背景颜色或填充效果。

4. 文本框与文字混排

文本框与文字混排的具体操作步骤如下：

1）选中文本框。

2）鼠标右键单击文本框，在快捷菜单中选择“设置文本框格式”命令，在“设置文本框格式”对话框中选择“版式”选项卡。

3）在“版式”选项中选择一种混排形式，如“四周环绕”。混排效果如图 3-42 所示。

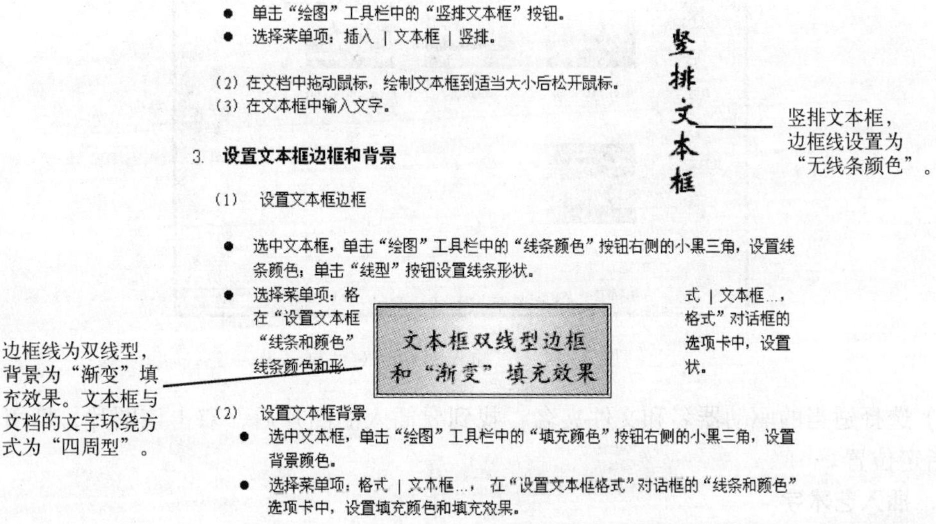

图 3-42 文本框与文字混排效果示意图

3.7.2 插入剪贴画、图片或艺术字

1. 插入剪贴画

Word 在剪辑库中拥有一套自己的图片。剪辑库中有大量的剪贴画，这些剪贴画有从风景到地图，从建筑物到人物等各种各样的图形。插入剪贴画的具体操作步骤如下：

1）将插入点置于要插入剪贴画的位置，选择菜单项“插入”→“图片”→“剪贴画”命令，打开“剪贴画”任务窗口，如图 3-43 所示。

2）在“剪贴画”任务窗口的“搜索”文本框中，输入描述所需剪辑（剪辑：一个媒体文件，包含图片、声音、动画或电影）的词汇，或输入剪辑的全部或部分文件名。

3）若要缩小搜索范围，则执行下面的一项或两项操作：

- 若要将搜索结果限制为特定的剪辑集合，单击“搜索范围”框中的箭头并选择要搜索的集合。
- 若要将搜索结果限制为特定类型的媒体文件，单击“结果类型”下拉列表框中的箭头并选择要查找的剪辑类型旁边的复选框。

图 3-43 “剪贴画”任务窗口

2. 插入图片（来自文件）

插入来自文件的图片的具体操作步骤如下：

1）将插入点置于要插入剪贴画的位置，选择菜单项“插入”→“图片”→“来自文件”命令，打开“插入图片”对话框，如图 3-44 所示。

图 3-44 “插入图片”对话框

2）选择适当的驱动器名和文件夹名，找到要插入的图片后，双击该图片，即可将其插入到指定位置。

3. 插入艺术字

插入艺术字的具体操作步骤如下：

1）单击绘图工具栏上的“插入艺术字”按钮，打开“艺术字库”对话框，如图 3-45 所

示。或者选择菜单项“插入”→“图片”→“艺术字”命令，也可以打开“艺术字库”对话框。

2）在对话框中选择一种艺术字样式，然后单击“确定”按钮，便打开编辑“艺术字”文字对话框，如图 3-46 所示。

图 3-45 “艺术字库”对话框

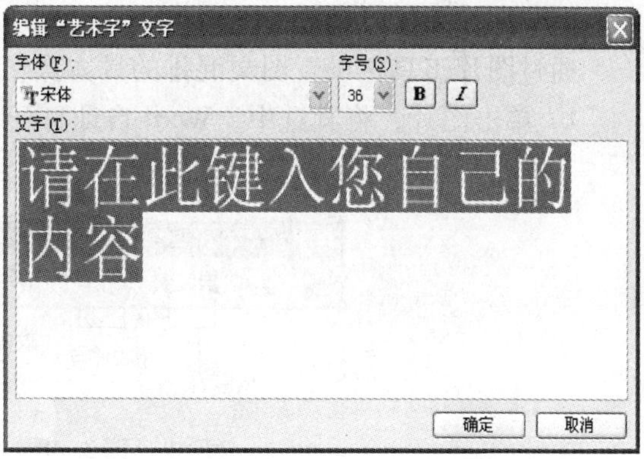

图 3-46 编辑“艺术字”文字对话框

3）在“文字”文本框中输入要建立具有艺术效果的文字。

4）选择艺术字的字体、字号和字形。

5）单击“确定”按钮，即可在插入点位置插入艺术字。单击“艺术字”工具栏外的任一点，便将其关闭。

4. 编辑艺术字

插入艺术字后，可以根据需要对艺术字进行编辑操作。编辑艺术字操作是通过艺术字工具栏实现的。当插入了艺术字后，Word 会同时打开一个艺术字工具栏，如图 3-47 所示。利用工具栏中的按钮可以完成所有对艺术字的操作。

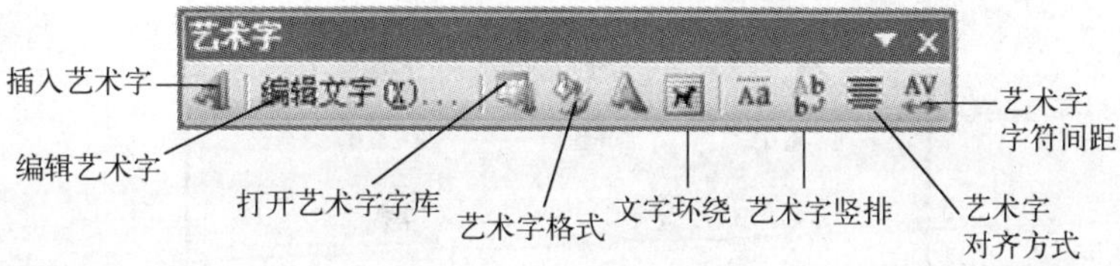

图 3-47 艺术字工具栏

修改艺术字的具体操作步骤如下：

1）双击选定的艺术字，进入编辑“艺术字”文字窗口。

2）在文字框内执行增加文字、删除文字，改变艺术字的字体、字形和字号等操作。

3）单击“确定”按钮，关闭编辑“艺术字”文字窗口。

利用“艺术字”工具栏中的功能按钮还可以修改艺术字形状、设置阴影等。单击“艺术字”工具栏外的任一点，将其关闭，回到 Word 文档中。

3.7.3 图文混排和图片编辑

在制作文档时，经常遇到图文混排的操作，Word 提供了文本对图片的 7 种环绕方式，即嵌入型、四周型、紧密型、浮于文字上方、浮于文字下方、穿越型和上下型。"嵌入型"是系统默认的图片插入方式。

1. 设置图片的文字环绕方式

设置图片的文字环绕方式，即图文混排的操作可以通过以下两种方法实现。

(1) 图片工具栏

通过图片工具栏设置图文混排的具体操作步骤如下：

1）单击图片，将其选中，Word 自动打开"图片"工具栏，如图 3-48 所示。

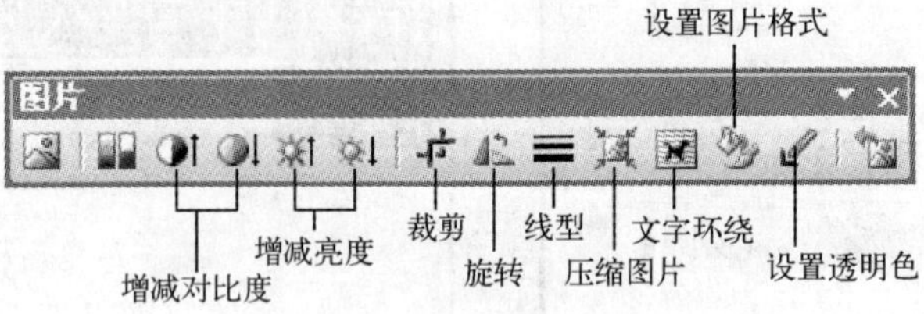

图 3-48　图片工具栏

2）单击"图片"工具栏中的"文字环绕"按钮，在打开的下拉式菜单中选择一种文字环绕方式。例如，"四周型"环绕方式。

(2) 菜单命令

通过菜单命令方式设置图文混排的具体操作步骤如下：

1）单击图片，将其选中。

2）选择菜单项"格式"→"图片"命令，打开"设置图片格式"对话框，如图3-49所示。

图 3-49　"设置图片格式"对话框

3）在打开的"设置图片格式"对话框中选择"版式"选项卡，选择一种文字环绕方式，单击"确定"按钮，即可完成图文混排操作。

2. 更改图片的环绕方式

更改图片环绕方式的具体操作步骤如下：

1）用鼠标右键单击图片。

2）在弹出的快捷菜单中选择“设置图片格式”命令。

3）打开“设置图片格式”对话框，选择“版式”选项卡，如图3-49所示。

4）选中“环绕方式”框架中的另一种环绕方式（如“嵌入型”）。最后，单击“确定”按钮。

3. 编辑图片

(1) 裁剪图片

裁剪图片的具体操作步骤如下：

1）单击图片，将其选中。

2）选择“图片”工具栏中的“裁剪”按钮，图片四周会出现黑色的边框，将鼠标放到图片四角的任意一角，当鼠标光标变成边框形状时，拖动鼠标就会出现一个虚框，虚框以外的部分将被裁剪掉。

(2) 旋转和缩放图片

旋转和缩放图片的具体操作步骤如下：

1）单击图片，将其选中。

2）选择“图片”工具栏中的“旋转”按钮，旋转调整图片位置，每单击一次图片会向左旋转90°。

3）若要缩放图片，将鼠标移至图片四角控制点（或各边中间控制点处），按住左键推拉至合适位置后，松开鼠标即可实现缩放操作。

3.8 Word文档的页面设置和打印

考试内容：

- 文档页面设置
- 打印参数设置及打印

教学要求：

- 掌握页面的设置
- 掌握打印基本参数的设置、打印预览、打印

知识点（9个）：

- 页面设置（页边距、纸张大小、版式、文档网格）
- 打印预览（菜单方式、工具栏方式）
- 打印基本参数设置及打印（页面范围、打印份数、页码范围）

3.8.1 页面设置

页面设置主要包括设置纸张大小、页面方向、页边距、页码等内容。页边距是指页面上文本与纸张边缘的距离，它决定页面上整个正文区域的宽度和高度。对应页面的4条边共有4个页边距，分别是左页边距、右页边距、上页边距和下页边距。

在打印文档之前首先需要设置纸张大小、纸张使用的方向及纸张来源。经常使用的纸张大小有 A4、A3、B5、16 开等。纸张使用的方向是指纵向打印或横向打印，纵向指纸张的高度大于宽度，横向指高度小于宽度。纸张来源指打印所用的纸是由手动送纸、送纸盒送纸还是其他方式送纸。Word 默认的纸张大小是 A4，纸张使用的方向是纵向。纸张来源依据打印机的不同而有所不同。

设置纸张及页面方向的具体操作步骤如下：

1）选择菜单项“文件”→“页面设置”命令，系统弹出“页面设置”对话框，如图 3-50所示。也可以双击水平标尺打开“页面设置”对话框。

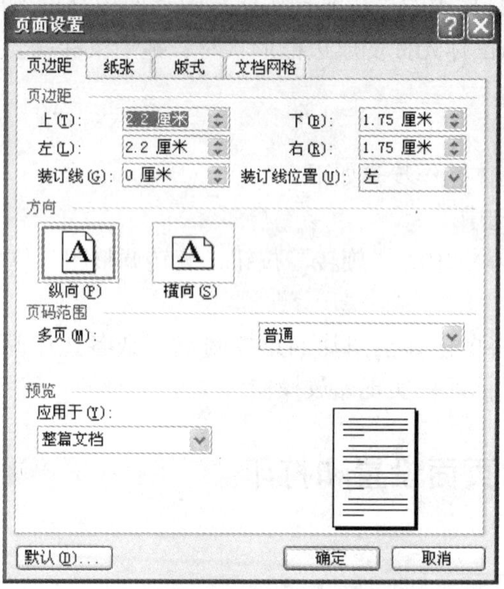

图 3-50 “页面设置”对话框

2）选择“纸张”选项卡，在“纸张大小”下拉列表框中选择纸张大小，默认设置为 A4 纸，也可以在“宽度”和“高度”文本框中输入或选择用户自定义纸张的大小。通过选择“纵向”或“横向”单选按钮来选择页面打印方向。

3）选择“页边距”选项卡，在“上”、“下”、“左”和“右”文本框中分别输入或选择上页边距、下页边距、左页边距和右页边距，页眉、页脚与边界的距离。

4）单击“确定”按钮，完成设置。

3.8.2 打印预览

在打印文档之前，通常通过打印预览方式观看一下实际打印页面的效果。打印预览的操作为：

1）选择菜单项“文件”→“打印预览”命令，或者单击常用工具栏中打印预览按钮，系统弹出“打印预览”窗口，如图 3-51 所示。

2）单击“打印预览”工具栏中的“多页”按钮，可以在窗口中显示多个页面。

3）单击“打印预览”工具栏中的“放大器”按钮，再单击预览的页面，可以缩放预览页面的大小。

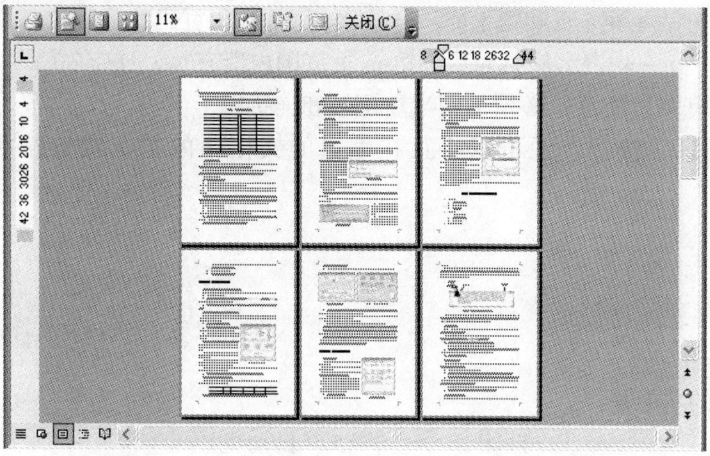

图 3-51　打印预览窗口示意图

4）单击“关闭”按钮，关闭“打印预览”窗口，返回文档编辑窗口。

3.8.3　打印的基本参数设置和打印输出

如果仅打印一份文档，可单击常用工具栏中的“打印”按钮，或打印预览工具栏中的“打印”按钮，便将正在编辑或预览的文档内容在打印机上打印出来。

如果要打印多份文档，或打印文档的部分内容，或打印文档的摘要信息、自动图文集词条、批注等，可以通过文件菜单的打印命令来实现。其具体操作步骤如下：

1）选择菜单项“文件”→“打印”命令，系统弹出如图 3-52 所示的“打印”对话框。

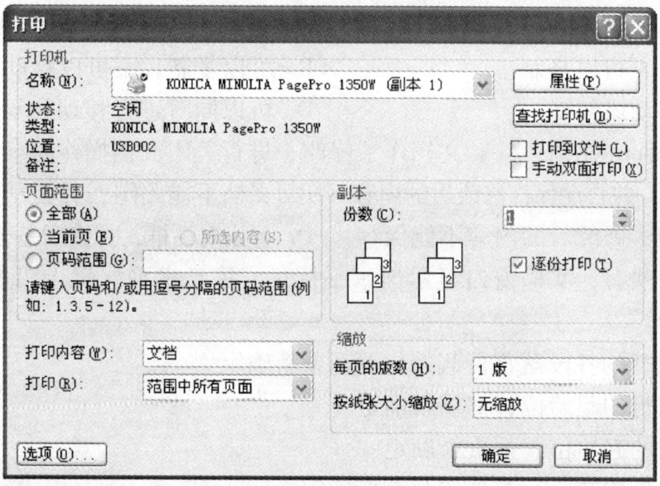

图 3-52　“打印”对话框

2）在“份数”文本框中输入或选择要打印的份数。

3）如果要打印文档中的若干页，可选择“页码范围”单选按钮，在“页码范围”选项中选择要打印的范围；范围可以是“全部”、“当前页”或“页码范围”。

页码范围的表示规定：

● 用数字 i 表示第 i 页。

- 用数字 i、j 表示第 i 页和第 j 页，逗号“，”是打印页码的分隔符。
- 用数字范围 n - m 表示从第 n 页到第 m 页范围内所有页，连字符“ - ”表示两个页号之间的所有页。注意：必须使用半角逗号和连字符。
- 单击“确定”按钮，便可以将正在编辑的文档中的指定内容按指定的打印参数打印。

3.9 习题

一、选择题

1. Word 不具备的功能是（　　）。

A. 表格处理　　B. 打印　　C. 自动更正　　D. 自动播放

2. Word 提供了多种显示模式，也称为视图，其中（　　）视图是进行文字输入、编辑文字及格式编排时的视图，在这种视图方式时，看不到页边距、页眉、页脚等效果。

A. 普通视图　　B. 页面视图　　C. 大纲视图　　D. Web 视图

3. Word 替换功能的菜单命令是：（　　）菜单 | 替换。

A.“视图”　　B.“编辑”　　C.“插入”　　D.“格式”

4. 在 Word 的操作中，打开文档“ABC”，修改后另存为“ABD”，则文档 ABC（　　）。

A. 被文档 ABD 覆盖　　B. 被修改未关闭　　C. 被修改并关闭　　D. 未修改被关闭

5. Word 文档中，每个段落都有自己的段落标记，段落标记的位置在（　　）。

A. 段落的首部　　B. 段落的结尾处

C. 段落的中间位置　　D. 段落中，但用户找不到的位置

6. 在 Word 操作中，对于选定的文字（　　）。

A. 可以移动，不可以复制　　B. 可以复制，不可以移动

C. 可以进行移动或复制　　D. 可以同时进行移动和复制

7. 当打开了一个 Word 文档，并对文档作了修改，进行关闭文档操作时（　　）。

A. 文档被关闭，并自动保存修改后的内容　　B. 文档不能关闭，并提示出错

C. 文档被关闭，修改后的内容不能保存　　D. 弹出对话框，并询问是否保存对文档的修改

8. 在 Word 的编辑状态，文档窗口显示出水平标尺，拖动水平标尺上沿的“首行缩进”滑块，则（　　）。

A. 文档中被选择的各段落首行起始位置都重新确定

B. 插入点所在行的起始位置都重新确定

C. 文档中各行的起始位置都重新确定

D. 文档中各段落的首行起始位置都重新确定

9. 在 Word 操作中，要将另一文档的内容全部添加在当前文档的当前光标处，应选择的操作是单击（　　）菜单项。

A.“文件”→“打开”　　B.“文件”→“新建”

C.“插入”→“文件”　　D.“插入”→“超级链接”

10. 在 Word 的默认状态下，不用打开“文件”对话框就能直接打开最近使用过的文档的方法是（　　）。

A. 工具栏上“打开”按钮　　B. 选择“文件”菜单中的“打开”命令

C.〈Ctrl + O〉快捷键　　D. 选择“文件”菜单底部文件列表中文件

11. 在 Word 的操作中，当前编辑的文档是 C 盘中的 d1. doc 文档，要将该文档复制到 U 盘，应当使用（　　）。

A.“文件”菜单中的“另存为”命令　　B.“文件”菜单中的“保存”命令

C.“文件”菜单中的“新建”命令　　D.“插入”菜单中的命令

12. 在 Word 中，当多个文档打开时，关于保存这些文档的说法中正确的是（　　）。

A. 用“文件”菜单的“保存”命令，只能保存活动文档

B. 用“文件”菜单的“保存”命令，可以重命名保存所有文档

C. 用“文件”菜单的“保存”命令，可一次性保存所有打开的文档

D. 用“文件”菜单的“全部保存”命令保存所有打开的文档

13. 在 Word 中，关于表格自动套用格式的用法，以下说法正确的是（　　）。

A. 只能直接用自动套用格式生成表格

B. 可在生成新表时使用自动套用格式或插入表格的基础上使用自动套用格式

C. 每种自动套用的格式已经固定，不能对其进行任何形式的更改

D. 在套用一种格式后，不能再更改为其他格式

14. 在 Word 中，如果插入表格的内外边框线是虚线，要想将边框线变成实线，需将插入点置于表格中，然后用（　　）命令实现。

A. 菜单“表格”的“虚线”　　B. 菜单“格式”的“边框和底纹”

C. 菜单“表格”的“选中表格”　　D. 菜单“格式”的“制表位”

15. 在 Word 的编辑状态，执行“编辑”菜单中的“复制”命令后（　　）。

A. 插入点所在的段落内容被复制到剪贴板

B. 被选择的内容被复制到剪贴板

C. 光标所在的段落内容被复制到剪贴板

D. 被选择的内容被复制到插入点处

16. 在 Word 的操作中，执行编辑命令“粘贴”后（　　）。

A. 将文档中被选择内容复制到当前插入点

B. 将文档中被选择的内容移到剪贴板

C. 将剪贴板中的内容移到当前插入点处

D. 将剪贴板中的内容复制到当前插入点处

17. 在 Word 编辑状态下，若光标位于表格外右侧的行尾处，按〈Enter〉（回车）键，结果为（　　）。

A. 光标移到下一列　　B. 光标移到下一行，表格行数不变

C. 插入一行，表格行数改变　　D. 在本单元格内换行，表格行数不变

18. 在 Word 中，创建表格不应该使用的方法是（　　）。

A. 用绘图工具画一个　　B. 使用工具栏按钮创建

C. 使用菜单命令创建　　D. 使用“表格和边框”工具栏绘制表格

19. 用 Word 编辑文本时，被编辑文档中的文字有“四号”、“五号”、“16”磅、“18”磅 4 种，下列关于所设定字号大小的比较中，正确的是（　　）。

A. “四号”大于“五号” B. “……四号”小于“五号”

C. “16”磅大于“18”磅 D. 字的大小一样，字体不同

20. 在Word中，需要对长文档中多处不相邻的段落设置统一格式，可采取的方便而快捷的操作方法是（ ）。

A. 使用“段落”命令 B. 使用“字符”命令 C. 使用模板 D. 使用样式

21. 在Word的操作中，打开了一个文档，进行“保存”操作后，该文档（ ）。

A. 被保存在原文件夹下

B. 可以保存在已有的其他文件夹下

C. 可以保存在新建文件夹下

D. 保存后文档被关闭

22. 在用Word编辑文本时，选择了文档全文，若在“段落”对话框中设置行距为20磅的格式，应当选择“行距”列表框中的（ ）。

A. 单倍行距 B. 1.5倍行距 C. 固定值 D. 多倍行距

23. 在Word的操作中，对当前文档中的文字进行“字数统计”操作，应当使用的菜单是（ ）。

A. “编辑”菜单 B. “文件”菜单 C. “视图”菜单 D. “工具”菜单

24. 用Word编辑图形时，若要在当前窗口中打开（或关闭）“绘图”工具栏，则可选择的操作是单击（ ）菜单项。

A. “工具”→“绘图” B. “视图”→“绘图”

C. “编辑”→“工具栏”→“绘图” D. “视图”→“工具栏”→“绘图”

25. 用Word编辑文档时，给字母A加上标，如“A^2”，应使用“格式”菜单中的（ ）命令。

A. 字体 B. 段落 C. 文字方向 D. 组合字符

26. 在Word的操作过程中，使插入点快速移动到文档尾的操作是（ ）。

A. PageUp B. Alt + End C. Ctrl + End D. PageDown

27. 在Word的文档中插入复杂的数学公式，在“插入”菜单中应选的命令是（ ）。

A. 符号 B. 图片 C. 文件 D. 对象

28. 在用Word的编辑表格时，设置了一个由多个行和列组成的空表格，将插入点定在某个单元格内，单击“表格”命令菜单中的“选定行”命令，再单击“表格”命令菜单中的“选定列”命令，则表格中被选择的部分是（ ）。

A. 插入点所在的行 B. 插入点所在的列

C. 一个单元格 D. 整个表格

29. 在Word中，如果要使文档内容横向打印，在“页面设置”中应选择的选项卡是（ ）。

A. 文档网格 B. 纸张 C. 版式 D. 页边距

30. 在Word编辑状态，可以使插入点快速移到文档首部的组合键是（ ）。

A. Ctrl + Home B. Alt + Home C. Home D. PageUp

二、操作题

1. 利用模板创建一份个人简历。

要求：利用Word提供的模板“简历向导”，制作一份表格式个人简历，参考样文如图3-53所示。

个人简历

基本资料	姓名	XXX	性别	男	
	民族	汉族	籍贯	广东广州	
	出生日期	1979/10/31	政治面貌	团员	
	学历	重点本科	健康情况	良好	
	专业	建筑环境与能源工程			
	通信地址	重庆西南农业大学 76#		邮编	400716
	联系电话	023-6825****（寝室）1398320****			
求职意向	★工民建、房地产、施工单位、工程预算、科研设计单位或与建筑业相关的行业				
教育背景	1999-09 —— 2003-07 西南农业大学 1996-09 —— 1999-07 广州市培英中学				
个人技能	英语通过四级（六级成绩未出），具有良好的听、说、读、写能力。正在备考计算机二级 C 语言（笔试已通过），对 OFFICE 办公系统软件、PHOTOSHOP 、AUTOCAD 、天正绘图等应用软件以及大部分操作系统能熟练操作，且对 PC 机的组装和维护有一定的经验				
获奖情况	· 1999-09 —— 2000-09 获专业奖学金三等奖				
曾任职务	大三时担任班上团支书，且担任宿舍检查小组成员 大二时担任班上组织委员				
社会实践	大三暑假 曾跟随 老师在重庆南川一个农场进行为期二天的测量工作，且在上课期间在本校的实验大楼施工工地进行为期四天的建筑施工实习 大二期间，参与了本校部分区域、位置平面图设计，是测量小组的成员 大一暑假参加学校开展的“智力支乡”广州小分队				
主修课程	建筑给水排水工程，建筑制图，普通物理学，建筑测量，建筑材料，建筑审计与监理，传热学与流体力学，结构力学，建筑力学，弹性力学，房屋建筑学，钢筋混凝土，土力学地基基础，建筑电工，砌体结构，高层建筑结构，建筑机械 ，钢结构，建筑工程概预算，建筑施工，单层厂房，房屋建筑学课程设计，混凝土结构课程设计，砌体结构课程设计，单层厂房课程设计等				
兴趣爱好	看书，听音乐，玩电脑，打篮球等				

图 3-53　个人简历

操作提示：

1）选择菜单项“文件”→“新建”命令，打开任务窗口。

2）在任务窗口中单击“本机上的模板”，在打开的“模板”对话框中选择“其他文档”选项卡。

3）双击“简历向导”，按照提示制作简历。

2. 设置文字格式、段落格式和页面编排。

要求：

(1) 标题

- 字体：华文行楷。
- 字号：3 号。
- 字体颜色：黑色。
- 居中对齐。

(2) 正文

- 字体：隶书。
- 字号：5 号。
- 字体颜色：灰色 –50% 。

(3)“子曰：”字体

- 字体：隶书、字号：5 号、字体颜色：紫罗兰。
- 字型：加粗。
- 效果：空心。

设置完成后，用格式刷将该格式复制于文中所有“子曰：”。

段前、段后0.5行。

(4) 译文

- “译文”字体：黑体、字号：5号、字体颜色：黑色。
- 插入符号【】。

(5)“孔子说：……”段落

- 字体：楷体、字号：5号、字体颜色：灰色 -50%。
- 段落设置：首行缩进：2个字符；段前、段后0.5行。

(6) 页面编排

- 页眉：设置页眉文字“论语”。
- 分栏：将正文设置为2栏
- 首字下沉：“子”字下沉2行。
- 底纹：设置段落底纹，颜色为“灰色 -5%”。

参考样文如图3-54所示。

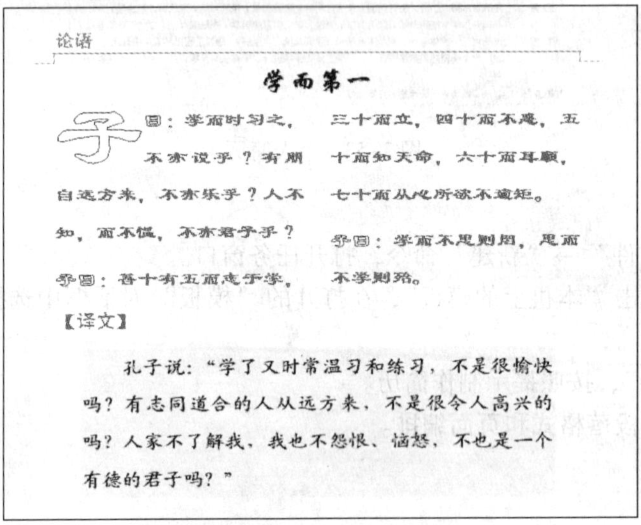

论语

学而第一

子曰：学而时习之，不亦说乎？有朋自远方来，不亦乐乎？人不知，而不愠，不亦君子乎？

子曰：吾十有五而志于学，三十而立，四十而不惑，五十而知天命，六十而耳顺，七十而从心所欲不逾矩。

子曰：学而不思则罔，思而不学则殆。

【译文】

孔子说：“学了又时常温习和练习，不是很愉快吗？有志同道合的人从远方来，不是很令人高兴的吗？人家不了解我，我也不怨恨、恼怒，不也是一个有德的君子吗？”

图3-54 格式编辑操作

操作提示：

1) 选择菜单项“格式”→“字体”命令，在“字体”对话框中设置字体格式：

- 选择菜单项“格式”→“段落”命令，在“段落”对话框中设置段落格式。
- 首行缩进：在段落对话框中的“特殊格式”列表框中设置。
- 插入符号【 】，选择菜单项“插入”→“特殊符号”命令，在“插入特殊符号”对话框中选择“标点符号”选项卡。
- 选择菜单项“格式”→“边框和底纹”命令，在“边框和底纹”对话框中设置底纹，注意“应用于”段落和文字之区别。
- 选择菜单项“视图”→“页眉和页脚”命令，在“页眉和页脚”对话框中设置页眉。
- 选择菜单项“格式”→“分栏”命令，在“分栏”对话框中设置分栏。
- 选择菜单项“格式”→“首字下沉”命令，在“首字下沉”对话框中设置首字下沉。

3. 编排表格

要求：

1）调整第一行的行高：1.5 cm，制作斜线表头。

2）第一行各单元格内容（一、二、三、…）的垂直对齐方式为“中部居中”。

3）分别合并单元格：A2 和 A3、A4 和 A5、A6 和 B6。填写“上午”、“下午”、“晚上”。

参考样表如图 3-55 所示。

课 程 表

<table>
<tr><td colspan="2">星期 / 节次</td><td>一</td><td>二</td><td>三</td><td>四</td><td>五</td><td>六</td></tr>
<tr><td rowspan="2">上午</td><td></td><td></td><td></td><td></td><td></td><td></td><td></td></tr>
<tr><td></td><td></td><td></td><td></td><td></td><td></td><td></td></tr>
<tr><td rowspan="2">下午</td><td></td><td></td><td></td><td></td><td></td><td></td><td></td></tr>
<tr><td></td><td></td><td></td><td></td><td></td><td></td><td></td></tr>
<tr><td colspan="2">晚上</td><td></td><td></td><td></td><td></td><td></td><td></td></tr>
</table>

图 3-55 表格示意图

操作提示：

- 新建一个 6 行 1 列的表格。
- 调整第一行的行高，合并 A1 和 B1 单元格：选中第一行，选择菜单项“表格”→“表格属性”命令；在“表格属性”对话框中选择“行”选项卡；设置行的尺寸 1.5 厘米。
- 制作斜线表头：将插入点置于 A1 单元格内，选择菜单项“表格”→“绘制斜线表头”命令。在“插入斜线表头”对话框中设置。
- 第一行各单元格内容的垂直对齐方式为“居中”：选择菜单项“表格”“表格属性”，在打开的“表格属性”对话框中选择“单元格”选项卡，设置“垂直对齐方式”为“居中”；将插入点置于单元格内，选择菜单项“视图”→“工具栏”→“表格和边框”命令，在“表格和边框”工具栏中选择“中部居中”命令。
- 分别合并单元格：A2 和 A3、A4 和 A5、A6 和 B6，填写“上午”、“下午”、“晚上”。选中要合并的单元格；选择菜单项“表格”→“合并单元格”命令。

4. 表格数据运算。

要求：

将下列表格右侧插入一列，为“平均分”列，计算每位学生的平均成绩。

学　　号	姓　　名	数　　学	物　　理	语　　文
0000001	王一	85	85	60
0000002	张三	95	95	90
0000003	李四	75	85	88

参考样表如下：

学　　号	姓　　名	数　　学	物　　理	语　　文	平均分
0000001	王一	85	85	60	76.67
0000002	张三	95	95	90	93.33
0000003	李四	75	85	88	82.67

操作提示：
- 将插入点置于最后一列单元格内。
- 选择菜单项“表格”→“插入”→“列（在右侧）”命令。
- 将插入点置于 F2 单元格内。
- 选择菜单项“表格”→“公式”命令，打开“公式”对话框。
- 在“公式（F）”栏中填入：AVERAGE（LEFT）。

5. 使用文本框。

要求：将文字放入竖排文本框，放在图片左边，参考样文如图 3-56 所示。

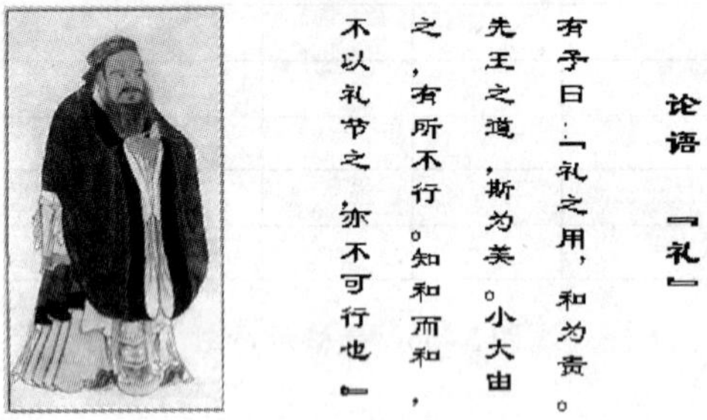

图 3-56　使用文本框示意图

操作提示：
- 选中文字，单击绘图工具栏中“竖排文本框”图标。
- 设置边框线条颜色为“无线条颜色”，选中文本框（单击边框两次）。选择菜单项“格式”→“文本框”命令；鼠标右键单击文本框，选择“设置文本框格式”；在打开的“设置文本框格式”对话框中选择“颜色与线条”选项卡，将边框线条颜色为“无线条颜色”。
- 选择菜单项“插入”→“图片”→“来自文件”命令，插入图片。

6. 插入对象、图文混排。

要求：

1）给文字添加项目符号。

2）绘制自选图形：“星与旗帜”类中的“横卷形”。

3）插入艺术字“学而第一”：艺术字库中第五行、第一列。

4）插入剪贴画：“建筑物”类。

5）设置环绕：四周型。

6）组合：将自选图形与剪贴画组合。

参考样文如图 3-57 所示。

操作提示：

1）给文字添加项目符号：
- 将插入点置于段落中。
- 选择菜单项“格式”→“项目符号和编号”命令。
- 在打开的对话框中选择“项目符号”选项卡，并选择一种符号。

2）绘制自选图形：
- 单击“绘图”工具栏中的“自选图形”右边的小箭头。

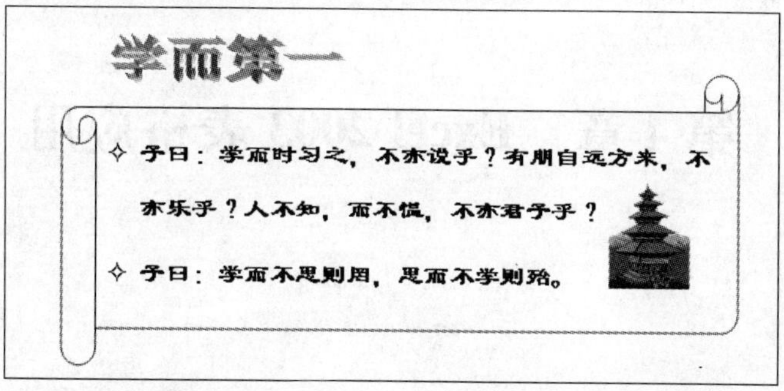

图 3-57　插入样文、图文混排示意图

- 在“星与旗帜”类选择“横卷形”。
- 鼠标右键单击自选图形边框，选择“设置自选图形格式”命令。
- 在打开的“设置自选图形格式”对话框中选择“颜色与线条”标签，将填充颜色设置为“无填充颜色”（为了不会遮盖剪贴画）。
- 鼠标右键单击自选图形，选择“添加文字”命令，将文字复制到自选图形中。

3）插入艺术字：

- 选择菜单项“插入”→“图片”→“艺术字命令”命令。
- 选择艺术字库中第五行、第一列。

4）插入剪贴画：

- 选择菜单项“插入”→“图片”→“剪贴画”命令。
- 在任务窗口中找到“建筑物”类。

5）设置环绕：

- 选中剪贴画。
- 选择菜单项“格式”→“图片”命令。
- 选择“版式”标签页，在其中选择“四周型”命令。

6）组合：

- 按住〈Ctrl〉键不放，同时选中剪贴画和自选图形。
- 单击鼠标右键，选择“组合”命令，将自选图形与剪贴画组合。

3.10　习题答案

一、选择题

1. D	2. A	3. B	4. D	5. B
6. C	7. D	8. A	9. C	10. D
11. A	12. A	13. B	14. B	15. B
16. D	17. C	18. A	19. A	20. D
21. A	22. C	23. D	24. D	25. A
26. C	27. D	28. D	29. D	30. A

二、操作题

（略）

第 4 章　Excel 2003 表格应用

本章要点：

- 基本知识
- 工作表的创建和编辑
- 公式与函数
- 数据处理
- 创建图表

4.1　Excel 基本知识

考试内容：

Excel 工作薄的建立、保存与打开

教学内容：

- 了解 Excel 的基本功能和运行环境
- 掌握 Excel 窗口的结构
- 了解 Excel 中的数据类型
- 了解工作薄文件中的数据结构

知识点（19 个）：

- 基本功能、运行环境
- 启动、退出
- 标题栏、菜单栏、工具栏、编辑栏、任务窗口、状态栏、工作薄和工作表、工作表结构
- 数字、文本、逻辑、错误值
- 组织结构、数据结构、文件应用

Excel 是基于 Windows 操作系统平台下的一种电子表格软件，是美国微软公司办公自动化软件 Office 中的重要成员，它具有强大的数据分析、预测，以及制作图表的功能，具有易于掌握、使用灵活等优点。

4.1.1　Excel 功能

Excel 广泛应用于财务、统计、工商、管理、教学、科研等各种需要数据收集、整理分析和处理的领域。它给人们日常进行的数据处理带来了及大的方便，已成为广大办公人员的

必备工具。

1. Excel 功能简介

Excel 是一款集成化的电子表格软件，它集快速制表、数据运算、绘制图表、管理数据、数据分析与方案决策、数据共享与互联网、Visual Vasic 程序设计开发等功能于一体，可为用户提供各种商业、科学和工程应用等的数据处理。

Excel 的主要功能有：

1）表格处理。可以快速地实现各种对表格的处理。

2）数据管理。不仅可以对表格数据进行基本的编辑操作，还可以对数据进行检索、分类、排序、筛选和统计等操作。

3）图表处理。Excel 提供了 14 类 100 多种基本的图表，包括柱形图、饼图、条形图、面积图、折线图、气泡图以及三维图，还支持用户自定义图表类型。

4）数据分析与方案决策。可以实现诸如模拟运算表、方案预测、方程求解、规划求解、回归分析等功能。

5）网上数据共享。可方便地实现微软 Office 软件之间的数据共享，以及在网上动态发布、访问数据等功能。

6）Visual Basic 程序设计开发。用 Visual Basic 程序设计语言作为开发工具，开发更深层次、更复杂的数据应用系统。

7）自动完成。当需要在表中输入相同的内容时，只要输入前几个字，Excel 会自动填充余下的内容。

8）自动计算。快速检查汇总时，只要选择要汇总的单元格，在状态栏中会自动显示汇总结果。

2. Excel 基本概念

在 Excel 中，与数据组织有关的概念包括工作簿、工作表、单元格、单元格区域、行号和列标等。在 Excel 的电子表格及数据操作过程中，都要用到这些基本概念。

1）工作簿。在 Excel 中，承载数据的工作簿，即所有数据是以工作簿的形式存放的。一个工作簿就是一个数据文件。工作簿是 Excel 的基本单位。

2）工作表。一组由行、列交叉数据组成的二维表称为工作表。工作表又是工作簿的基本单位。新创建的一个工作簿包括 3 个工作表（默认值）。每个工作簿最多可以包含 255 个工作表。用户可以根据需要在工作簿中添加或删除工作表。工作簿中还可以包含图表和模块表。每个工作表包含 256 列、65536 行。

3）单元格。工作表中行、列交汇点称为单元格。每个工作表共有 16777216 个单元格（256 ×65536）。每个单元格可存放数字或者字符，最大字符长度可以是 32000 字节。

4）单元格区域。由若干个单元格连接在一起可以组成单元格区域。在实际数据处理过程中，往往是通过对指定单元格区域内的数据进行处理运算的。

5）行号。工作表的行标识符称为行号。在单元格区域引用中就涉及行号。行号用数字表示，因为工作表中最多有 65536 行，所以行号的编号范围在 1 ~65536 之间。

6）列标。工作表的列标识符称为列标。列标用英文字母来表示。因为工作表中最多有 256 列，所以最多有 256 个列标。由于英文字母只有 26 个，所以每一个列标用 1 ~2 个字母的顺序组合来表示。第 1 列用“A”表示、第 2 列用“B”表示、……、第 26 列用“Z”表示、第 27 列用“AA”表示、第 28 列用“AB”表示、……、第 256 列用“IV”表示。因此，列标编号为：A、B、…、AA、AB、…、IA、IB…、IV。

4.1.2 Excel 启动和退出

1. 启动

Excel 是 Windows 系统中的应用程序，使用 Excel 之前，必须先启动它。启动 Excel 的操作方法为：

1）依次选择“开始”→“所有程序”→“Microsoft Office”→“Excel 2003”菜单命令，即可启动 Excel。

2）如果桌面上已生成了 Excel 的快捷方式，直接用鼠标双击 Excel 快捷方式图标即可启动 Excel。

2. 退出

与所有 Windows 环境下的应用程序的退出方式一样，可以根据具体情况选择下列退出方式：

1）在 Excel 窗口中，选择“文件”→“退出”命令。

2）单击 Excel 窗口标题栏右边的“关闭”按钮。

3）双击窗口标题栏左边的控制按钮

上述退出操作，如果打开的工作簿没有保存数据，则在关闭 Excel 之前，将弹出对话框，询问用户是否保存其修改的内容。根据用户选择回答的结果，Excel 执行相应的退出操作。

4.1.3 Excel 环境

Excel 启动成功后，出现如图 4-1 所示的窗口界面，这个窗口实际上由 3 部分组成：Execl 应用程序窗口、当前打开的工作薄窗口和任务窗口。

1. 标题栏

Excel 窗口最上面的一行叫标题栏，显示当前应用程序名和工作薄名，如图 4-1 所示 。用鼠标拖动标题栏可在屏幕上移动窗口的位置。

2. 菜单栏

菜单栏位于标题栏的下方，其中包含“文件”、“编辑”、“视图”、“插入”、“格式”、“工具”、“数据”“窗口”和“帮助”等 9 个菜单项。多数 Excel 操作命令都包含在这些菜单的子菜单中。

3. “常用”工具栏

“常用”工具栏位于菜单栏的下方，其中包含许多命令按钮。所谓“常用”意指在 Excel 操作中使用较频繁的一些命令，将这些常用命令定义在这些按钮上，使操作方便快捷。用鼠标单击某一按钮，便执行该按钮所对应的功能。例如，要打开一个文件，只须单击“打开”按钮（即左边的第 2 个按钮）即可。

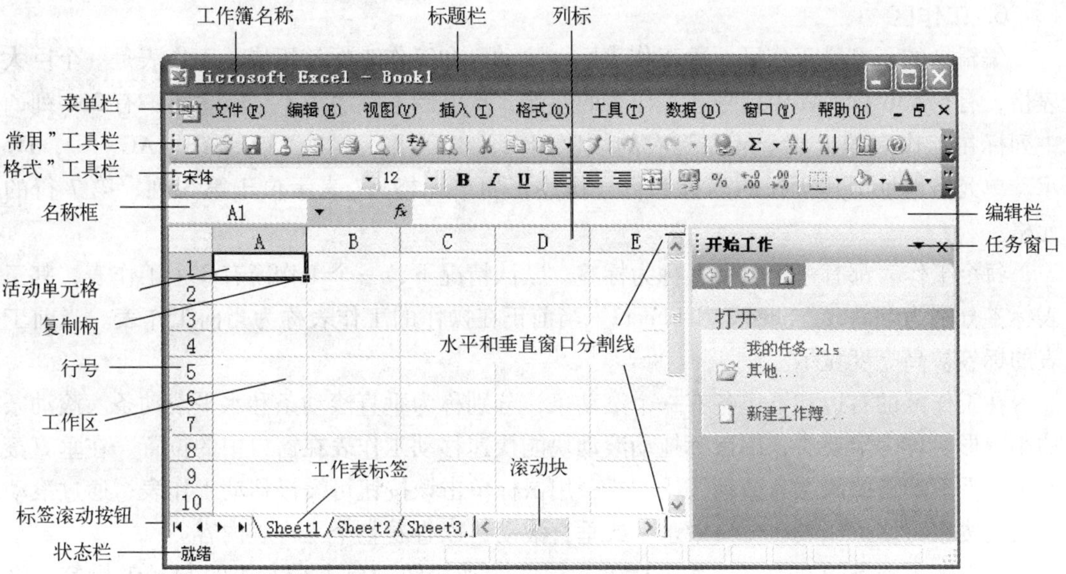

图 4-1　Excel 窗口示意图

如果不知道某一个按钮所代表的功能，将鼠标指针指向该按钮，稍停片刻，便会在按钮旁弹出一个简明注释，显示该按钮的功能。

"常用"工具栏可以显示在屏幕上，也可以被隐藏。要想使"常用"工具栏在屏幕上显示或被隐藏，具体操作步骤如下：

1）选择"视图"菜单中的"工具栏"命令，系统弹出下一级菜单。

2）要使"常用"工具栏显示在屏幕上，可单击菜单中"常用"命令，使其"常用"前出现选中符号"√"。若再次单击菜单中的"常用"命令，选中符号"√"被隐藏。

3）单击"确定"按钮，便可完成显示或隐藏"常用"工具栏的操作。

为了方便用户操作，Excel 提供了 20 多种工具栏，每种工具栏可以显示在屏幕上，也可以被隐藏。显示或隐藏的操作方法和"常用"工具栏相同。

4. "格式"工具栏

"格式"工具栏位于"常用"工具栏下方（有些默认安装的 Excel 软件，其"格式"工具栏和"常用"工具栏在同一行上，可用鼠标将"格式"工具栏拖到下一行，这样两个工具栏的命令按钮会全部显示）。利用该工具栏，可以设置文本的字体、字号大小及其修饰，设置数据的对齐格式及颜色等。

5. 编辑栏

编辑栏用于显示工作表中当前单元格的地址及数据。编辑栏最左边为"名称框"，显示当前单元格的地址，当在单元格中输入数据或进行数据修改时，它会同时将输入的数据或公式显示在编辑栏中。在编辑栏里还有"取消"、"输入"和"插入函数"3 个按钮。

其中，单击"取消"按钮将放弃用户的输入或修改。单击"输入"按钮将确认用户的输入和修改。

如果要在某一单元格中输入函数，可单击"插入函数"（fx）按钮将出现"插入函数"向导，帮助用户方便正确地输入函数并进行计算。

6. 工作区

编辑栏的下方是工作区，由工作表区、滚动区和工作表标签组成。工作表是一个巨大的表格，有65536行，其中行号在工作表的左端，从上到下顺序为1，2，3等；有256列，其中列标在工作表的上端。从左到右的顺序用A，B，C，…，Z，AA，AB，AC，…，IV表示。单元格地址用其所在的列标和行号描述，如单元格C7表示位于第3列、第7行的单元格。

每个工作表都有一个名字，称为标签。默认情况下，一个工作簿有3个工作表，其工作表标签分别为Sheet1、Sheet2和Sheet3。当前正在操作的工作表称为当前工作表。当前工作表的标签被高亮度显示。

在工作区的右边和下边各有一个滚动条，分别称为垂直滚动条和水平滚动条。滚动条上的小矩形块称为滚动块，用鼠标拖动滚动块能快速移动工作表在窗口中的位置。在垂直滚动条和水平滚动条的两端有微动按钮“^”，用鼠标单击该按钮可缓慢移动工作表；通过滚动块或微动按钮可使工作表在窗口中水平或垂直滚动，以查看整个工作表内容。

在水平滚动条的左边有工作表标签和标签滚动按钮，单击最左边的Sheet1标签，将选择第1个工作表为当前工作表；单击Sheet3标签，将选择第3个工作表为当前工作表。若当前工作薄中有更多的工作表又没有显示出来，可通过标签滚动按钮使其滚出，再选择为当前工作表。

在垂直滚动条的微动按钮上边有一个水平窗口分割线（见图4-1），拖动水平窗口分割线可以将窗口分割为上、下两个窗口，在两个窗口里可以分别显示工作表中的不同区域。在水平滚动条的微动按钮右边有一个垂直窗口分割线，拖动垂直窗口分割线可以将窗口分割为左、右两个窗口。

7. 状态栏

状态栏位于Excel窗口底部，状态栏显示选定命令或按钮功能，以及当前工作表的状态。如果当前单元格准备接收数据，状态栏显示“就绪”；如果当前单元格在输入数据，状态栏显示“输入”；如果修改当前单元格中数据，状态栏则显示“编辑”。

8. 任务窗口

启动Excel 2003后，默认情况下系统会自动打开“开始工作”任务窗口，利用此任务窗口，可以进行各种信息的检索、打开工作簿和新建工作簿等操作。

4.1.4 Excel数据类型

Excel中有两种类型的数据，分别为数值型和文本型。

1. 数值型数据

概括地说，数值型数据可以理解为一些数据类型的数量。数值型数据有一个共同的特点，就是常用于各种数学计算、数据处理等。例如，工资额、学生成绩、员工年龄、销售额等数据，都属于数值类型。当然，日期、时间数据也属于数值类型的数据。

逻辑型数据也属于数值类型的数据，它只有两个值true（真）和false（假）。运用逻辑表达式进行计算时，结果为“true”就是1，结果为“false”就是0。例如，2 + true = 3，true * true = 1，true * false = 0。

2. 文本型数据

说明性、解释性的数据描述被称为文本类型。文本型数据当然是非数值类型的。例如，员工信息表的列标题“员工编号”、“姓名”、“性别”、“出生年月”等字符都属于文本类型。文本型数据和数值型数据有时候容易混淆，如手机号码“1339112××××”，银行账号“3100090001×××××××××”等，从外表上看，它们是数字组成的，但实际上在Excel数据处理中把它们作为文本型数据处理。因为它们并不是数量，而是描述性的文本。

在向单元格输入数据时经常会显示一些错误值信息，出现这些错误的原因有很多种。“#####”，出现这种现象是由于单元格所含的数字、日期或时间比单元格的长度宽（可视长度），增加（拉长）单元格长度该现象就会自动消失；如“#VALUE!”，出现这种现象主要是由于公式不能计算正确的结果；而“#DIV/O!”则表示是由于计算公式中出现零除，造成这种现象的原因，可能是表达式计算的分式中分母式的值太大，而分子式的值太小造成的。

4.1.5 工作簿的组织结构

在Excel中，用户输入到工作表中的数字、文本和符号等数据是以文件方式存放在磁盘上的，这个文件称为工作簿文件，简称为工作簿。一个工作薄由一个或多个工作表组成。一个工作薄文件就是一个Excel文件，其默认扩展名为“.XLS”。工作薄好比会计业务中的一个账本，工作表则是这个账本中的账页，账页的多少完全由实际业务需要确定。在工作薄中可以有多张工作表，为数据操作和处理带来了方便，这样可使一个工作薄文件中包含多种类型的相关数据，不需将数据存在不同的文件中。

这里是有一个教学管理工作薄的例子，其中有学生表、教材销售表、学分表、成绩表。其中，表4-1学生表中包含学号、姓名、性别、生日、籍贯、党员、班级、电话等项目；表4-2教材销售表中包含专业、书名、单价、数量、金额、出版社等项目；表4-3学分表中包含课程名、课时、学分等项目；表4-4成绩表中包含学号、姓名、网络应用、高数、物理、程序设计、制图、英语等项目。将这些信息分别输入到不同的表中，然后保存成一个名为“教学管理”的工作薄文件。

表4-1 学生表

学 号	姓 名	性 别	生 日	籍 贯	党 员	班 级	电 话
07201010	陈锦东	男	1989-3-12	河北	是	计算机71	82655123
07210110	邓小倩	女	1988-4-10	湖南	否	计算机71	82656159
07221100	冯日丽	女	1989-5-22	江西	否	计算机72	82665412
07241001	方奕观	女	1987-2-1	广东	否	计算机72	82672349
07252121	范丽娜	女	1989-6-6	陕西	是	通信71	82664166
07221101	杨帆	男	1989-8-8	山东	否	通信71	82677890
07261234	王晋	男	1988-12-12	沈阳	否	通信72	82687634
07261001	魏伟	男	1989-3-5	青海	是	通信72	82661679

表 4-2　教材销售表

专　业	书　名	单　价	数　量	金　额	出 版 社
自控	程序设计	14.3	54	772.2	海洋
航天	程序设计	12.3	46	565.8	大地
电子	高数	20.6	67	1380.2	蓝天
自控	高数	22.6	33	745.8	大地
电子	物理	14.5	50	725	大地
自控	物理	14.5	30	435	海洋
航天	物理	16.5	20	330	蓝天

表 4-3　学分表

课 程 名	课　时	学　分
网络应用	48	3
高数	72	4.5
物理	56	3.5
程序设计	64	4
制图	32	2
英语	64	4

表 4-4　成绩表

学　号	姓　名	网络应用	高　数	物　理	程序设计	制　图	英　语
07201010	陈锦东	68	70	88	65	89	78
07210110	邓小倩	50	70	90	68	85	88
07221100	冯日丽	90	75	88	73	85	79
07241001	方奕观	88	78	90	68	83	90
07252121	范丽娜	95	74	95	68	93	88
07221101	杨 帆	76	78	65	68	92	95
07261234	王 晋	60	80	86	30	84	87
07261001	魏 伟	75	82	88	55	90	80

4.2　工作表的创建与编辑

考试内容：

Excel 工作表的创建与编辑

教学要求：

- 建立工作表
- 数据输入方法

- 数据编辑方法
- 单元格格式设置
- 编辑工作表
- 工作表的整体操作
- 工作表的打印输出

知识点（25个）：

- 建立工作表操作
- 键盘输入、下拉列表、系统记忆、填充功能
- 选择、剪切、复制和粘贴、重写和修改、插入和删除、清除数据、撤销和恢复、查找和替换
- 格式对话框、格式工具栏、行列尺寸、条件格式化
- 编辑工作表
- 选择、插入、删除、移动和复制、重命名、工作表标签
- 页面设置、打印预览、打印

4.2.1 工作簿操作

1. 建立新工作簿

启动 Excel 后，系统自动建立一个名为“Book1. XLS”的新工作簿。如果用户还想再建立另一个新工作簿，操作方法如下：

1）选择“文件”菜单中的“新建”命令，系统显示“新建工作薄”的任务窗口，选择“空白工作薄”按钮，即建立一个名为“Book2”的新工作簿。用同样的方法，用户可以建立第3个新工作簿“Book3”、第4个工作簿“Book4”等。

2）单击“常用”工具栏的“新建”按钮，不出现对话框，直接建立一个新工作簿。

2. 打开工作簿

Excel 的工作簿是承载数据的载体。在数据处理前，要先打开指定工作簿。打开工作簿的操作步骤如下：

1）选择“文件”菜单中的“打开”命令，或单击“常用”工具栏中的“打开”按钮，系统弹出如图4-2所示的“打开”对话框。

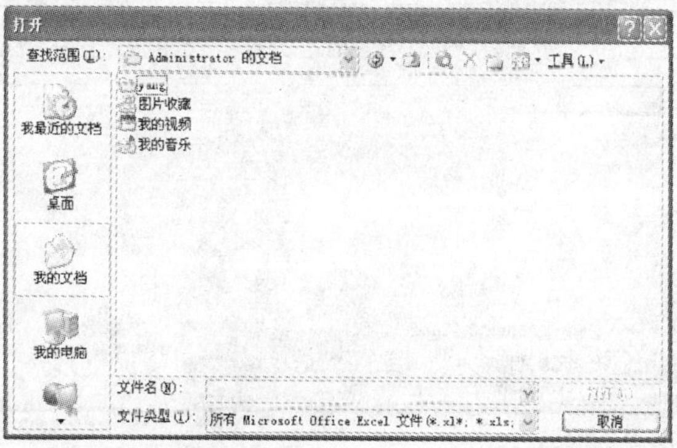

图4-2 “打开”对话框

2）在“打开”对话框的“查找范围”下拉列表框中选择要打开的工作簿所在的驱动器、文件夹和工作簿名。

3）选中指定的工作簿后，双击工作簿名或单击“打开”按钮，便可打开该工作簿。

3. 保存工作簿

保存工作簿分几种情况，可选择不同的操作方法和步骤。

1）保存新创建的工作簿，涉及重命名，为新工作簿冠以相应的名称。

操作步骤：选择“文件”菜单中的“保存”或“另存为”命令，或单击“常用”工具栏中的“保存”按钮，系统弹出“另存为”对话框。在“保存位置”中指定要保存工作簿的驱动器、文件夹、工作簿名和保存类型（默认为 Microsoft Excel 工作薄），单击“保存”按钮，即可将当前工作簿以新命名的工作簿名保存到指定位置。

2）保存已存在的、经过修改编辑操作的工作簿。这种情况不涉及重命名问题，直接将编辑修改过的工作簿保存在原工作簿文件中。

操作步骤：只须选择“文件”菜单中的“保存”命令，或单击“常用”工具栏中的“保存”按钮，即可实现保存操作。

【例 4-1】 创建工作簿。

任务和要求：

掌握创建工作簿的操作，包括新建、打开、保存、重命名、关闭操作等。

操作要求：

完成“教学管理”工作薄的创建操作。

操作方法及步骤：

1）创建工作簿文件。启动 Excel，系统自动创建默认名称为“Book1”的工作簿。

2）保存工作簿文件。选择“文件”→“另存为”命令，系统弹出“另存为”对话框。在“另存位置”下拉列表框中选择工作簿文件保存的路径。在“保存类型”下拉列表框中可以选择保存文件的类型，本例中，系统默认的文件类型是“Microsoft Office Excel 工作簿（*.xls)。在“文件名”列表框中输入文件名“教学管理”，单击“保存”按钮，完成创建“教学管理”工作簿的操作，如图 4-3 所示。

图 4-3 “教学管理”工作簿示意图

3）关闭工作簿文件。选择“文件”→“关闭”命令，即可关闭“教学管理”工作簿。但是“关闭”操作并不关闭 Excel 窗口，不退出 Excel。

4）打开工作簿文件。选择“文件”→“打开”命令，弹出“打开”对话框，在“查找范围”下拉列表框中选择“教学管理”文件的存放位置，单击“打开”按钮，打开“教学管理”文件。

4.2.2 工作表操作

新建工作簿中只包含默认的 3 张工作表 Sheet1、Sheet2 和 Sheet3。最多可增加到 256 张工作表。在实际应用中可根据需要，对工作表进行重命名、插入、删除、移动或复制，以及打印等操作。

1. 选取工作表

工作薄由多个工作表组成。选取单个工作表的操作很简单，用鼠标单击要选取的工作表即可。有时为了同时对多个工作表操作，需要同时选取多个工作表。选取多个工作表可根据情况进行下列方法操作：

1）选取多个不连续（指在工作表标签中的位置是不相邻的）的工作表。按下 <Ctrl> 键，用鼠标单击多个不连续的工作表，即可选取。

2）选取连续多个工作表。用鼠标单击要选取的第一个工作表，按下 <Shift> 键，再单击要选取的最后一个工作表，经这样操作即可选取连续的多张工作表。

多个选中的工作表将组成一个工作组，在标题栏会出现“［工作组］”字样，选取工作组后，在一个表中输入数据，会同时输入到其他工作表中。

2. 重新命名工作表

双击要重新命名的工作表标签，或鼠标右键单击要重命名的工作表标签，在出现的快捷菜单中选择“重命名”命令，会在标签处出现反相（加亮）显示，直接输入新工作表名。

3. 插入新工作表

用鼠标右键单击某一个工作表标签，便出现快捷菜单。选择“插入”命令，便在该工作表的前面插入一个新的工作表，也可通过“插入”菜单，选择执行“工作表”命令来完成插入工作表的操作。用此方法可以插入多个工作表，第 1 个插入的工作表名称为 Sheet4，第 2 个插入的工作表名称为 Sheet5，以后插入的依此类推。

4. 删除工作表

删除工作表的操作要慎重，因为工作表一旦被删除就不会像在 Windows 中删除文件那样还能恢复了。删除工作表或工作组的操作步骤如下：

1）选定要删除的工作表标签或工作组。

2）选择“编辑”菜单中的“删除工作表”命令，出现一个对话框警告用户选定的工作表将被永久删除。单击“确定”按钮，便将选定的工作表或工作组删除。

也可以通过鼠标右键单击要删除的工作表标签，在出现的快捷菜单中选择“删除”命令删除工作表。

5. 移动和复制工作表

在实际工作中，有时移动工作表和复制工作表的需求。

移动或复制工作表的操作步骤如下：

1）选定要移动或复制的工作表标签。

2）选择“编辑”菜单中的“移动或复制工作表”命令，系统弹出“移动或复制工作表”对话框，如图4-4所示。

3）在图4-4所示的对话框中，通过“工作簿”的下拉列表框选择要移动或复制的目标工作簿。如果在本工作簿内移动或复制，则不用选择（如果要移到另一个工作薄，一定要先打开这个工作薄文件）。

4）在“下列选定工作表之前”列表框中选择要将移动或复制的工作表放置的位置（放到被选工作表的前面）。

如果要移动工作表，不选择“建立副本”复选框；如果复制工作表，则要选择“建立副本”复选框。

5）单击“确定”按钮，便将选定的工作表移动或复制到选定工作簿中指定工作表的前面。

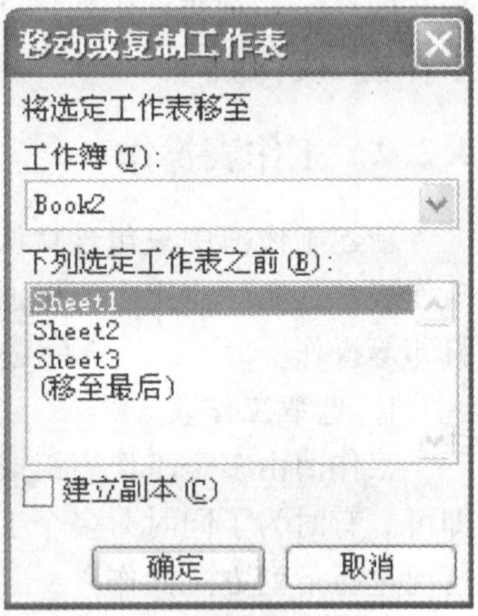

图4-4 “移动或复制工作表”对话框

当熟练地掌握了Excel工作表的操作之后，使用鼠标拖动的方法移动或复制工作表，操作起来更便捷。

用鼠标拖动方法移动和复制工作表的操作方法为：选定要移动的工作表标签后，按下鼠标左键稍等片刻，鼠标指针前出现一页纸的小图标和一个倒立的黑色三角形，拖动鼠标，倒立的黑色三角形指向的位置便是工作表移动到的目标位置。若在按下 < Ctrl > 键后，再按下鼠标左键稍等片刻，鼠标指针变成形如一页纸的小图标并且中间有一个“+”号和一个倒立的黑色三角形，用鼠标拖动要移动的工作表标签时，倒立的黑色三角形的位置便是工作表复制到的目标位置。

6. 打印工作表

为了使打印出的工作表布局合理美观，要进行打印机参数的设置，包括要打印区域和分页设置、打印纸张大小选择、页边距、添加页眉和页脚等页面设置。

（1）设置打印区域

有时只需要打印工作表的部分数据，而不是全部，对于这种应用情况则可通过设置打印区域来解决。具体操作步骤为：先选定要打印的区域，在“文件”菜单中选择“打印区域”命令，在下拉菜单中选择“设置打印区域”命令，选定区域后的边框出现虚线，表明打印区域已设置完成。若想撤销设置，同样是在“文件”菜单中选择“打印区域”命令，在下拉菜单中选择“取消打印区域”命令。

（2）插入分页符

如果工作表较大，在一页内打印不下，Excel会自动插入分页符，将工作表分成多页打印。Excel自动插入的分页符称为“自动分页符”。自动分页符区分“自动水平分页符”和“自动垂直分页符”两种。自动水平分页符在屏幕上显示为一条水平点线；自动垂直分页符在屏幕上显示为一条垂直点线。

（3）页面设置

1）页面设置：选择“文件”菜单中的“页面设置”命令，系统弹出“页面设置”对话框，选择“页面”选项卡，如图4-5所示。在“方向”选项组中选择工作表是按照“纵向”还是按照“横向”方式打印。在“缩放”选项组中可以选择缩放比例、调整页面的宽度和高度。当纸张较小时，可以将工作表缩小打印。在“纸张大小”下拉列表框中选择使用的纸张大小，在“起始页码”文本框中可以输入第一页的页码。在“打印质量”下拉列表框中选择打印分辨率。

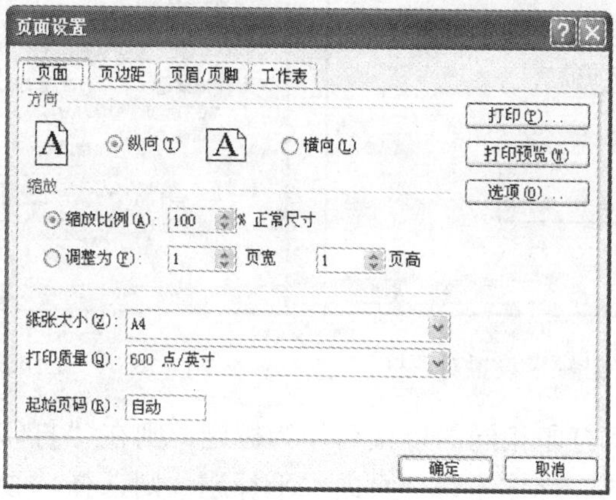

图 4-5 “页面”选项卡设置对话框

2）页边距设置：单击“页边距”选项卡，打开“页边距”选项卡设置对话框，如图 4-6 所示。在“上”、“下”、“左”、“右”、页眉和页脚数值框中分别输入合适的数值或选择页面的上、下、左、右、页眉和页脚边距。在“居中方式”选项组中可以选择将工作表在页面“水平”方向或“垂直”方向居中打印。设置的效果可以在“打印预览”中看到。

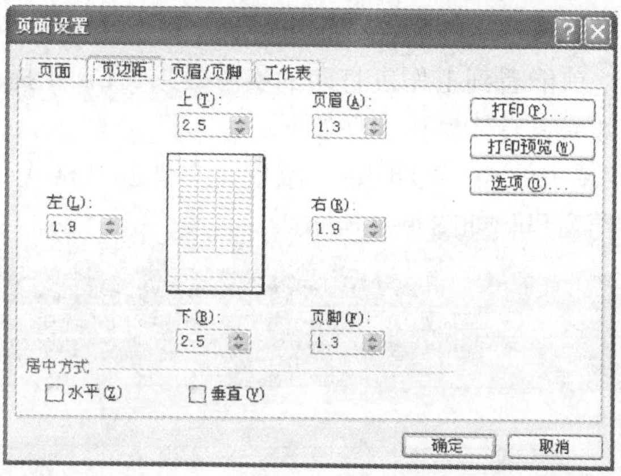

图 4-6 “页边距”选项卡设置对话框

3）页眉/页脚设置：单击“页眉/页脚”选项卡，打开“页眉/页脚”选项卡设置对话框，如图 4-7 所示。在“页眉”下拉列表框中选择一种预定义页眉或自定义页眉，例如“制表人：××× 制表日期：2009 年 7 月 31 日”。在“页脚”下拉列表框中选择一种预定义页脚或自定义页脚，例如“第 X 页，共 Y 页”。

4）工作表设置：单击“工作表”选项卡，系统弹击如图 4-8 所示的对话框，在“打印区域”选项中选择打印区域。

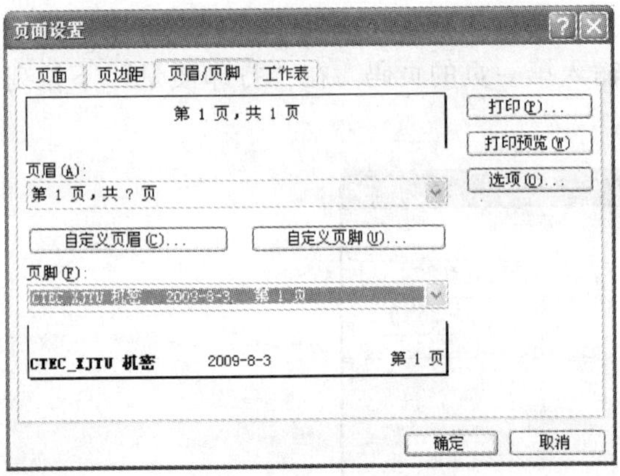

图 4-7　“页眉/页脚”选项卡设置对话框

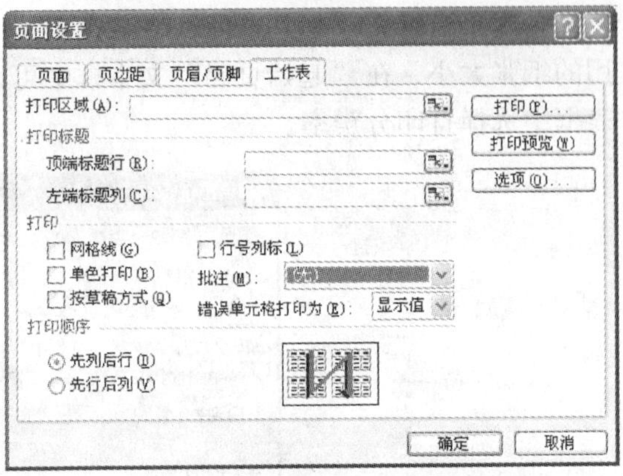

图 4-8　“工作表”选项卡设置对话框

如果要在每一页中都打印相同的行或列作为标题，则在“打印标题”下面选择所需要的选项；如果希望特定的一行作为每一页的水平标题，则选择“顶端标题行”选项；如果希望特定的一列作为每一页的垂直标题，则选择“左端标题列”选项。单击位于文本框右边的“压缩对话框”按钮，可将对话框暂时移开以便在工作薄中选择行或列，再次单击该按钮可将对话框恢复原状。

- 选中“网格线”复选框时，打印时将有表格虚线输出。
- 选中“行号列标”复选框时，将打印出行号和列标。
- 当要打印的工作表超过一页时，打印顺序可指定先列后行或先行后列。

（4）打印预览

为了在打印工作表之前能看到工作表打印的实际效果，Excel 提供了打印预览功能。要预览工作表的实际打印效果，具体操作步骤如下：

1）选择“文件”菜单中的“打印预览”命令，或单击“格式”工具栏中的“打印预览”按钮，出现打印预览窗口，如图 4-9 所示。

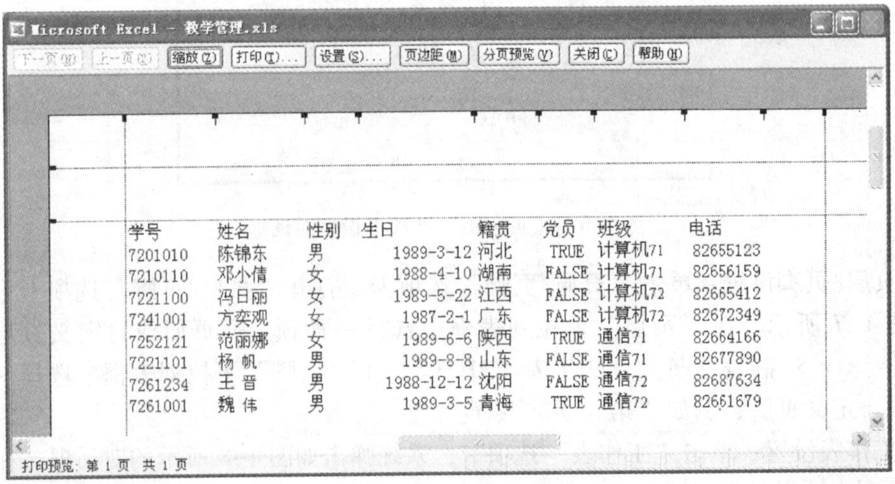

图 4-9　打印预览窗口

2）利用打印预览窗口中的“缩放”按钮，可以将一页内表格放大或缩小显示。利用“上页”按钮或“下页”按钮，选择在窗口内显示前一页表格或下一页表格的预览内容。通过“页边距”按钮选择在页面上显示页边距线和页眉页脚位置线。通过“设置”按钮，可以对页面进行设置。利用“分页预览”按钮，将看到每一页打印的内容在表格中的位置，每一页的中央有水印页号显示。

3）单击打印预览窗口中“关闭”按钮，结束打印预览。

（5）打印

编排好工作表并经过打印预览确认之后，便可以在打印机上打印了。打印工作表的操作步骤如下：

1）选择“文件”菜单中的“打印”命令，系统弹出“打印内容”对话框，如图 4-10 所示。

2）在“打印内容”选项组内选择要打印的范围。选择“选定区域”单选按钮，仅打印选定区域内的数据；选择“选定工作表”单选按钮，打印选定的整个工作表中的数据；选择“整个工作簿”单选按钮，打印工作簿内的所有工作表中的数据。在“打印范围”选项组中可以进一步选择是打印全部页还是部分页。

在“打印份数”文本框中输入或选择要打印的份数。

如果安装了多台打印机，可以在打印机“名称”下拉列表框中选择要使用的打印机。

如果计算机没有连接打印机，可以选中“打印到文件”复选框，将工作表的打印结果存放到一个文件中，以便在连接有打印机的计算机上打印。

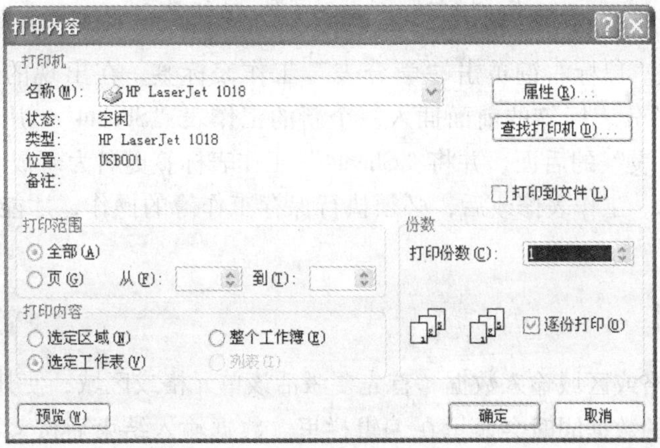

图 4-10 “打印内容”对话框

3）单击“确定”按钮，便将指定的工作表打印指定的份数。

【例 4-2】 创建工作表。

任务和要求：

掌握工作表的操作，包括新建、打开、输入数据、工作表重命名、插入工作表等。

操作要求：

创建“教学管理”工作薄中的所有工作表。

操作方法及步骤：

1）打开文件。启动 Excel，选择“文件”→“打开”命令，选择“教学管理”工作簿文件所在位置，单击“打开”按钮，打开“教学管理”文件。

2）输入工作表数据。单击“教学管理”工作薄中的 Sheet1 工作表并选择 A1 单元格，输入表 4-1 学生表的全部内容。类似地，输入其他工作表的数据。

3）重命名工作表。鼠标双击工作表标签“Sheet1”（被加亮），输入名称“学生表”，单击工作簿其他位置，工作表“Sheet1”被重命名为“学生表”。类似地，将“Sheet2”重命名为“教材销售表”，将“Sheet3”重命名为“学分表”，如图 4-11 所示。

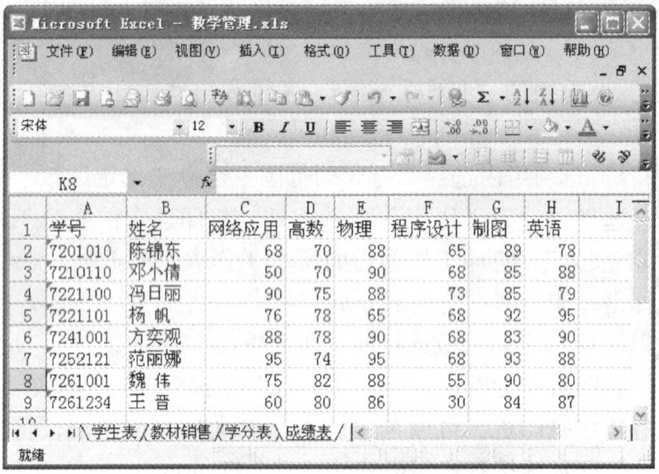

图 4-11 “教学管理”工作薄

4）插入工作表。鼠标右键单击“学分表”工作表标签，在出现的快捷菜单中，选择“插入”命令，在学分表标签的前面插入一个新的工作表“Sheet4”，用鼠标拖动方法移动“Sheet4”至“学分表”的后面，并将“Sheet4”工作表标签更名为“成绩表”。

5）保存工作薄。工作表修改后，必须执行保存工作簿的操作，才能将修改的结果保存下来。

4.2.3 输入数据

要向一个单元格或区域输入数据，首先要激活该单元格或区域，使其成为活动单元格后再输入数据。输入的数据同时会显示在编辑栏里。数据输入结束后按 <Enter> 键或单击编辑栏中的“输入”按钮进行输入确认。如果按 <Esc> 键或单击编辑栏中的“取消”按钮，便可取消本次输入。

数据不仅可以从键盘输入，还可以自动输入，输入时还可以设置有效性检验，以保证原始数据输入时的正确性。

Excel 对输入数据会自动区分类型，一般采取默认格式。

1. 文本输入

文本包括汉字、英文字母、数字、空格及所有键盘能输入的符号。文本输入后在单元格中左对齐，有时为了将电话号码、邮政编码、学号等数字作为文本处理，输入时在数字前加上一个半角单引号，即可变成文本类型，并且在单元格的左上角显示一个绿色三角。

学生的学号是一组数字，但在Excel中被当做字符串（文本类型）处理。在输入学号数据时，由于单元格数据类型被默认为数值型，所以输入的学号被作为数值型数据处理。例如，实际学号为“07201001”，输入时是准确无误的，但实际显示出来的结果是“7201001”被自动截取了。处理办法有两种：一种是定义“学号”列的数据类型为“文本”型，设置方法在后面的章节中介绍；另一种方法是，以半角单引号开头，就将数字转换成文本。例如，输入学号时，实际输入的是“07201001”，显示出来结果的是“07201001”。

2. 数值输入

数值类型的数据中只包括0~9 、+、-、E、e、$、%、小数点（.）和千分位（,）等。数值输入后在单元格中右对齐，若数值输入超长，以科学记数法显示（如1.23×1012显示为1.23E12，0.4567×10－10显示为0.4567E－10），实际保存在单元格中的数值保留15位有效数字。若小数输入超出设定的位数，将从超出位四舍五入显示；若小数位没有设定，同样保留15位有效数字。

3. 日期/时间的输入

自动识别日期格式为：“yy/mm/dd”或“yy-mm-dd”，时间格式为：“hh：mm（am/pm）”。注意：（am/pm）和前面的时间之间有一个空格；若不按此格式输入，Excel将视为文本格式；正确输入后，日期和时间数据将右对齐。

4. 分数输入

为了与日期的输入区分，在输入小于1的分数时，分数前加“0”和空格。例如，分数1/3，实际输入为“0 1/3”；分数2/5，实际输入为“0 2/5”。

5. 逻辑值输入

逻辑值只有两个true（TRUE）和false（FALSE），不区分大小写。输入到单元格中默认的对齐方式是居中。

6. 自动输入

在利用Excel进行数据处理时，有时需要输入大量有规律的数据，如等差数列、等比数列、自定义数列等。在Excel中，输入这样有规律的数据，可以使用自动输入的方式实现。

自动输入时，先手动输入前两个数据，然后用鼠标拖动单元格右下角“复制柄”的方法实现其余数据的自动输入。

例如，要输入一个等差数列1、3、5、7、9、11、…、31。具体操作步骤如下：

1）选定起始的两个单元格区域，分别输入该序列数的前面两个数据1和3。

2）选择这两个连续的单元格。

3）鼠标箭头移动到被选择区域右下角的“复制柄”，这时鼠标指针变成实心的十字形。按下左键不放，拖动到最后一个单元格（呈现数字31）即可。

若初始值是文本和数字混合体，如“B2”、“B4”，拖动后文本不变，而数字变化，即自动生成规则的文本串“B2、B4、B6、B8、B10、…”。

若要输入Excel预设的自动填充序列中的数据，例如，“Sun、Mon、Tue、Wed、Thu、Fri、Sat”，“甲，乙，丙，丁，戊，己，庚，辛，壬，癸”等。只要在单元格中输入序列中的任何一个，即可用拖动复制柄的方泆完成序列中其他数据的自动、循环输入。

用户也可以自定义序列数据并保存，为以后的输入提供方便。

例如，制表时经常用到“姓名”，“性别”，“年龄”等作为列标题。将这组数据定制为自动输入序列数据的操作步骤如下：

1）选择 Excel“工具”菜单中的“选项”命令，系统弹出“选项”对话框。

2）在“选项”对话框中单击“自定义序列”选项卡，系统弹出“自定义序列”对话框。

3）在“自定义序列”对话框中，在“输入序列”文本框中输入自定义的数据，每输入一个数据，均要按回车（Enter）键。例如，输入“姓名”后，按回车键，光标跳到下一行；再如，输入“性别”、“年龄”，最后单击“添加”按钮，结束输入自定义序列数据的操作。这时，输入的自定义序列数据显现在“自定义序列”对话框的“自定义序列”列表中。

4）单击“确定”按钮，保存自定义序列。

定制了自定义序列后，在实际应用中就可以使用自动输入的方法，自动输入用户自定义的序列数据了。

7. 填充输入

利用填充输入法，可以自动生成“等比”或“等差”序列。例如，产生一组数据“3、9、27、81、243、729”的等比数列。等比数列从 B2 单元格开始产生，等比值为“3”。填充输入的步骤如下：

1）启动 Excel，从 B2 单元格开始，输入数据“3、9、27、81、243、729”并选择它们。

2）选择“编辑”菜单中的“填充”选项，再从下拉菜单中选择“序列”命令，系统弹出如图 4-12 所示的“序列”对话框。

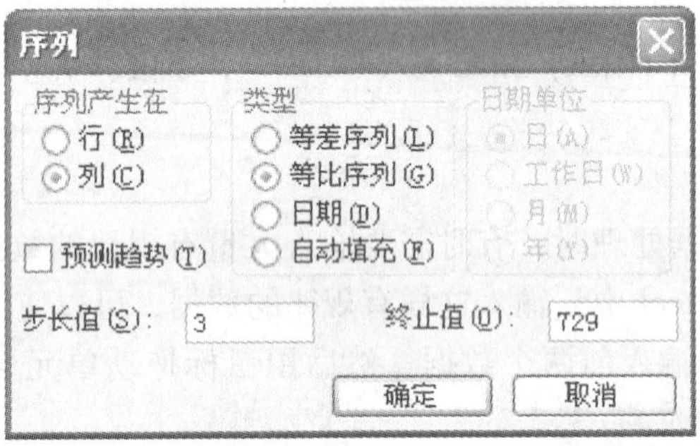

图 4-12　“序列”对话框

3）在“序列”对话框中提供有 4 种不同的类型选择：等差序列、等比序列、日期、自动填充。按要求选择“等比序列”。在“序列产生在”选项组中选择“列”单选按钮。

4）在“步长值”文本框中输入“3”，在“终止值”文本框中输入“729”。

5）上述参数设置完成后，单击“确定”按钮，即可实现自动填充输入。

8. 有效性输入

原始数据输入的正确性是保证数据处理结果正确的前提。输入时为了防止一些不合逻辑的数据进入，Excel 提供了一种有效性输入。例如，在处理学生成绩时，输入的原始分数应大于等于 0 和小于等于 100，则有效性输入设置如下：

1）选定输入的区域。

2）在“数据”菜单中选择“有效性”命令，系统弹出“数据有效性”对话框，如图

4-13所示。在“有效性条件”选项组中的“允许”下拉列表框中选择“整数”选项，在“数据”下拉列表框中选择“介于”选项，在“最小值”文本框中输入“0”，在“最大值”文本框中输入“100”，单击“确定”按钮，完成有效性输入设置。

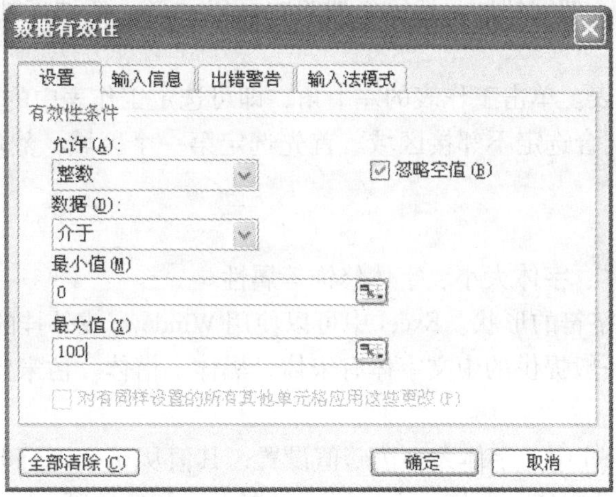

图 4-13 “数据占有效性”对话框

4.2.4 工作表编辑

工作表建立后，要保证数据的正确性、外观漂亮、排列合理、重点突出、条理更加清晰，对工作表进行编辑修改是必不可少的。

对工作表的编辑和格式设置可通过工具栏或菜单命令完成，当然在编辑格式化单元格或区域前必须先标记它。

1. 标记

标记又称选定，被选定的单元格，称为活动单元格，其地址显示在编辑栏的“名称框”中，其中的数据或公式显示在编辑栏中。可以选定一个单元格，也可以选定由多个单元格组成的区域，被选区域中的第一个单元格成为活动单元格，其他单元格采用透明模式显示。区域的地址用其左上角单元格和右下角单元格的地址组成。例如，由 B3，B4，B5，B6，C3，C4，C5 和 C6 共 8 个单元格组成的区域用 B3：C6 表示（注意：区域引用符冒号“:”是半角字符）。

标记操作有以下几种方法：

1）选定一个单元格。单击某个单元格，便选定了此单元格。按 <Tab> 键用来选定下一个单元格。按 <Shift + Tab> 组合键则选定前一个单元格。按方向键“→、←、↑、↓”将选定相应方向的单元格。按 <Ctrl + Home> 组合键则选定工作表左上角单元格 A1。

2）拖动选定一个单元格区域。先将鼠标指针指向要选定区域的左上角单元格，按住鼠标左键不放，由左向右、由上向下移动鼠标直到要选定区域的右下角单元格，放开鼠标左键。例如，要选定区域 B3：D6，先将鼠标指针指向单元格 B3，然后按住鼠标左键不放，向右下方移动鼠标直到单元格 D6，松丌鼠标左键，即可选定 B3：D6 区域。

3）用 <Shift> 键配合选定连续区域。首先单击要选定区域的左上角单元格，接着按下 <Shift> 键不放，再单击要选定区域右下角单元格。这种方法对于选定较大的连续区域很有用。

4）选定行。单击一行的行号，选定该行的所有单元格。拖动多行的行号，选定这些行的所有单元格。

5）选定列。单击一列的列标，选定该列的所有单元格。拖动多列的列标，选定这些列的所有单元格。

6）选定整个工作表。单击工作表的左上角，即可选定工作表中的所有单元格。

7）用 <Ctrl> 键配合选定不邻接区域。首先选定第一个区域，然后在按下 <Ctrl> 键不放，再选定其他区域。

2. 字符格式设置

字符一般包含字体、字体大小、字体修饰等属性。

1）字体。字体是字符的形状。Excel 中可以使用 Windows 或外挂的其他中文环境中的字体。中文 Windows 下一般提供的中文字体有宋体、黑体、楷体、仿宋体等。除此之外，还有许多西文字体。

2）字体大小。Excel 中，字体大小按磅值设置，其值从 6 ~ 72，磅值越大，字体越大。

3）字体修饰。包括粗体、斜体、下画线、设置下标和颜色等。

数字作为字符具有字体、大小和字体修饰符格式。除此之外，数字根据其应用领域的不同，还具有不同的数字格式，如数值、货币、日期、时间、百分比、分数、科学计数格式等。

通过“格式”工具栏对工作表中的字符、汉字可以进行字体、大小及颜色编排，单元格的边框和填充色设置。对数字还可以进行货币样式、千位分隔样式、百分比样式、小数位数的增减等格式编排。

在“格式”菜单中的“单元格”命令给出了更多、更详细的格式化命令。如图 4-14 所示，它有 6 个选项卡，下面分别介绍。

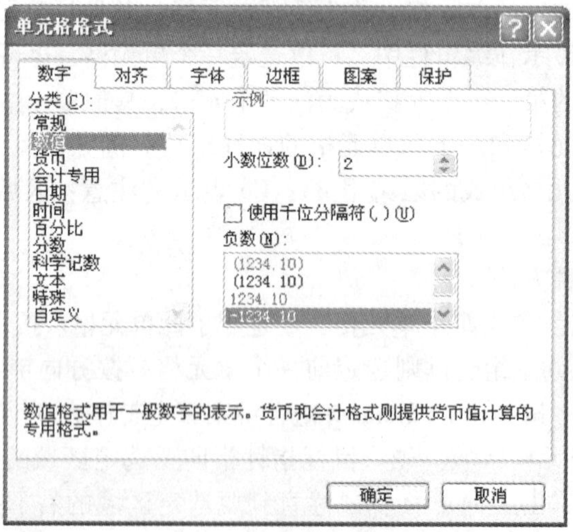

图 4-14　“数字”选项卡设置对话框

(1) 设置数字格式

设置数字格式的操作步骤如下：

1）选定要进行数字格式编排的单元格或区域。

2）选择“格式”菜单中的“单元格”命令，系统弹出“单元格格式”对话框，选择“数字”选项卡。

3）在“分类”列表框中选择数值类别，在对话框右边选择具体的格式。不同的数字类别，对话框右边的显示内容有所不同。在“示例”选项组中可以看到所选数据格式的实际编排效果。

4）单击“确定”按钮，完成数值格式编排。

Excel 常用的数字格式有：

- 数值格式。数值格式包括整数、小数及负数格式。

例如，在单元格内输入5678.543，其整数格式显示为5679，一位小数格式显示为5678.5，3位小数格式为5678.543。如果在单元格内输入的是负数，如-4523.34，根据负数格式的设置，可以将其显示为（4523.34）或-4523.34，既可以用红色显示，也可以用黑色显示。

- 货币格式。货币格式除了具有数值的格式外，还可在前面加货币符号“￥”或“$”。
- 日期格式。可以按照多种日期格式显示日期。例如，在单元格内输入“2008-8-10”，可以显示为“二〇〇八年八月十日”、“2008年8月10日”、“8月10日”、“二〇〇八年八月”、“2008年8月”、“星期日”等不同的格式。
- 时间格式。可以按照多种时间格式显示时间。例如，在单元格内输入“13：35：23”，可以显示“13时35分23秒”、“下午1时35分”“13：35：23PM”等格式。
- 百分比格式。将数值的小数点向右移动两位，并加符号%。例如，“0.2354”，可以显示为23.54%或24%。
- 分数格式。例如，输入“0.25”，可以显示为1/4或25/100等。
- 科学计数格式。例如，输入“234673”，可以显示为2.35E+5。

（2）设置对齐格式

一般情况下，Excel会自动调整输入数据的对齐格式，不同数据类型对齐方式是不同的。同时，Excel又提供了设置对齐格式的功能，从而又体现了对齐格式应用的灵活性。图4-15所示的是“单元格格式”对话框，其中“对齐”选项卡中，就提供了更多格式的对齐设置。

- 水平对齐。下拉列表框中的可选项包括常规、靠左、居中、靠右、填充、两端对齐、跨列居中和分散对齐。
- 垂直对齐。下拉列表框中的可选项包括靠上、居中、靠下、两端对齐和分散对齐。
- “自动换行”复选框。数据将依据单元格的列宽自动换行。
- “缩小字体填充”复选框。自动缩小字符的大小，以使数据的宽度与单元格的列宽适应。
- “合并单元格”复选框。将多个单元格合并为一个单元格，设置工作表标题需要该项功能。
- “方向”选择框。用来改变单元格字符的排版方向和旋转方向。

（3）设置字体

Excel中设置字体的操作与Word中设置字体的操作是类似的，即“先选择，后操作”。字体设置的功能包括以下几种：

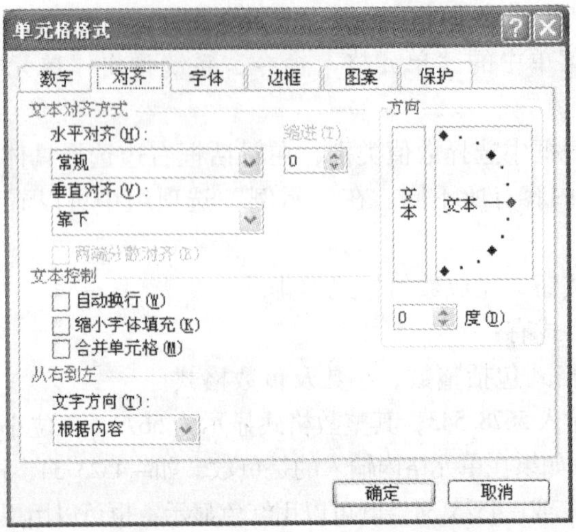

图 4-15 “对齐”选项卡设置对话框

- 在“单元格格式”对话框中选择“字体”选项卡，系统弹出如图 4-16 所示的“字体”选项卡设置对话框，选择所要的字体、字形、字号、下画线、颜色。
- 在“特殊效果”选项组中选择是否加删除线，是否编排成上标或下标。
- 在“预览”选项组中可以看到编排的效果。
- 单击“确定”按钮，完成字符格式的设置。

（4）设置边框线

默认情况下，单元格的边框是虚线，打印出报表来就没有表格了。要想加上各种实边框线，就要设置边框线。设置边框的操作步骤如下：

1）在“单元格格式”对话框中选择“边框”选项卡，系统弹出如图 4-17 所示的“边框”选项卡设置对话框。可以根据实际需要，选择设置线条样式、颜色、单元格或区域的上、下、左、右、四周边线、斜线等。

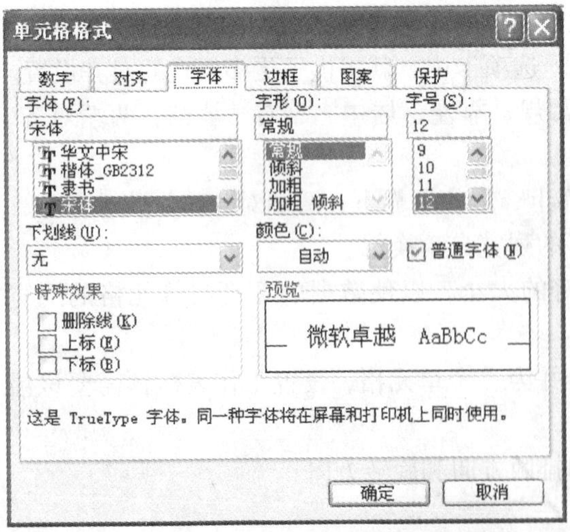

图 4-16 “字体”选项卡设置对话框

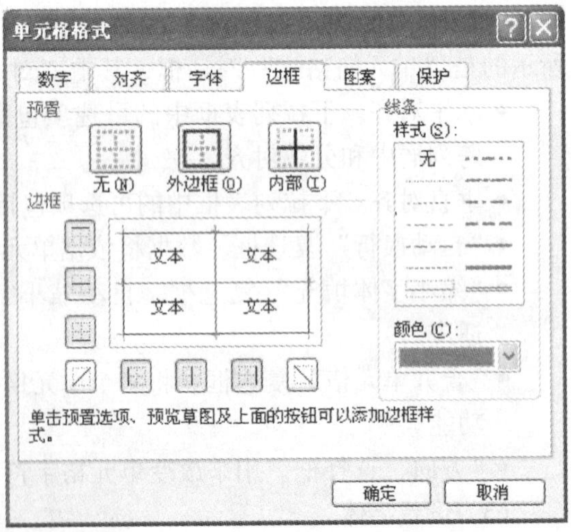

图 4-17 “边框”选项卡设置对话框

2）设置边框过程中，在边框的预览框中可以看到样例，最后单击“确定”按钮完成边框设置操作。

（5）设置图案

在Excel中，通过单元格格式设置，还可以对工作表的单元格或区域设置底纹和图案。这里就不再详述了。

3. 编辑数据

修改单元格内的数据，有以下两种方法：

（1）单元格内的修改

首先双击目标单元格，或者选中该单元格后按<F2>键，使该单元格内出现一个闪烁的竖直短线编辑光标，即为插入点。插入点的位置就是输入字符的位置。可以通过“→、←、↑、↓”箭头移动键或用鼠标单击，在单元格内移动插入点。按<Delete>键可以删除插入点右边的字符，按<Backspace>键可以删除插入点左边的字符。按<Enter>键或单击编辑栏中的“输入”按钮，完成对该单元格内数据的修改。如果按<Esc>键或单击编辑栏中的“取消”按钮，便取消本次修改。按<Ins>键，编辑光标变粗，进入“改写”状态，再按<Ins> 键则恢复插入状态。

（2）编辑栏内的修改

单击目标单元格，此时在编辑栏出现当前单元格中的数据，再单击编辑栏，同样出现一个闪烁的竖直短线编辑光标，修改数据的方法同上。此方法比较适用于修改数据较长的单元格或公式。

4. 移动、复制和选择性粘贴数据

（1）用拖动法移动数据

操作方法：选定要移动的单元格或区域，将鼠标指针移向选定单元格或区域的边框，此时鼠标指针由空心十字变成箭头形状，按下鼠标左键拖动，这时有一个和选定单元格或区域等大小的虚框跟着移动，到达目标位置时，松开鼠标左键，便将选定的单元格或区域内的数据移动到目标位置。

例如，要将区域A1：B3内的数据移入区域F1：G3，首先选定区域A1：B3，然后拖动区域A1：B3的边框到区域F1：G3时，便将区域A1：G3内的数据移入区域F1：G3内。

（2）用菜单命令移动数据

操作步骤如下：

1）选定要移动的单元格或区域。

2）选择“编辑”→“剪切”命令，将选定单元格或区域内的数据移入剪贴板。

3）单击目标位置左上角的单元格。

4）选择“编辑”→“粘贴”命令，将选定单元格或区域内的数据移入目标位置。

例如，要将区域B1：C2内的数据移入区域E5：F6，首先选取区域B1：C2，再选择“编辑”菜单中的“剪切”命令，然后激活单元格E5，最后选择“编辑”菜单中的“粘贴”命令即可完成移动数据的操作。

（3）用拖动法复制数据

操作方法选定要复制的单元格或区域，将鼠标指针移向选定单元格或区域的边框并按下<Ctrl>键，鼠标指针变成带有“+”的箭头形状。按下鼠标左键拖动，到达目标位置时，松开鼠标左键，便将选定的单元格或区域内的数据复制到目标位置。

(4) 用菜单命令复制数据

操作步骤如下：

1）选定要复制的单元格或区域。

2）选择“编辑”→“复制”命令，将选定单元格内的数据复制到剪贴板。

3）单击目标位置的左上角的单元格。

4）选择“编辑”→“粘贴”命令，将选定单元格内的数据复制到目标位置。

(5) 选择性粘贴

一个单元格或区域中含有多种特性，如数值、格式、批注、公式、边框线等，可以有选择的将它们粘贴到另一个单元格或区域中，在粘贴的过程中还可完成算术运算，行、列转置等操作。操作步骤如下：

1）选定源单元格或区域，复制到剪切板。

2）再选定待粘贴的目标区域中的第一个单元格，选择“编辑”→“选择性粘贴”命令，系统弹出如图4-17所示的“选择性粘贴”对话框。

3）选择相应的选项后，单击“确定”按钮。

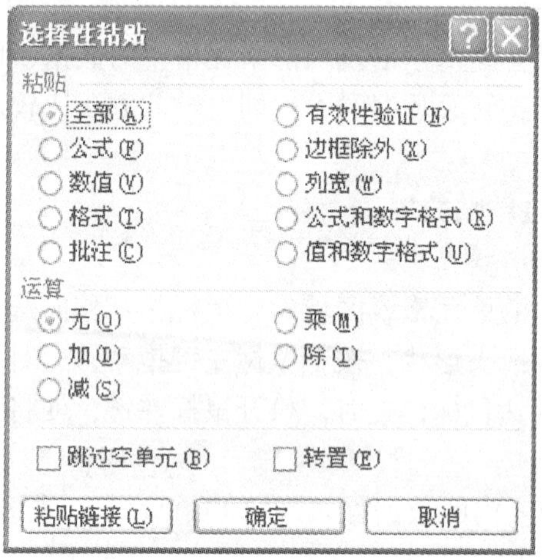

图4-18　“选择性粘贴”对话框

5. 条件格式

使用条件格式可以突出显示一些特殊的数据。对这些符合条件的数据进行字体、边框步骤、图案格式的设置，使在检查数据时一目了然。

例如，将考试成绩大于或等于90分的学生成绩区域设置成绿色底纹，蓝色字体，操作如下：

1）选定成绩区域。

2）选择“格式”→“条件格式”命令，系统弹出如图4-19所示的“条件格式”对话框。

3）在“条件1”中的各列表框中设置条件。单击“格式”按钮，在弹出的“单元格格式”对话框中完成格式的设置。单击“确定”按钮，完成条件格式的设置。

如果有多个条件，单击“添加”按钮，将出现“条件2”。条件格式中最多可设置3种条件。

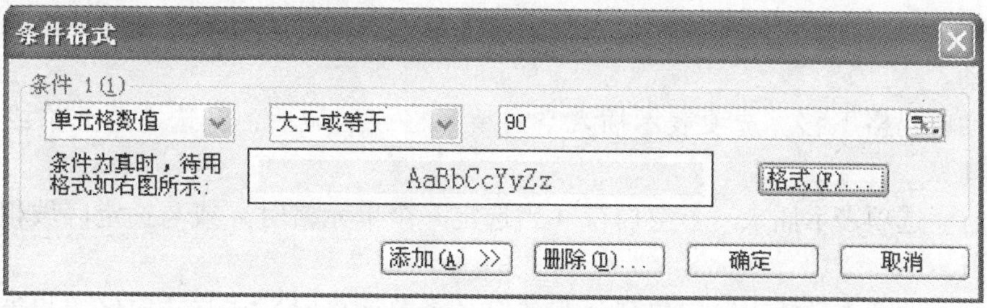

图 4-19 “条件格式”对话框

6. 清除数据

清除单元格或区域内的数据，操作步骤如下：

1）选定要清除的单元格或区域。

2）选择“编辑”→“清除”命令，出现其下拉子菜单。

3）在子菜单中选择“全部”命令，则将选定单元格或区域的内容，包括数据、格式和批注全部清除；选择“格式”命令，则将选定单元格或区域内数据的格式清除；选择“内容”命令，则将选定单元格或区域的数据清除；选择“批注”命令，则将选定单元格的批注清除。

注意：清除数据后的原始单元格保留。

7. 删除数据

删除单元格或区域内的数据，实际上是将单元格或区域删除。操作步骤如下：

1）选定要删除的单元格或区域。

2）选择“编辑”→“删除”命令，出现“删除”对话框，列出 4 种选择对象：

- 右侧单元格左移。选项表示将选定单元格或区域删除后，将其右侧的单元格或区域向左移动，填充其原来位置。
- 下方单元格上移。选项表示将选定单元格或区域删除后，将其下方的单元格或区域向上移动，填充其原来位置。
- 整行。选项表示将包含选定单元格或区域的所有行删除，其下方的所有行上移动，填充其原来位置。
- 整列。选项表示将包含选定单元格或区域的所有列删除，其右侧的所有列向左移动，填充其原来位置。

3）单击“确定”按钮，完成删除数据的操作。

如果选定的是一行或多行、一列或多列，将不出现“删除”对话框。删除行或列以后，下方的行或右侧的列重新编号。例如，将第 5、6 和 7 行删除后，原第 8 行将便成新的第 5 行，原第 9 行将便成新的第 6 行，依此类推。

8. 插入单元格或区域

在 Excel 中插入单元格或区域的操作包括插入行、列或单元格。具体操作方法和步骤如下：

1）在要插入位置选定一个单元格（当要插入一个单元格时）或与要插入区域大小相等的一个区域。

2）选择“插入”→“单元格”命令，系统弹出“插入”对话框，包括 4 种选项：

• 活动单元格右移。选项表示插入空白单元格或区域后，将选定的单元格或区域向右移动。
• 活动单元格下移。选项表示插入空白单元格或区域后，将选定单元格或区域向下移动。
• 整行。选项表示插入一个空白行（当选定一个单元格时）或与选定区域相等数的空白行。
• 整列。选项表示插入一空白列（当选定一个单元格时）或与选定区域相等列数的空白列。

3）根据实际情况，选择其中一个选项，单击“确定”按钮，便在选定位置插入所指定的单元格、区域、行或列。

如果选定的是一行或多行、一列或多列，将不出现“插入”对话框。插入行或列后，其下方的行或右侧的列重新编号。

例如，选定第2、3和4行后，选择“插入”→“单元格”命令，便插入3行空白行，原第2行将变成新的第5行，原第3行将变成新的第6行，依此类推。

插入列后，列标的重新编号方式与行号的重新编号方式是类似的。

9. 改变列宽和行高

由于有数据格式的变化，也会引起工作表中行高和列宽的变化。在Excel中改变行高和列宽的操作有以下几种方法。

1）用鼠标拖动列标或行号之间的分隔线改变列的宽度或行的高度。

2）双击列标之间或行号之间的分隔线，也可以改变列宽和行高，实际改变值是自动选取所有单元格中数据宽度或高度的最大值。

3）使用命令方式，精确地改变列宽或行高。

改变列宽或行高的具体操作步骤如下：

1）选定要改变其列宽或行高的列中或行中的任一单元格。

2）选择“格式”→“列”或“行”命令。

• 对于列操作，有5个菜单项：“列宽”、“最合适的列宽”、“隐藏”、“取消隐藏”和“标准列宽”。
• 对于行操作，有4个菜单项：“行高”、“最合适的行高”、“隐藏”和“取消隐藏”。

根据需要选择其中的一个选项。

3）在“列宽”或“行高”文本框中输入要改变的数值，并单击“确定”按钮，完成改变列宽或行高的操作。

注意：如果列宽度太小，便将数值显示为“#####”，加大列宽度后，数值将正常显示。

10. 查找和替换

可以通过查找和替换命令快速地在工作表中查找和替换数据。

（1）查找

在工作表中查找数据，具体操作步骤如下：

1）选择“编辑”→“查找”命令，系统弹出“查找”选项卡设置对话框，如图4-20所示。

2）在“查找内容”文本框中输入要查找的数据，在“范围”下拉列表框中选择是“工作表”还是“工作薄”选项；在“搜索”下拉列表框中选择是“按行”还是“按列”进行查找；在“查找范围”下拉列表框中选择是查找“值”还是查找“公式”或者“批注”选项。还可以选择查找时是否区分字母的大小写、是否要求单元格匹配或区分全/半角。

3）单击“查找下一个”按钮，便从活动单元格开始按照指定的搜索方式和查找范围在工作表中查找指定的数据或公式。找到后，使所找到的单元格成为活动单元格；如果再单击“查找下一个”按钮，则继续往后查找。

4）单击“关闭”按钮，结束查找工作。

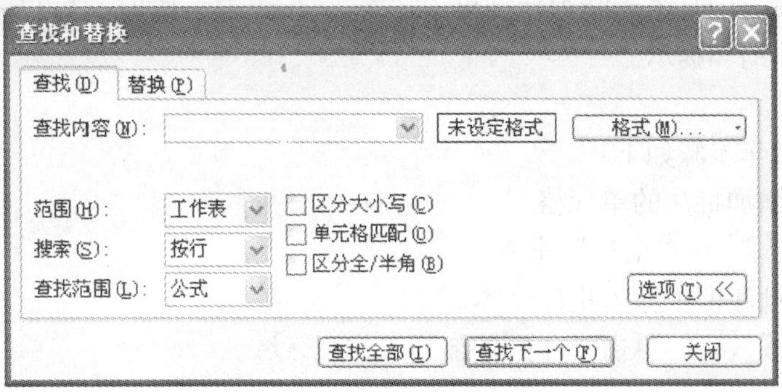

图 4-20 “查找”选项卡设置对话框

（2）替换

在工作表中替换数据或公式。具体操作步骤如下：

1）选择“编辑”→“替换”命令，系统弹出“替换”选项卡设置对话框，如图4-21所示。

2）在“查找内容”文本框中输入要被替换的数据或公式，在“替换为”文本框中输入要替换成的数据或公式，在“搜索”下拉列表框中选择是“按行”还是“按列”进行查找替换。还可以选择查找时是否区分字母的大小写、是否要求单元格匹配或区分全/半角。

3）单击“查找下一个”按钮，便从活动单元格开始按照指定的搜索方式在工作表中查找指定的数据或公式。找到后，使所找到的单元格成为活动单元格；如果再单击“查找下一个”按钮，继续往后查找；如果单击“替换”按钮，将该单元格的数据或公式进行所指定的替换；如果单击“全部替换”按钮，对工作表的所有单元格内的数据或公式进行所指定的替换。单击“关闭”按钮，结束替换工作。

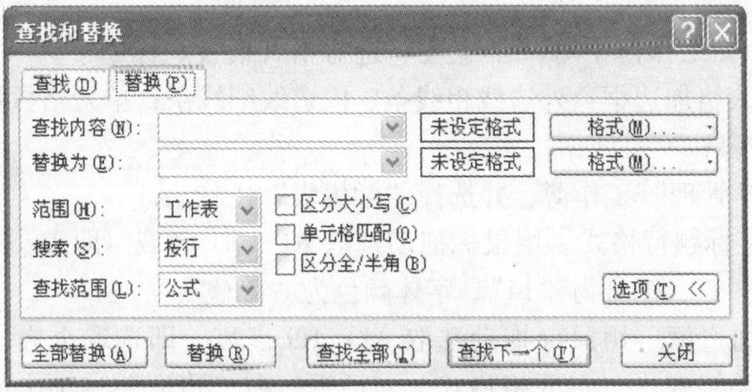

图 4-21 “替换”选项卡设置对话框

11. 撤销与恢复操作

在 Excel 中，最多可以撤销最近的 16 次操作。要撤销上次操作，只须选择“编辑”→“撤销”命令，或单击“常用”工具栏中的“撤销”按钮。

选择“编辑”→“恢复”命令或单击“常用”工具栏中的“恢复”按钮，便恢复撤销操作前的状态。

12. 插入批注

给某个单元格添加一些文字性说明或注释。例如，这个单元格存放的值是通过什么公式计算所得，在成绩表中某个成绩为什么给了“A”，在经过一段时间后再来看这些结果，它会给人们很大的帮助和提示。

(1) 添加批注

添加批注的操作步骤如下：

1) 单击需要添加批注的单元格。

2) 选择“插入”→“批注”命令。

3) 在弹出的批注框中输入批注文本。

4) 完成文本输入后，单击批注框外部的工作表区域。

(2) 编辑批注

编辑批注的操作步骤如下：

1) 单击需要添加批注的单元格。

2) 选择“插入”→“编辑批注”命令。

3) 在弹出的批注框中完成编辑。

4) 完成文本输入后，单击批注框外部的工作表区域。

(3) 删除批注

删除批注的操作步骤如下：

1) 单击需要添加批注的单元格。

2) 选择“编辑”→“清除”命令。

3) 在弹出的下拉菜单中选择“批注”命令。

【例 4-3】 格式设置。

任务和要求：

掌握对工作表数据的格式设置，包括字形、字体、颜色、边框、对齐方式的设置。

操作要求：

在“教学管理”工作薄中对“学生表”进行格式设置。标题字为“隶书”、“14 磅”、颜色为“深蓝”；表格加边框：外边线粗线条、内边线细线条；单元格数据居中对齐。

操作方法及步骤：

1) 打开“教学管理”工作薄，并选择“学生表”工作表。

2) 设置工作表标题行格式。用鼠标拖动选取 A1：H1 区域，即表头行，通过格式工具栏设置字体为“隶书”、字号为“14”、字体颜色为“深蓝”。

3) 对整个表加边框。用鼠标拖动选取 A1：H9 区域，即选取全表，选择“格式”→“单元格”命令，系统弹出“单元格格式”对话框。在“边框”选项卡的“线条样式”列表框中选择一种细线条样式，单击“预设”栏中的“内部”按钮，设置工作表内部的边线；

选择一种粗线条样式，单击“外边框”按钮，设置工作表的外边线。

4）设置表格数据居中对齐。鼠标单击“单元格格式”对话框中的“对齐”选项卡，打开“对齐”对话框，在“文本对齐方式”下拉列表框中，选择“居中”选项，设置表格数据水平居中对齐。

5）单击“确定”铵钮，完成学生工作表的格式设置，效果如图4–22所示。

6）保存工作薄，将设置的结果永久保存。

学　号	姓　名	性　别	生　日	籍　贯	党　员	班　级	电　话
7201010	陈锦东	男	1989－3－12	河北	TRUE	计算机71	82655123
7210110	邓小倩	女	1988－4－10	湖南	FALSE	计算机71	82656159
7221100	冯日丽	女	1989－5－22	江西	FALSE	计算机72	82665412
7241001	方奕观	女	1987－2－1	广东	FALSE	计算机72	82672349
7252121	范丽娜	女	1989－6－6	陕西	TRUE	通信71	82664166
7221101	杨帆	男	1989－8－8	山东	FALSE	通信71	82677890
7261234	王晋	男	1988－12－12	沈阳	FALSE	通信72	82687634
7261001	魏伟	男	1989－3－5	青海	TRUE	通信72	82661679

图4－22　完成格式设置的学生表

4.3　公式与函数

考试内容：

Excel单元格数据的类型与使用，单元格地址的相对、绝对和混合引用

教学要求：

- 单元格引用
- Excel公式
- Excel函数
- 在单元格中输入公式
- 填充操作输入公式
- 单元格中函数的输入方法

知识点（29个）：

- 相对、绝对、混合、三维地址、区域地址
- 算术、关系、文本
- AVERAGE等13个函数
- 输入、修改、删除
- 相对地址填充、绝对地址填充、剪切和粘贴操作
- 单元格输入、对话框输入

单元格应用和公式计算是电子表中进行数值运算的核心。通过公式可以对表中的数据进行加、减、剩、除以及其他更复杂的运算；通过公式可以建立工作薄之间、工作表之间、单元格之间的运算关系，避免用手工计算的繁杂和容易出错。而引用公式后的计算，在原始数据被修改以后，其结果也随着改变。

4.3.1 单元格引用

在 Excel 公式计算中，通过单元格引用能使运算更简洁、运算效率更高。在公式中参与运算的是存放数据的单元格地址，而不是数据本身。公式运算的结果总是采用单元格中当前的数据，如果改变单元格中的原始数据，则计算结果也会发生变化。公式中引用了单元格地址，公式在复制时可以避免大量重复的公式输入。

在 Excel 中有 3 种不同的地址，从而引出 3 种不同的引用。

1. 相对引用

相对引用是指公式中的单元格地址会随公式所在单元格的位置变更而改变。相对引用的单元格地址形式是字母表示“列”，数字表示“行”。例如，在 C1 单元格中输入公式“=A1+B1”，现将 C1 中公式复制到 C2，会发现 C2 中的公式变为“=A2+B2”。再将 C1 中公式复制到 D1，会发现 D1 中的公式变为“=B1+C1”。不难看出公式复制后相对行（列）发生变化，其公式中的所有的单元格引用地址行（列）也发生了变化。

2. 绝对引用

在行号和列标前加上“$”符号，则代表绝对引用。绝对引用是指公式中的单元格地址将不随公式的位置变化而改变。例如，在 C1 单元格中输入公式“=$A$1+$B$1”，将 C1 中公式复制到 C2，会发现 C2 中的公式仍为“=$A$1+$B$1”。复制到 D1 公式也不改变。

3. 混合引用

混合引用是指只给行号或列标前加“$”符号，如 A$1、$B2。当公式的位置变化后，只有相对地址部分会发生改变，而绝对地址部分不变化。

4.3.2 公式

1. 公式格式

Excel 中公式是有格式要求的。公式必须以“=”或“+”开头，由常量、单元格引用、函数和运算符组成。

一般公式的格式为：

= 单元格引用 操作符 单元格引用（或表达式）

其中，“=”表示输入的是公式；“单元格引用”表示指定的单元格（区域）；“表达式”是指任何合法的四则运算、关系运算、逻辑运算的表达式；“操作符”表示所执行的运算。

下面是公式的几个例子：

= 12+15

= B5 *（A2 + A5）*10

= SUM（C1：C5，F8：F14）

= E2+E5+E8

=［book1］sheet2！A2 + sheet3！A2

运用公式计算应注意的问题：

1）公式输入。要向一个单元格输入公式，首先选择该单元格，使其成为当前单元格，再输入公式，最后按回车键或用鼠标单击编辑栏中的“√”按钮，即可完成公式的计算。

2）计算结果。计算结果存放在当前单元格中。因此，输入公式的单元格就是存放计算结果的单元格。

3）放弃公式。如果想放弃该公式，可按 <ESC> 键或单击编辑栏中的“×”按钮，即取消本次输入的公式。

4）公式编辑。编辑公式的操作方法同编辑数据的操作方法。单击公式所在的单元格，公式就显示在编辑栏里，即可进行编辑。

5）公式引用范围。公式中可以使用一个工作表中单元格的地址，也可以使用同一个工作薄中不同工作表的单元格的地址，还可以使用不同工作簿中工作表的单元格地址。使用方法如下：

- 使用同一个工作表中单元格的地址时，直接引用即可。
- 使用同一个工作簿但不同的工作表中单元格地址时，应该在单元格地址的前面加“工作表标签！”。例如，“Sheet3！D4：D100”，表示工作表 Sheet3 中的 D4 ~ D100 的单元格。
- 使用不同工作簿的工作表中单元格的地址时，应该在单元地址的前面加“［工作簿名］工作表标签！”。例如，“［Book2］Sheet5！A1”，表示工作簿 Book2 中工作表 Sheet5 的 A1 单元格。

运算符是公式中的重要组成部分，指明完成什么运算，在 Excel 中包含 4 种类型的运算符。

2. 算术运算符

公式中使用最多的是算术运算符，运算的对象是数值，结果也是数值。运算符有：+（加号）、-（减号）、*（乘号）、/（除号）、%（百分号）、^（二次方）。

3. 比较运算符

比较运算符有 =（等号）、>（大于）、<（小于）、>=（大于等于）、<=（小于等于）、<>（不等于）。

比较运算公式返回的结果为 TRUE（真）或 FALSE（假），当逻辑型 TRUE 在参与算术运算时代表数值为 1，FALSE 代表数值为 0。

4. 文本运算符

文本运算符“&”可以将两个文本连接起来，其操作的对象可以是带引号的文字，也可以是单元格地址。例如，B5 单元格的内容是“西安交通大学”，C5 单元格的内容为“医学院”，在 D5 单元格中输入公式“=B5&C5”，则结果为“西安交通大学医学院”。

5. 引用运算符

在公式中通过引用运算符可以对其他单元格数据值进行引用。引用运算符有以下几种：

1）区域运算符。用冒号“：”表示。例如，A1：B10 表示引用的区域包括从 A1、A2、…、B1、…、B10。

2）联合运算符。用逗号“，”表示。表示引用两个对象之“和”。例如，“=SUM（A1

: A3，B1: B3)”，表示“求 A1 ~ A3 和 B1 ~ B3 这些单元格中的数据之和”。

3）交叉运算符。用空格“ ”表示。表示同属于两个引用区域的引用。例如，“ =SUM（A1：C3 B1: B3)”，因为 A1: C3 包含了 B1: B3，所以只引用 B1 ~ B3。

6. 运算优先级

当多个运算符同时出现在公式中时，Excel 对运算的优先顺序有严格规定，由高到低是：“:”、“,”、“空格”、“ -（负号)”、“%”、“^”、“（*、/)”、“（+、-)”、“&”、“(=”、“>”、“<”、“>=”、“<=”、“< >”)。如果优先级相同，则按从左至右的顺序，要想改变优先顺序可以用小园括号。

当在单元格中输入了错误的公式时，系统会给出一个错误型数据，提示用户修改。例如，当显示“#div/0”时，表示公式中存在 0 除问题；当显示“#VALUE!”时，表示此公式中存在数据类型错误；当显示“#NAME!”时，表示不识别公式中的文本。

4.3.3 函数

函数是 Excel 提供的用于数值计算和数据处理的现成的公式。函数由函数名和参数构成，其语法形式为：“函数名（参数 1，参数 2，……)”。其中，参数可以是常量、单元格、区域、区域名或其他函数。函数为用户数值计算和数据处理带来了极大的方便。

1. 常用函数

Excel 提供了大量的函数，为了方便查找和使用，函数可分为以下几类。

(1）数学与三角函数

数学与三角函数主要功能是进行数学计算，常用的有：

- SUM：计算单元格区域中所有数值之和。
- PRODUCT：计算单元格区域中所有数值的乘积。
- SUMIF：依据指定条件对若干单元格求和。
- SIN：计算给定角度的正弦值。
- SQRT：计算数值的平方根。
- PI：给出圆周率的值为 3. 14159265358979，精确到 15 位。

(2）日期与时间函数

日期与时间函数主要是处理日期和时间，常用的有：

- YEAR：计算日期序列数对应的年份数。
- MONTH：计算日期序列数对应的月份数。
- DAY：计算日期序列数对应的天数（即某月第几天)。
- TODAY：计算计算机系统内部时钟的当前日期。

(3）统计函数

统计函数主要是对数据区域进行统计分析，常用的有：

- AVERAGE：计算单元格区域中所有数值的算术平均数。
- MAX：求一组数值中最大值（忽略逻辑值及文本字符)。
- MIN：求一组数值中最小值（忽略逻辑值及文本字符)。
- COUNT：计算参数表中数字参数和包含数字的单元格的个数。
- COUNTA：计算参数表中包含数字的个数以及非空单元格的数目。

● COUNTIF：统计某个区域中满足条件的单元格数目。

● VAR：计算样本的方差 。

● STDEV：计算样本的标准差 。

(4) 逻辑函数

● IF：对指定的条件进行逻辑判断，依据真、假而返回不同的结果。

还有财务函数、查找与引用函数、数据库函数、文本函数、信息函数等。

2. 函数的输入

函数可以用两种方法输入：一是直接输入法；二是插入函数法。

1）直接输入法是在“=”号后直接输入函数名字和参数，此方法使用比较快捷，要求输入函数名字要准确，如在F8单元格直接输入“=AVERAGE（A1：E8）”。2）由于Excel提供了几百个函数，记住每一个函数名和参数比较困难，因此使用粘贴函数的方法比较方便，引导用户正确的选择函数、选择参数。具体操作步骤如下：

● 确定函数输入的位置。

● 选择“插入”→“函数”命令，系统弹出“插入函数”对话框，如图4-23所示。

● 在“类别”中选择所需的函数类型并在“选择函数”列表框中选择所需的函数，单击“确定”按钮，系统弹出“函数参数”对话框。

● 在“函数参数”对话框中，输入各参数，单击“确定”按钮，完成函数输入。

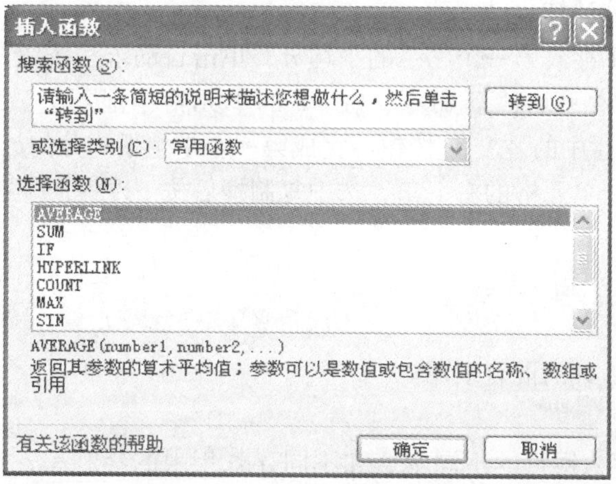

图4-23 “插入函数”对话框

3. 使用自动求和按钮

可以使用“常用”工具栏中的“自动求和”按钮，对一列或一列中的多个单元格中的数据进行求和运算。计算结果被放在该列（或该行）最下边（最右边）的一个单元格。

例如，要在单元格C11中存放单元格C2，C3，…，C10中的数值之和，首先选定单元格C2，C3，…，C10，再单击“常用”工具栏中的“自动求和”按钮即可。如果双击单元格C11，将发现C11中已经输入了公式“=SUM（C2：C10）”。

注意：此时单元格C10不能为空，否则将计算C2，C3，…，C10中数值之和并存放在C10中。

【例4-4】 计算成绩。

任务和要求：

用自动求和工具按钮完成总分和平均分的计算。

操作要求：

学生成绩表如图 4-24 所示。用自动求和及函数粘贴的方法求学生成绩的总分和平均分。

	A	B	C	D	E	F
1	姓名	数学	物理	化学	总分	平均分
2	杨帆	82	88	89		
3	汪溪	99	86	78		
4	王晋	87	85	87		
5	魏伟	84	83	85		
6	刘萍	87	82	76		

图 4-24　学生成绩表

操作方法及步骤：

1）选取单元格 E2 存放第一个学生的总分。单击自动求和按钮，在 E2 单元格中显示公式“=SUM（B2：D2）”。单击公式编辑栏中的“√”按钮，将在 E2 单元格中存放该生的总分。

2）选择 E2，将鼠标指针放在 E2 单元格的右下角，选中复制柄后按下左键向下拖动，即可完成其他人的总分计算。

3）选取单元格 F2 存放第一个学生的平均分，单击自动求和按钮右边的三角按钮，在弹出的下拉菜单中选择“平均值”命令，在 F2 的单元格中显示公式“=AVERAGE（B2：D2）”，单击公式编辑栏中的“√”按钮，完成第一个学生平均分的计算。

4）将指针拖向 F2 单元格的右下角，选中复制柄后按下左键向下拖动，即可完成其他人的平均分计算。

【例 4-5】　混合引用。

任务和要求：

掌握公式复制时地址的混合引用。

操作要求：

图 4-25 给出了存入银行的不同本金和不同存款年限的年利率，选取 C4 单元格后，输入计算税后本息合计的公式，再通过复制公式，完成全部税后本息合计的计算。

操作步骤：

1）选定 C4 单元格，输入公式“=＄B4+＄B4＊C＄2＊C＄3＊80%”，按 <Enter> 键后，计算出第一个税后本息合计的值。这个公式在复制时 B 列是本金，公式复制时应保持列不变，所以用绝对地址，第 2 行和第 3 行也不发生改变，也选用绝对地址，利息税扣 20%。

2）再选定 C4 单元格，移动鼠标使光标指向单元格的复制柄，按下左键往下拖动，即可完成 C 列其他行的税后本息合计的计算，如图 4-26 所示。

3）移动鼠标使光标指向 C4：C8 区域右下角的复制柄，按下左键往右拖动，即可完成全部税后本息合计的计算。

	A	B	C	D	E
1	银行存款税后本息合计计算一览表				
2		存款年限	1	2	3
3		年利率	1.98%	2.25%	2.52%
4	本	2000			
5		5000			
6		8000			
7		10000			
8		20000			
9	金	50000			

图 4-25　税后本息合计计算一览表

A	B	C	D	E
银行存款税后本息合计计算一览表				
	存款年限	1	2	3
	年利率	1.98%	2.25%	2.52%
本	2000	2031.68		
	5000	5079.20		
	8000	8126.72		
	10000	10158.40		
	20000	20316.80		
金	50000	50792.00		

图 4-26　C 列的计算

【例 4-6】　计算工资。

任务和要求：

掌握用公式来完成各种算术和逻辑运算。学会公式的输入和 IF 函数嵌套的用法，了解函数使用以完成更为复杂的运算。

操作要求：

根据图 4-27 所示的工资表，计算应发工资、税金金额、个人税和实发工资。

	A	B	C	D	E	F	G	H	I
1	姓名	基本工资	津贴	奖金	扣款	应发工资	税金金额	个人税	实发工资
2	冯云云	600.00	400	350	30.00				
3	田国栋	750.00	380	400	40.00				
4	马爱军	800.00	400	820	50.00				
5	李德仓	500.00	450	410	60.00				
6	刘贵锁	700.00	520	400	45.00				
7	章庆霞	650.00	350	390	55.00				
8	李妮	600.00	400	430	60.00				
9	李鲜蝶	600.00	630	890	50.00				
10	王惠兰	800.00	500	650	70.00				
11	钱益	750.00	540	600	80.00				

图 4-27　工资表

操作方法及步骤：

1）输入图 4-27 所示的工资表并计算应发工资。选定 F2 单元格，输入公式："= B2 + C2 + D2" 或 "+ B2 + C2 + D2"，按 <Enter> 键或单击编辑栏中的"输入"按钮。

2）计算税金金额。选定 G2 单元格，输入公式："= F2 - 800"，按 <Enter> 键。这里假定应发工资超过 800 元部分按不同的数量和比例上交个人税，如超过部分在 500 元以下，交税金金额的 5%；在 500 ~ 2000 元，交税金金额的 10%；在 2000 ~ 5000 元，交税金金额的 15%）。

3）计算个人税。选定 H2 单元格，输入公式："= IF（G2 < 500，G2 * 0.05，IF（G2 < 2000，G2 * 0.10，G2 * 0.15））"，按 <Enter> 键。（这里假定工资表中每个人的税金金额均在 5000 元以下）。

4）计算实发工资。选定 I2 单元格，输入公式："= F2 - E2 - H2"，按 <Enter> 键。

5）完成第一个人的应发工资、税金金额、个人税、实发工资计算后的结果如图 4 - 28 所示。

6）在图 4-28 中，先选取区域 F2：I2，再移动鼠标，使其光标指向区域下的复制柄，如图 4-29 所示。按下左键往下拖动，即可同时完成各项工资的计算，结果如图 4-30 所示。

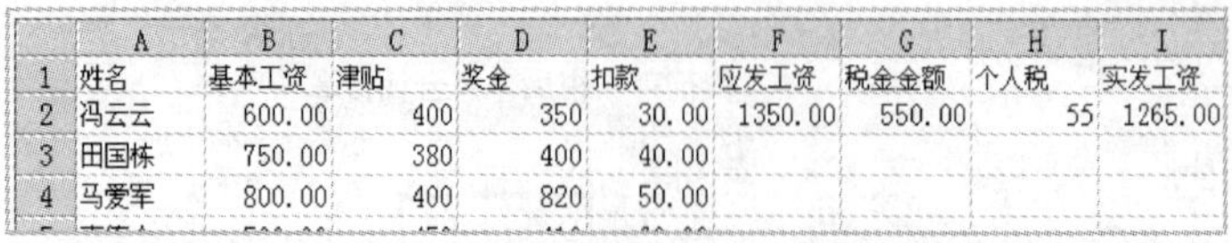

	A	B	C	D	E	F	G	H	I
1	姓名	基本工资	津贴	奖金	扣款	应发工资	税金金额	个人税	实发工资
2	冯云云	600.00	400	350	30.00	1350.00	550.00	55	1265.00
3	田国栋	750.00	380	400	40.00				
4	马爱军	800.00	400	820	50.00				

图 4-28　一个人各项计算结果示意图

F	G	H	I
应发工资	税金金额	个人税	实发工资
1350.00	550.00	55	1265.00

图 4-29　选取复制区域示意图

	A	B	C	D	E	F	G	H	I
1	姓名	基本工资	津贴	奖金	扣款	应发工资	税金金额	个人税	实发工资
2	冯云云	600.00	400	350	30.00	1350.00	550.00	55	1265.00
3	田国栋	750.00	380	400	40.00	1530.00	730.00	73	1417.00
4	马爱军	800.00	400	820	50.00	2020.00	1220.00	122	1848.00
5	李德仓	500.00	450	410	60.00	1360.00	560.00	56	1244.00
6	刘贵锁	700.00	520	400	45.00	1620.00	820.00	82	1493.00
7	章庆霞	650.00	350	390	55.00	1390.00	590.00	59	1276.00
8	李妮	600.00	400	430	60.00	1430.00	630.00	63	1307.00
9	李鲜蝶	600.00	630	890	50.00	2120.00	1320.00	132	1938.00
10	王惠兰	800.00	500	650	70.00	1950.00	1150.00	115	1765.00
11	钱益	750.00	540	600	80.00	1890.00	1090.00	109	1701.00

图 4-30　完成各项工资的计算

4.4　数据处理

考试内容：

Excel 数据的排序、筛选和分类汇总

教学要求：

- 数据排序
- 数据筛选
- 数据的分类汇总

知识点（4 个）：

- 排序操作
- 自动筛选、高级筛选
- 分类汇总操作

Excel 具有较强的数据管理与分析功能。人们可以通过数据列表来实现对数据的管理。数据列表中数据由若干列组成，每列有一个列标题，相当于数据库中表的字段名，列相当于字段；数据列表中的行相当于数据库中表的记录。

4.4.1　数据排序

为了数据查找的方便和其他操作的需要，可以将工作表中的某一区域中数据以行为单位，按照某一列或某几列的数据为关键字进行排序。

1. 单关键字排序

对工作表而言可以按单个关键字（某列）进行排序。例如，学生表按学号排序，教师表按职称排序。简单的方法是：先选中要排序的任一单元格，再单击“常用”工具栏的升序或降序按钮，即可完成升序或降序的排列。

例如，在打开的“教学管理”工作薄中，选中学生表中生日一列数据中的任一单元格，单击“升序”按钮，排序结果如图 4-31 所示。

2. 多关键字排序

在实际应用中，有时需要按多个关键字（多列）进行排序。例如，学生表班级和学号排序，结果是一个班级的学生记录都排在一起，班级内部再按学号排序。

实现多关键字（多列）排序的操作步骤如下：

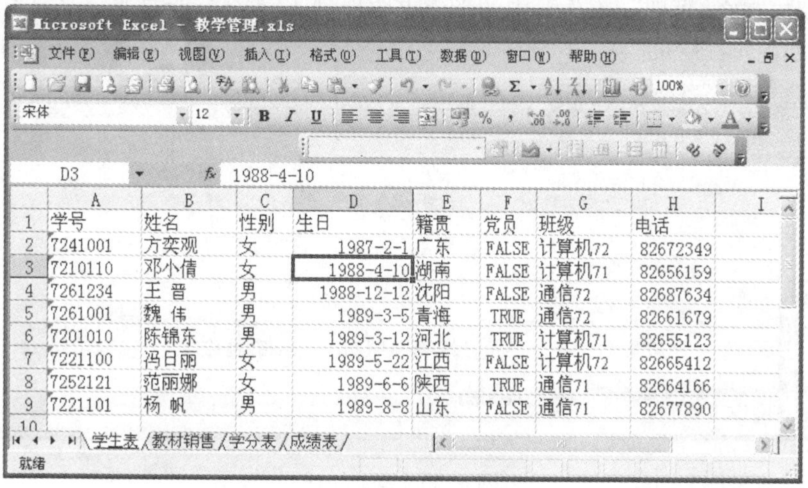

图 4-31　单关键字排序

1）打开工作簿，选择要排序的工作表。单击要排序的区域的任一单元格。

2）选择“数据”→“排序”命令，系统弹出如图 4-32 所示的排序对话框。

3）在“主要关键字”选项组中选择排序主关键字为“班级”，默认“升序”单选按钮。

4）在“次要关键字”选项组中选择次关键字为“姓名”，默认“升序”单选按钮。

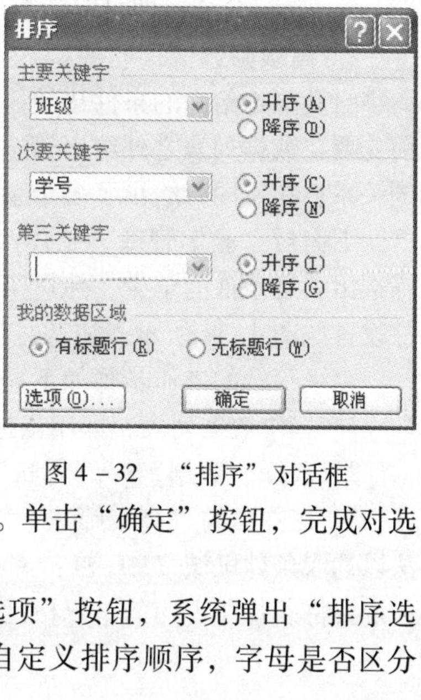

图 4-32　“排序”对话框

如果不对选定区域中的第一行数据（一般是该列数据的标题）进行排序，选择“有标题行”单选按钮。如果要对选定区域中的第一行数据进行排序，选择“无标题行”单选按钮。Excel 的默认选项是“有标题行”单选按钮。单击“确定”按钮，完成对选定区域数据的排序。

如果需要自定义排序，在“排序”对话框中单击“选项”按钮，系统弹出“排序选项”对话框。在该对话框中可以根据需要，选择是否需要自定义排序顺序，字母是否区分大小写，排序的方向是行还是列，排序方法是按字母还是按笔画等选项。

4.4.2 数据筛选

在数据表中，用户只想显示满足给定条件的记录，暂时隐藏不满足条件的记录。可利用 Excel 提供的自动筛选和高级筛选功能完成类似这样的任务。

1. 自动筛选

自动筛选的操作步骤如下：

1）打开工作簿，指定工作表，用鼠标单击数据表中的任一单元格。

2）选择“数据”→“筛选”命令，在级联菜单中选择“自动筛选”命令。

3）在每个列标题旁将出现一个向下的筛选箭头。单击这个箭头，可选择筛选条件。

例如，对“教学管理”工作薄中的学生表按性别为“女”并且是“党员”的条件完成筛选，结果如图 4-33 所示。

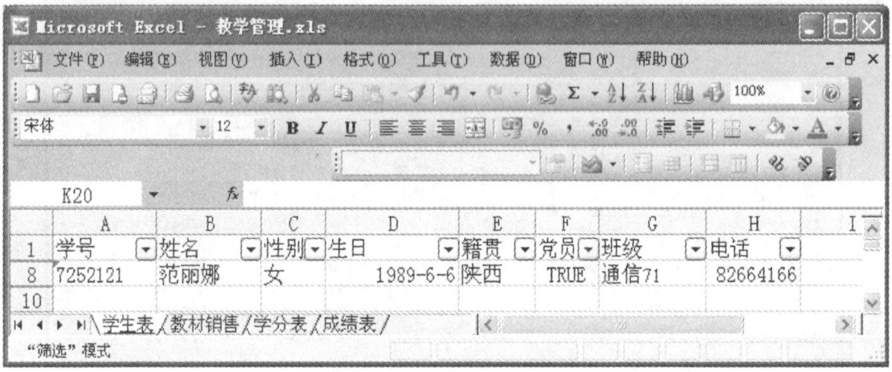

图 4-33 自动筛选

如果要全部显示记录，再次选择“数据”→“筛选”命令，在级联菜单中再次选择“自动筛选”命令，即可取消自动筛选的功能，数据又全部显示出来。

2. 高级筛选

自动筛选给出的条件比较简单，如果要给出更复杂的条件则需用高级筛选，但高级筛选前先要在数据列表之外给出筛选条件区域。如果在同一行给出多个条件，它们之间为“与”的关系；在不同行给出了多个条件，它们之间为“或”的关系。

下面对“教学管理”工作薄中的成绩表，按总分大于 460、英语大于 80、高数大于 70 筛选出满足条件的学生。筛选条件为“总分 >460 AND 英语 >80 AND 高数 >70”。筛选条件设置如图 4-34 所示。注意：筛选条件写在数据列表之外的单元格中。

高级筛选的操作步骤如下：

1）选中数据列表，即用鼠标单击数据列表中的任一单元格。

2）选择“数据”→“筛选”命令，在其级联菜单中选择“高级筛选”命令。

3）在弹出的“高级筛选”对话框中先选择“条件区域”后面的按钮，用鼠标拖动的方法以选取条件区域（$L $1：$N $2），如图 4-35 所示。注意：本步骤是高级筛选的关键，一定要将条件所占用的单元格区域全部选取。

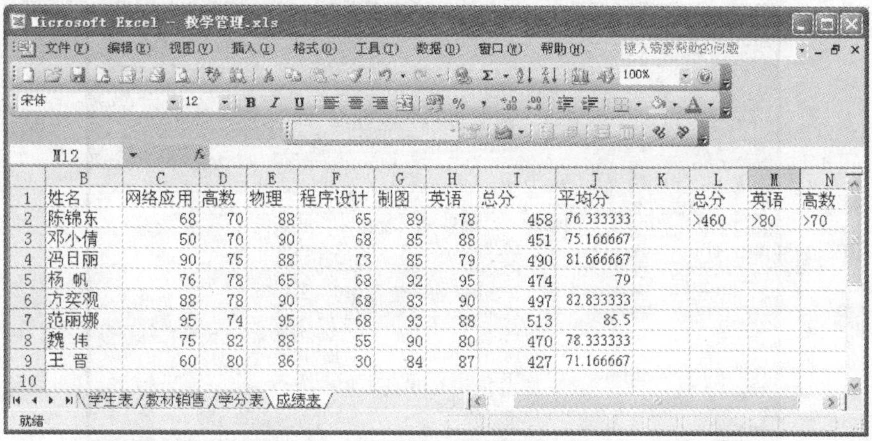

图 4-34　高级筛选条件设置示意图

4）单击“确定”按钮，完成筛选。筛选结果如图 4-36 所示。从结果中可以看到，筛选出来的学生记录都是满足设定的条件的。

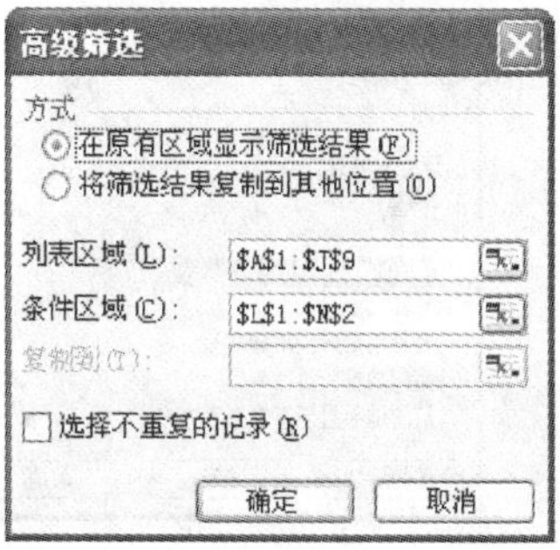

图 4-35　“高级筛选”对话框

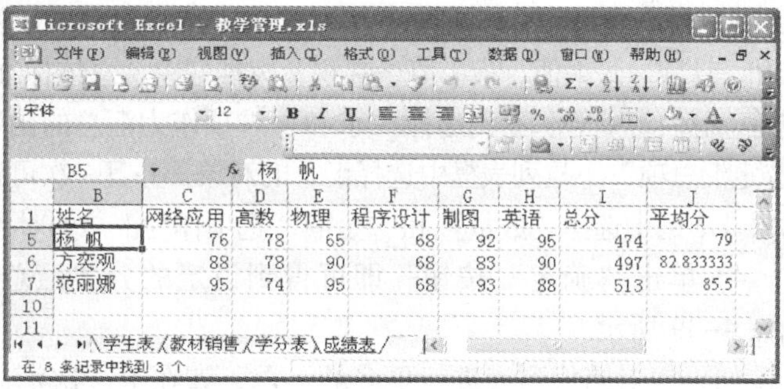

图 4-36　筛选结果示意图

4.4.3　数据分类汇总

在数据的统计分析中，分类汇总是经常使用的。数据分类汇总的主要操作是将同类数据汇总在一起，对这些同类数据进行求和、求均值、计数、求最大值、求最小值等运算。分类汇总前首先要对数据列表按汇总的字段进行排序。

以图 4-37 为例，对“教学管理”工作簿中的“教材销售”工作表按“书名”进行分类汇总，计算每种教材的销量和金额。

分类汇总的操作步骤如下：

1）打开工作簿，选择要进行分类汇总的数据表。这里打开的是“教学管理”工作簿，选择“教材销售”工作表。

2）单击“教材销售”工作表中“书名”一列的任一单元格；再单击“常用”工具栏中的排序按钮（无论是升序或降序均能完成分类汇总），选择“数据”→“分类汇总”命令，系统弹出如图 4-38 所示的“分类汇总”对话框。

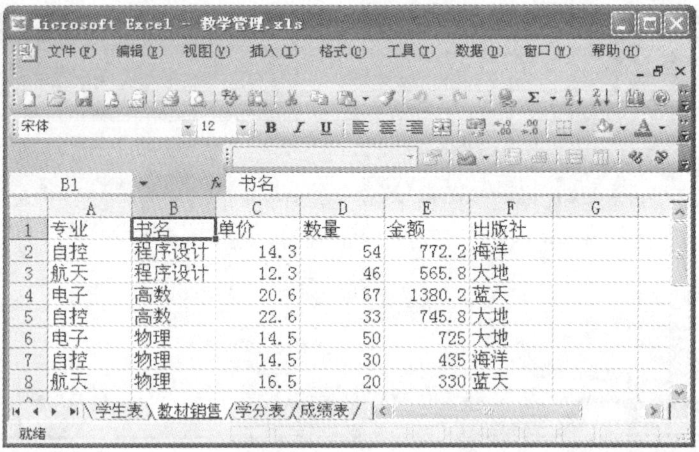

图 4-37　教材销售列表

3）在“分类汇总”对话框中的“分类字段”下拉列表框中选择进行分类的字段，本例选择“书名”选项作为分类汇总的（字段）列。在“汇总方式”下拉列表框中选择汇总的函数，如求和、计数、最大值、最小值、乘积、标准偏差、总体标准偏差、方差、总体方差等。本例选择“求和”选项作为汇总的函数。在“选定汇总项”下拉列表框中选择汇总的对象，并且一次可选多个对象。本例中选择“数量”和“金额”选项作为汇总的对象。

图 4-38　“分类汇总”对话框

4）单击“确定”按钮，即可得到设定的分类汇总结果，如图 4-39 所示。

如果想对销售列表进行更多的汇总，如在上一次汇总结果的基础上，又想对单价计算平均值，则可再次选择“数据”→“分类汇总”命令，保持“分类字段”中选择的“书名”选项，在“汇总方式”下拉列表框中选择“平均值”选项，在“选定汇总项”下拉列表框中选“单价”选项；并在“分类汇总”对话框中取消“替换当前分类汇总”复选框，即可叠加分类汇总的结果。

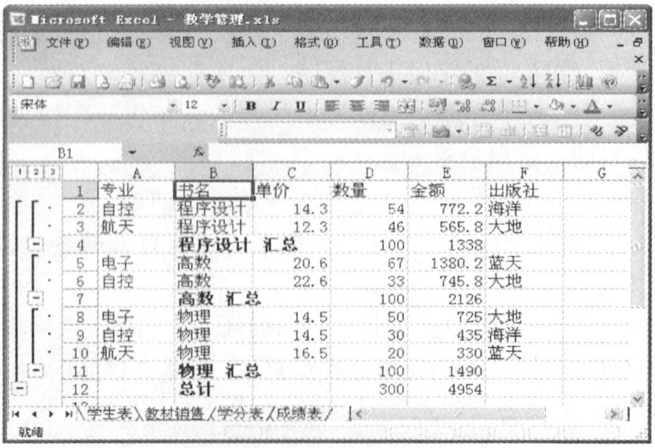

图 4-39　分类汇总结果示意图

4.5 图表

考试内容：

Excel 数据图表的建立、编辑与使用

教学要求：

- 图表的概念
- 图表的类型
- 图表的创建过程
- 折线图和饼图创建
- 图表的编辑和打印

知识点（13 个）：

- 坐标系、刻度、附加信息
- 标准（14 种）、自定义
- 选择图表类型、选择图表源数据、设置图表选项、指定图表插入位置
- 折线图、饼图
- 编辑、打印

图表是工作表数据的图形表示，可以使枯燥的数据变得直观、生动，便于分析和比较数据之间的关系。Excel 可以制作一个独立的图表，也可以将图表嵌入到工作表内，无论是嵌入图表还是独立图表，当工作表中数据变化时，图表也会自动进行相应的更新。

4.5.1 创建图表

Excel 提供了 14 种图表类型，每一类又有若干子类型。利用图表向导分 4 步操作可完成图表的建立。利用“图表”工具栏可以快速创建图表。

创建图表的关键是准确选定建立图表的数据区域，选定的数据区域可以是连续的，也可是以不连续的，但选定的几个不连续区域要保持相同的大小。若选定的区域有文字，文字应在区域的最左列或最上行，用以说明图表中数据的含义。

下面以“教学管理”工作薄中的“成绩表”为例，分别以“向导方式”和快捷“工具”方式介绍创建柱形图表的实现。

图 4-40　选择图表类型

1. 用“图表向导”完成图表制作

对于初次制作图表的用户，最好选用向导方式；在创建图表的过程中，每一步的操作都有相应的提示，即使用户不进行可选项操作，系统也会自动选择默认值。向导方式可以帮助用户详细

了解制作过程。

创建图表的操作步骤如下：

1）打开工作簿，选择要创建图表的工作表。本例中打开的是“教学管理”工作簿，选取的是“学生成绩”工作表。

2）选择“插入”→“图表”命令或单击“常用”工具栏上的“图表向导”按钮，显示“图表向导 -4 步骤之 1 - 图表类型”对话框，如图 4-40 所示。在该对话框的“图表类型”列表框中选择“柱形图”的子类型“簇状柱形图”选项。

3）选取图表类型后，单击“下一步”按钮，出现“图表向导 -4 步骤之 2 - 图表源数据”对话框，如图 4-41 所示。其中，“数据区域”选项卡用来选择工作表中制作图表的数据，如果在启动“图表向导”之前已选择了数据区域，在“数据区域”文本框中会显示出来。本例选择了 3 列数据“姓名”、“高数”、“英语”。在“系列产生在”单选按钮中有两个选按钮：“列”单选按钮表示数据系列在列，“行”单选按钮表示数据系列在行。本例中选择数据系列产生在“列”。“系列”选项卡列出已选数据系列的名称，在图表中可以添加或删除数据系列，这种操作不会影响工作表中的数据。

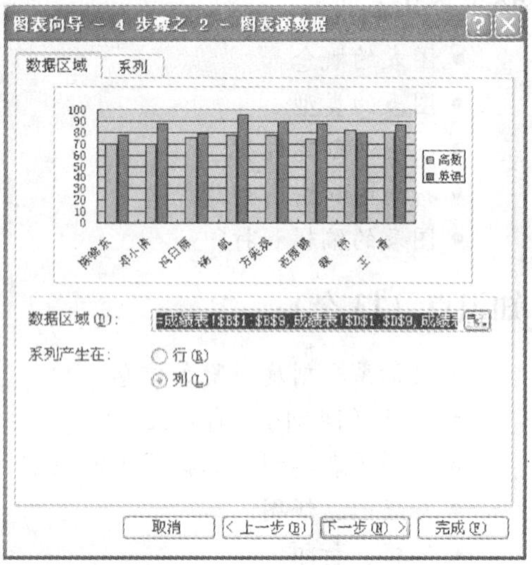

图 4-41　选择图表源数据

4）图表数据源选定后，单击“下一步”按钮，系统弹出“图表向导 -4 步骤之 3 - 图表选项”对话框，如图 4-42 所示。在该对话框中，可以设置图表“标题”、“坐标轴”、“网格线”、“图例”、“数据标志”和“数据表”等参数内容。本例中设置“图表标题”为“成绩表”，“分类（X）轴”标题为“姓名”和“数值（Y）轴”标题为“分数”。根据需要还可设置坐标轴、网格线、图例、数据标志和数据表。

5）图表选项设置完毕后，单击“下一步”按钮，系统弹出“图表向导 -4 步骤之 4 - 图表位置”对话框，如图 4-43 所示。在此对话框中，选择“作为其中的对象插入”单选铵钮，将建立嵌入式图表；若选择“作为新工作表插入时”单选铵钮，则建立独立图表。

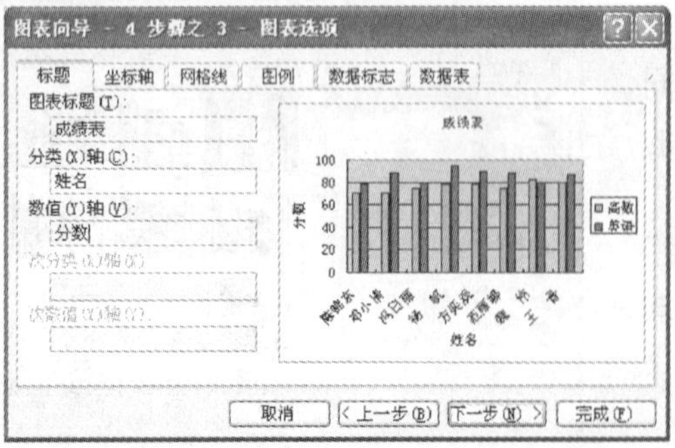

图 4-42　图表选项对话框

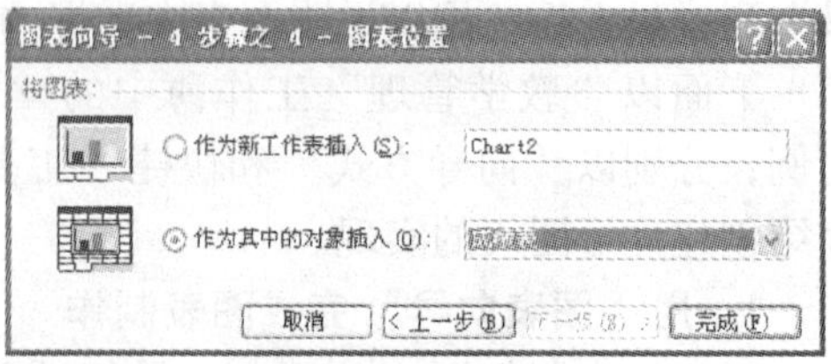

图 4-43　图表位置对话框

6）最后单击“完成”铵钮，完成图表的制作，结果如图 4-44 所示。

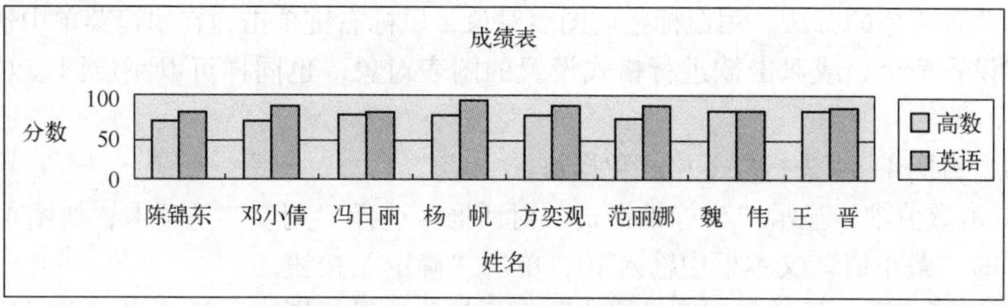

图 4-44　簇状柱形图表

对于嵌入式图表和独立图表的转换也是非常方便的。只要选定图表，这时菜单栏中“数据”菜单会自动变为“图表”菜单，在“图表”菜单中选择“位置”命令，即可重新确定图表位置。

2. 快速制作图表

在选定了制作图表的数据区域后，利用图表工具栏（若此时图表工具栏未出现在屏幕上，通过“视图”菜单的“工具”命令，选择“图表”工具）的“图表类型”下拉列表框，共有 18 种类型可供选择。选择某一类型的图表后，Excel 将自动选取一款默认的子类型、制作嵌入式图表。若按下 <F11>键，则制作默认的柱形独立图表。

4.5.2　编辑图表

可以给图表中再加入数据系列或删除图表中数据系列。对图表的标题、坐标轴标题、图表示例中的文本可以进行字体、字号大小和颜色编排，也可以对图表中数据系列图形的颜色进行调整。

1. 改变图表类型

创建了图表后，还可以改变图表的类型。实现方法是打开工作簿，选中要更改的图表，选择“图表”→“图表类型”命令，在其对话框中选择所需要的图表类型和子类型。

2. 添加数据系列

给已经创建的图表添加数据系列。实现的方法是：在工作表中选定要添加的数据系列区域，鼠标指向数据系列区域的边框，当指针变成箭头时按下左键拖动到图表中即可。

3. 删除数据系列

若要将图表中的某个数据系列删除，实现的方法是：选定要删除的数据系列（在图表中单击要删除的数据系列，在该系列数据的图形中出现小方块，表示选中），按 Del 键，便将该列数据从图表中删除。

4. 图表对象的格式化

图表对象的格式化是指对图表中各对象的格式设置，包括文字和数值的格式、字体、字号、颜色、坐标轴、网格线、绘图区底纹、图表区边线和图例等设置。

格式设置前要先选中这些图表对象，一般方法是用鼠标单击对象后会显示选中标记。若要另选对象，再用鼠标单击，也可用“↑↓”键在各对象之间选择，用“→←”键在一系列内各项之间选择。使用“格式”菜单中的“图表对象”命令完成设置操作。

还有两种简单的方法。用鼠标指向图表对象，鼠标右键单击，在快捷菜单中选择该图表对象格式设置命令，或双击欲进行格式设置的图表对象，也同样可以完成图表对象格式的设置。

例如，对图 4-44 进行以下格式化操作：

1）双击数值轴，显示“坐标轴格式”对话框，选择“刻度”选项卡，如图 4-45 所示。在对话框的“最小值”文本框中输入 10，单击“确定”按钮。

2）双击图表区，显示“图表区格式”对话框，选择“图案”选项卡，在对话框的中边框里选中“阴影”和“圆角”复选框，单击“确定”按钮。

3）鼠标右键单击图表标题，在快捷菜单中选择“图表标题格式”命令，打开“图表标题格式”对话框，在“字体”选项卡中设置字体为：“隶书”、字号为“14”，单击“确定”按钮。

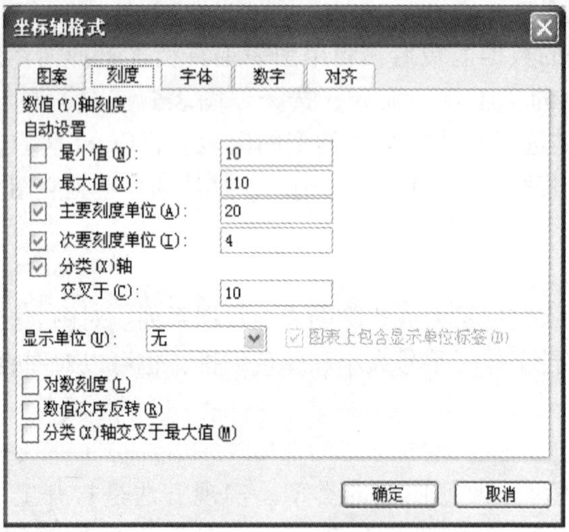

图 4-45　坐标轴格式

格式化后效果如图 4-46 所示。

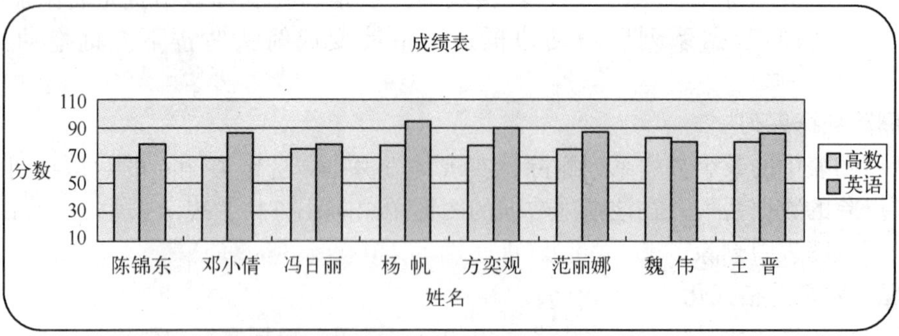

图 4-46　格式化后效果

5. 打印图表

要打印图表，必须先选中图表，选择“文件”→“页面设置”命令，系统弹出如图

4-47所示的“页面设置”对话框。在“图表”选项卡中可设置打印图表的大小和质量。当完成各项设置后，单击“打印预览”按钮可以预览模拟效果，如果没有问题，单击“打印”按钮，完成打印。

图表通常是工作表中的一个对象，如果它没有被选中，则进行的页面设置、打印预览、打印等操作是对整个工作表进行操作的。

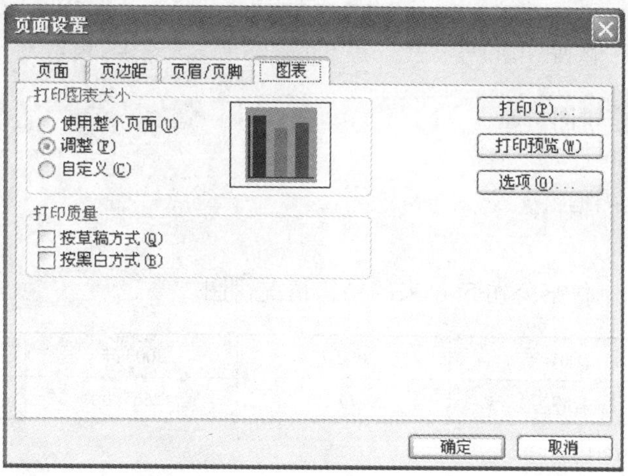

图 4-47 “页面设置”对话框

【例 4-7】 制作点折线图表。

任务和要求：

熟练掌握用 Excel 制作图表的方法技巧。选择不同区域的数据制作点折线图。

操作要求：

根据图 4-48 中数据，创建点折线图表。

操作步骤：

1）输入如图 4-48 所示的陕西三个城市气温表数据。

2）先选取温度值一列数据区域 A3:A9，再按下 <Ctrl> 键，用鼠标选取西安、宝鸡和延安的“平均”列数据区域 D3:D9、G3:G9 和 J3:J9，单击“图表向导”按钮。

3）在“图表向导 - 4 步骤之 1 图表类型”对话框中选择“析线图”选项，在子图表类型中选择“数据点析线图”选项，单击“下一步”按钮。

4）在“图表向导 - 4 步骤之 2 - 图表源数据”对话框中取默认值，单击“下一步”按钮。

5）在图表向导 - 4 步骤之 3 图表选项”对话框中，单击“标题”选项卡，在“图表标题”文本框中输入“三城市气温变化”，单击“下一步”按钮。

6）在“图表向导 - 4 步骤之 4 图表位置”对话框中选择嵌入式工作表，单击“完成”按钮。

制作的点折线图表如图 4-49 所示。

	A	B	C	D	E	F	G	H	I	J
1	陕西三个城市气温表　　（°C）									
2	城市	西安			宝鸡			延安		
3	温度值	最高	最低	平均	最高	最低	平均	最高	最低	平均
4	一月	5	-12	-3.5	4.5	-13	-4.25	2	-16	-7
5	三月	15	-5	5	14	-5	4.5	10	-8	1
6	五月	28	14	21	28	13.5	20.75	25	10	17.5
7	七月	39	23	31	35	22	28.5	33	19	26
8	九月	28	13	20.5	29	13.5	21.25	25	10	17.5
9	十一月	10	-2	4	10	-3	3.5	7	-6	0.5

图 4-48　陕西三城市气温表

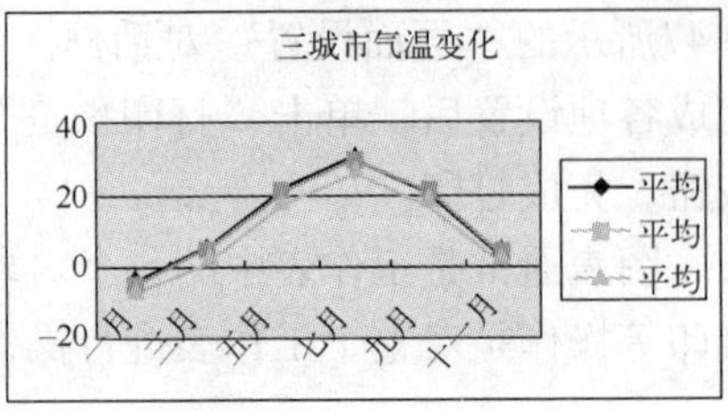

图 4-49　点折线图表

【例 4-8】　制作饼图。

任务和要求：

学会图表的制作和编辑。

操作要求：

用下列表格数据制作某公司 5 年来的销售情况饼图。

2000 年	2001 年	2002 年	2003 年	2004 年
3598.00	4789.00	8975.00	12567.00	20665.00

操作方法及步骤：

1）将表中数据输入到工作表中并选取全部数据区域。单击“图表向导”按钮，打开“显示图表向导”对话框。

2）在“图表向导 -4 步骤之 1 图表类型”对话框中选择“饼图”选项，在子图表类型中选择“分离型三维饼图”选项，单击“下一步”按钮。

3）在“图表向导 -4 步骤之 2 图表源数据”对话框中选择“数据区域”选项卡，“系列产生”在中选择“行”单选按钮，单击“下一步”按钮。

4）在“图表向导 -4 步骤之 3 图表选项”对话框中，“图表标题”文本框中输入“某公司 5 年来的销售情况”，在“数据标志”选项卡中，选择“百分比”选项，单击“下一步”按钮。

5）在“图表向导 -4 步骤之 4 图表位置”对话框中，选择“作为其中的对象插入”单选按钮，单击“完成”按钮，在当前工作表中创建出一个分离型三维饼图。

6）鼠标右键单击图表中的标题，在快捷菜单中选择“图表标题格式”命令，在弹出的对话框中设字体为“隶书”、“16 磅”。设置图案为加边框带阴影。单击“确定”按钮，完成制作饼图图表的操作，结果如图 4-50 所示。

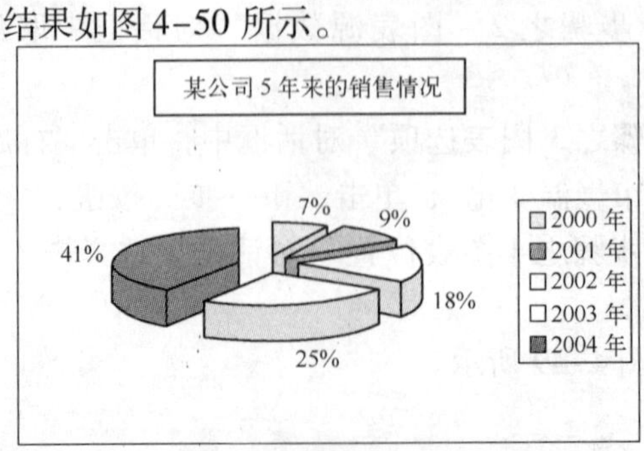

图 4-50　分离型三维饼图

4.6 习题

一、选择题

1. 当保存工作簿时，工作簿被存入（　　）。
   A. 文件　　B. 活动单元　　C. 范围　　D. 扩充内存
2. 在工作表任意位置要移向单元格 A1，按（　　）键。
   A. Ctrl + Home　　B. Home　　C. Alt + Home　　D. PgUP
3. 如果单元格中输入内容以（　　）开始，Excel 认为输入的是公式。
   A. =　　B. !　　C. *　　D. ^
4. 活动单元格的地址显示在（　　）内。
   A. 工具栏　　B. 状态栏　　C. 编辑栏　　D. 菜单栏
5. 要移向当前行的 A 列，按（　　）键。
   A. Crtl + Home　　B. Home　　C. Alt + Home　　D. PgUp
6. 公式中表示绝对单元格地址时使用（　　）符号。
   A. *　　B. $　　C. #　　D. 都不对
7. 当向一个单元格粘贴数据时，粘贴数据（　　）单元格中原有的数据。
   A. 取代　　B. 加到　　C. 减去　　D. 都不对
8. 如果单元格的数太大显示不下时，一组（　　）显示在单元格内。
   A. !　　B. ?　　C. #　　D. *
9. （　　）表示从 A5 到 F4 的单元格区域。
   A. A5 – F4　　B. A5: F4　　C. A5 > F4　　D. 都不对
10. 要从一个单元格开始，将文本在多个单元格内居中的显示，使用（　　）功能。
    A. 跨列居中　　B. 居中　　C. 对齐　　D. 完全调整
11. （　　）可以作为函数的参数。
    A. 单元格　　B. 区域　　C. 数　　D. 都可以
12. （　　）不是 Excel 中的函数种类。
    A. 日期和时间　　B. 统计　　C. 财务　　D. 图
13. 如果一页上打印不下所有的列，应选择（　　）打印方向。
    A. 横向　　B. 纵向　　C. 自动换行　　D. 50% 显示比例
14. Excel 能对多达（　　）不同的字段进行排序。
    A. 2 个　　B. 3 个　　C. 4 个　　D. 5 个
15. 在 Excel 中，不正确的单元格地址是（　　）。
    A. C $ 66　　B. $ C66　　C. C6 $ 6　　D. $ C $ 66
16. 清单中的列被认为是数据库的（　　）。
    A. 字段　　B. 字段名　　C. 标题行　　D. 记录
17. 记录（数据表）单右上角显示的“5/10”表示清单（　　）。
    A. 等于 0.5
    B. 共有 10 条记录，现在显示的是第 5 条记录

C. 是5月10日的记录

D. 是10月5日的记录

18. 对某列作升序排序时，则该列上有完全相同项的行将（　　）。

A. 保持原始次序　B. 逆序排列　C. 重新排序　D. 排在最后

19. 在降序排序中，在排序列中有空白单元格的行会被（　　）。

A. 放置在排序的数据清单最后

B. 放置在排序的数据清单最前

C. 不被排序

D. 保持原始次序

20. 选择“自动筛选”命令后，在清单上的（　　）出现了下拉按钮图标。

A. 字段名处　B. 所有单元格内　C. 空白单元格内　D. 底部

21. 在升序排序中，在排序列中有空白单元格的行会被（　　）。

A. 放置在排序的数据清单最后

B. 放置在排序的数据清单最前

C. 不被排序

D. 保持原始次序

22. 一个工作簿里，最多可以含有（　　）张工作表。

A. 3　B. 16　C. 127　D. 255

23. Excel 工作簿文件的扩展名约定为（　　）。

A. DOC　B. TXT　C. XLS　D. PPT

24. Excel 新建或打开一个工作簿后，工作簿的名字显示在（　　）。

A. 菜单栏　B. 状态栏　C. 标题栏　D. 标签栏

25. Excel 的菜单命令和工具按钮之间的关系是（　　）。

A. 一一对应　B. 各不相同　C. 部分相同　D. 没有关系

26. 一行与一列相交构成一个（　　）。

A. 窗口　B. 单元格　C. 区域　D. 工作表

27. 要在一个单元格中输入数据，这个单元格必须是（　　）。

A. 空的　B. 必须定义为数据类型

C. 当前单元格　D. 行首单元格

28. 以下哪一项可以作为有效的数字输入到工作表中（　　）。

A. 4.83　B. 5%　C. ￥53　D. 以上都是

29. 在一个单元格里输入“AB”两个字符，在默认情况下，是按（　　）格式对齐。

A. 左对齐　B. 右对齐　C. 居中　D. 分散对齐

30. 在 Excel 中，可以使用的运算符有（　　）。

A. +、< >　B. *、:　C. *、&　D. 以上都是

31. 在进行分类汇总之前，必须对数据列表进行（　　）。

A. 查询　B. 排序　C. 筛选　D. 建立数据库

32. 在 Excel 中，数据库管理功能包括（　　）。

A. 筛选数据　B. 排序数据　C. 分类数据　D. 以上都是

33. 以下单元格引用中，属于相对引用的有（ ）。

A. B1　　B. V $ 2　　C. $ A2　　D. $ A $ 2

34. 已知工作表中，A1 =23.456，B1 =56，在 C1 中输入公式 = IF（B1 > A1，"A","B"），结果 C1 的内容是（ ）。

A. A　　B. B　　C. AB　　D. 79.456

35. 如果 A1: A5 单元格中的值依次为 89、76、632100、TRUE、98 -9 -8，而 A6 单元格为空白单元格，则 COUNT（A1: A6）值为（ ）。

A. 6　　B. 5　　C. 4　　D. 3

二、填空题

1. 用来将单元格 D6 与 E6 的内容相乘的公式是（ ）。
2. 将单元格 A2 与 C4 的内容相加，并对其和除以 4 的公式是（ ）
3. 一个（ ）是工作表中的一组单元格。
4. 要输入数字型文本，所输入的数字以（ ）开头。
5. 要清除活动单元格中的内容，按（ ）。
6. 要垂直显示单元格中文本，首先选择格式菜单中的（ ）命令。
7. 用（ ）命令可以改变工作表中的文本、数据或单元格的外观形象。
8. （ ）函数可用来查找一组数中的最大数。
9. 打印工作表而不带行间横线时，不能选择页面设置对话框中的（ ）选项。
10. 选定连续区域时，可用鼠标和（ ）键来实现。
11. 选定不连续区域时，可用鼠标和（ ）键来实现。
12. 选定整行，可将光标移到（ ）上，单击鼠标左键即可。
13. 选定整列，可将光标移到（ ）上，单击鼠标左键即可。
14. 选定整个工作表，单击边框左上角（ ）钮即可。
15. 若在单元格的右上角出现一个红色的小三角，说明该单元格加了（ ）。
16. 在 Excel 内部预置有（ ）类各式各样的图表类型。
17. 在 Excel 中，放置图表的方式有（ ）和（ ）两种。
18. 正在处理的工作表称为（ ）工作表。
19. 完整的单元格地址通常包括工作簿名、（ ）签名、列标号、行标号。
20. 在 Excel 中，公式都是以" = "开始的，后面由（ ）和运算符构成。

三、判断题

1. 在 Word 中处理的是文档，在 Excel 中直接处理的对象称为工作簿。（ ）
2. 工作表是指在 Excel 环境中用来存储和处理工作数据的文件。（ ）
3. 正在处理的单元格称为活动的单元格。（ ）
4. 在 Excel 中，公式都是以" = "开始的，后面由操作数和函数构成。（ ）
5. 清除是指对选定的单元格和区域内的内容作清除。（ ）
6. 删除是指将选定的单元格和单元格内的内容一并删除。（ ）
7. 每个单元格内最多可以存放 256 个半角字符。（ ）
8. 单元格引用位置是基于工作表中的行号列标。（ ）
9. 相对引用的含义是：把一个含有单元格地址引用的公式复制到一个新的位置或用一个公

式填入一个选定范围时，公式中的单元格地址会根据情况而改变。（ ）

10. 运算符用于指定对操作数或单元格引用数据执行何种运算。（ ）

11. 如果要修改计算的顺序，把公式中需首先计算的部分括在方括号内。（ ）

12. 比较运算符可以比较两个数值并产生逻辑值 TRUE 或 FALSE。（ ）

13. 可同时将数据输入到多张工作表中。（ ）

14. 选取不连续的单元格，需要用 < Alt > 键配合。（ ）

15. 选取连续的单元格，需要用 < Ctrl > 键配合。（ ）

4.7 习题答案

一、选择题

1. A	2. A	3. A	4. C	5. B
6. B	7. A	8. C	9. B	10. A
11. D	12. D	13. A	14. B	15. C
16. A	17. B	18. A	19. B	20. A
21. A	22. D	23. C	24. C	25. C
26. B	27. C	28. D	29. A	30. D
31. B	32. D	33. A	34. A	35. C

二、填空题

1. =D6 * E6	2. =(A2 + C4)/4	3. 单元格区域
4. 半角单引号“'”	5. “Del”键	6. 单元格
7. 单元格	8. MAX	9. 网格线
10. < Shift >	11. “Ctrl”	12. 行号
13. 列标	14. 行列交叉	15. 批注
16. 14	17. 作为新工作表插入，作为其中的对象插入	18. 当前
19. 工作表	20. 运算数/操作数	

三、判断题

1. ×	2. ×	3. √	4. ×	5. ×
6. ×	7. ×	8. √	9. √	10. √
11. ×	12. √	13. ×	14. ×	15. ×

第 5 章　PowerPoint 2003 演示文稿应用

本章要点：

- PowerPoint 基本知识
- PowerPoint 的基本操作
- PowerPoint 的格式操作
- PowerPoint 动画操作

5.1　PowerPoint 基本知识

考试内容：

PowerPoint 的基本知识

教学要求：

- 熟悉 PowerPoint 操作环境
- 掌握 PowerPoint 向导的使用
- 了解 PowerPoint 的视图功能

知识点（17 个）：

- PowerPoint 的启动和退出
- PowerPoint 工作界面的构成元素（幻灯片区、工具栏、大纲区、任务窗口、备注区）
- 创建演示文稿（向导方式、模板、空演示文稿）及文件存储格式
- PowerPoint 的视图（普通视图、大纲视图、幻灯片视图、幻灯片浏览视图、幻灯片放映视图）
- 幻灯片放映操作（放映方式选择、设置放映方式）

PowerPoint 是 Microsoft 公司推出的 Office 系列产品之一。PowerPoint 是制作和演示幻灯片的软件，可以用于设计制作专家报告、教师授课、产品演示、广告宣传的电子版幻灯片，制作的演示文稿可以通过计算机屏幕或投影仪播放。利用 PowerPoint 不仅可以创建演示文稿，还可以在互联网上召开面对面会议、远程会议或在网上给观众展示演示文稿。PowerPoint 还可以将演示文稿保存为 HTML 格式并在 Web 上使用，并能够打开 Internet 中的演示文稿、浏览 Web 文件、使用超链接跳转到其他文件等。

在本章中将介绍 PowerPoint 的基本知识、基本操作，以及特殊功能的操作。

5.1.1 演示文稿

1. 启动 PowerPoint

启动 PowerPoint 有多种方法，常用的方法有：

1）单击“开始”按钮，选择菜单项“程序”→“Microsoft Office”→“Microsoft Office PowerPoint”命令。

2）双击任何一个文件夹中的 PowerPoint 文档的图标。

启动 PowerPoint 后，显示出 PowerPoint 主窗口界面，如图 5-1 所示。

图 5-1　PowerPoint 主窗口界面

从图中可以看到，PowerPoint 的系统界面与 Word、Excel 软件不但在风格上相同，而且菜单栏、工具栏、任务窗口也非常相似，甚至有相当一部分工具都是相同的。而针对制作演示文稿所需功能而设置的不同菜单命令和工具，是本章学习的重点。

2. 退出 PowerPoint

退出 PowerPoint 的操作与退出任何 Windows 应用程序一样，选择“文件”→“退出”命令，或单击 PowerPoint 窗口标题栏右端的“关闭”按钮☒。

3. 创建演示文稿

创建演示文稿有多种方式，主要包括根据内容提示向导、根据设计模板和空演示文稿。

（1）根据内容提示向导创建

要创建一个具有专业水平的演示文稿，如关于“培训”、“公司会议”或者“项目总结”的演示文稿，最简单的方法是利用系统提供的向导功能，按“内容向导”的引导，系统自动生成演示文稿的内容结构，以及某种风格的模板。其具体操作步骤如下：

1）启动 PowerPoint。

2）单击 PowerPoint 主窗口右上区任务窗口中的“开始工作”按钮，系统弹出“其他任务窗口”菜单，选择“新建演示文稿”选项，在弹出的新建列表项中选择“根据内容提示向导”选项，系统弹出“内容提示向导”对话框，如图 5-2 所示。

3）在“内容提示向导”对话框中，选择文稿类型（如“推荐策略”、“项目总结”

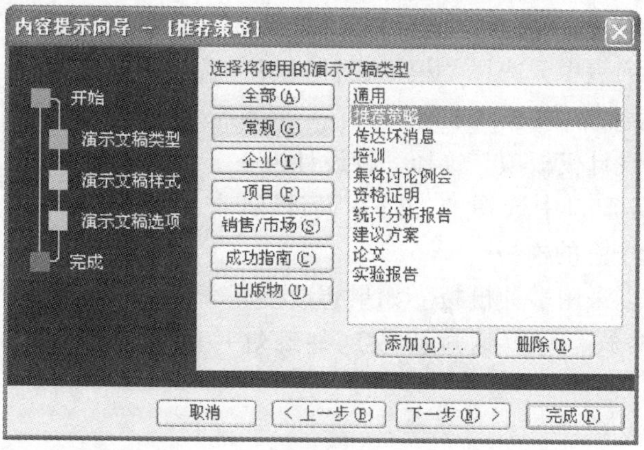

图 5-2　“内容提示向导”对话框

等)、文稿输出类型（如屏幕演示、彩色投影、35 mm 幻灯片）等，单击“下一步”按钮，出现下一个对话框。在该对话框中填写标题、页脚等信息后，再单击“下一步”按钮，出现最后一个对话框。在最后一个对话框中，单击“完成”按钮，系统弹出如图 5-3 所示的对话框。

4）在向导提示下完成的仅仅是演示文稿的结构框架，具体内容还有用户根据实际情况和需要自己填写。

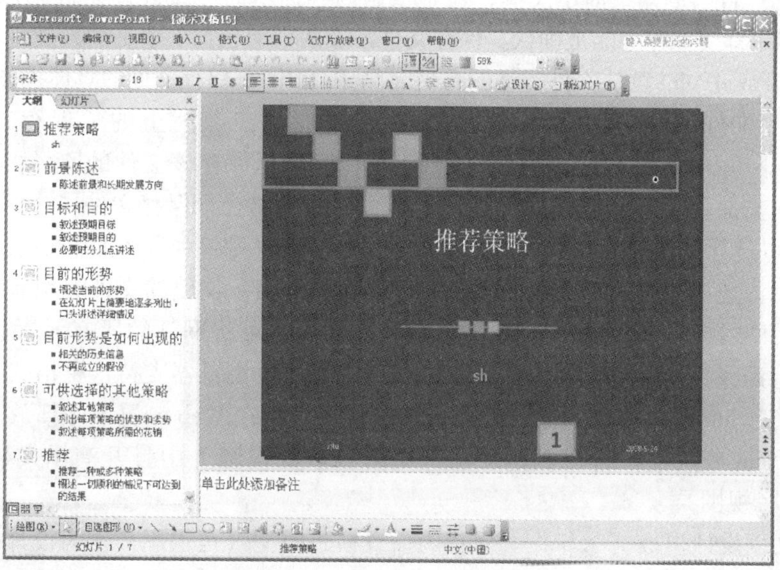

图 5-3　模板演示文稿示意图

（2）根据设计模板创建

模板是用来统一演示文稿外观的快捷的方法，Office 中携带了很多不同风格的演示文稿模板。这些模板的配色和构图等都是非常完美的艺术设计，每个模板都表达了某种风格和寓意。设计模板包含演示文稿样式的文件、项目符号和字体的类型和大小、占位符大小和位置、背景设计和填充、配色方案，以及幻灯片母版等内容。选择模板创建文稿时，是将一种模板应用到自己的幻灯片上，而用户自己则把注意力集中于内容的设计上。

应用设计模板的具体操作步骤如下：

1）启动 PowerPoint 后，选择“文件”→“新建”命令，在新建演示文稿任务窗口的列表中，选择“根据设计模板”选项，系统弹出“应用设计模板”列表框，如图 5-4 所示。在“应用设计模板”列表框中，鼠标单击某个设计模板项，选择一种设计模板。

2）或者，在任务窗口中选择“幻灯片设计”，在“应用设计模板”任务窗口中选择中意的模板。

一个演示文稿可以采用多种模板。如果想改变一个演示文稿中某些幻灯片的外观及格式，可以通过修改这些幻灯片的背景等方式实现。

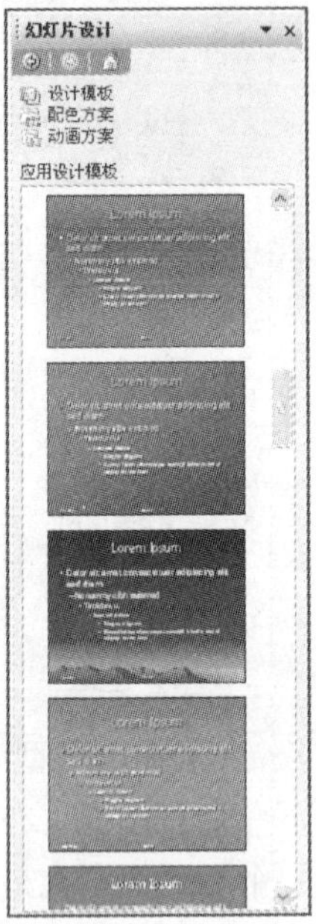

图 5-4　模板列表

（3）创建空演示文稿

如果用户想根据实际需要自己设计演示文稿，可以选择创建“空演示文稿”。其操作步骤如下：

1）启动 PowerPoint。

2）选择“文件”→“新建”命令，在新建演示文稿任务窗口的列表中，选择“空演示文稿”选项即可。

4. 保存文件及文件格式

无论是用户自己创建空演示文稿，还是根据内容提示向导或设计模板创建的演示文稿，最后的操作结果都要保存才能被确认。保存文件涉及两个问题：一个是输入文件名；一个是选择文件类型。PowerPoint 默认文件类型的扩展名是“. PPT”。保存文件的具体操作步骤如下：

1）选择“文件”→“保存”命令，或者单击常用工具栏上的“保存”按钮，打开“另存为”对话框。在“保存位置”下拉列表框中，选择保存该文件的路径；在“文件名”文本框中输入文件名，单击“保存”按钮，即可在指定路径下保存文件。

2）也可以选择“文件”→“另存为”命令，打开“另存为”对话框，在“保存类型”下拉列表框中，选择一种演示文稿的文件类型。常见的演示文稿的文件类型有：

- 单个文件网页（*. mht; *. mhtml）。单个文件网页可将网站的所有元素（包括文本和图形）都保存到单个文件中。IE 4.0 及以上版本的浏览器支持这种格式。
- 网页（*. htm; *. html）。保存为网页的格式，可供在 Web 浏览器中播放。
- PowerPoint 放映（*. pps）。始终在“幻灯片放映视图”中打开演示文稿（而不处于“普通”视图）。
- 演示文稿设计模板（*. pot）。保存为设计模板类型（可供用户作为设计模板应用）。
- PowerPoint 加载宏（*. ppa）。将自定义命令、VBA 代码和指定功能保存为加载宏。加载宏是通过增加自定义命令和专用功能来扩展 PowerPoint 功能的补充程序。
- GIF 可交换的图形格式（*. gif）。将文件保存为网页的图形幻灯片格式。

5.1.2　PowerPoint 环境

1. 幻灯片区

PowerPoint 窗口的中央是幻灯片工作区，幻灯片制作的大部分工作都是在这里进行的。幻灯片上的标题、文本、图片，以及图表等对象，在幻灯片上所占的位置称为占位符（见图 5-1）。占位符的大小位置，一般由幻灯片所用的版式确定。对幻灯片的操作实际上是对占位符的操作，包括选定占位符和编辑占位符。

（1）编辑占位符

单击占位符区域内部，即可进入编辑状态。这时被选中的对象会显示出由斜线虚框围成的矩形区域，在占位符的边、角上有8个尺寸手柄用以调整占位符的大小，对于文本类对象而言，这时可以输入或编辑其中的文本。对于非文本类对象，可以进行其他编辑操作。例如，图片的编辑操作（具体操作在后面的章节中介绍）。

（2）选定战位符

在幻灯片上执行各种操作前，首先要选择对象，然后才能执行操作。而选择对象就是选定占位符。对于文本类占位符，当在虚框上单击时，占位符变为点状虚框，即进入选定状态。这时可以进行复制、删除等操作。对于图片、图表等对象的占位符，单击它即可以选定。

在幻灯片上也可以插入文本框。占位符与文本框的区别是：

1）占位符中的文本可以在大纲视图中显示出来，而文本框中的文本却不能在大纲视图中显示。

2）当其中的文本太多或太少时，占位符可以自动调整文本的字号，使之与占位符的大小相适应，而同样的情况下文本框却不能自行调节字号的大小。

3）文本框架可以和其他自选图形、自绘图形、图片等对象组合成一个更为复杂的对象，占位符却不能进行这样的组合。

2. 大纲区

PowerPoint 窗口的左侧大纲区有两个选项卡（见图5-1）。“幻灯片”选项卡，在该列表区中将列出当前演示文档所有的幻灯片缩略图，并为之编号。单击某张幻灯片，在幻灯片编辑区中将放大显示。插入新幻灯片和增加、删除幻灯片时编号会自动改变。选择“大纲”选项卡时，该窗口将列出当前演示文稿的文本大纲。

3. 任务窗口

位于界面右边的是任务窗口。PowerPoint 将许多工作归纳到了不同类别的任务中，并将这些任务以一个“任务窗口”的形式呈示。可选择“视图”→“任务窗口”命令将其打开。单击“任务窗口”的标题栏，将显示任务菜单，用户可根据需要从中选择其中任意一个任务选项。

4. 备注区

备注区存放幻灯片的备注性文字，这些文字在幻灯片播放时不会放映出来，但是可以打印出来或在后台显示作为讲演者的讲演手稿。编辑时在备注视图或在普通视图的备注区可以查看或编辑。

5. 工具栏

与 Word、Excel 窗口中的工具栏一样，PowerPoint 也提供了一些常用操作的工具栏，包括“常用”、“格式”、“绘图”、“图片”等15个工具栏。默认状态下，PowerPoint 窗口中只呈现“常用”和“格式”两个工具栏，其他工具栏都处于隐藏状态，用户根据需要可以解除某个工具栏的隐藏状态，使其呈现在窗口中。打开隐藏工具栏的操作方法是：选择“视图”→“工具栏”命令，打开工具栏菜单，如图5-5所示。工具栏菜单左边呈现“√”状标记的工具栏表示已经在窗口中呈现，而没有

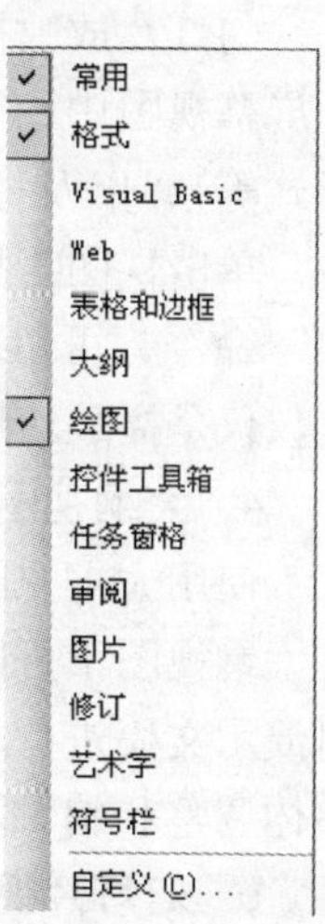

图5-5　工具栏

"√"状标记的工具栏是隐藏的。鼠标单击要选择的工具栏，即可将其打开。

5.1.3 PowerPoint 视图

视图是以不同的方式使用幻灯片。PowerPoint 提供了 3 种主要的视图方式，包括普通视图、幻灯片浏览视图、幻灯片放映视图、大纲视图和幻灯片视图。根据幻灯片编辑的需要，用户可以选择在不同的视图方式下进行演示文稿的制作。

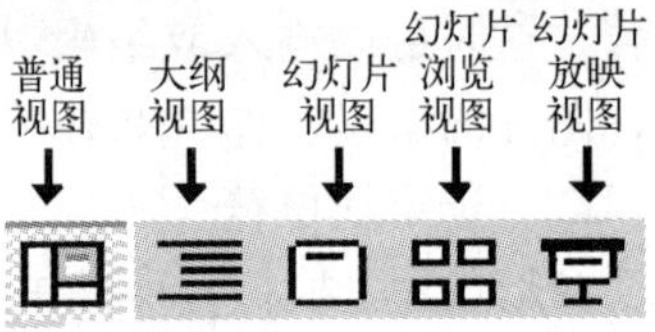

图 5-6 "视图"工具栏

可以从"视图"菜单中选择视图方式，也可以通过窗口左下角的"视图"工具栏（见图 5-6）中进行不同视图的选择操作。鼠标单击某个视图图标即可在不同视图间进行切换。

1. 普通视图

在普通视图下，系统把文稿编辑区分成了 3 个窗口，分别为幻灯片区、大纲区和备注区（见图 5-1）。在幻灯片区显示出的是当前幻灯片，可以进行幻灯片的编辑、对象的插入和格式化处理、文本的输入等操作；在大纲区显示的是各张幻灯片的标题和全部文本，可以编辑文本、格式化文本和改变文本级别等；在备注区可查看和编辑当前幻灯片的演讲者备注文字。普通视图是系统默认的视图。

2. 幻灯片浏览视图

幻灯片浏览视图是以缩略图形式显示幻灯片的视图。在结束创建或编辑演示文稿后，需要对幻灯片整体结构进行浏览或调整时，需要转入该视图方式。幻灯片浏览视图显示演示文稿的整个图片，使重新排列、添加或删除幻灯片，以及预览切换和动画效果都变得很容易。

单击视图工具栏中"幻灯片浏览视图"按钮，或选择菜单项"视图"→"幻灯片浏览"命令，即可切换到幻灯片浏览视图。在浏览视图窗口中按每行若干张幻灯片、以缩略图的方式按顺序排列幻灯片，用户可以对多张幻灯片同时进行删除、复制和移动，以及通过双击某张幻灯片来方便快速地定位到该张幻灯片。另外，还可以设置幻灯片的动画效果，调节各张幻灯片的放映时间。

3. 幻灯片放映视图

幻灯片放映视图以放映的形式显示演示幻灯片，使幻灯片占据整个计算机屏幕。在这种全屏幕视图中，用户可以看到图形、时间、影片、动画元素（用户自己定义的播放顺序、形式等），以及将在实际放映中看到的切换效果。

单击视图工具栏中"幻灯片放映视图"按钮，或选择"幻灯片放映"→"观看放映"命令，可切换至幻灯片放映视图。严格地说，幻灯片放映视图不能算是一种编辑视图，它仅仅是播放幻灯片的屏幕状态。按〈Esc〉键退出幻灯片放映视图。

4. 大纲视图

使用大纲视图可更方便地编辑、修改幻灯片的标题和文本的内容，组织演示文稿结构。在大纲视图下可以看到整个文稿的主题思想、纵览文稿的组织结构。使用大纲工具栏的工具对演示文稿进行总体调整。例如，移动幻灯片或文本位置、只显示幻灯片标题以便对标题作整体调整和编辑。

5. 幻灯片视图

在幻灯片视图中整个窗口的主体都被幻灯片的编辑窗口所占据，重点是设计某一张幻灯片，实现在幻灯片上插入、修改和格式化各种对象，设置它们的动画动作等操作。

5.1.4 幻灯片放映操作

播放幻灯片有多种方式。用户可以根据需要选择满足特定需要的放映方式，还可以根据需要设置放映方式。

1. 选择放映方式

（1）在 PowerPoint 中放映

在 PowerPoint 中放映有下列几种方式。

1）按〈F5〉键，即可转入放映状态。

2）在 PowerPoint 中打开演示文稿，选择“幻灯片放映”→“观看放映”命令，这时从演示文稿的第一张幻灯片开始放映。

3）在 PowerPoint 中单击“视图”工具栏的“幻灯片放映”按钮，则可以从当前幻灯片开始（向下）放映。

（2）在 Windows 环境中放映

在 Windows 环境中放映有下列几种方式。

1）从 Windows 环境中直接运行演示文稿。操作方法是在“我的电脑”或“资源管理器”窗口中找到要放映的演示文稿，选中后单击鼠标右键，在弹出的快捷菜单中选择“显示”后即可开始放映。

2）以快捷方式播放。在桌面上建立演示文稿的快捷方式，通过选定其快捷方式图标，单击右键后从菜单中选择“显示”后开始放映。

3）将演示文稿保存为 PowerPoint 放映类型；保存演示文稿文件时，在“另存为”对话框中选择“文件类型”为 PowerPoint 放映，这时文件的扩展名为“pps”。只要在“我的电脑”或“资源管理器”窗口中双击扩展名为“pps”的文件名或它在桌面上的快捷方式，可以放映该演示文稿。

2. 设置放映方式

除了上述介绍的放映方式外，PowerPoint 还提供了可让用户自定义或选择其他的放映方式，包括全屏放映、观众自行浏览放映、展台浏览放映和自定义放映。设置放映方式的具体操作步骤如下：

1）选择“幻灯片放映”→“设置放映方式”命令，打开“设置放映方式”对话框，如图 5-7 所示。

2）在“放映类型”选项组中列有“演讲者放映（全屏幕）”、“观众自行浏览（窗口）”和“在展台浏览（全屏幕）”3 种方式（必选项），可任选一种，默认的放映方式是“演讲者放映”。

3）在“放映选项”选项组中有 3 种选项（可选可不选）“循环放映”、“放映时不加旁白”和“放映时不加动画”。循环放映是自动重复放映，直到按〈Esc〉键退出为止，它适合于在展台上播放。“旁白”是为幻灯片配制录音的一种技术，它可以为当前幻灯片配制录音。放映时可以选择是否加旁白。在该栏目中还有一项功能就是可以设置绘图笔颜色，在放映时可以根据需要将鼠标光标改变为绘图笔，可以在屏幕上点画简单标记。

4）在“放映幻灯片”选项组中，可以选择“全部”播放，或是“从…到…”选择范围内播放。

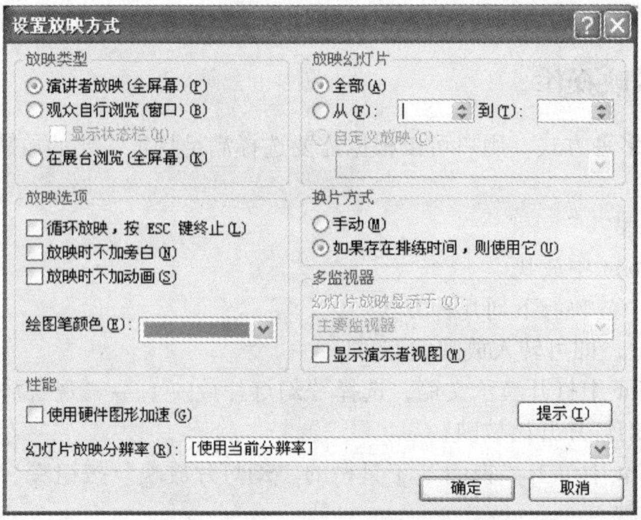

图 5-7　“设置放映方式”对话框

5）在“换片方式”选项组中，可以选择“手动”换片，也可以选择自动换片（“如果存在排练时间，则使用它”）。

6）设置完成后，单击“确定”按钮，保存设置的放映方式。

5.2　制作演示文稿

考试内容：

制作演示文稿

教学要求：

- 掌握 PowerPoint 设计模板的使用
- 掌握 PowerPoint 幻灯片版式的使用
- 幻灯片操作
- 插入表格和图片、插入组织结构图、插入多媒体元素

知识点（13 个）：

- 选择版式
- 选择、插入、移动和删除幻灯片
- 插入和编辑表格（设置表格边框、设置单元格填充、插入行或列、删除行或列、合并、拆分单元格、调整行高和列宽、）
- 绘图、插入和编辑图片（改变图片大小、裁剪图片、减小图片文件、撤销对图片的编辑操作）
- 插入“组织结构图”
- 插入多媒体元素（声音、视频和 Flash 动画）

5.2.1 幻灯片操作

幻灯片操作包括选择幻灯片版式，选择幻灯片，插入新幻灯片，移动、复制、删除幻灯片，以及幻灯片的文字编辑等。

1. 幻灯片版式

所谓版式是幻灯片上标题、文本、图片、图表等内容的布局形式。在具体制作某一张幻灯片时，可以预先设计各种对象（文本、图片、图表、表格等）的布局，这种布局形式就是幻灯片的版式。每当新建一个演示文稿或插入一张幻灯片时，“任务窗口”都会自动打开并切换到“幻灯片版式”，如图 5-8 所示。在其中有近 30 种不同用途的版式可供选择。

对一个演示文稿来说，第一张幻灯片如一本书的封面，一般是标题幻灯片，用以说明演示文稿的主题。在标题幻灯片中，系统设计了添加标题和副标题的占位符。

幻灯片版式还包括标题和文本、标题和两栏文本、标题和竖排文本、标题和图表、标题和图示、标题和组织结构图、标题、文本与媒体剪辑、标题、文本与图表等版式。

2. 选择幻灯片

在对幻灯片进行操作之前，应先选定要操作的幻灯片。选择幻灯片的操作一般是在幻灯片浏览视图方式下。常用的选定方法有以下几种：

1）单击要选的幻灯片。

2）选择幻灯片插入点。单击两个幻灯片之间的空白处。

3）选择多个编号连续的幻灯片。先单击起始片，然后按住〈Shift〉键单击末尾片。

4）选择多个编号不连续的幻灯片。按住〈Ctrl〉键，逐个单击所要选择的幻灯片。

在大纲视图下，选定幻灯片只要单击编号后的幻灯片即可，但只能作多个连续幻灯片的选定，而不能作多个不连续的幻灯片的选定。选定后幻灯片的图标、标题和文本在大纲窗口呈反色（黑底白字）显示。

图 5-8　幻灯片版式示意图

3. 插入幻灯片

演示文稿是由幻灯片组成的，以幻灯片为基本单位。就创作演示文稿而言，幻灯片只能一张张地插入。插入新幻灯片的具体操作步骤如下：

1）在 PowerPoint 窗口中，选择幻灯片视图中，选择“插入”→“新幻灯片”命令，在默认方式下，在当前幻灯片后插入一张“标题和文本”版式的幻灯片。如果要插入其他版式的幻灯片，在任务窗口的“应用幻灯片版式”列表框中可以选择。

2）或者单击工具栏中的“新幻灯片”按钮，也将在当前幻灯片之后，插入一张默认版式的幻灯片（“标题和文本”）。

3）如果要在指定位置插入幻灯片，则要在幻灯片浏览视图下，鼠标单击插入位置（两张幻灯片之间），再执行插入幻灯片的操作。

4. 移动幻灯片

在幻灯片浏览视图中，选定一张或多张幻灯片，按住鼠标左键拖动，这时的鼠标指针下加了一个矩形，当到达目的位置后放开鼠标左键，完成移动幻灯片的操作。

在大纲视图下移动幻灯片的方法基本一样，但是这时的插入点是一个横穿整个窗口的水平线。移动后幻灯片自动按新幻灯片的顺序编号。

5. 复制和删除幻灯片

与在 Word 中复制或删除操作大致相同。而且，PowerPoint 幻灯片的复制操作完全可以利用剪贴板来完成。

(1) 复制幻灯片

在幻灯片浏览视图下，选择要复制的幻灯片，选择“编辑”→“复制”命令，或者单击工具栏中的复制命令按钮，或者按〈Ctrl + C〉组合键，均可将被选择的幻灯片复制到剪贴板中。

选择要复制的目的位置，选择“编辑”→“粘贴”命令，或者鼠标单击工具栏中的粘贴命令按钮，或者按〈Ctrl + V〉组合键，即可实现复制操作。

(2) 删除幻灯片

在幻灯片浏览视图下，选择要删除的幻灯片，选择“编辑”→“删除幻灯片”命令，或者按键盘上的〈Del〉（“Delete”）键，即可实现删除操作。

6. 文本编辑

对幻灯片上文本格式的编辑与在 Word 文档中的文本格式编辑操作大同小异，包括字体、字号、颜色、对齐方式、上标、下标、行距等。幻灯片格式化操作的命令主要集中在图 5-9 所示的“格式”工具栏中，相对于菜单栏中格式化命令而言，使用工具栏中的格式化命令更快捷、方便。

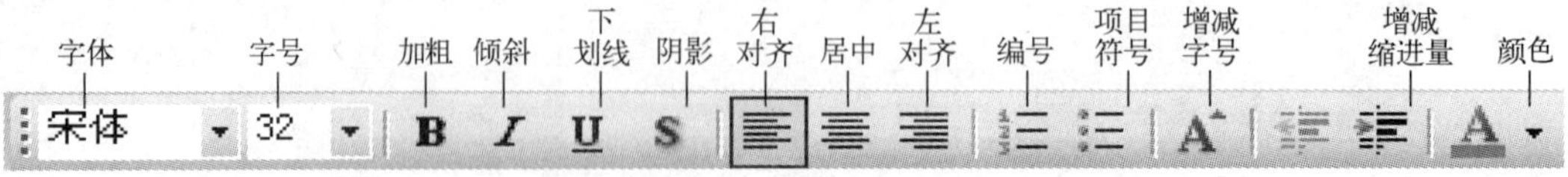

图 5-9 “格式”工具栏

(1) 字型、字体、字号、增大字号、减小字号的操作

具体操作步骤如下：

首先选择要编辑的文本对象，然后依次单击格式工具栏中字体、字号、加粗、倾斜、下画线、阴影、增大字号、减小字号等命令图标，即可实现相应格式化的操作。

（2）着色操作

操作方法是：首先选择要着色的文本对象，然后单击格式工具栏中“颜色”命令图标，打开调色表，颜色表的上部列出了一些常用颜色，若表中没有所需要的颜色，单击“其他颜色”命令，打开“颜色”对话框，可以选择更特别的颜色，单击“确定”按钮，完成着色操作。

（3）对齐、增加缩进量、减少缩进量的操作

1）对齐是相对于文本占位符的。对齐操作前，首先选择要对齐的文本对象，然后单击格式工具栏中左对齐、右对齐或居中对齐命令图标即可实现文本对齐。

2）缩进量是相对于文本级别的。PowerPoint 将文本设置为 5 个级别，由第 1 级到第 5 级。按默认方式，每一级字号是递减的、距左边框的距离增加。增加缩进量即增加一级文本（字号减小、距左边框距离增加），减小缩进量即减小一级文本（字号增加、距左边框距离减小）。操作方法是：选择文本，单击一次增加缩进量，增加一级文本级别；单击一次减小缩进量，减小一级文本级别。

（4）编号、项目符号的设置操作

鼠标单击要设置编号或项目符号的文本框，单击格式工具栏中编号或项目符号命令图标，即为指定文本框添加了编号或项目符号。如果需要设置更个性化的编号或项目符号，选择“格式”→“项目符号和编号”命令，打开“项目符号和编号”对话框，在对话框中进行编号或项目符号样式的选择和定义操作。

（5）插入文本框

在普通幻灯片上根据需要可以插入文本框，添加文本信息。操作方法是，选择“插入”→“文本框”→“横排”或“竖排”命令，或单击“绘图”工具栏中横排文本框命令按钮或竖排文本框命令按钮，在幻灯片上放置文本框（鼠标拖动出一个文本框区域），输入文字。

注意：在自己创建的文本框中输入的文本内容不能在大纲视图中显示出来；但是这样的文本框对象可以和其他图形对象组合成新的更为复杂的对象。

（6）编辑文本

可以在幻灯片区编辑文本，也可以在大纲区编辑文本。

1）在幻灯片上编辑文本，要选择幻灯片视图，可以直接在幻灯片上的占位符内编辑或输入文本。

2）在大纲视图中编辑文本。选择“视图”→“大纲”命令，切换到大纲视图时，大纲区有两个选项卡，“大纲”和“幻灯片”，选择“大纲”命令。打开大纲视图工具栏，此时可在大纲区使用它进行文字编辑。大纲视图的结构如图 5-10 所示。

在大纲视图中输入的标题内容自动加在幻灯片标题占位符中，而输入的文本内容则自动加在文本占位符中。如果有两个或两个以上的文本占位符，则单击幻灯片中的相应占位符，会在大纲视图中文本开始处标有[1]、[2]的标志，如图 5-10 所示。

对于需要输入的大量文本来说，如果在当前文本占位符中容纳不下，通常需要用户在幻灯片上用手工调整，系统也会根据幻灯片的大小自动调整文本对象字号大小，使之适应文本占位符。注意：幻灯片上的字体大小受占位符的限制。

（7）更改文本级别

合理的层次可以增强演讲的条理性。更改文本级别可用以下方法来实现：

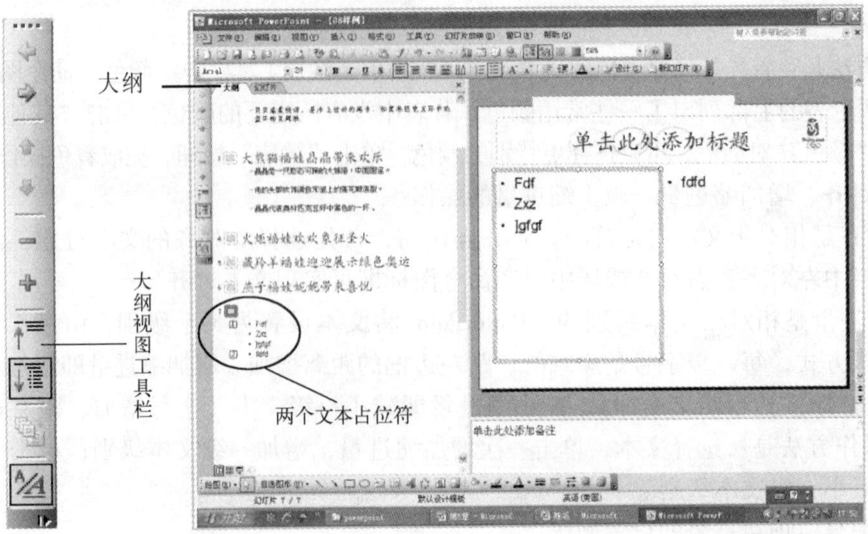

图 5-10　大纲视图下的文本编辑

1）如果需要版面简洁，不想将幻灯片的大小标题都展开，那可以双击“大纲”工具栏中的“折叠”按钮，只显示幻灯片的标题；反之，如果要修改演示文稿的文本内容，则可以双击“展开”按钮。

2）如果要上、下移动标题，可将鼠标放置于该层之内，然后在“大纲”工具栏上单击“上移”按钮或“下移”按钮。

3）单击大纲工具栏中的升级按钮，可使选定的段落由低级升高到上一级，如当前段落是二级文本，单击此按钮后改变为一级文本。降级按钮则可以把选定的段落由高一级降到下一级。

5.2.2　插入表格、图片和绘图

1. 插入表格

在 PowerPoint 中可以创建表格、以嵌入对象的方式插入表格，或链接 Excel 工作表中的单元格。

（1）在 PowerPoint 中创建表格

其具体的操作步骤如下：

1）选择“插入”→“表格”命令，或在“常用”工具栏上单击“插入表格”命令，打开“插入表格”对话框，如图 5-11 所示。

2）在“插入表格”对话框中选择输入表格的行数和列数后，单击“确定”按钮，即可插入指定行数和列数的表格。

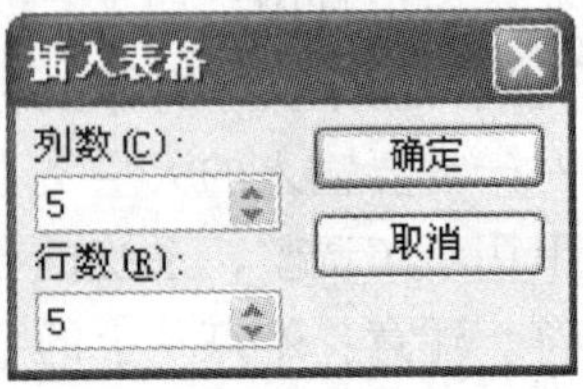

图 5-11　“插入表格”对话框

（2）以嵌入对象的方式插入表格

其具体的操作步骤如下：

1）选择“插入”→“对象”命令，打开“插入对象”对话框。

2）在“插入对象”对话框中，选择“新建”单选按钮，在“对象类型”列表框中，选择“Microsoft Excel 工作表”选项，单击“确定”按钮，即可在当前幻灯片中自动插入 Excel 工作表。

(3) 链接 Excel 表格的单元格

其具体操作步骤如下：

1）在 Microsoft Excel 表格中，选择要链接的单元格范围，并复制（按〈Ctrl + C〉组合键）。

2）将插入点移到 Microsoft PowerPoint 中（单击当前幻灯片）。

3）选择“编辑”→“选择性粘贴”命令，系统弹出“选择性粘贴”对话框，在对话框中选择“粘贴链接”单选按钮，单击“确定”按钮，即可将 Excel 表中选择的单元格内容复制到当前幻灯片中。

2. 绘制表格

“插入表格”制作的是标准表格，若要制作不规则的特殊表格，可选用手工绘制的方式绘制表格。其具体的操作步骤如下：

1）在“常用”工具栏上单击“表格和边框”按钮，显示如图 5-12 所示的工具栏。

2）单击“绘制表格”图标按钮，鼠标指针呈笔形。

3）从左上角至右下角拖动鼠标，画出表格的外框线。

4）拖动鼠标，画出表格的行和列分隔线。

5）用“橡皮擦”工具可以擦除线条。

6）通过“表格和边框”工具栏中的表格线形、边框宽度、边框颜色，以及填充颜色等功能图标按钮，可以设置表格的边框线型、宽度、颜色，以及单元格的填充色等。

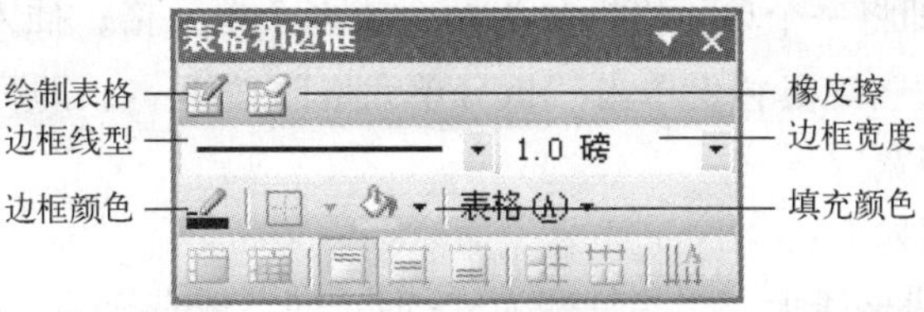

图 5-12 “表格和边框”工具栏

3. 编辑表格

编辑表格的大部分设置命令，均在“表格和边框”工具栏中。在“常用”工具栏上单击“表格和边框”按钮，可显示该工具栏。

(1) 设置边框

其具体的操作步骤如下：

1）打开“表格和边框”工具栏。

2）设置线条样式。在工具栏上单击“边框线型”右边的箭头，选择线型，用笔形指针单击表格线。选择“无边框”选项时，可删除线条。

3）设置线条宽度。在工具栏上单击“边框宽度”右边的箭头，选择边线宽度，用笔形指针单击表格线，即可改变表格线宽度。

4）设置线条颜色。在工具栏上单击“边框颜色”右边的箭头，选择颜色，用笔形指针单击表格线，即可改变表格线的颜色。

(2) 设置单元格填充色

其具体的操作步骤如下：

1）选中要填充的单元格。

2）在“绘图”工具栏上单击“填充颜色”图标 右边的箭头，在弹出的调色对话框中选择填充颜色和填充效果，随即就可改变单元格的填充色。

（3）插入表格行或列

其具体的操作步骤如下：

1）将插入点置于单元格内。

2）在“表格和边框”工具栏上单击“填充颜色” 表格(A)▾ 右边的箭头，系统弹出表格操作快捷菜单，选择在上方或下方插入行（或在左侧或右侧插入列）命令项，即可实现插入行或列的操作。

（4）删除表格行或列

其具体的操作步骤如下：

1）选中行或列。

2）在“表格和边框”工具栏上单击“填充颜色” 表格(A)▾ 右边的箭头，系统弹出表格操作快捷菜单，选择“删除行”（或“删除列”）命令项，即可实现删除行或列的操作。

（5）合并、拆分单元格

其具体的操作步骤如下：

1）合并单元格，即将两个或多个单元格合并为一个单元格；选中要合并的单元格，在“表格和边框”工具栏上单击“合并单元格”按钮，即可实现合并单元格的操作。

2）拆分单元格，即将一个单元格拆分为两个或多个单元格；插入点置于要拆分的单元格内，在“表格和边框”工具栏上单击“拆分单元格”按钮，即可。

（6）调整行高和列宽

其具体的操作步骤如下：

1）将指针停留在表格线上，当指针变为 时，向左或右拖动，可改变列宽。

2）将指针停留在表格线上，当指针变为 时，向上或下拖动，可改变行高。

3）在“表格和边框”工具栏上单击“平均分布各行”按钮，或“平均分布各列”按钮，可以调整所有行高或列宽。

4. 插入图片

在幻灯片中可以插入图片对象。这里的图片包括“剪贴画”、“来自文件的图片”以及“来自扫描仪或照相机的图片”。

（1）插入剪贴画

插入剪贴画的具体操作步骤如下：

1）首先将插入点置于要插入剪贴画的位置，选择“插入”→“图片”→“剪贴画”命令，打开“剪贴画”任务窗口。

2）在“搜索文字”文本框中，输入剪贴画的关键词；在“搜索范围”框中，选择要搜索的集合，将搜索结果限制在特定的剪辑集合中；在“结果类型”文本框中，选择要查找的剪辑类型，将搜索限制于特定类型的媒体文件。

3）单击剪贴画即将其插入到幻灯片的指定位置上。

（2）插入来自文件的图片

插入来自文件的图片的具体操作步骤如下：

1）选择“插入”→“图片”→“来自文件”命令，打开“插入图片”对话框。

2）选择适当的驱动器名和文件夹名，找到要插入的图片，双击该图片即可将其插入。

（3）插入来自扫描仪或照相机中的图片

其具体的操作步骤如下：

1）选择“插入”→“图片”→“来自扫描仪或照相机”命令，打开对话框。

2）在“设备”下拉列表框中选择所使用的设备；若显示扫描仪上的图片，则单击“Web 质量”单选框；若打印扫描仪上的图片，则单击“打印质量”单选框；若使用照相机中的照片，单击“自定义插入”按钮，再按照相机使用说明进行操作。

5. 编辑图片

编辑图片前，首先要选中图片。鼠标单击要编辑的图片，被选中图片的四角和每个边中间各有一个调整控制点，同时弹出“图片”工具栏，如图 5-13 所示。

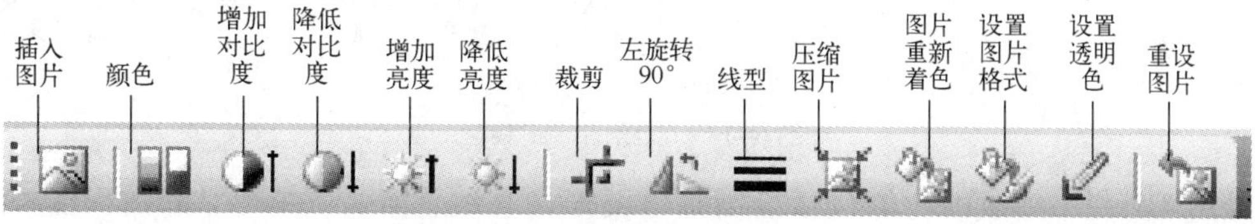

图 5-13　“图片”工具栏

编辑图片包括改变图片大小、裁剪图片、压缩图片、调整图片对比度以及亮度、旋转图片等操作。

（1）改变图片大小

改变图片大小的具体操作步骤如下：

1）手动调整大小。将鼠标定位于某个调整控制点，拖动鼠标，改变图片的大小。

2）准确改变尺寸。在“图片”工具栏上，单击“设置图片格式”按钮，在“设置图片格式”对话框中选择“尺寸”选项卡，在“尺寸和旋转”以及“缩放比例”选项组中，进行相应大小的调整。

（2）裁剪图片

裁剪图片的具体操作步骤如下：

1）在“图片”工具栏上，单击“裁剪”按钮，鼠标指针变为“”形状。

2）将鼠标定位于某个调整控制点，拖动鼠标，将选中的部分图片裁剪掉。按住〈Ctrl〉键，同时拖动鼠标，则对称地裁剪图片。

（3）减小图片文件

通过降低分辨率、删除已裁剪的区域，可减小图片文件，节约存储空间。其具体的操作步骤如下：

1）选中图片，在“图片”工具栏上，单击“裁剪”按钮，裁剪部分图片。

2）单击“图片”工具栏上的“压缩图片”按钮，打开“压缩图片”对话框，在对话框中，选择“更改分辨率”栏目中的“Web/屏幕”单选按钮，选择“选项”栏目中的“压缩图片”和

"删除图片的裁剪区域"复选框，单击"确定"按钮，实现减小图片文件的压缩操作。

(4) 撤销对图片的编辑操作

操作方法是：选中图片，在"图片"工具栏上，单击"重设图片"按钮。

注意：若在"压缩图片"对话框中，更改了分辨率、删除了已裁剪的区域，这类操作不能撤销。

6. 绘图

PowerPoint 虽然不是专用的绘图软件，但却提供了绘制一些基本图形的功能。这些绘图功能被集成于"绘图"工具栏中。选择"视图"→"工具栏"→"绘图"即可打开"绘图"工具栏，如图 5-14 所示。

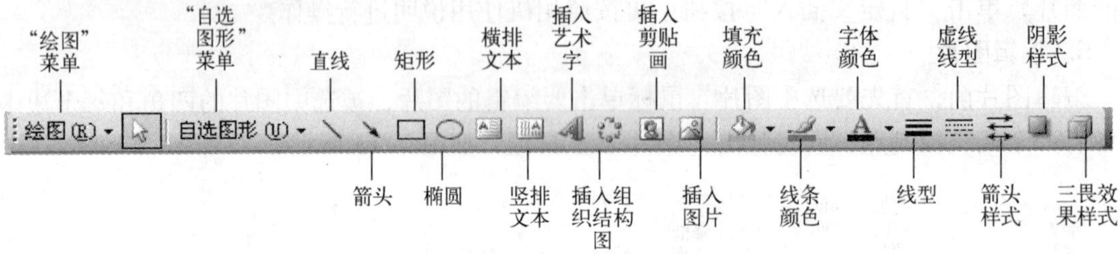

图 5-14 "绘图"工具栏

绘图工具栏中集成的功能包括绘制基本图形（直线、箭头、矩形、椭圆、自选图形等），插入指定对象（横排或竖排文本框、艺术字、剪贴画、来自文件的图片），使用颜色（线条颜色、填充颜色、字体颜色），设置线型（线型、虚线线型、箭头样式），设置显示效果（阴影样式、三维效果样式）和重新构图（即"绘图"，组合、叠放次序、微移、对齐和分布、旋转或翻转、改变自选图形等）操作。

图 5-15a 显示的是"绘图"菜单；图 5-15b 显示的是"绘图"菜单中"改变自选图形"的级联子菜单；图 5-15c 显示的是"自选图形"菜单；图 5-15d 显示的是"自选图形"菜单中的"流程图"级联子菜单。

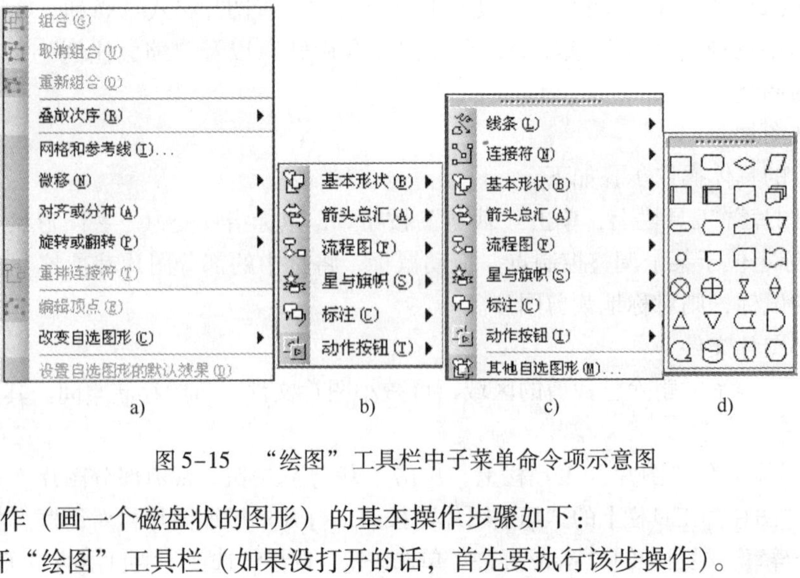

a) b) c) d)

图 5-15 "绘图"工具栏中子菜单命令项示意图

绘图操作（画一个磁盘状的图形）的基本操作步骤如下：

1) 打开"绘图"工具栏（如果没打开的话，首先要执行该步操作）。

2）单击“绘图”工具栏中“自选图形”右边下箭头，系统弹出“自选图形”菜单，如图5-15c所示。单击“流程图”右端的箭头，出现如图5-15d所示的级联子菜单。

3）单击子菜单中磁盘状图形（最下面一行、左起第二个），在幻灯片上用鼠标拖动，就可以画出一个磁盘状图形。

4）单击“绘图”工具栏中的“填充颜色”按钮，选择一种颜色，然后单击磁盘状图形，可以改变其颜色。

5）单击“绘图”工具栏中“阴影样式”按钮，在阴影样式列表中选择一种阴影，然后单击磁盘状图形，可以设置其阴影效果。

6）如果要组合两个图形对象为一个对象，同时选择这两个对象（按下〈Shift〉键不放，单击选择两个对象），单击鼠标右键，在弹出的快捷菜单中选择“组合”即可实现。

5.2.3　插入组织结构图

组织结构图用于描述企事业单位内部的组织关系，或者描述学科分支情况。在Office 2003中带有一个“Microsoft组织结构图”应用程序，可以在幻灯片中嵌入组织结构图对象。

1. 创建组织结构图

创建组织结构图包括插入组织结构图版式的幻灯片、添加构件形状、添加连接符、添加文字等操作。

（1）插入组织结构图版式的幻灯片

其具体的操作步骤如下：

1）插入一张承载组织结构图的新幻灯片，在版式列表中选择“标题和图示或组织结构图”版式，插入图示或组织结构图幻灯片，双击幻灯片中图示或组织结构图占位符，打开“图示库”对话框，如图5-16所示。

2）或者在“绘图”工具栏上，单击“插入组织结构图或其他图示”按钮，也可以打开“图示库”对话框。

3）在图示对话框中，单击“组织结构图缩略图”按钮，即可打开一个“组织结构图”工具栏（见图5-17），在当前幻灯片中插入“初始的组织结构图”（见图5-18）。

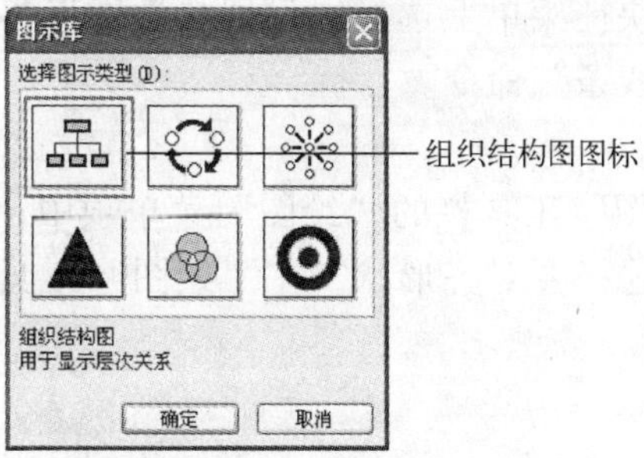

图5-16　“图片库”对话框

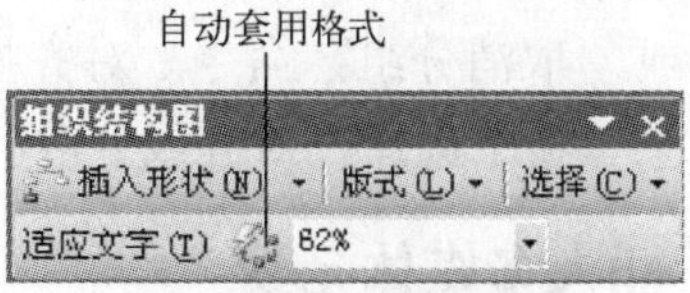

图5-17　“组织结构图”工具栏

（2）添加构件形状

组织结构图是由一些基本构件形状组成，包括“同事”、“下属”和“助手”，根据实际情况在初始组织结构图中添加相关构件形状。其具体的操作步骤如下：

1）单击组织结构图中要添加构件形状的某个部位（必须是有效的连接构件形状）。

2）单击“组织结构图”工具栏上“插入形状”按钮右边的下箭头，打开“插入形状”列表框，选择其中的一类形状，即可在此连接部位添加一个构件形状，如“同事”或“下属”。

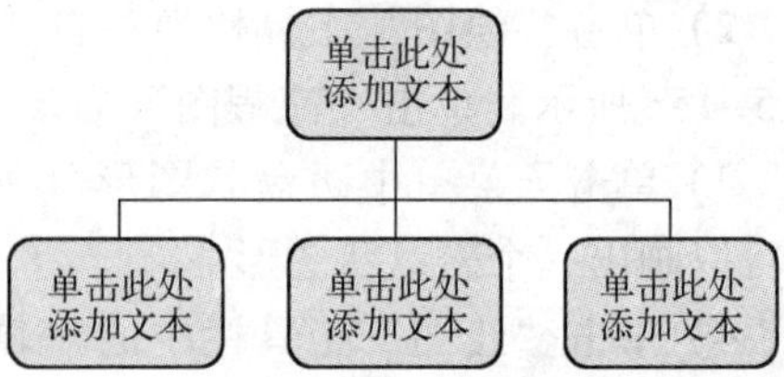

图 5-18　初始的组织结构图

（3）按组选定形状或连接符

以成组方式选择指定对象，可以是“分支”、“级别”、“所有助手”和“所有连接线”。其具体操作步骤如下：

1）所有助手。单击图中某个“助手”形状，单击工具栏中“选择”按钮右边的下箭头，在弹出的菜单中选择“所有助手”选项，即可自动选中图中的所有助手。

2）一个分支。单击要选择的分支的顶部，按同上的操作步骤，单击菜单中的“分支”。

3）所有分支。单击图顶部形状，按同上的操作步骤，单击菜单中的“分支”。

4）一个级别。在要选择的图级别中单击一个形状（如“同事”），按同上的操作步骤，单击菜单中的“级别”。

5）所有连接符。选择该图，按同上的操作步骤，单击菜单中的“所有连线”命令。

（4）更改版式

PowerPoint 提供了几种版式的组织结构图，包括标准、左悬挂、右悬挂、两边悬挂和自动版式。用户可以根据需要更改版式。操作方法是：选择要更改版式图的分支的顶端，单击工具栏中“版式”按钮右边的下箭头，在菜单中选择某个分支样式（如“左侧悬挂”或“标准”）。

（5）使用自动设计

操作方法为在“组织结构图”工具栏中，单击“自动套用格式”按钮，在弹出的“组织结构图样式库”中选择一种样式。若要恢复默认样式，杂在样式库列表中单击“默认”。

（6）手动设计

使用“组织结构图”工具栏中“选择”按钮，选择形状组（如“同事”组），使用“绘图”工具栏中的相应命令按钮添加填充、线形、字形、阴影和类似的内容。

（7）隐藏连接符

操作方法是鼠标右键单击要隐藏的连接符，在快捷菜单上选择“设置自选图形格式”，在“颜色”列表框中，单击下箭头，并单击“没有线条”命令。

（8）组合或对齐形状

组合操作的方法是选择要组合的形状，在“绘图”工具栏的“绘图”菜单项中，选择“组合”或“取消分组”命令。对齐操作的方法是选择要对齐形状，在“绘图”工具栏的“绘图”菜单项中选择“对齐或分散”命令。

5.2.4　插入多媒体元素

在幻灯片中可以插入各种多媒体元素，使得在演示文稿放映时具有图、文、声、像并貌的多媒体效果。多媒体元素包括音频、视频、图像、动画等。

1. 插入声音

PowerPoint 提供了在幻灯片放映时播放声音、音乐的功能。可在幻灯片中插入背景音乐

（CD 乐曲）或自己录制的解说词（wav 文件）。声音对象插入后，它和其他对象不同的是在幻灯片上只出现一个代表声音、音乐对象的小图标 。

插入声音或音乐的具体操作步骤如下：

1）选择要插入声音的幻灯片。

2）选择“插入”→“影片和声音”→“文件中的声音”命令，打开“插入声音”对话框。

3）在插入声音对话框中，选择声音文件的路径，从列表中找到要插入的文件名。单击“确定”按钮。关闭“插入声音”对话框。这时出现消息框，提示“在放映时如何开始播放声音”。可选择“自动”选项，在播放时会自动播放声音；也可回答“在单击时”，在幻灯片的中心位置出现一个声音图标，这就是插入的声音对象，单击该图标即可播放。在编辑状态，双击该图标也可以播放。

2. 插入视频剪辑

在 PowerPoint 2003 中可以插入多种格式的视频剪辑，如 avi 格式（采用 Intel 公司的有损压缩技术生成的视频文件）、mov 格式（QuickTime for Windows 视频处理软件所选用的视频文件格式）、mpg 格式（一种全屏幕运动视频标准文件）、dat 格式（VCD 中视频文件的格式）以及 gif 格式等。视频剪辑的来源：一是 Office 2003 的剪辑库，其中用户可以从中选择插入到演示文稿中；二是来源于文件。这里只讨论从文件中插入视频的方法。

1）选择“插入”→“影片和声音”→“文件中的影片”命令，打开“插入影片”对话框。

2）在插入影片对话框中选择视频文件的路径，从列表中找到要插入的文件名，并选定。

3）单击“确定”按钮。关闭“插入影片”对话框。这时出现消息框，询问是否在放映时自动播放影片。根据需要选择“是”或“否”命令。

这时会发现在幻灯片的中心位置显示出所插入的视频对象。适当地调整其大小和位置。在编辑状态，双击该图标就可以播放。在播放幻灯片时，单击该图标即可播放。

3. 插入 Flash 动画

Flash 动画的文件扩展名为“swf”。插入 Flash 动画的具体的操作步骤如下：

1）将 Flash 动画文件与要插入 Flash 的演示文稿文件放在同一文件夹中。

2）选择“视图”→“工具栏”→“控件工具箱”命令，打开“控件”工具栏。

3）单击“其他控件”按钮 显示 ActiveX 控件列表。在列表中选择“Shockwave flash object”选项，鼠标指针变为十字形。

4）在幻灯片上画一个矩形。在矩形上单击鼠标右键，在快捷菜单中选择“属性”命令。

5）在“属性”对话框中选择“自定义”命令，并打开“属性页”对话框。在“影片URL”文本框中输入 Flash 动画文件名（包括路径和扩展名），单击“确定”按钮。

5.3 PowerPoint 格式设计

考试内容：

PowerPoint 的格式编辑

教学要求：

- 母版的设计

- 背景和配色方案
- 幻灯片编号页号、页眉页脚

知识点（9 个）：

- 设计母版、设计标题母版、删除幻灯片母版
- 设置背景和配色方案
- 设置幻灯片编号、更改幻灯片起始编号
- 页眉页脚、日期和时间

5.3.1 母板设计

所谓“母版”，可以看做是自定义幻灯片的样式，它决定了幻灯片的各个对象的布局、背景、配色方案、特殊效果、标题样式、文本样式及位置等属性。如果要修改多张幻灯片的外观，不必一张张地进行修改，而只需在幻灯片母版上作一次修改即可。当在演示文稿中插入一张新幻灯片时，新插入的幻灯片完全继承其母版的所有属性。

根据用途的不同，系统提供了 3 种母版：

1）幻灯片母版。在普通视图下设置标题和文本的格式，控制它们的格式和位置。

2）讲义母版。用于添加或修改讲义幻灯片的信息。

3）备注母版。用于控制备注页的版式及备注文字的格式。

1. 设计母版

设计母板的具体操作步骤如下：

1）选择“视图”→“母版”命令，在出现的母板列表中选择上述 3 种母版中的任意一种。系统弹出如图 5-19 所示的处于编辑状态的幻灯片母版，同时弹出“幻灯片母版视图”工具栏，如图 5-20 所示。

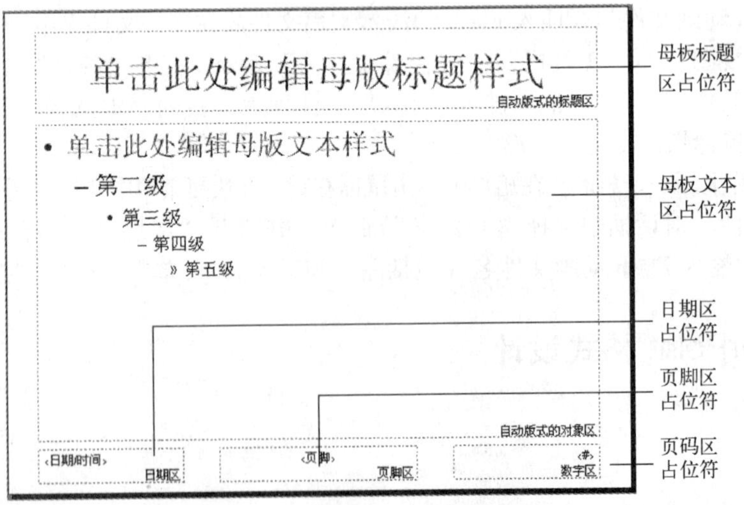

图 5-19　处于编辑状态的母版示意图

2）对图 5-19 所示的幻灯片母版可以进行的编辑操作包括更改字体或项目符号、在幻灯片上插入要显示的艺术图片（如徽标）、更改占位符的位置、大小和格式、项目符号样式、

背景设计和配色方案等。

3）编辑操作完成后，单击“幻灯片母版视图”工具栏上的“关闭”按钮，退出母版编辑状态。

注意：每次对母版的设置、修改操作，必须以“关闭母版视图”为结束，否则，对母版所作的一切修改操作均无效。

2. 设计标题母版

设置标题母板的具体操作步骤如下：

1）选择“视图”→“母版”→“幻灯片母版”命令。

2）在“幻灯片母版视图”工具栏上单击“插入新标题母版”按钮，如图5-20所示。

3）对标题母版的编辑操作包括更改标题、副标题、页脚文本及格式、更改占位符的位置、大小和格式、添加图形、背景色、更改配色方案等。

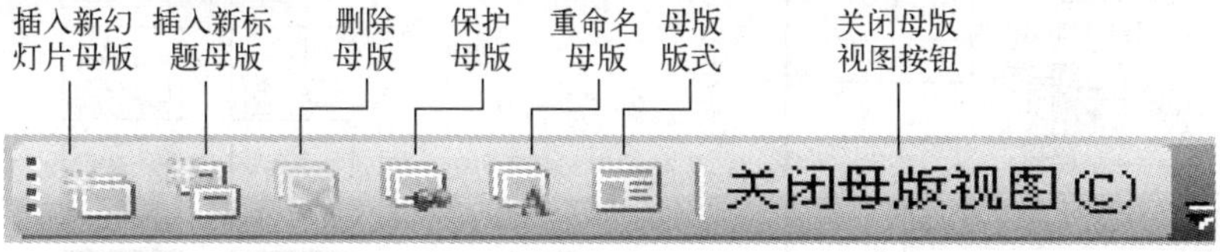

图5-20　“母版”视图工具栏

3. 删除幻灯片母版

删除幻灯片母版的具体操作步骤如下：

1）选择“视图”→“母版”→“幻灯片母版”命令。

2）在左边缩略图上，选择要删除的母版。

3）在“幻灯片母版视图”工具栏上单击“删除母版”按钮。

5.3.2　设置背景和配色方案

1. 设置幻灯片背景

作为一个整体，演示文稿具有统一的外观样式。但是，通过设置幻灯片背景，可以改变作为个体的幻灯片外观。设置幻灯片背景的具体操作步骤如下：

1）选择“格式”→“背景”命令，打开“背景”对话框，如图5-21所示。

2）在对话框中，从“背景填充”列表框中可以看到以前的背景，从“颜色”下拉列表框中可以选择一种颜色。也可以单击“其他颜色”选项。

3）打开“颜色”对话框，从中选择一种颜色。系统会将新选择的颜色自动添加到颜色列表当中。

4）单击“填充效果”选项，打开“填充效果”对话框，从多种填充效果（过渡、纹理、图案、图片）中选择一种效果后，单击“确定”按钮。

当选择一种颜色或效果后，会立即在背景填充框的示意图中反映出来，如果要看一下实际效果如何，可以单击“预览”按钮。

5）单击“应用”按钮时，所选背景效果将会只应用于当前幻灯片；单击“全部应用”按钮时，背景效果将应用到所有幻灯片和将来添加的新灯片上。

2. 配色方案

配色方案是指演示文稿中几种主要对象（背景、标题文字、超链接文字、线条和填充等）分别要采用什么颜色。选择配色方案的操作步骤如下：

1）在任务窗口中选择菜单项“幻灯片设计－配色方案”命令，打开“应用配色方案”列表框，如图 5-22 所示。列表框中有多个预设的配色方案。可以将其应用于个别所选幻灯片，也可以用于整个演示文稿。单击某个方案右边的小箭头，选择“应用于所选幻灯片”或“应用于所有幻灯片”命令。

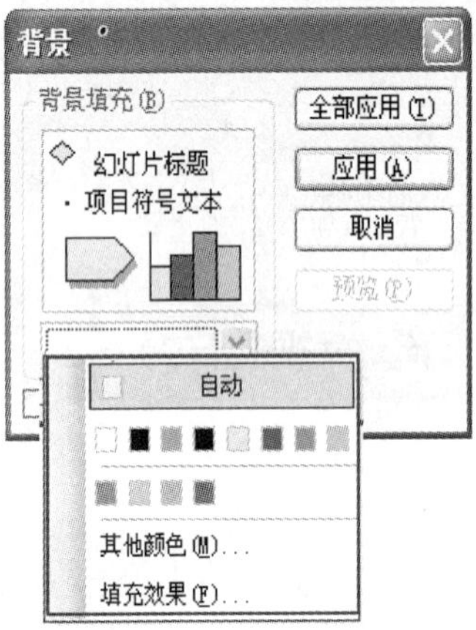

图 5-21 “背景”对话框

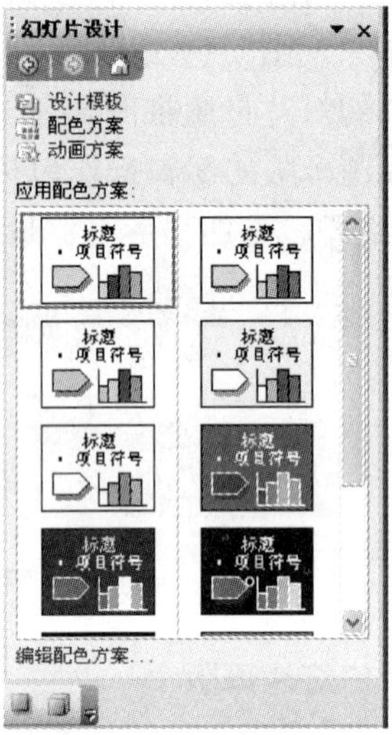

图 5-22 应用配色方案

2）在任务窗口中单击“编辑配色方案”命令，打开“编辑配色方案”对话框，对话框中有两个选项卡：

- “标准”选项卡。在选项卡中有多个预设的配色方案，与“应用配色方案”列表框相同，可直接应用。如果要修改已选中的配色方案，则选择“自定义”选项卡。
- “自定义”选项卡。在选项卡中列出了 8 种项目的颜色，如图 5-23 所示。如果要修改其中某种对象的颜色，可以单击该对象，然后单击“更改颜色”按钮，打开“颜色”对话框进行修改。从预览区可以看到修改后的效果。如果希望将修改完善的配色方案保存下来，则单击“添加配色方案”按钮，该方案出现在“标准”选项卡的配色方案列表中。

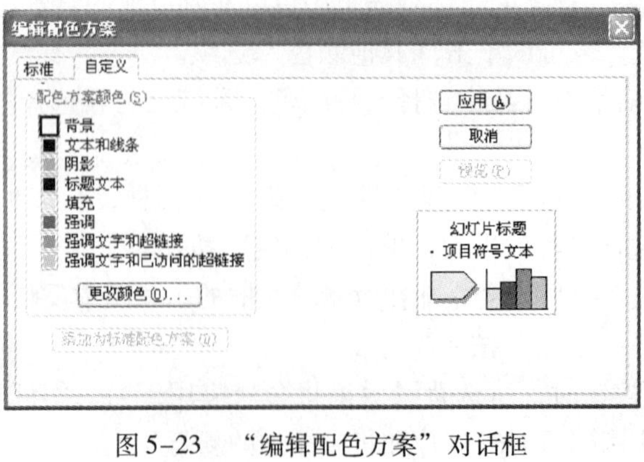

图 5-23 “编辑配色方案”对话框

3）单击“应用”按钮可以将新配色方案应用于当前幻灯片中；若单击“全部应用”则将新方案应用于所有幻灯片和插入的新幻灯片上。

有一点应该注意，对于幻灯片的背景，其优先级是：配色方案中设置的背景优先级低于从“背景”对话框中设置的背景，整个演示文稿的背景优先级低于单个幻灯片的背景。

5.3.3 设计幻灯片页号、页眉和页脚

页眉和页脚包含幻灯片编号、页码、日期或公司名称、标签等信息。出现在幻灯片、备注或讲义的顶端或底端。可在某一张幻灯片或所有幻灯片中插入页眉和页脚。

1. 插入编号、日期和时间

可以在幻灯片上插入页码编号、日期和时间。其具体操作步骤如下：

1）打开指定演示文稿。

2）选择“插入”→“幻灯片编号”或“日期和时间”命令，系统弹出“页眉和页脚”对话框，如图5-24所示。单击“幻灯片编号”复选框，若希望在标题幻灯片中不显示页码，再选择“标题幻灯片中不显示”复选框。若要插入日期和时间，则选择“日期和时间”复选框，再在“自动更新”或“固定”两种格式中选择其中的一种格式。

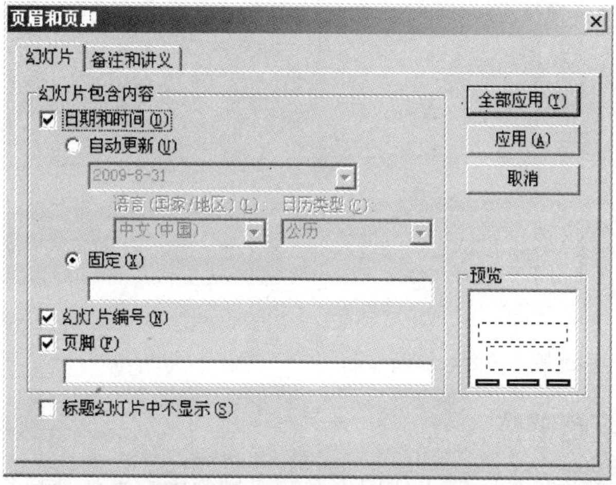

图5-24 “页眉和页脚”对话框

3）若要给每张幻灯片添加编号、日期和时间，选择“全部应用”按钮；否则，选择“应用”按钮。

2. 更改页眉和页脚

更改页眉和页脚的具体操作步骤如下：

1）选择“视图”→“母版”→“幻灯片母版”命令，打开编辑母版对话框。

2）在母版上单击页眉或页脚的占位符。

3）选择执行下列操作：调整占位符的大小（指向尺寸调控点，当指针变为双向箭头时，拖动尺寸控点）；改变占位符位置（选定并拖动占位符）；设置占位符边框或填充颜色（选择“格式”→“占位符”命令，选择“线条和颜色”选项卡）；更改字体（选择“格式”→“字体”命令）。

4）修改完毕，单击“关闭母版视图”按钮，确认并保存修改结果。

3. 更改幻灯片起始编号

更改幻灯片起始编号的具体操作步骤如下：

1）选择“文件”→“页面设置”命令，打开“页面设置”对话框。

2）若要第二张幻灯片编号为1（即标题幻灯片不编号），则在“幻灯片编号起始值”列表框中输入起始编号“0”。单击“确定”按钮，完成更改操作。或者选择“插入”→“幻灯片编号”命令，在打开的“页眉和页脚”对话框中，选择“标题幻灯片中不显示”复选框，单击“应用”按钮也可以更改幻灯片起始编号。

5.4 PowerPoint 动画操作

考试内容：

PowerPoint 动画操作

教学要求：

- PowerPoint 动作设置
- 幻灯片元素超链接
- 定义动画效果

知识点（8个）：

- 设置动作和动作按钮
- 设置动画顺序、时间、效果
- 超链接操作
- 设置幻灯片切换效果、切换方式

5.4.1 动作按钮及超链接

在幻灯片上加入动作按钮，可以使用户在演示过程中有选择地执行其他操作。例如，跳转到其他幻灯片、播放影像、声音、动画、启动应用程序等。在幻灯片中插入超链接也同样可以起到跳转执行其他操作的功能。

1. 插入动作按钮

动作按钮有各种类型，有 PowerPoint 提供的动作按钮、用户自定义动作按钮。无论何种动作按钮，都可以与具体的一个“动作”（一种操作）联系起来。

（1）PowerPoint 提供的动作按钮

在“绘图”工具栏的“自选图形”中，有一个“动作按钮”菜单，如图5-25所示。在该菜单中有12个动作按钮图标，分别对应可以产生的12个动作。例如，“开始”、“结束”、“前一项”、“后一项”、“音频”和“视频”等。插入动作按钮的具体操作步骤如下：

1）打开“绘图”工具栏，选择“自选图形”列表中的“动作按钮”选项，系统弹出“动作按钮”菜单。

2）选择菜单项的某一种动作按钮（例如，前一项按钮◁），这时鼠标的光标变为十字形状，用鼠标拖动在幻灯片上要设置动作按钮的位置画出一个按钮图形◀，同时弹出“动作设置”对话框，如图 5-26 所示。

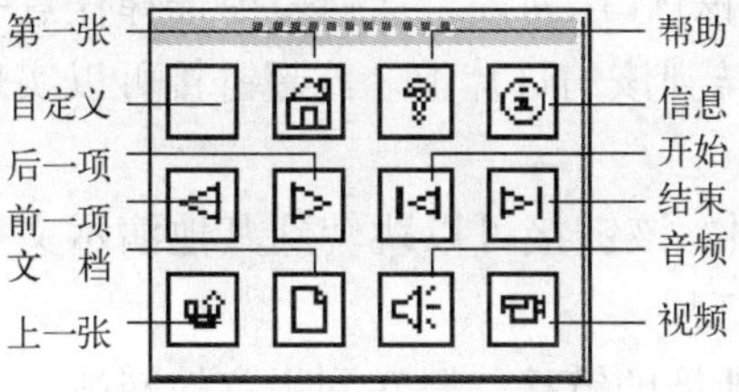

图 5-25 “动作按钮”菜单

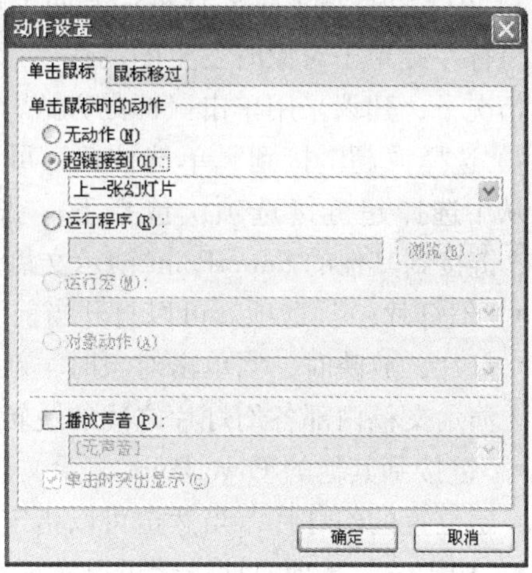

图 5-26 “动作设置”对话框

3）在对话框中的“超链接到”下拉列表框中，会自动出现“上一张幻灯片”，默认该动作按钮产生的动作是跳转到上一张幻灯片。

4）最后，单击“确定”按钮，完成动作按钮的插入操作。

（2）插入自定义动作按钮

用户可以插入自行设计的动作按钮，并设置执行特殊的操作。例如，插入一个自定义的动作按钮，执行计算器程序（Calc. EXE）。其具体操作步骤如下：

1）打开“绘图”工具栏，选择一种图形（如椭圆）按钮，在幻灯片上要设置动作按钮的位置上画出一个图形（椭圆）；在保持该图形呈选中状态的同时，鼠标单击“绘图”工具栏中“阴影样式”按钮，在阴影样式菜单中选择“阴影样式 17”（凸状按钮），使画出的图形呈按钮状。

2）单击“绘图”工具栏中的“横排文本框”按钮，单击按钮图形，在文本框中输入“计算器”，修改字号使其与按钮大小成比例，使按钮呈 计算器 形状。

3）鼠标右键单击自定义动作按钮，选择快捷菜单中的“动作设置”命令，系统弹出“动作设置”对话框，如图 5-26 所示。选择“运行程序”单选按钮，单击运行程序文本框右边的浏览按钮，打开“选择一个要运行的程序”对话框，在“查找范围”下拉列表框中，寻找计算器应用程序的路径，找到后单击“确定”按钮，系统返回到“动作设置”对话框。

4）单击“确定”按钮，完成动作设置操作。播放演示文稿时，只要单击“计算器”动作按钮，即可启动计算器应用程序。

2. 设置超链接

在幻灯片中通过设置“超链接”，也能实现快速跳转，执行其他操作的功能。例如，打开另一个演示文稿文件，切换到另一个讲演主题。设置超级链接的操作步骤与设置动作按钮的操作步骤是类似的。其具体的操作步骤如下：

1）选定要设置动作的对象。例如，幻灯片中的文字、图片或动作按钮。

2）选择“幻灯片放映”→“动作设置”命令，也可以在选定对象后单击鼠标右键，在快捷菜单中选择“动作设置”命令，打开“动作设置”对话框。

3）在“动作设置”对话框中有两个选项卡：“单击鼠标”和“鼠标移过”。前者是放映时用鼠标左键单击对象时发生的动作；后者是放映时当鼠标指针移过对象时发生的动作。大多数情况下，建议采用单击鼠标的方式，鼠标移过的方式容易发生意外跳转。

4）选择“超链接到”单选按钮，可以设置超链接的目的位置。打开“超链接”列表，可以从中选择超链接选项，包括下一张、上一张、第一张、最后一张幻灯片、幻灯片、URL、链接到其他的 PowerPoint 演示文稿、其他的文件等；

- “幻灯片…”选项。可以打开当前演示文稿的幻灯片列表，从列表中选择任意一张幻灯片，放映时，当单击对象时，就会自动跳转到该幻灯片上。此超链接可以实现一个演示文稿内部各幻灯片之间的跳转。
- “链接到其他的 PowerPoint 演示文稿…”选项。该链接可以跳转到其他演示文稿中指定位置的幻灯片，当然也可以指定第一张幻灯片。
- “URL…”选项。该链接可以实现对指定 IP 地址的链接，跳转到指定的网站。
- “其他的文件…”。可以链接其他类型的文件。例如，Word、Excel 文档、应用程序、avi 文件、wav 文件等。

5）单击“确定”按钮。完成超链接的设置。

如果对文字对象设置了超链接，代表超链接的文字会被添加下画线，并显示成配色方案所指定的颜色。

可以将超级链接创建在幻灯片上的任何对象上，如文字、图形、表格等，还可以利用“绘图”工具栏上的“自选图形”中所提供的动作按钮来设置超链接。

一个对象设置了动作后，放映中只要鼠标指针移到该对象上，指针就会变成手形，这时单击鼠标就可以执行预设的动作。

6）取消链接。在“动作设置”对话框中，选择“无动作”单选按钮，即可以取消设置的超链接或动作。

5.4.2 设置动画

在幻灯片上通过设置动画效果，可以提高演示的趣味性和动感，达到突出重点、控制讲演节奏、与听众实现互动交流的目的。在 PowerPoint 中，提供了几种方式的动画，分别可以达到不同方式的动画效果。

1. 设置动画方案

使用“动画方案”工具栏设置动画效果。这种方式是预先设置好动画的组合（如设置幻灯片标题、正文以“典雅”方式演示、并应用于所有幻灯片），实现演示的动画效果。

（1）设置动画方案

设置动画方案的具体操作步骤如下：

1）打开要设置动画方案的演示文稿，选择指定幻灯片。

2）选择“幻灯片放映”→“动画方案”命令，在任务窗口中出现动画方案列表框，如图 5-27 所示。在任务窗口中的动画方案列表中选择某种动画方案。默认方式是设置的动画方案只应用于所选的幻灯片。如果选择了“自动预览”复选框，在选择过程中，每单击一种方案时，在幻灯片编辑区中都将演示该方案的实际动画效果。如果要将该动画方案应用于所有幻灯片，单击“应用于所有幻灯片”按钮。

3）保存演示文稿，即可将设置的动画方案确定并保存。

（2）删除动画方案

如果要删除已经设置好的动画方案，在方案列表中单击“无动画”选项即可将设置的动画方案删除。

（3）替换动画方案

不需要先删除原来的方案，只需在动画方案列表中选择其他不同的方案即可自动转换到新的方案。

所应用的新方案将替换已应用到标题和正文文本占位符的方案，而不会影响已应用到图表、图示、文本框、图片、形状的效果，这些对象动画效果的设置、替换只能通过手动方式（通过自定义动画）实现。

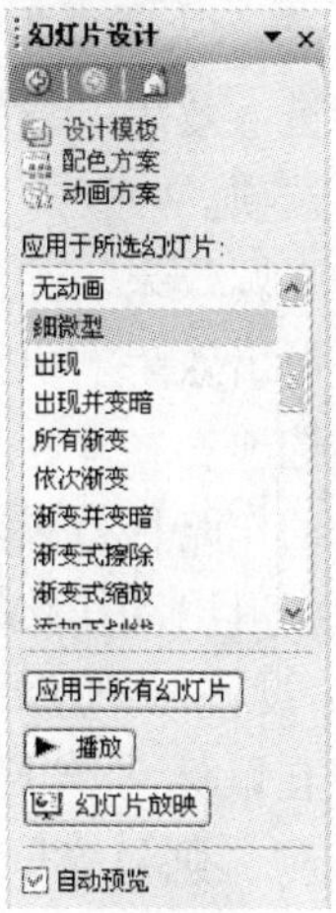

图 5-27　“幻灯片设计”对话框

2. 自定义动画

上面提到“动画方案”设置的动画效果只适用于标题和正文占位符范围内的信息，而不适用于其他对象（如图形、图像、图表等）。这些对象的动画设置可以通过自定义动画实现。当然，自定义动画设置的动画效果可以涵盖标题和正文。

自定义动画的具体操作步骤如下：

1）打开“任务窗口”。选择“幻灯片放映”→“自定义动画”命令，打开“自定义动画”任务窗口，如图 5-28 所示。

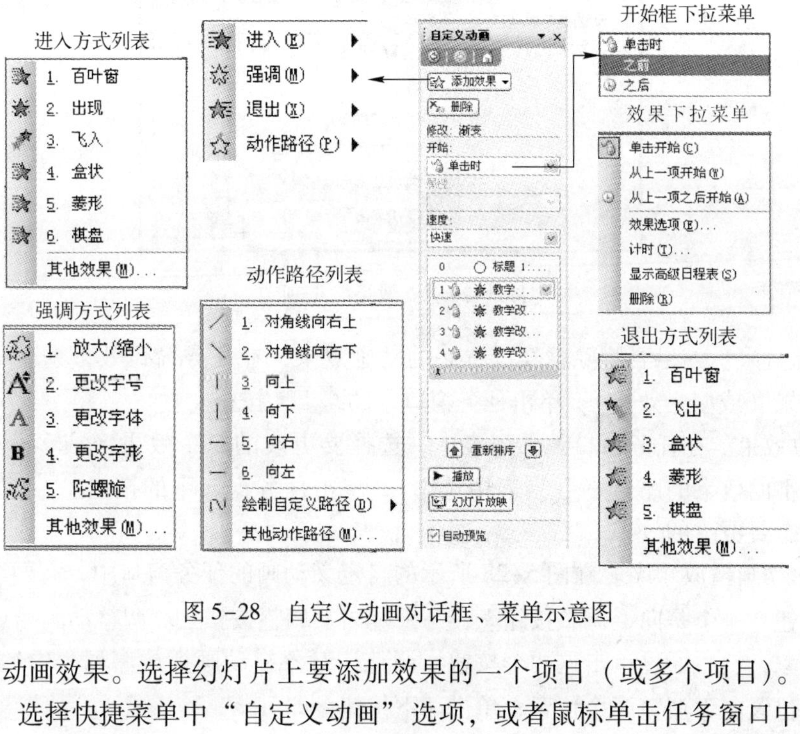

图 5-28　自定义动画对话框、菜单示意图

2）添加动画效果。选择幻灯片上要添加效果的一个项目（或多个项目）。在对象上单击鼠标右键，选择快捷菜单中“自定义动画”选项，或者鼠标单击任务窗口中的“添加效

果”按钮。从菜单中选择一个效果。

- 进入效果。设置对象进入时的动画方式，如图 5-28 所示中进入方式列表中显示的选项。
- 强调效果。突出强调对象的动画方式，如图 5-28 所示中强调方式列表中显示的选项。
- 退出效果。设置对象退出时的动画效果，如图 5-28 所示中退出方式列表中显示的选项。
- 动作路径效果。设置对象演示时在幻灯片上经过的路径及动画效果，如图 5-28 所示中退出动作路径列表中显示的选项。

3）设置对象开始播出的时间。如图 5-28 所示的“开始”下拉菜单中显示的选项，对象可以在鼠标“单击时”、前一个对象出现“之前”或“之后”开始播出。若选择“单击时”选项，则每当鼠标单击时，对象才开始演示播出。

4）设置动画效果。动画效果如图 5-28 所示中效果下拉菜单中显示的选项，可以选择“效果选项”、“计时”等。

- 计时。用于控制对象出现的时间。例如，前一个对象播出后“2 秒”，后一个对象出现。此功能选项用于控制演播节奏和时间。
- 效果。“效果”选项卡的内容，如图 5-29 所示。可以设置动画伴音（声音、音乐、模仿声音等）、动画播放后的效果（播放动画后隐藏、下次单击后隐藏等）等。

设置效果完成后，单击“确定”按钮。

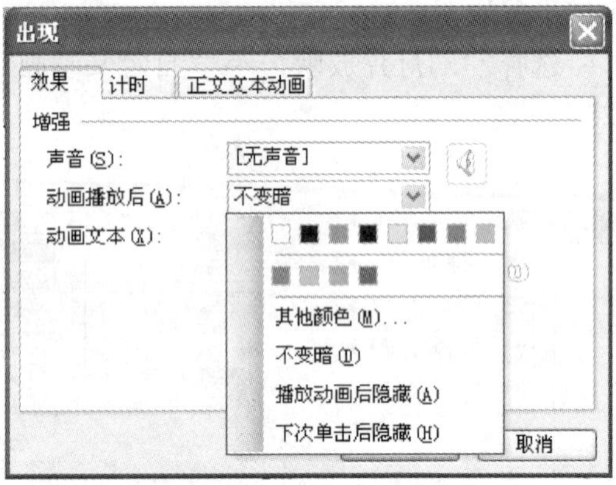

图 5-29　“效果”选项卡

5）删除效果。如果要删除已经设置好的动画效果，在任务窗口效果列表中，选择要删除的一个效果（或多个效果），单击任务窗口中的 删除 按钮。

6）更改效果。在任务窗口效果列表中，选择要更改的一个效果（或多个效果），或者单击幻灯片上的效果的序号（在列表中选中），单击任务窗口中的按钮 更改 ，再从菜单中选择一个要更改的效果。

7）更改动画播放顺序。在图 5-28 所示的自定义动画的任务窗口中，有两个更改动画播放顺序的按钮，一个是向上调整按钮，一个是向下调整按钮。调整动画播放顺序时，先选择动画对象，然后通过单击这两个按钮，调整该对象在动画播放序列表中的位置。例如，从当前顺序位置向下调整两个位置，单击两下按钮即可。

5.4.3 幻灯片切换效果设置

幻灯片切换包含两个含义；一个是切换方式：一个是切换效果。切换方式是指演示文稿在播放过程中采用什么方法换片（切换到下一张幻灯片）。切换效果是指幻灯片在换片时产生的视觉效果。幻灯片切换方式和效果可以针对一张幻灯片，也可以针对所有幻灯片。设置幻灯片的切换方式可以在“幻灯片视图”或“浏览视图”下进行。其具体的操作步骤如下：

（1）打开任务窗口

在幻灯片视图下选择“幻灯片放映”→“幻灯片切换”命令，在任务窗口中打开幻灯片切换任务窗口，如图 5-30 所示。或者在幻灯片浏览视图中选定要设置切换方式的幻灯片，然后单击鼠标右键，从快捷菜单中选择“幻灯片切换”选项，也可以打开幻灯片切换任务窗口。

（2）设置“幻灯片切换”

在幻灯片切换任务窗口中选择执行下列操作即可实现幻灯片切换方式和切换效果的设置。

1）“应用于所选幻灯片”是指演示文稿播放过程中幻灯片换片时的视觉效果，在对话框右上部的列表中预设了很多种切换时的动画效果（如“水平百叶窗”、“新闻快报”等）。如果选择了“自动预览”选项，则每当选择一种切换效果时，都可以观看到切换效果。

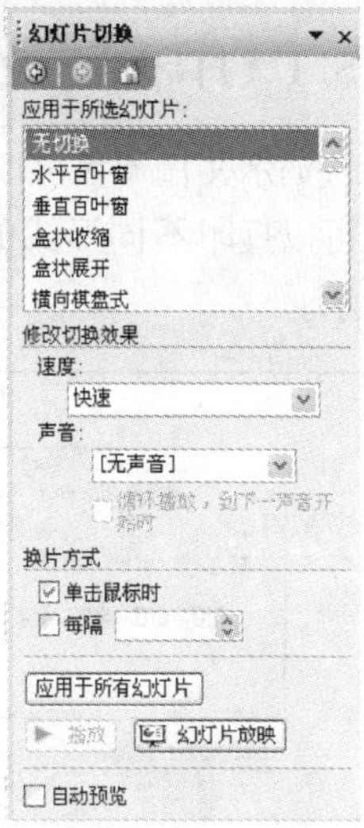

图 5-30 “幻灯片切换”任务窗口

2）“修改切换效果”，包括修改“速度”（快速、中速、慢速等）和“声音”（鼓掌、打字机等）。通过设置切换声音的方法也可以设置幻灯片的背景音乐、解说词等（在“声音”下拉列表框中选择“其他声音”）。

3）“切换方式”，包括“单击鼠标时”和“每隔”设定时间间隔时换片。若选择“单击鼠标时”换片，则在换片时要单击鼠标；若选择“每隔”方式换片，则要输入一个时间数值，当幻灯片放映达到规定时间间隔数时就会自动换片。

4）如果单击“应用于所有幻灯片”按钮，则设置的切换方式和切换效果对所有幻灯片起作用。

对于所设置的切换方式，单击“应用”按钮时只应用于当前幻灯片，单击“全部应用”按钮时则将设置应用于演示文稿的所有幻灯片。幻灯片设置了切换方式后，在浏览视图中幻灯片的左下角将出现播放时间。

5.5 演示文稿打印和打包

考试内容：

演示文稿的打印和打包

教学要求：

- 打印不同形式的演示文稿

- 将演示文稿打包

知识点（6个）：

- 打印幻灯片、演讲者备注、讲义和大纲等
- 演示文稿打包
- 异地播放

5.5.1 打印演示文稿

演示文稿不仅可以以演播方式进行交流，还可以通过打印方式进行传播和交流。通过打印机可以打印不同形式的演示文稿，如打印幻灯片、演讲者备注、讲义和大纲等，如图5-31所示。

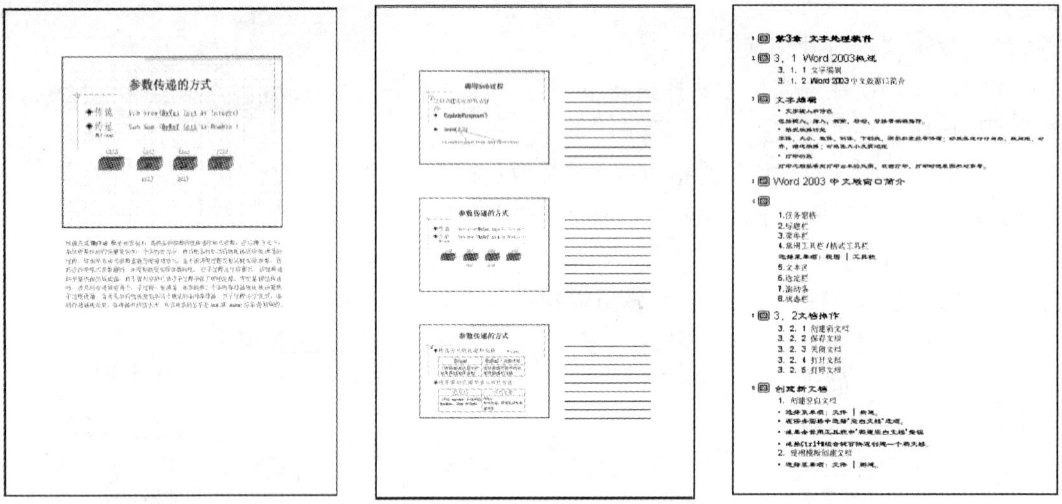

a) b) c)

图5-31 打印演示文稿示意图

a）备注页 b）讲义 c）大纲

1. 打印幻灯片

打印幻灯片的具体操作步骤如下：

1）设置要打印的幻灯片大小。选择“文件”→“页面设置”命令，系统弹出“页面设置”对话框，如图5-32所示。在“幻灯片大小”下拉列表选项框中选择所需选项。若选择了“自定义”选项，则要在“宽度”和“高度”数值框中输入尺寸。还可以选择确定打印

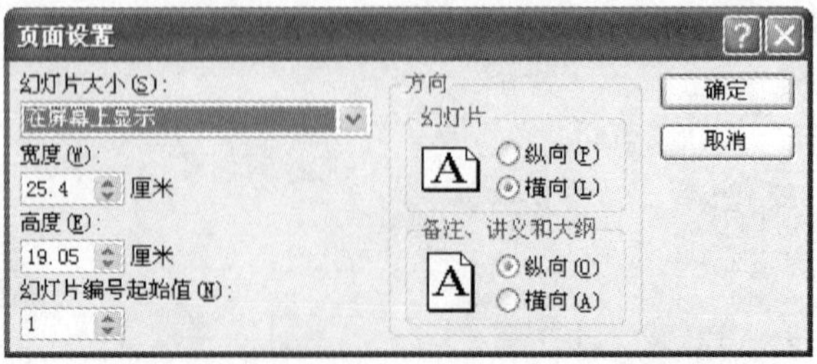

图5-32 “页面设置”对话框

幻灯片的方向（横向或纵向）。所有幻灯片的方向相同。

2）打印预览。打印前可以通过预览查看打印效果，预览的效果就是打印在打印纸上的实际效果。选择“文件”→“打印预览”命令即可。

3）打印幻灯片。选择“文件”→“打印”命令，打开“打印”对话框，如图5-33所示。在“打印内容”下拉列表框中，选择“幻灯片”选项。在“打印范围”中选择要打印的范围；可以是“全部”、“当前幻灯片”和指定“幻灯片”。如果选择的是指定范围内的幻灯片，如要打印第3张和第7张幻灯片，则选中“幻灯片”单选按钮，然后在文本框中输入“3，7”；若要打印第3张到第7张幻灯片，则在文本框中输入“3－7”。还可以指定打印份数。最后单击“确定”按钮。

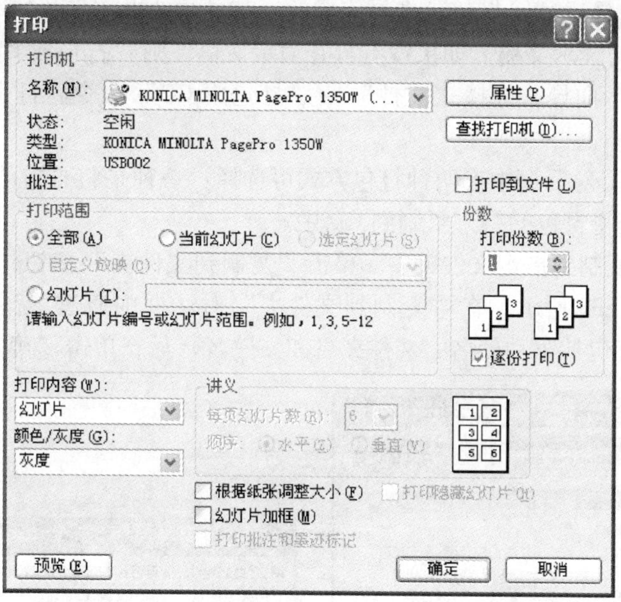

图5-33 “打印”对话框

2. 打印备注页

打印备注页可将幻灯片和它下面的备注文字同时打印出来，作为讲演时的参考，或作为提供给观众的参考资料。操作方法与打印幻灯片的操作方法相同，只是在“打印内容”下拉列表框中，选择“备注”选项即可。

3. 打印讲义

打印讲义的操作方法与打印幻灯片的操作方法是相同的。不同的是，在“打印内容”下拉列表框中，选择“讲义”选项；在“讲义”选项组中选择“每页幻灯片数”，可供选择的数字有1、2、3、4、6、9。图5-31b中显示的是每页打印3张讲义。

4. 打印大纲

在大纲视图中，演示文稿由每张幻灯片中的标题和主要文本组成。主要文本在幻灯片标题下缩进。如果要进行全局编辑、获取演示文稿概述、更改项目符号或幻灯片顺序，使用大纲视图非常方便。打印大纲的具体操作步骤如下：

1）在普通视图中，单击左侧窗口的“大纲”选项卡。

2）在“常用”工具栏上单击“全部展开”按钮，以确定只打印幻灯片标题或文本的所有级别。

3）选择“文件”→“打印预览”命令，查看打印效果。选择“文件”→“打印”命令，在“打印内容”下拉列表框中，选择“大纲视图”选项。

4）单击“确定”按钮。

5.5.2 演示文稿打包

使用 PowerPoint 中的“打包成 CD”功能，可以将一个或多个演示文稿连同支持文件一起复制到 CD 中。默认情况下，PowerPoint 播放器包含在 CD 上，即使其他计算机上没安装 PowerPoint，也可在本地计算机上运行打包的演示文稿。

演示文稿的打包是通过“打包”向导完成的。其具体的操作步骤如下：

1）打开要打包的演示文稿。如果没有打开演示文稿，则“打包成 CD”命令不能使用。

2）启动“打包”向导。选择“文件”→“打包成 CD”命令，打开“打包成 CD”对话框，如图 5-34 所示。

在“打包成 CD”对话框中有两种打包方式可选择：一种是将打包的结果存放到指定的文件夹中；另一种是将打包的结果复制到 CD 中。

3）将打包文件复制到指定文件夹中。单击“复制到文件夹”按钮，打开“复制到文件夹”对话框，如图 5-35 所示。在“复制到文件夹”对话框中通过“浏览”按钮，选定打包文件存放的路径（包括驱动器名、文件夹名和文件名）后，单击“确定”按钮。

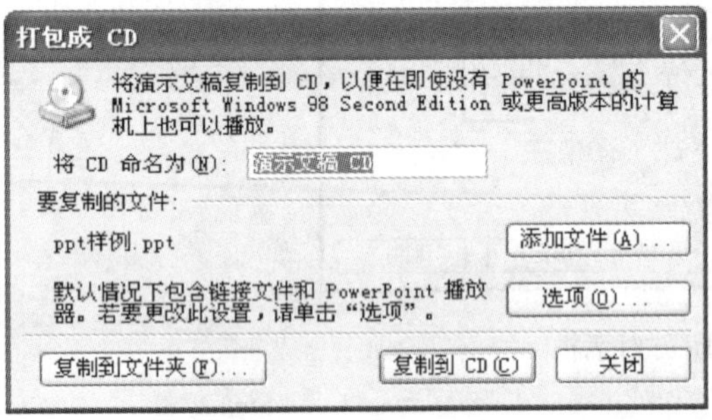

图 5-34 “打包成 CD”对话框

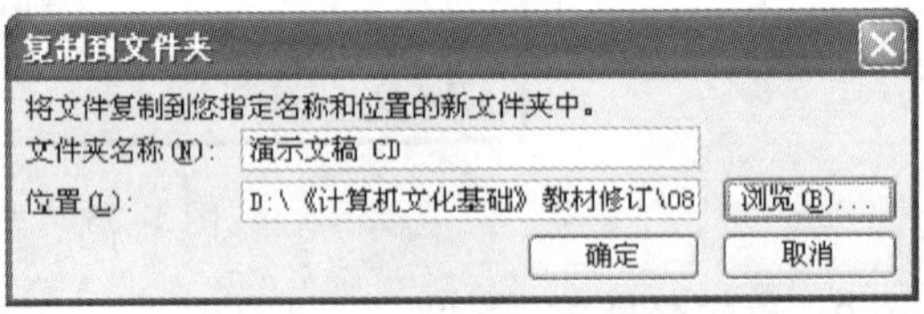

图 5-35 “复制到文件夹”对话框

4）将打包文件复制到 CD 中。在“打包成 CD”对话框中，单击“复制到 CD”按钮，将指定文件复制到 CD 中。完成操作后，单击“关闭”按钮。

如果要为打包的文件设置密码，则单击“选项”按钮，在“选项”对话框中，可以输入“打开文件的密码”和“修改文件的密码”。

5）异地播放。将打包文件带到另一台计算机，打开打包文件夹，双击“play. bat”，即便是没有 PowerPoint 软件，也可以播放演示文稿。图 5-36 显示的是复制到文件夹（演示文稿 CD）的打包，双击 play. bat，就可以播放打包的文件。

图 5-36 “异地播放”示意图

5.6 习题

一、选择题

1. 插入新幻灯片的快捷键是（　　）。

A. Ctrl + N　　B. Ctrl + M　　C. Alt + N　　D. Alt + M

2. 创建新演示文稿时，第一张幻灯片的版式默认为（　　）。

A. 项目清单　　B. 空白　　C. 标题幻灯片　　D. 标题和和文本

3. 幻灯片中，文本框内的项目符号可用（　　）来设置。

A. "工具"菜单中的"拼音"命令　　B. "插入"菜单中的"项目符号"命令

C. "格式"菜单中的"项目符号"命令　　D. "插入"菜单中的"符号"命令

4. 放映幻灯片时，如果要从一张幻灯片"向下推出"到另一张幻灯片的效果，应使用"幻灯片放映"菜单中的（　　）命令。

A. 动作设置　　B. 预设动画　　C. 幻灯片切换　　D. 自定义动画

5. 要从第2张幻灯片跳转到第8张幻灯片，应使用"幻灯片放映"菜单中的（　　）命令。

A. 动作设置　　B. 预设动画　　C. 幻灯片切换　　D. 自定义动画

6. PowerPoint 演示文稿的文件扩展名是（　　）。

A. psd　　B. ppt　　C. pts　　D. pps

7. PowerPoint 放映文件的扩展名是（　　）。

A. psd　　B. ppt　　C. pts　　D. pps

8. 如果已选择了某种"设计模板"，幻灯片背景显示（　　）。

A. 不改变　　B. 不能定义　　C. 不能忽略模板　　D. 可以定义

9. 演示文稿中，超链接中所链接的目标，不可以是（　　）。

A. 幻灯片中的图片　　B. 其他的 PowerPoint 演示文稿

C. Internet 网站　　D. 同一演示文稿的某一张幻灯片

10. 在 PowerPoint 中，停止幻灯片播放的快捷键是（　　）。

A. Enter　　B. Shift　　C. Ctrl　　D. Esc

11. PowerPoint 的图表是用于（　　）。

A. 可视化地显示数字　　B. 可视化地显示文本

C. 可以说明一个进程　　D. 可以显示一个组织的结构

12. 在 PowerPoint 的页面设置中，能够设置（　　）。

A. 幻灯片页页面的对齐方式　　B. 幻灯片的页脚

C. 幻灯片的页眉　　D. 幻灯片编号的起始值

13. 对幻灯片的重新排序、添加和删除，用的视图是（　　）。

A. 幻灯片视图　　B. 幻灯片浏览视图　　C. 大纲视图　　D. 备注页视图

14. PowerPoint 中，要隐藏某个幻灯片，应使用（　　）。

A. 选择"工具"菜单中的"隐藏幻灯片"命令

B. 选择"视图"菜单中的"隐藏幻灯片"命令

C. 单击该幻灯片，选择"隐藏幻灯片"

D. 鼠标右键单击该幻灯片，选择“隐藏幻灯片”

15. PowerPoint 的页眉可以（　　）。

A. 用作标题　　B. 将文本放置在讲义打印页的顶端

C. 将文本放置在每张幻灯片的顶端　　D. 将图片放置在每张幻灯片的顶端

16. 在（　　）状态下可以复制幻灯片。

A. 幻灯片浏览　　B. 预留框　　C. 幻灯片播放　　D. 注释页

17. 在 PowerPoint 中，可以改变单个幻灯片背景的（　　）。

A. 颜色和底纹　　B. 图案和字体

C. 颜色、图案和纹理　　D. 灰度、纹理和字体

18. 当在一张幻灯片中将某文本行降级时（　　）。

A. 降低了该行的重要性　　B. 使该行缩进一个大纲层

C. 使该行缩进一个幻灯片层　　D. 增加了该行的重要性

19. 在幻灯片视图窗口中，在状态栏中出现了“幻灯片 2/7”的文字，则表示（　　）。

A. 共有 7 张幻灯片，目前只编辑了两张　　B. 共有 7 张幻灯片，目前显示的是第 2 张

C. 共编辑了七分之一张的幻灯片　　D. 共有 9 张幻灯片，目前显示的是第 2 张

20. 在 PowerPoint 的数据表中，数字默认是（　　）。

A. 左对齐　　B. 右对齐　　C. 居中　　D. 两端对齐

21. 在 PowerPoint 中，当向幻灯片中添加数据表时，首先从电子表格复制数据，然后用“编辑”菜单中的命令（　　）。

A. 全选　　B. 清除　　C. 粘贴　　D. 替换

22. 幻灯片母版设置，可以起到（　　）的作用。

A. 统一整套幻灯片的风格　　B. 统一标题内容

C. 统一图片内容　　D. 统一页码内容

23. 设置幻灯片母版的方法是（　　）。

A. 选择“编辑”菜单中的“母版”命令下的“幻灯片母版”命令

B. 选择“格式”菜单中的“母版”命令下的“幻灯片母版”命令

C. 按住〈Shift〉键的同时，再单击“普通视图”按钮

D. 按住〈Shift〉键的同时，再单击“幻灯片浏览视图”按钮

24. 在幻灯片母版中，在标题区或文本区添加各幻灯片都共有文本的方法是（　　）。

A. 选择带有文本占位符的幻灯片版式　　B. 单击直接输入

C. 使用文本框　　D. 使用模板

25. 在幻灯片中插入的页脚（　　）。

A. 每一页幻灯片上都必须显示　　B. 能进行格式化

C. 作为每页的注释　　D. 其中的内容不能是日期

26. 在 PowerPoint 中，插入 SWF 格式的 Flash 动画的方法是（　　）。

A.“插入”菜单中的“对象”命令　　B. Shockwave Flash Object 控件

C. 设置文字的超链接　　D. 设置按钮的动作

27. 在 PowerPoint 环境中，从当前幻灯片开始播放的快捷键是（　　）。

A. F5　　B. Shift + F5　　C. Ctrl + F5　　D. Alt + F5

28. 自定义动画中，可以设置（　　）。
A. 隐藏幻灯片　　B. 动作　　C. 超链接　　D. 动画重复播放的次数
29. 在幻灯片切换中，可以设置幻灯片切换的（　　）。
A. 方向　　B. 强调效果　　C. 退出效果　　D. 换片方式
30. 在幻灯片中移动多个对象时（　　）。
A. 只能以英寸为单位移动这些对象
B. 一次只能移动一个对象
C. 可以将这些对象同时选中，作为整体同步移动
D. 修改演示文稿中各个幻灯片的布局

二、操作题

1. 建立一个演示文稿，主题可在下列中选择
• 关于你的工作领域的介绍
• 关于你的爱好
要求：
（1）至少包含以下幻灯片版式：
• 标题幻灯片。
• 标题与文本。
• 标题和两栏文本。
• 标题和两项内容。
（2）应用设计模板
选择系统模板 Network. pot
（3）插入表格
• 边框宽度为 1.0 磅、边框颜色为“按强调文字配色方案”。
• 第一行填充色（自选）。
• 行高设置为相等。
（4）插入背景音乐
• 插入 MP3 格式文件。
• 演示时自动播放声音。
• 第 3 张幻灯片之后停止播放。
（5）插入 Flash 动画
插入一个与主题目相关的 Flash 动画。
（6）保存演示文稿
• 保存演示文稿（扩展名为 ppt）。
• 另存为放映格式（扩展名为 pps）。
操作提示：
1）建立演示文稿。单击“开始”按钮，选择菜单项“程序”→“Microsoft Office PowerPoint”命令。
2）选择幻灯片版式。在“任务窗口”中打开“幻灯片版式”选项卡。
3）应用设计模板。

4）插入表格

• 选择“插入”→“表格”命令。

• 在“常用”工具栏上单击“表格和边框”，显示“表格和边框”工具栏。

5）插入背景音乐

• 选择“插入”→“影片和声音”→“文件中的声音”命令。

6）插入 Flash 动画

• 选择“视图”→“工具栏”→“控件工具箱”命令，打开“控件”工具栏。

• 输入 Flash 动画文件名时，包括路径和扩展名（swf）。

7）将演示文稿另存为“放映格式”

• 选择“文件”→“另存为”命令。

• 选择“文件类型”为 PowerPoint 放映。

2. 设计幻灯片母版

要求：

（1）所有幻灯片标题文字为“黑体、44 号”；

（2）设置统一的项目符号；

（3）每张幻灯片左上角显示标志性图标；

（4）插入标题母版；

（5）给幻灯片编号，标题幻灯片不显示编号。

操作提示：

1）选择“视图”→“母版”命令。

2）选择“格式”→“项目符号和编号”命令。

3）选择“格式”→“插入图片”命令。

4）在“幻灯片母版视图”工具栏上单击“插入新标题母版”命令。

5）给幻灯片编号，标题幻灯片不编号：

• 选择“文件”→“页面设置”命令，“幻灯片编号起始值”设为“0”。

• 选择执行“插入”→“幻灯片编号”命令，选中“标题幻灯片中不显示”复选框。

3. 设置动画方案

要求：

（1）每张幻灯片放置“上一页”和“下一页”动作按钮，并作对应链接；

（2）幻灯片上的文字的动画效果为“出现”；

（3）图片出现时的动画效果为“百页窗”；

（4）建立超链接

• 输入一个网址；

• 建立这个网址的超级链接，链接到该网页。

（5）设置幻灯片的切换方式

• 切换时的动画效果“随机”；

• 包括修改速度和声音“打字机、抽气”等；

• 换片方式为幻灯片放映持续 5 s 后自动换片。

操作提示：

1）选择“幻灯片放映”→“动作按钮”命令。

2）选中文字，选择“幻灯片放映”→“自定义动画”命令。

3）选中图形，选择“幻灯片放映”→“自定义动画”命令。

4）鼠标右键单击对象，在快捷菜单中选择“动作设置”选项。

5）在幻灯片视图下选择执行“幻灯片放映”→“幻灯片切换”命令。

4. 打印幻灯片

要求：

（1）打印演示文稿中的某几页；

（2）将幻灯片和它下面的备注文字同时打印出来。

操作提示：

1）选择“文件”→“打印”命令，在“打印范围”中填写页数。

2）在“打印内容”下拉列表框中，选择“备注”选项。

5. 将演示文稿打包

要求：

（1）打包演示文稿；

（2）播放打包演示文稿；

操作提示：

1）选择“文件”→“打包成 CD”命令。

2）打开压缩包文件夹，双击“play. bat”。

5.7 习题答案

一、选择题

1. B	2. C	3. C	4. C	5. A
6. B	7. D	8. D	9. A	10. D
11. A	12. D	13. B	14. D	15. B
16. A	17. C	18. B	19. B	20. A
21. C	22. A	23. C	24. C	25. C
26. B	27. B	28. D	29. D	30. C

二、操作题

（略）

第6章　计算机网络基础

本章要点：

- 计算机网络的基本知识
- Internet 基本概念
- 网络连接

早期的计算机主要应用在科学计算上，随着计算机应用规模的不断扩大和用户数量的增多，单机的使用已经很难满足需要，这样计算机网络出现了。

计算机网络是计算机技术和通信技术相互结合形成的交叉学科，是计算机应用的一个重要的领域，也是目前发展非常迅猛的领域，特别是 Internet 的迅速发展，使得计算机网络的应用已经渗透到社会生活的方方面面，并且正在影响着人们的工作方式和生活方式。

本章介绍计算机网络的概念、Internet 的基本概念，以及 Internet 网络连接的常用方法。

6.1　计算机网络的基本知识

考试内容：

网络的定义、发展、基本拓扑结构、网络协议以及网络的组成和功能

教学要求：

- 了解网络的形成与发展
- 了解网络按覆盖范围的基本分类
- 了解常见的网络拓扑结构
- 了解网络协议的基本概念
- 了解局域网的特点与功能
- 理解局域网的基本组成
- 了解广域网的概念和基本组成
- 掌握设置共享资源的基本操作

知识点（30个）：

- 第一阶段、第二阶段、第三阶段、第四阶段
- LAN、MAN、WAN、互联网
- 总线形、星形、环形、树形、网状
- TCP/IP、HTTP、SMTP
- 覆盖范围、传输率、安全性、技术因素（拓扑结构、传输形式、介质访问控制方

法)、介质访问控制方法（共享 LAN 和交换 LAN）
- 服务器、用户工作站、网卡、传输介质、网络设备
- 广域网的概念、广域网的组成
- 共享驱动器和文件夹、共享打印机

6.1.1 计算机网络的概念

1. 计算机网络的定义

目前，关于计算机网络并没有一个标准而统一的定义，一般说来，计算机网络是指利用通信设备和通信线路，将分布在不同地理位置上的、具有独立功能的多个计算机系统在更大范围内连接起来，在网络软件的管理下实现数据交换和资源共享的系统，这里的网络软件包括网络通信协议、信息的交换方式和网络操作系统等。

2. 网络的功能

计算机网络的功能主要体现在 3 个方面，即信息交换、资源共享和分布式处理。

（1）信息交换

计算机网络为分布在不同位置的计算机用户提供信息交换和快速传送的手段，在不同计算机之间交换不同的信息，如文字、声音、图像、视频等。

（2）资源共享

这里的资源包括硬件、软件和数据等，资源共享是指在计算机网络中各计算机的资源可以被其他的计算机使用，这是网络的一个重要的功能，目的是可以提高资源的利用率。

（3）分布式处理

当网上某台计算中心的任务过重时，可以将其部分任务转交到其他空闲的计算机上处理，从而均衡计算机的负担。

3. 网络的组成

计算机网络的作用主要是数据处理和数据通信两个方面，因此从逻辑功能上可以将计算机网络分为资源子网和通信子网两个部分，如图 6-1 所示。

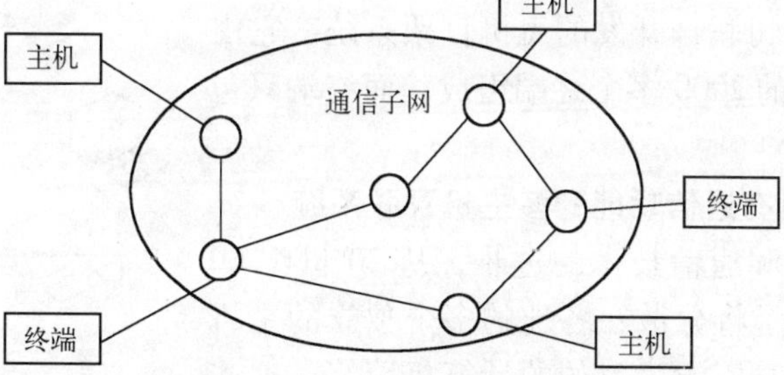

图 6-1　通信子网和资源子网

（1）资源子网

资源子网由主计算机系统、终端控制设备和终端设备组成，负责网络中的数据信息处理，使用户可通过终端设备访问资源子网中的所有共享资源。

（2）通信子网

通信子网包括通信控制和通信处理，主要任务是连接网络上的各种计算机，进行数据的传输、交换和通信，通信子网主要包括通信线路即传输介质、网络连接设备、网络协议和通信软件等。

4. 数据传输速率

数据传输速率是指定每秒钟传输的二进制位数，用来表示网络上的传输能力，单位为位/秒，记作 bit/s（bit/second）。

除了 bit/s 之外，常用的数据传输速率单位还有 kbit/s、Mbit/s 和 Gbit/s，它们之间的关系如下：

1 kbit/s = 10^3 bit/s

1 Mbit/s = 10^6 bit/s

1 Gbit/s = 10^9 bit/s

6.1.2 计算机网络的发展历史

计算机网络是电子计算机技术与通信技术逐步发展、日益结合的产物。计算机网络的发展过程可以大致划分为：以一台主机为中心具有通信功能的远程联机系统、具有通信功能的多机互连系统、标准化计算机网络，以及以下一代互联网为中心的新一代网络。

1. 第一阶段：以单机为中心的远程联机系统

第一阶段的网络产生于20世纪60年代，当时计算机主机昂贵，而通信线路和通信设备的价格相对便宜，为了共享主机的处理能力、进行信息的采集和综合处理，使用了远程联机系统。

这种系统由两部分组成：一部分是没有处理能力的终端设备，如由键盘和显示器构成的终端机；另一部分是具有处理能力的主机，主机可以同时处理多个终端发来的请求。这个阶段的计算机网络是以一台主机为中心的远程联机系统，也称为“面向终端的计算机网络”，如图6-2所示。

这一时期典型的计算机网络是20世纪60年代初美国航空公司与IBM公司联合开发的飞机订票系统，它由一台主机和覆盖全美的2000多个终端组成，而终端只包含CRT显示器和键盘。

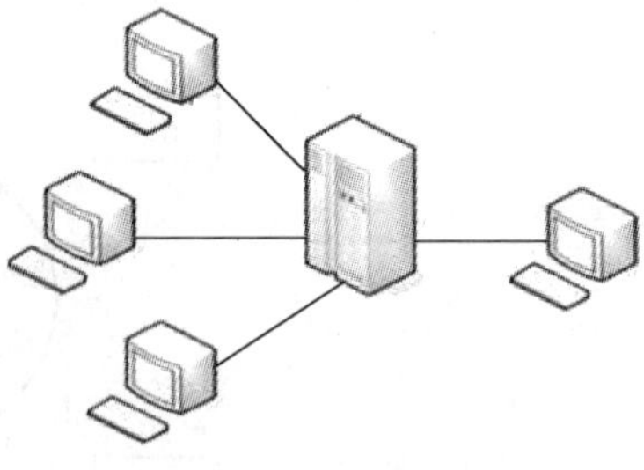

图6-2　主机—终端网络

2. 第二阶段：具有通信功能的多主机互联系统

随着计算机技术和通信技术的进步，从20世纪60年代中期开始，出现了将分散在各地的多个独立的主机系统连接起来、以共享资源为目的的计算机网络，这些主机组成了网络中的资源子网，资源子网中的所有软件资源、硬件资源可以被网上的所有用户共享，而连接主机的通信系统则称为通信子网，两者合起来组成了统一的资源共享的两层网络。

这一时期的网络又称为“面向资源子网的计算机网络”，典型的代表是美国国防部高级研究计划署开发的ARPANET。ARPANET被认是Internet的前身，它的成功，标志着计算机网络的发展进入了一个新的阶段。

3. 第三阶段：国标标准化计算机网络

这一阶段主要解决计算机网络之间互联的标准化问题，要求各个计算机网络具有统一的网络体系结构，目的是实现网络与网络之间的互相联接，包括异型网络的互联。

经过20世纪60年代及70年代前期的发展，几个大的计算机公司制定了自己的网络技术标准，最终促成了国际标准的制定。

20世纪70年代末，国际标准化组织（International Organization for Standardization，ISO）成立了专门的工作组来研究计算机网络的标准，在吸收不同厂家网络体系结构标准化经验的基础上，制定了方便异种计算机互连组网的开放式系统互连参考模型（Open System Interconnect Reference Model，OSI/RM）。

OSI/RM成为全球网络体系的工业标准，这一标准促进了计算机网络技术的发展。

从20世纪80年代，局域网络技术十分成熟，同时也出现了以TCP/IP为基础的全球互联网——因特网（Internet）。随后，Internet在世界范围内得到了广泛的应用。

Internet是最大的国际性网络，遍布全世界的各个角落，与之相连的网络、网上运行的主机不计其数，而且还在飞快地增加。

4. 第四阶段：以下一代互联网为中心的新一代网络

以下一代互联网为中心的新一代网络成为新的技术热点，它是全球信息基础设施（GII）的具体实现，通过采用分层、分面和开放接口的方式，为网络运营商和业务提供商一个平台，在这个平台上提供新的业务。

目前，基于IP的IPv6（Internet Protocol version 6）技术的发展，为发展和构建高性能、可扩展、可管理、更安全的下一代网络提供了理论基础。

6.1.3 网络分类

可以从不同的角度来对计算机网络进行分类。例如，按网络规模分类、按距离远近分类、按网络交换方式分类、按网络连接方式分类等。

按照连网的计算机之间的距离和网络覆盖地域范围的不同，可以将网络分为局域网（Local Area Network，LAN）、城域网（Metropolitan Area Network，MAN）、广域网（Wide Area Network，WAN）和互联网（Internetwork）4类。

1. 局域网

局域网覆盖范围通常为几米到十几千米，用于将有限范围内，如一个实验室、一幢建筑物、一个单位的各种计算机、工作站或外部设备（如打印机互连成网）。

局域网通常是为了使一个单位、企业或一个相对独立的范围内的计算机相互通信，共享某些外部设备，如高容量硬盘、激光打印机、绘图机等，互相共享数据信息而建立的。

2. 城域网

城域网采用的技术与局域网类似，但覆盖范围更大一些，可以覆盖几栋办公楼，也可以覆盖一个城市，既可以是专用网，也可以是公用网。

由于局域网和城域网多采用广播式的传输方式，其关键技术是如何控制对传输介质的访问。

3. 广域网

广域网覆盖范围一般为几十千米到几千千米，跨省、跨国甚至跨洲。广域网可以将多个局域网连接起来，网络的互联形成了更大规模的互联网，可使不同网络上的用户能相互通信和交换信息，实现了局域资源共享与广域资源共享相结合，其中因特网就是典型的广域网。

广域网中包含大量用来运行应用程序的计算机称为主机，连接这些主机的是通信子网，在大多数广域网中，通信子网一般由两部分组成：传输信道和转接设备。传输信道用于在主机间传送数据，转接设备用来连接两条或多条传输线路，通常是专用的计算机。

4. 互联网

这里的互联网不是国际互联网（Internet）而是 Internetwork，是将多个网络相互连接在一起构成的集合。

世界上有多个不同的网络，这些网络的物理结构、协议和采用的标准是各不相同的，如果要将这些不同结构的网络连接到一起使不同网络中的用户可以进行相互通信，就需要使用网关这样的设备将网络联接起来。

互联网最常见的形式是将多个局域网通过广域网连接起来。

6.1.4 网络拓扑结构

我们将计算机网络中的计算机称为结点，将连接结点的线路称为链路，网络的拓扑结构就是指构成网络的结点与通信线路之间的几何连接关系，这种关系反映出了网络中各实体间的结构关系。

按连接方式的不同，网络拓扑结构一般分为星形、树形、总线型、环形和网状结构等，如图 6-3 所示。

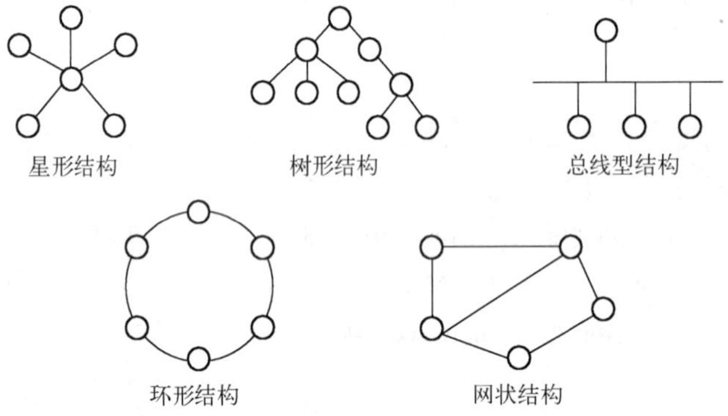

图 6-3 网络的拓扑结构

1. 总线型结构

总线型结构是局域网中最为常用的一种结构，在这种结构中，有一条公共的信息传输通道称为总线，所有结点都与公用总线相连接，它们都通过总线进行通信。

在同一时刻只能允许一对结点占用总线进行通信，由于总线结构中没有中央控制结点，因此必须采取某种介质访问协议来控制结点对总线的访问，从而保证在一段时间内避免信息冲突。

总线型结构简单灵活，可扩充性好、成本低、安装使用方便，但是实时性较差，不适宜大规模的网络。

2. 星形结构

星形结构的主要特点是集中式控制或集中式连接，每个结点通过点对点通信线路与中心结点连接，中心结点控制全网的通信，任何两个结点间的通信都要通过中心结点。

星形结构的优点是建网容易，控制和维护相对简单；缺点是对中心结点依赖大，中心结点的故障会导致整个网络的瘫痪。

3. 环形结构

环形结构用通信线路将各结点顺序连接成一个闭合的环，信息从一个结点发出后，沿着通信链路在环上按一定方向一个结点接一个结点传输。

环形网上各个结点的地位和作用是相同的，缺点是网络上的响应时间会随着环上结点的增加而变慢，而且抗故障的能力较差，当环上的某一个结点有故障时，整个网络都会受到影响。

4. 树形结构

在树形结构中，结点之间按照层次进行连接，其结构形状像一棵倒置的树，顶端为根，从根向下分支，每个分支又可以延伸出多个子分支，一直到树叶。

信息交换主要在上下层结点之间进行，一个结点发送信息时，根结点接收该信息并向全树广播。

树形结构的优点是易于扩展，故障也容易分离；缺点是整个网络对根结点的依赖性太大，如果网络的根结点发生故障，整个系统就不能正常工作。

当树形结构中只有根结点和一层子结点时，就变成了星形结构，因此可以将星形结构看做是树形结构的特例，也可以将树形结构看成是星形结构的扩展。

5. 网状结构

网状结构又称为无规则型，其控制功能分散在网络的各个结点上，网上的每个结点都有若干条路径与网络其他结点相连，这样即使一条线路出现故障，也能通过其他线路传输，网络仍能正常工作。这种结构可靠性高，但网络控制比较复杂。

以上的 5 种拓扑结构中，总线型、星形和环形在局域网中应用得较多，网状和树形结构在广域网中应用较多。

6.1.5 网络协议

为保证数据信息在网络各设备之间进行可靠、准确的传输，就要制定一系列规则以及对约定的规范性描述。

另一方面，网络通信设备是不同厂家生产的，其操作系统、信息表示方法等都存在差异，它们的通信就需要遵循共同的规则和约定。因此，在计算机网络中进行通信需要共同遵守通信规则和约定，由这些规则和约定解释、协调和管理计算机之间的通信和相互间的操作。

1. 网络协议的概念

网络协议是网络上计算机通信时为进行数据交换而制定的规则、标准或约定，网络协议规定了通信双方互相交换数据或者控制信息的格式，所应给出的响应和所完成的动作以及它们之间的时序关系。

网络协议主要由 3 个要素组成：

1）语法。描述数据与控制信息的结构或格式，即“怎么讲”。

2）语义。控制信息的含义，需要作出的动作及响应，即“讲什么”。

3）时序。规定了各种操作的执行顺序。

2. 常见的协议

不论何种计算机，只要采用相同的协议就可以进行通信，常用的协议有OSI协议、TCP/IP、HTTP、SMTP等。

（1）OSI协议

OSI（Open System Interconnection）协议是国标标准化组织（ISO）于1984年制定的计算机网络标准，也称为OSI/RM，即OSI参考模型，它将计算机网络的体系结构自上而下分为7层：应用层、表示层、会话层、传输层、网络层、数据链路层和物理层。

（2）TCP/IP

TCP/IP（Transmission Control Protocol/Internet Protocol）全称是传输控制协议/网际协议，其体系结构由用于控制数据传输的一组协议组成，这些协议按功能分布在不同的层次上，从低到高依次分别是网络接口层、网络层、传输层和应用层，它是Internet中采用的协议体系，其核心功能是寻址和路由选择（网络层的IP）以及传输控制（传输层的TCP和UDP）。

（3）HTTP

HTTP（Hyper Text Transfer Protocol）的全称是超文本传输协议，它是TCP/IP协议集最高层应用层中的一个协议，采用请求/响应模式，用于传送Web数据。

（4）SMTP

SMTP（Simple Mail Transfer Protocol）的全称是简单邮件传输协议，它也是TCP/IP集应用层中的一个协议，是Internet上传输电子邮件（E-mail）的标准。

6.1.6 局域网

局域网是计算机网络的一种，它一般是在一个较小的范围内（一所学校、一个商场、一个行政机关等），利用通信线路将若干台计算机及其外部设备连接起来，达到资源共享和信息通信的目的。局域网目前仍然广泛应用于数字化办公和数字化服务的应用领域。

1. 局域网的特点

局域网具有以下几个特点：

1）局域网覆盖的范围有限，通常覆盖一个公司、机关、校园、工厂等范围内的计算机及各类设备。

2）局域网通常有较高的传输速率和较低的误码率，其传输率在10 Mbit/s以上。

误码率是指数据传输过程中的出错率，它在数值上等于传输出错的二进制位数与传输的总的二进制位数之比。

3）局域网一般属于一个单位或一个部门，易于建立、维护和扩展，因此其可靠性和安全性较高。

4）决定局域网性能的主要技术指标有拓扑结构、传输形式（基带传输、宽带传输）、介质访问控制方式。

按介质访问控制方式，可以将局域网分为共享式局域网和交换式局域网两种。

2. 局域网的组成

局域网一般由服务器、工作站、传输介质、网卡和网络设备5部分组成，各部分的作用如下。

(1) 服务器

服务器运行网络操作系统，提供网络服务功能和控制功能。例如，提供硬盘、文件数据及打印机的共享等服务。根据服务内容的不同，可以分为文件服务器、打印服务器、数据库服务器等，在 Internet 上，还可以有 Web 服务器、FTP 服务器、E-mail 服务器。

(2) 工作站

工作站通常是用户自己使用的计算机，有自己的操作系统，既可以独立地工作，也可以访问和使用网络中服务器上的共享资源。

根据安装的操作系统的不同，可以分为 Windows 工作站、Linux 工作站等。

(3) 传输介质

在计算机网络中使用的传输介质有有线介质和无线介质两种。其中有线介质有双绞线、同轴电缆和光纤。

(4) 网卡

使用网卡可以将传输介质连接到工作站和服务器上，从而实现工作站和服务器的通信和资源共享，因此网卡的作用是通信处理、数据转换和电信号的匹配。

(5) 网络设备

网络设备通过传输介质和网卡将服务器和工作站连接到一起，形成局域网。

6.1.7 广域网的组成和工作原理

1. 广域网的组成

广域网由两个以上的局域网构成，这些局域网可以跨越很大的物理范围，可以连接多个城市或者连接多个国家，也可以连接各大洲的局域网，其中 Internet 就是跨越全球的最大范围的广域网，它连接了全球成千上万的局域网和广域网。

连接到广域网中的各个局域网，必须按照一定的网络体系结构和相应的协议进行连接，这样才可以实现不同系统之间的互连和协同工作。

组成广域网的主要设备是广域网交换机，也称为路由器。一个广域网中有多个交换机，这些交换机之间采用点到点的方式进行通信。

2. 广域网的工作原理

除了使用卫星的广域网外，几乎所有的广域网的数据交换通常采用存储转发的方式，这种方式是基于报文交换或报文分组交换技术。

具体工作时，先将要传送的数据组织成报文或分组，称为数据包。交换机接收到完整的数据包后先存储下来，然后按照一定的算法选择一条合适的路径（称为路由），最后将数据包沿选定的路径传递到下一个交换机上，这就是转发，依此类推，经过各个交换机最终将数据包传送到目的结点中。

由于数据包要在多个交换机之间进行存储和转发，因此和局域网相比，广域网中数据传输的延迟要大得多，传输速率也低得多。

6.1.8 共享资源的基本操作

在局域网中可以进行资源共享的有驱动器、文件夹或打印机，目的是使网络中的其他用户共同使用这些资源，设置的方法十分方便。

1. 设置共享驱动器

共享驱动器是指网上其他用户可以共享该驱动器中的文件和文件夹。假定某个用户要将其机器中的H盘设置为共享，操作步骤如下：

1）打开“我的电脑”程序窗口。

2）鼠标右键单击窗口中的H盘符，在弹出的快捷菜单中选择“共享和安全”命令，打开“本地磁盘属性”对话框，如图6-4所示。

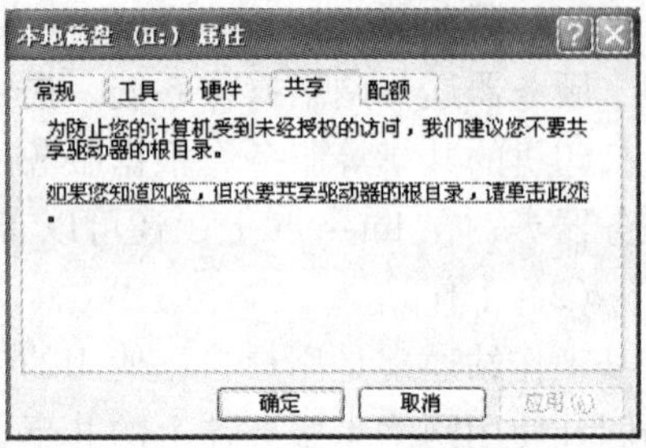

图6-4 “本地磁盘属性”对话框

3）在对话框的“共享”选项卡中，单击“如果您知道风险，但还要共享驱动器的根目录，请单击此处”命令。

4）选中对话框中的“在网络上共享这个文件夹”复选框。

5）在“共享名”文本框中输入共享文件夹的名称，然后单击“确定”按钮，完成设置。

设置完成后，在“我的电脑”窗口中，可以看到设置了共享后的“H：盘”的图标中多了一个手的形状，这就是共享的标志。

2. 设置共享文件夹

共享文件夹是将盘上的某个文件夹设置为网络用户共享，其设置方法与设置共享驱动器的方法是一样的。

设置了共享后，网络中的其他用户可以读取、复制或更改共享文件夹中的文件，这样数据的安全性与没有设置共享时相比是下降的，因此用户应经常监视自己的共享文件夹和文件夹中的文件。

3. 共享打印机

设置共享打印机的操作步骤如下：

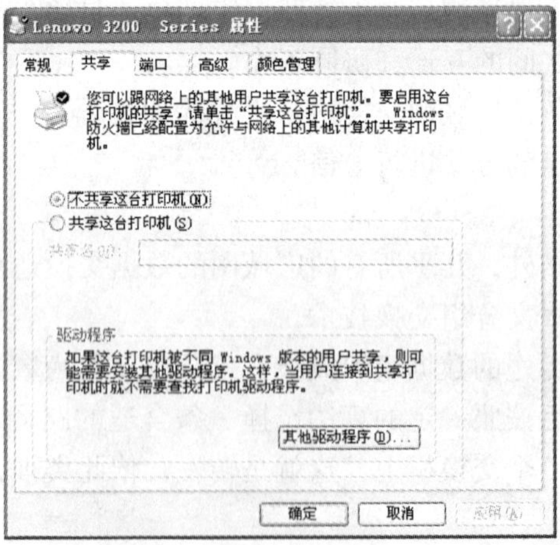

图6-5 “打印机属性”对话框

1）单击“开始”按钮，打开开始菜单。

2）在开始菜单中单击“控制面板”命令，打开“控制面板”窗口。

3）双击“控制面板”中的“打印机和传真”按钮，打开“打印机和传真”窗口。

4）在窗口中鼠标右键单击要共享的打印机，打开“打印机属性”对话框，如图 6-5 所示。

5）在对话框的“共享”选项卡中，选中“共享这台打印机”单选按钮，然后在“共享名”文本框中输入共享打印机的名称。

6）单击“确定”按钮，关闭对话框，完成设置。

4. 通过“网上邻居”访问网络资源

设置了共享后，网络上的其他用户要访问这些资源时，可以双击桌面上的“网上邻居”命令，这时打开一个新的窗口，在窗口中双击要访问的计算机资源即可。

6.2 Internet 基本概念

考试内容：

Inertnet 基本概念、作用、应用和特点、IP 地址、网关、子网掩码、域名的基本概念

教学要求：

- 了解 Inertnet 的发展历史
- 了解 Inertnet 的作用与特点
- 理解 TCP/IP 的基本概念
- 了解 IP 地址、网关和子网掩码的基本概念
- 理解域名系统的基本概念
- 了解 Inertnet 提供的常规服务

知识点（31 个）：

- Inertnet 的诞生、Internet 名称的由来、初步发展、迅猛发展、下一代互联网的研究与发展
- 中国 Inertnet 的发展史、中国下一代互联网的研究进展
- 开放性、平等性、技术通用性、专用协议、内容广泛
- TCP/IP、TCP 和 IP 的工作过程、TCP/IP 的体系结构、TCP 与 UDP
- IP 地址的概念、网关的概念、子网掩码的概念、网络参数的设置
- 域名地址、域名服务器、地域性域名、机构性域名
- WWW、电子邮件、FTP、搜索引擎、网上聊天、BBS、博客

Internet，即国际互联网，也称为因特网，它是在全世界范围内，将不同国家、不同地区、不同部门的不同类型的计算机和不同类型的网络连接在一起从而实现资源共享所形成的网络。Internet 所连接的网络包括国家主干网、广域网、城域网和局域网。

6.2.1 Inertnet 的起源及发展

1. Internet 的诞生

Internet 是在 ARPANET 网络的基础上发展而来的，ARPANET 是 20 世纪 60 年代中期由美国国防部高级计划研究署（ARPA）资助的网络，最早是在 4 所大学之间建立的实验性

网络。

在这个网络的深入研究过程中，导致并促进了 TCP/IP 的发展，在美国军方的赞助下，加州大学伯克利分校将 TCP/IP 嵌入到当时很多大学都使用的网络操作系统 BSD UNIX 中，这又促进了该协议的研究与推广。

1983 年初，美国军方正式将其所有的军事基地的子网络都连接到 ARPANET 上，并且都使用 TCP/IP，这标志着 Internet 的正式诞生。

ARPANET 是一个网际网，英文中称为 Internetwork，当时的研究人员将其简称为 Internet，同时将 Internet 特指为研究建立的网络原型，这一称呼一直沿用至今。

2. Internet 的发展

作为 Internet 的第一代主干网，ARPANET 现在已经退役，但它采用的技术对网络的发展无疑产生了重要的影响。

20 世纪 80 年代，美国国家科学基金会（NSF）组建了一个网络称为 NSFNET，该网络一开始就使用 TCP/IP。

1988 年，NSFNET 取代 ARPANET 正式成为 Internet 的主干网，该网络采用层次结构，分为主干网、地区网和校园网，连接方式是各主机连入校园网，校园网连入地区网，地区网则连入主干网。由于是美国政府资助的，因此入网的主要是大学和科研机构，不允许商业机构加入。

20 世纪 90 年代，由于加入到 Internet 上的计算机数量呈指数式增长，导致 NSFNET 的网络负荷过重，仅仅依靠美国政府已无力承担组建更大容量网络的费用。这时，三家商业公司 MERIT、MCI 和 IBM 接管了 NSFNET 并组建成一个非盈利的公司 ANS。1991 年底，NSFNET 的全部主干网都与 ANS 的新主干网连通，构成了 ANSNET。同时，许多商业机构的网络也连接到 ANSNET 主干网上，标志着 Internet 的商业化。

20 世纪 90 年代，在商业领域的应用真正促进了 Internet 的飞速发展，Internet 网络通信使用的协议是 TCP/IP。因此，所有采用 TCP/IP 的计算机都可以加入到 Internet。

每一个加入到 Internet 的用户都可以得到需要的信息和其他相关的服务。通过使用 Internet，世界范围的人们既可以互通消息、交流思想，又可以从中获取各个方面的知识、经验和信息。

3. 下一代 Internet 的研究与发展

随着 WWW 技术的出现和推广，以及网络上提供的服务不断增加，Internet 面向商业用户和普通用户开放，接入到 Internet 的国家越来越多，连接到 Internet 上的用户数量和网络上完成的业务量也急剧增加。这时，Internet 面临的资源匮乏、传输带宽的不足等缺点变得越来越突出。

为解决这一问题，1996 年 10 月，美国 34 所大学提出了建设下一代互联网 NGI（Next Generation Internet）的计划，即第二代 Internet 的研制。第二代 Internet 称为 Internet2。1998 年，美国下一代互联网研究的大学联盟 UCAID 成立，启动 Internet2 计划。

目前，Internet2 研究的已不再局限于美国，其他国家和地区也参与到其中。例如，加拿大政府对 Internet2 的研究已经历了 4 次大规模的升级；2001 年，欧共体正式启动下一代互联网研究计划；1998 年日本、韩国和新加坡建立"亚太地区先进网络 APAN"，加入到下一代互联网的研究行列；1998 年，中国清华大学依托中国教育科研网（CERNET），建立中国第一个 IPv6 试验网，标志着我国下一代互联网研究的开始。

Internet2 的最大特征就是使用 IPv6 协议来逐渐取代目前使用的 IPv4 协议，目的是彻底解决互联网中 IP 地址资源不足的问题。由于 IPv6 的地址是 128 位编码，有 2^{128} 个地址，地址资源极其丰富（有人比喻，世界上的每一粒沙子都会有一个 IP 地址）。

Internet2 还解决了带宽不足的问题，其初始的运行速率可以达到 10 Gbit/s。这样，将使多媒体信息可以实现真正的实时交换。

6.2.2 中国的 Internet

1. 中国 Internet 的发展

以下发生的主要事件代表了我国 Internet 的发展过程。

1）1987 年 9 月 20 日，中科院钱天白教授发出我国第一封电子邮件，揭开了中国人使用 Internet 的序幕。

2）1990 年 10 月，钱天白教授代表中国正式在国际互联网络信息中心的前身 DDN－NIC 注册登记了我国的顶级域名“CN”。

3）1994 年 4 月，我国通过 64 kbit/s 专线正式接入 Internet。

4）1996 年初形成了和 Internet 连接的 4 大主干网，这 4 个主干网分别是中国教育科研网（CERNET）、中国科技网（CSTNET）、中国公用计算机互联网（CHINANET）和中国金桥信息网（CHINAGBN），其中前两个主要用于科研和教育机构，后两个网络面向全社会提供 Internet 服务。

5）目前，我国有 10 个全国范围的公用计算机网络连接到 Internet 中，被称为十大 Internet 服务提供商（Internet Service Provider，ISP）。最新的统计数据表明，中国网民达到 2.4 亿人，超过美国，居世界第一。

2. 中国下一代 Internet 的研究与发展

1998 年，中国清华大学依托中国教育科研网（CERNET），建立中国第一个 IPv6 试验网，标志着我国下一代互联网研究的开始。在“九五”期间，我国政府对下一代互联网的研究给予了大力的支持，启动了一系列科研和产业的发展计划。

1）2000 年，在国家自然基金委支持下，建立了我国第一个地区性下一代互联网试验网络，这就是“中国高速互联网研究实验网络（NSFCnet）”。

2）2003 年 8 月，国家发改委批复了中国下一代互联网示范工程 CNGI 示范网络核心网建设项目的可行性研究报告，该项目的正式启动。这对全面推动我国下一代互联网研究及建设具有重要的意义。

3）2004 年 12 月，CNGI 核心网 CERNET2 正式开通，这是目前世界上规模最大的 IPv6 互联网。CERNET2 基于 CERNET 高速传输网，传输速率为 2.5～10 Gbit/s（相当于每秒传送 15 个 VCD 光盘存储的信息），连接了分布在北京、上海、广州等 20 个城市的 25 个核心结点。2006 年 9 月 29 日，CNGI 在北京通过专家验收，专家预测，基于下一代互联网的真正数字化时代即将来临。

6.2.3 Internet 的特点

Internet 网络具有以下的特点：

1. 开放性

在 Internet 中，计算机之间通信使用的是 TCP/IP，任何计算机只要使用 TCP/IP，都可以连接到 Internet 上，这就是对任何计算机的开放。

2. 平等性

Internet 不属于任何个人、企业、部门和国家，也没有固定的连接设备和传输介质，没有一个机构可以把整个网络管理起来。

任何一个运行 TCP/IP 的网络都可以加入到 Internet 中，网络中的用户可以共享 Internet 的资源，也可以将自身的资源向 Internet 开放，Internet 中的任何一个成员都可以自由地接入到网中或自由地从网络中退出。

这一特点反映了 Internet 的平等性。

3. 技术通用性

Internet 中计算机通信使用的线路可以是各种不同的传输媒介，连接计算机的线路可以是小型网络中的电缆、专用的数据线、本地的电话线、全国范围的电话网络和国家间的电话载体。

4. 专用协议

Internet 上使用的是 TCP/IP，它是一种简洁而且实用的协议，各个计算机都可以方便地采用此协议加入到 Internet 中，所以使得 Internet 迅速地发展起来。

5. 内容广泛

Internet 是一个覆盖全球的网络，它的内容异常丰富，包括政治、经济、天文、历史、地址、人文等方方面面的信息资源。

6.2.4 TCP/IP

Internet 采用的体系结构称为 TCP/IP，由于在 Internet 上的广泛使用，使得 TCP/IP 成为事实上的工业标准。

1. TCP/IP 的体系结构

TCP/IP 有以下两个特点：

1）开放的协议标准，独立于具体的计算机硬件、网络硬件和操作系统。

2）统一的网络地址分配方案，网络中的每台主机在网络中具有唯一的地址。

TCP/IP 是一套工业标准的协议集，该协议集由用于控制数据传输的一组协议组成。TCP/IP 采用分层模型，即这些协议按功能分布在不同的层次上，从低到高依次是网络接口层、网络层、传输层和应用层，其中传输层的 TCP 和网络层的 IP 是这些协议中最为重要的两个协议，TCP 负责数据传输的可靠性，IP 负责数据的传输。

2. TCP 和 UDP

TCP 和 UDP 是传输层的两个重要协议，TCP 的作用是向应用层提供面向连接的服务，当传输的数据报丢失或被破坏，则由 TCP 负责将出错的数据报重新传输，从而确保数据无差错地传输到目的主机。

UDP 是一种不可靠的无连接的协议，与 TCP 不同的是，在数据传输中，不进行分组顺序的检查和差错检查，而是将这些工作交给上一级的应用层来完成。

3. 网络层 IP 的工作过程

网间协议（Internet Protocol，IP）位于网络层，主要作用是负责将信息从一处传输到另一处。

数据传输时，首先由 TCP 将数据分成若干个数据段，每个数据段称为一个数据报。然后给每个数据报加上一个 TCP 的头部即报头，报头的作用相当于信封，包含了数据报的编号等信息，目的是便于在接收端进行数据的还原。

TCP 将带有报头标记的数据报传递给网络层，网络层的 IP 将接收的数据再加上一个 IP 头部构成的 IP 数据报。IP 数据报中包含源主机和目标主机的 IP 地址，组织好的 IP 数据报就可以在物理网上传输了。

除了组织数据报，IP 还具有路由选择的功能，它使用某种路由选择算法为每个 IP 数据报选择不同的传输路径。由于传输路径不同等原因，IP 数据报的传输可能会出现顺序颠倒、数据丢失、出错等问题，这些问题由 TCP 来解决。

综上所述，IP 的主要作用是组织 IP 数据报和进行路由选择。

6.2.5 IP 地址和域名

1. IP 地址

为保证在 Internet 上准确地实现将数据传送到网络上指定的目标，Internet 上的每一个主机、服务器或路由器都必须有一个在全球范围内唯一的地址，这个地址称为 IP 地址，由各级 Internet 管理组织负责分配给网络上的计算机。

TCP/IP 规定，IP 地址由 32 位二进制数组成。例如，下面是一个 32 位二进制组成的 IP 地址：

11001010 01110101 10100101 00100100

为便于使用，将这 32 位的二进制，每 8 位（即每个字节）分为一组，每一组分别转换为十进制整数，然后将这 4 个整数之间用圆点隔开，这种表示方法称为 IP 地址的点分十进制写法。例如，上面的 IP 地址可以写成以下的点分十进制形式：

202. 117. 165. 36

显然，组成 IP 地址的 4 个十进制整数中，每个整数的范围都是在 0 ~ 255 之间。

IP 地址是连接到 Internet 上主机的网络参数之一，每台计算机在联网时要进行相应的设置。一台计算机可以有一个或多个 IP 地址，相当于一个人有多个通信地址。但是两台或多台计算机不能共用一个 IP 地址，否则哪一台计算机都不能正常工作。

目前使用的 32 位 IP 地址格式是 IP 的第 4 个版本，即 IPv4。该版本中可以提供的地址总数 40 多亿个，再加上该格式地址的分配方法极不合理（例如，70% 左右的 IP 地址被美国占用，而中国分配到的 IP 地址大约只有 2500 万个，也就相当于美国一个大学或大企业的拥有量。例如，斯坦福大学有 1700 万个 IP 地址，IBM 有 3300 万个 IP 地址），导致地址资源已无法满足目前空前增长的网络的需要。这样，IP 的第 6 个版本，即 IPv6 取代 IPv4 已经是大势所趋。

在 IPv6 中，IP 地址为 128 位的二进制数，这样其提供的地址总数足以满足目前所有应用的需要。

（1）网关和默认网关

Internet 是网络的网络，一个网络到另一个网络的连接关口称为网关（Gateway），充当网关的可以是路由器、启动用了路由协议的服务器、代理服务器，后两者的作用都相当于路由器。

由于每个网关实现数据包的路由选择和转发，每台路由器的地址就是网关的地址。

一台主机可以有多个网关，即多个关口，如果一台主机找不到可用的网关，就把数据报发送给默认指定的网关，这就是默认网关。

（2）子网和子网掩码

一个大的物理网络可以划分为若干个逻辑子网络，简称子网。通过子网的划分，可以有效地进行网络管理，避免地址浪费，减少子网内地址的冲突。

在 Internet 上的每一台主机都有一个 32 位的 IP 地址，这个地址由两部分组成，即所在网的网络标识和网内主机地址。子网掩码的作用就是用来区分某个 IP 地址的这两个部分。子网掩码也是 32 位的二进制数，其中用“1”表示 IP 地址相应位是网络标识，用“0”表示 IP 地址相应的位是网内主机地址。例如，某个主机的 IP 地址如下：

11001010 01110101 10100101 00100100

如果使用的子网掩码为：

11111111 11111111 11111111 00000000

则表示该主机的前 24 位是网络标识，后 8 位是网内主机地址。

在实际使用时，子网掩码也可以使用点分十进制的形式。例如，上述二进制的子网掩码用点分十进制表示为：255. 255. 255. 0。

（3）网络参数的设置

连接到 Internet 上的每一台主机，首先要进行网络参数的设置，这些参数包括 IP 地址、子网掩码、网关地址、DNS 服务器的地址，设置的方法有手动设置和自动设置两种。

手动设置的操作步骤如下：

1）单击“控制面板”命令，在“控制面板”中双击“网络和拨号连接”按钮，打开“网络和拨号连接”窗口。

2）在“网络和拨号连接”窗口中鼠标右键单击“本地连接”命令，在快捷菜单中选择“属性”命令，打开“本地连接属性”对话框，如图 6-6 所示。

3）在“本地连接”属性对话框中选择“Internet 协议（TCP/IP）”组件，然后单击“属性”按钮，打开“Internet 协议（TCP/IP）属性”对话框，如图 6-7 所示。

4）在图 6-7 的对话框中输入由网络中心分配的各个参数，如 IP 地址、子网掩码等，然后单击“确定”按钮。

手动设置适用于计算机数量较少并且 TCP/IP 参数基本不变的情况，这种方法要在每台计算机上分别设置各个网络参数，因此在需要修改参数时操作比较麻烦。

自动设置是利用动态主机配置协议（Dynamic Host Configuration Protocol，DHCP）服务器自动给网络中的计算机分配 IP 地址、子网掩码和默认网关。

DHCP 是目前广泛使用的动态 IP 地址分配方法，是一种用于简化主机 IP 地址配置管理的协议，对于基于 TCP/IP 的网络，DHCP 可以降低重新配置计算机的难度，减少了管理的工作量。

实际使用时，一旦网络参数发生了变化，只要更改 DHCP 服务器中的设置，网络中所有计算机都可以自动获得新的网络参数。因此，这种方法适用于网络规模较大、参数经常变动的网络。

2. 域名

用数字表示的 IP 地址对用户来说不便记忆。为了便于人们记忆和书写，Internet 在 IP 地址的基础上为用户提供域名系统（Domain Name System，DNS）服务，即用名字来标识接入 Internet 中的计算机。

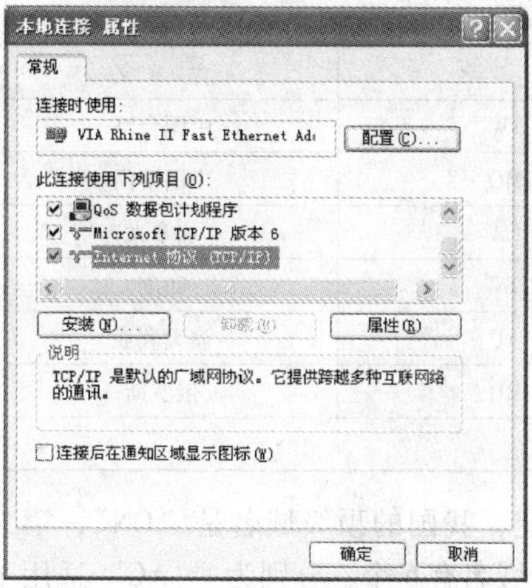

图 6-6 “本地连接 属性”对话框

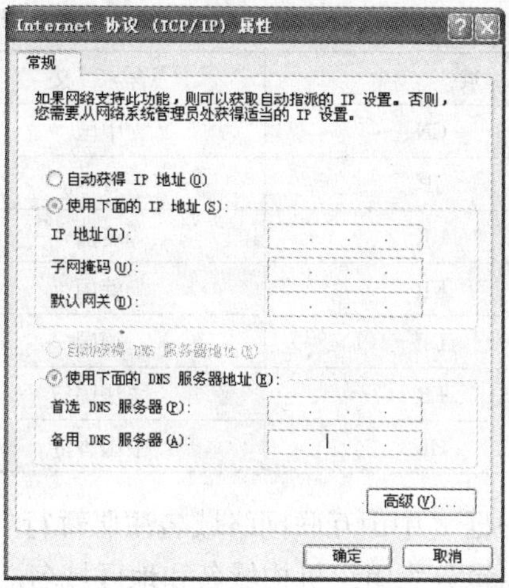

图 6-7 Internet 协议（TCP/IP）属性”对话框

例如，西安交通大学的 Web 服务器 IP 地址是“202.117.0.13”，它对应的域名是“www.xjtu.edu.cn”。其中，“cn”表示中国，“edu”表示教育网，“xjtu”表示西安交通大学，“www”则表示提供 Web 服务，这几部分完整地代表西安交通大学提供 Web 服务的主机名。

域名不区分字母大小写，域名和 IP 地址的作用是相同的，都用来表示主机的地址。在访问一个站点时，可以输入这个站点的 IP 地址，也可以输入它的域名。当输入域名时，通过域名服务器会搜索到对应的 IP 地址，然后访问该地址对应的站点。

域名系统采用层次结构，整个域名由若干个不同层次的子域名构成。它们之间用圆点“.”隔开，从右到左分别是顶级域名、二级域名，直到最低级的主机名，即下面的形式：

主机名．三级域名．二级域名．顶级域名

例如，域名“mail.xjtu.edu.cn”表示西安交通大学的电子邮件服务器。

顶级域名采用国际上通用的标准代码，分为两类，分别是机构性域名和地理性域名；机构性顶级域名是美国的机构直接使用的域名，是 Internet 管理机构定义的，用来表示主机所属的机构性质，见表 6-1。

表 6-1 左边的 7 个域名是 20 世纪 80 年代定义的，右边 7 个域名是 2000 年启用的。

表 6-1　机构性顶级域名

域　名	含　义	域　名	含　义
Com	商业组织	info	一般用途
Edu	教育机构	biz	商务
Gov	政府机关	name	个人
Mil	军事组织	pro	专业人士
Net	网络报务提供者	museum	博物馆
Org	非盈利组织	coop	商业合作团体
Int	国际组织	aero	航空工业

地理性顶级域名是美国以外的其他国家和地区的名称，用来表示主机所属的国家和地区，常用的地理性顶级域名见表6-2。

表6-2　地理性顶级域名

域　名	含　义	域　名	含　义
CN	中国	TW	中国台湾
JP	日本	MO	中国澳门
UK	英国	CA	加拿大
KR	韩国	IN	印度
DE	德国	AU	澳大利亚
FR	法国	RU	俄罗斯
HK	中国香港		

根据《中国互联网络域名注册暂行管理办法》规定，我国的顶级域名是“CN”，第二级域名也分为组织机构域名和地区域名。其中组织机构域名有6个，分别为：“AC”适用于科研机构；“GOV”适用于政府部门；“ORG”适用于各种非盈利性组织；“NET”适用于互联网络、接入网络的信息中心（NIC）和运行中心（NOC）；“COM”适用于工、商、金融等企业；“EDU”适用于教育机构。地区域名是34个行政区域名。如“BJ”表示北京市，“SH”表示上海市，“TJ”表示天津市，“CQ”表示重庆市，、“ZJ”表示浙江省等。

在二级域名下又划分第三级域名，如此形成树形的多级层次结构，如图6-8所示。

例如，西安交通大学的电子邮件服务器域名“mail. xjtu. edu. cn”中，“mail”为邮件服务器主机名，“xjtu”为学校域名，“edu”为教育科研域名，最高域名“cn”为国家域名。

6.2.6　Internet 的应用

随着 Internet 的迅速发展，其提供的服务种类非常多，以下是一些最为常用的服务。

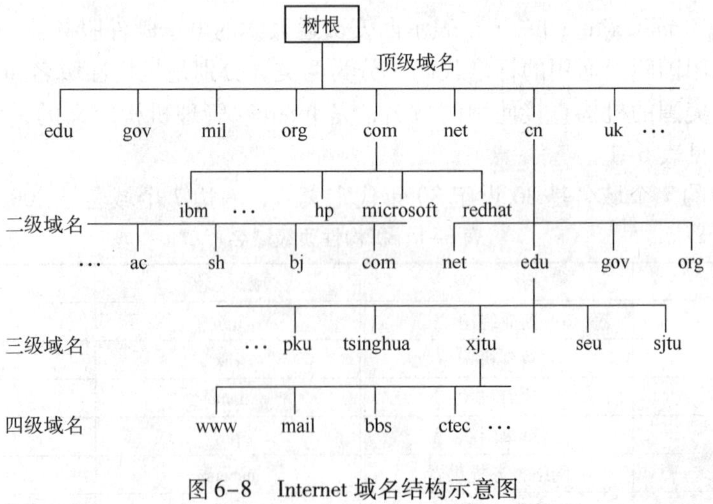

图6-8　Internet 域名结构示意图

1. WWW

万维网（World Wide Web，WWW）是 Inernet 上的多媒体信息浏览工具。通过交互方式浏览信息，这些信息包括文字、图像、音频、视频等。WWW 使用超文本和超链接技术，可以实现跳跃式阅读，即可以按任意的次序从一个文件跳转到另一个文件，从而浏览和查阅所需的信息，这是因特网中发展最快和使用最广的服务。

WWW 服务使用的协议是 TCP/IP 应用层的 HTTP。

2. 电子邮件

电子邮件（E-mail）是 Inernet 上最早提供的服务之一。只要知道了双方的电子邮件地址，通信双方就可以利用 Inernet 进行收发电子邮件。用户的电子邮箱不受用户所在地理位置的限制，主要优点就是快速、方便、经济。

通过网络的电子邮件系统，可以用低廉的价格、快速地与网络中任何位置的用户联络，电子邮件的内容可以是文字、声音、图像等形式及媒体。

要在 Internet 上进行电子邮件的收发，首先要获取一个邮件账号，这个账号通常包含一个电子邮箱地址和密码，电子邮箱的地址格式如下：

用户名@ 邮件服务器

其中，“@ ”之后是提供邮件服务的服务器名称，“@ ”之前为在该服务器上的用户名称。例如，西安交通大学的邮件服务器名称为“mail. xjtu. edu. cn”，如果某个用户的用户名为“LZQ”，则该用户的电子邮箱地址为：

LZQ@ mail. xjtu. edu. cn

电子邮件服务使用的是 SMTP 和 POP3 协议。

3. 文件传输协议

文件转输协（File Transfer Protocol，FTP）是指在 Inernet 上提供传输各种类型文件的协议。FTP 也是因特网最早提供的服务之一。简单地说，就是让用户连接到一个远程的称为 FTP 服务器的计算机上，查看远程计算机上有哪些文件，然后将需要的文件从远程计算机上复制到本地计算机上，这一过程称为下载；也可以将本地计算机中的文件送到远程计算机上，这一过程称为上传。

FTP 服务分为普通 FTP 服务和匿名 FTP 服务；普通 FTP 服务对注册用户提供文件传输服务，而匿名 FTP 服务向任何 Inernet 用户提供特定的文件传输服务。

除了上传和下载服务外，FTP 还提供登录、目录查询及其他会话控制功能的服务。

4. 搜索引擎

搜索引擎是一个提供检索服务的网站。由于 Internet 上的信息量巨大，搜索引擎首先对 Internet 上的信息资源进行收集整理、归类，然后供用户以各种方式进行查询。最简单的查询，用户只要输入查询关键字，然后单击“搜索”按钮即可。

常用的搜索引擎有百度（www. baidu. com）、Google（www. google. com）等。

5. 网上聊天

使用 QQ、MSN 等即时通信软件；可以进入提供聊天室的服务器，和在网上的其他用户通过键盘、语音、视频等方式进行实时的信息交流。

6. BBS

电子公告牌（Bulletin Board System，BBS）是 Internet 上的一种电子信息服务系统。它提供的电子公告牌就像平时见到的黑板一样。电子公告牌按不同的主题分成多个布告栏，在每个布告栏上，用户可以阅读他人关于某个主题的观点，也可以将自己的言论贴到布告栏中供其他人阅读和评论。布告栏成为大家相互交流的一个场所。

在阅读和参与的过程中，如果要与某个用户单独交流，可以将言论直接发送到这个用户的电子信箱中。

在 BBS 中，参与交流的用户打破了空间、时间的限制，在交谈时，不须考虑参与者的年龄、学历、性别、社会地址、财富、健康等，只关心自己感兴趣的话题。

7. 博客

Blog 是网络日志（Weblog）的简称，是继 BBS、QQ 之后出现的又一种网络交流形式。博客为指网民在个人博客网站上发表各种看法提供服务。

除了以上这些，Internet 还提供有远程登录、网络新闻组、电子商务、电子政务、视频点播、远程教育等服务。

6.3 网络连接

考试内容：

局域网和拨号网络的使用

教学要求

- 理解 Inertnet 的常用接入方式
- 掌握通过局域网接入 Internet
- 掌握通过拨号网络接入 Internet
- 了解通过代理服务器访问 Internet 的方法
- 了解网络检测的简单方法

知识点（12 个）：

- 电话拨号、ADSL、LAN
- 网卡驱动程序的安装、网络协议的安装、TCP/IP 的设置
- 连接方法及步骤
- 代理服务器的概念、代理服务器的作用、代理服务器的配置
- Ipconfig 命令、ping 命令

要使用 Internet 上丰富的资源和在 Internet 上进行交流，首先要将自己的计算机连接到 Internet 上，这要通过服务提供商（Internet Service Provider，Internet，ISP）进行。

ISP 是 Internet 的接入媒介和 Internet 服务的提供者，要想接入到 Internet，就要向 ISP 提出连网的请求。

在选择 ISP 时要考虑以下几个问题：

1）ISP 提供什么样的接入方式，如普通的拨号上网、ISDN、ADSL 等。

2）收费的方式和标准。

3）ISP 提供的带宽。

4）ISP 提供的服务，如 WWW、FPT、E-mail 等。

6.3.1 Internet 的接入方式

Inernet 的接入有两种类型：一是住宅接入，是指将家庭计算机与网络连接；另一种是团体接入，是指政府机构、公司或校园网中的计算机与网络连接。

个人接入 Internet 的方法一般有电话拨号、ADSL 和 LAN；前两种方法都是通过电话线接入到 Internet，其中普通的电话拨号方式不能兼顾上网和通话；ADSL 是非对称数字用户线接入技术，它的上网和通话互不影响，其非对称性表现在上、下行速率的不同，下行高速地向用户传送视频和音频信息。

通过电话线接入到 Internet 对个人和小单位来说是比较经济和简单的一种方式。

团体接入可以采用专线接入和代理服务器的方法。

1. 电话拨号

电话拨号是个人用户接入到 Internet 最早使用的方式之一，连接方式如图 6-9 所示。

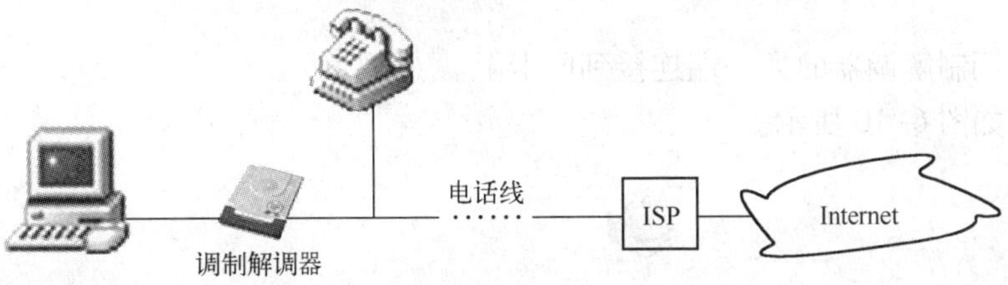

图 6-9 拨号上网接入方式示意图

拨号连接到 Internet 需要以下的条件：

- 硬件中包括一台计算机（PC）、一条电话线路和一个调制解调器。
- 软件拨号入网软件和浏览器软件。
- 选择 ISP 并申请账号。

用户向 ISP 提出入网申请被获准后，ISP 会提供如下信息：

- 用户拨号上网的电话号码，如中国电信为 16300，中国联通为 16500 等。
- 用户账号（包括用户名和口令）。
- 电子邮箱地址。
- 电子邮件服务器地址。
- 域名服务器地址。

拨号上网前，要在操作系统（如 Windows XP）中进行设置，这些设置包括设置调制解调器、设置拨号网络组件和配置 TCP/IP 这 3 个过程，所有这些设置都可以在控制面板中完成。

普通电话线的拨号接入方式简单，适合个人用户的接入。缺点是最高的速率仅为 56 kbit/s，其速率不能满足宽带多媒体信息的传输要求。

2. ADSL 接入

非对称数字用户线路（Asymmetric Digital Subscriber Line，ADSL）是一种使用普通电话线提供宽带数据业务的技术。ADSL 在理论上可以提供 1 Mbit/s 的上行速率和 8 Mbit/s 的下行速率。

ADSL 连接所需的硬件设备如下：

- 一块 10 Mbit/s 网卡或 10 Mbit/s/100 Mbit/s 自适应网卡。
- 一个 ADSL 调制解调器。
- 一个信号分离器。
- 两根两端做好 RJ-11 头的电话线。
- 一根两端做好 RJ-45 头的五类双绞线。

网卡的主要作用是连接局域网中的计算机和局域网的传输介质，它是连接网络的基本部件，通常选择 10/100 Mbit/s 自适应、具有双绞线接口 RJ-45 的网卡。

网卡采用标准的 PCI 总线，直接将其插入到计算机主板的插槽上，然后安装网卡的驱动程序。

硬件连接过程如下：

1）将信号分离器一端连接到墙上的电话线插座上。

2）信号分离器另一端有两个插口：一个和电话机连接；另一个和 ADSL 调制解调器连接。

3）ADSL 调制解调器的另一端连接到网卡上。

连接过程如图 6-10 所示。

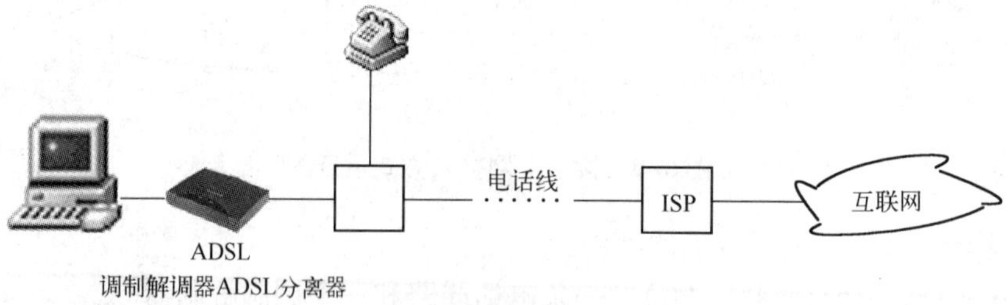

图 6-10　ADSL 接入方式

硬件连接之后还要进行的操作主要是安装两个软件：一个是安装 TCP/IP；另一个是安装 PPPOE 虚拟拨号软件 EnterNet。

在安装 TCP/IP 时，一般使用其默认的设置，并且不需要设置固定的 IP 地址。

安装软件 EnterNet 时，由于 Windows 已集成了 PPPOE 协议，其安装过程如下：

1）依次选择“开始”→“程序”→“附件”→“通信”→“新建连接向导”命令，系统弹出“欢迎使用新建连接向导”对话框。

2）单击“下一步”按钮，在对话框中默认选择“连接到 Internet”命令。

3）单击“下一步”按钮，在对话框中选择“手动设置我的连接”命令。

4）单击“下一步”按钮，在对话框中选择“用要求用户名和密码的宽带连接来连接”命令。

5）单击“下一步”按钮，在对话框中输入提供 Internet 服务的 ISP 名称作为创建连接的名称。

6）单击“下一步”按钮，在对话框中输入自己的 ADSL 账号和密码。

7）单击“下一步”按钮，在对话框中单击“完成”按钮，安装完毕。

这时，可以在桌面上看到多了一个名为“ADSL”的连接图标。双击该图标，确认用户名和密码正确后，直接单击“连接”按钮就可以上网了。

3. 局域网接入

对于具有局域网（例如校园网）的单位和小区，用户可以通过局域网的方式接入到 Internet 上，这是最方便的一种方法。

通过局域网方式接入到 Internet 时，要求硬件必须是 10/100 Mbit/s 自适应网卡和双绞线网线。连接时先将网卡插到计算机的扩展槽中。现在标准配置的计算机中大多数已经将网卡集成到主板上，就可以省略这一步。接下来将网线一端的 RJ-45 插头插入到网卡的 RJ-45 接口中，另一端插入到交换机的 RJ-45 接口中。

硬件连接后，接下来就是安装网卡驱动程序的安装和配置 TCP/IP 的参数。

如果使用的是 Windows XP 操作系统，则系统会自动检测网卡，并自动启动网络连接，提示用户进行操作。

最后是 TCP/IP 参数的配置，操作方法已在 6.2 节中介绍过，具体设置的参数如图 6-7 所示。配置完成后，就可以访问 Internet 了。

4. 通过代理服务器访问 Internet

上面介绍的连接方式适合于个人用户上网。如果一个单位（如某个公司）有许多计算机，通信量也比较大，通常采用专线接入的方式。但是专线的方式费用比较昂贵，为解决这一问题，可以采用通过代理服务器的方法，使多台计算机只利用一条电话线就可以同时上网。

（1）代理服务器的概念

使用这种方式时，公司内部的多台计算机先组成一个内部网络，代理服务器（Proxy Server）位于内部网络和 ISP 之间作为中间代理，通过代理服务器使公司内部的网络和 Internet 实现连接。这样，当网络内部的计算机要浏览信息时，向代理服务器发出请求，由代理服务器从远程服务器取回所需要的信息。

（2）代理服务器的配置

由于代理服务器处在客户端和服务器之间，对远程服务器来讲，代理服务器是客户端，向远程服务器提示请求；而对于网内的客户端来说，代理服务器是服务器，它接收客户端的请求。因此，代理服务器的配置有两个部分，分别是服务器端软件和客户端软件。

服务器端的配置包括用户的创建、管理、监控。客户端的设置主要是在浏览器上配置代理服务器。

（3）内部网络中计算机的配置

在内部网络中，要求每台计算机有独立的 IP 地址，并且在每个计算机上配置使用的代理服务器的 IP 地址和服务端口号。

（4）使用代理服务器的优点

使用代理服务器方式有如下的优点：

1）节省 IP 开销。使用代理服务器时，网络内所有的用户对外只占用一个服务器的 IP 地址，这样可以降低网络的维护成本。

2）提高访问速度。如果网内某个用户访问过某个网站，代理服务器将远程服务器上的数据接收后，保存在自己的硬盘上，当网内的其他用户再访问相同的内容时，直接从代理服务器中提取后传给用户，因此可以提高访问的速度。

3）方便管理用户。通过代理服务器，管理员可以设置用户的验证和记账功能，没有登记的用户无法通过代理服务器访问 Internet，并对用户的访问时间、信息流量进行统计。

4）可以作为防火墙。由于代理服务器是客户端和 ISP 之间的代理，对内部网络的安全起到了屏障的作用。通过使用代理服务器，可以设置 IP 地址过滤，限制内部网对外部的访问权限，也可以设置封锁 IP 地址，禁止某个用户对某些网页的访问。因此，代理服务器可以作为防火墙保护内部网络的安全。

5. 其他访问 Internet 的方法

除了上面介绍的接入方式，以下的方法也是常用的：

1）家庭的有线电视用户通过加装线缆调制解调器（Cable Modem），利用有线电视网（CATV）接入。

2）通过低轨卫星通信网接入。

3）通过采用无线应用协议（Wireless Application Protocol，WAP）的移动通信手机接入。

6.3.2 网络故障的简单诊断命令

下面介绍两条常用的命令：一条是用于显示本地计算机机当前 TCP/IP 配置的“ipconfig”命令；另一条是用于判断网络连通性的“ping”命令。这两条命令都可以在 Windows 的命令提示符下直接输入。进入命令提示符窗口的方法如下：

依次选择“开始”→“程序”→“附件”→“命令提示符”命令，屏幕出现如图 6-11所示的窗口。在窗口中可以直接输入命令。

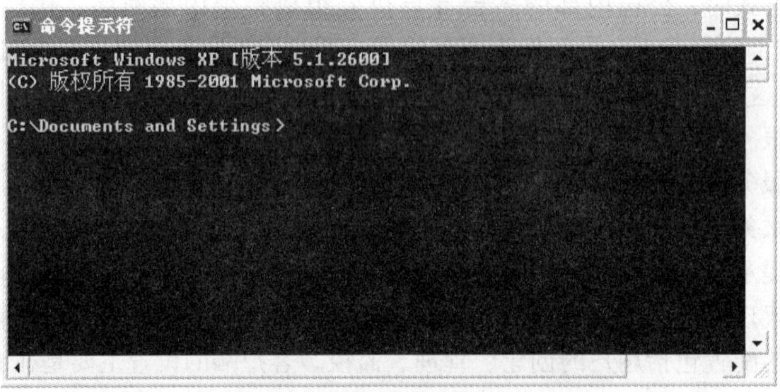

图 6-11 “命令提示符”窗口

1. ipconfig 命令

ipconfig 命令用来显示本计算机当前的 TCP/IP 配置，该命令常用格式如下：

格式一：ipconfig

如果输入该命令后不加任何参数时，该命令只显示 IP 地址、子网掩码和默认网关。

格式二：ipconfig /all

命令后加上选项参数“all”时，将显示与 TCP/IP 有关的所有详细信息，包括主机名、IP 地址、子网掩码、默认网关、结点类型、是否启用 IP 路由、网卡的物理地址等，各信息的名称及含义见表 6-3。

格式三：ipconfig /?

命令后加上选项参数“?”时，可以获得有关“ipconfig”命令的使用帮助信息。

表 6-3　ipconfig /all 命令的输出参数

参　数	含　义
Host Name	主机名
Primary Dns Suffix	DNS 前缀
Node Type	结点类型
IP Routing Enabled.	启用 IP 路由
WINS Proxy Enabled	启用代理
Physical Address	物理地址
Dhcp Enabled	启用 DHCP
IP Address	IP 地址
Subnet Mask	子网掩码
Default Gateway	默认网关
DNS Servers	DNS 服务器

2. ping 命令

ping 命令发送一个网络数据包并请求应答，接收到请求数据的主机发送相同的数据，然后该命令对每个发送和接收的数据进行分析，并报告响应信息、往返时间和有无影响，以此来判断设置及连接是否正确，连接的状态是否正常。

其中返回的信息如果是“Reply from...”表示有应答，如果是“Request timed out”表示无应答。

根据使用命令时添加的选项参数不同，该命令有以下几个不同的用法。

格式一：ping 127.0.0.1

该格式用来测试本地主机 TCP/IP 安装和配置是否正确；无应答时表示 TCP/IP 的安装或运行存在问题；如果正确时，命令的输出结果如图 6-12 所示。

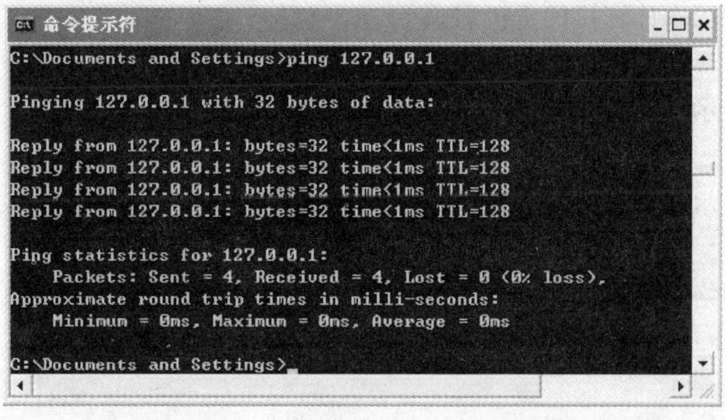

图 6-12　“ping”命令的执行结果

输出结果中有 4 行“Reply from...”表示发送了 4 个测试数据包，返回信息中的“byte =32”表示发送的每个测试数据包的大小是 32 字节，返回信息中的“time <1ms”表示往返

回路一次所用时间小于1ms。

格式二：ping 本机 IP 地址

命令中的选项参数是本计算机的 IP 地址。自己的计算机始终都应对该命令作出应答，如果没有，表示本地配置或安装有问题。这时，可以断开用户的网络连接，然后重新发送该命令；如果断开连接后该命令正确，则表示网络上有另一台计算机与本机配置了相同的 IP 地址。

格式三：ping 局域网内其他主机的 IP 地址

命令中使用的选项参数是网内其他主机的 IP 地址，用于测试两台主机之间是否连通。如果出现应答信息，表示线路是畅通的；如果出现“Request timed out”即没有应答时，可能的原因是“网络不通”或“网络连接状态不佳，延迟时间太长”。

格式四：ping 网关的 IP 地址

命令中使用的选项参数是网关的 IP 地址，如果该命令可以应答，表示局域网中的网关路由器正在运行。

格式五：ping 远程的 IP 地址

命令中使用的选项参数是远程的 IP 地址，如果该命令可以收到 4 个应答，表示成功使用了默认的网关。

格式六：ping 域名

命令中使用的选项参数是域名，如果没有应答，表示 DNS 服务器的 IP 地址配置不正确或 DNS 服务器有故障。

3. 其他测试命令简介

除了以上介绍的两条命令外，以下命令也经常用于协议的测试。

（1）tracert

该命令用于跟踪数据包到达目的地采取的路由。

（2）pathping

该命令用于提供在源和目的之间的中间结点处网络滞后和网络丢失的信息。

（3）hostname

该命令用于返回本计算机的主机名。

（4）netstat

该命令用来显示活动的 TCP 连接、以太网的统计信息、IP 路由表等。

（5）arp

该命令用来显示或修改特定 IP 地址的网卡地址。

（6）route

该命令控制网络路由表。

6.4 习题

一、单选题

1. 下列各指标中，（　　）是数据通信系统的主要技术指标之一。

A. 重码率　　B. 传输速率　　C. 分辨率　　D. 时钟主频

2. 计算机网络中常用的有线传输介质有（　　）。

A. 双绞线、红外线、同轴电缆　　B. 同轴电缆、激光、光纤

C. 双绞线、同轴电缆、光纤　　D. 微波、双绞线、同轴电缆

3. 计算机网络最突出的优点是（　　）。

A. 共享硬件、软件和数据资源　　B. 运算速度快

C. 可以互相通信　　D. 内存容量大

4. （　　）的集合称为网络体系结构。

A. 数据处理设备和数据通信设备　　B. 通信子网和资源子网

C. 层和协议　　D. 通信线路和通信控制处理机

5. CERNET 是（　　）互联网络的简称。

A. 中国科技网　　B. 中国公用计算机互联网

C. 中国教育和科研计算机网　　D. 中国公众多媒体通信网

6. 当网络中任何一个工作站发生故障时，都有可能导致整个网络停止工作，这种网络的拓扑结构为（　　）。

A. 星形　　B. 环形　　C. 总线型　　D. 树形

7. 下列说法中，错误的是（　　）。

A. 电子邮件是 Internet 提供的一项最基本的服务

B. 电子邮件具有快速、高效、方便、价廉等特点

C. 通过电子邮件，可向世界上任何一个角落的网上用户发送信息

D. 可发送的多媒体只有文字和图像

8. Internet 采用的协议类型为（　　）。

A. TCP/IP　　B. IEEE 802.2　　C. X.25　　D. IPX/SPX

9. 域名服务器上存储着 Internet 主机的（　　）。

A. 域名　　B. IP 地址　　C. 域名和 IP 地址　　D. E-mail

10. 用户设置 TCP/IP 参数时，涉及到的 3 个重要参数是（　　）、指定网关和域名服务器地址。

A. 服务器的 IP 地址　　B. 本地计算机主机名

C. 代理服务器　　D. 本地计算机 IP 地址及子网掩码

11. 个人用拨号方式接入 Internet 不需要的设备是（　　）。

A. 电话线　　B. 调制解调器　　C. 电话机　　D. 相应软件

12. 计算机网络组成中不包括（　　）。

A. 网络管理员　　B. 通信网线　　C. 通信协议　　D. 若干计算机

13. 网络的传输介质可以分成（　　）两大类。

A. 光纤和同轴电缆　　B. 线和电缆

C. 微波和电缆　　D. 有线和无线介质

14. 下列那一项不属于 TCP/IP 体系结构中的层次（　　）。

A. 数据链路层　　B. 传输层　　C. 网络层　　D. 会话层

15. 下列传输介质中，传输速率最高的是（　　）。

A. 光纤　　B. 双绞线　　C. 粗同轴电缆　　D. 细同轴电缆

16. 在 IPv4 中，给主机分配的 IP 地址由（　　）个二进制位组成。

A. 32　　B. 48　　C. 64　　D. 128

17. 下列协议中，用于从邮件服务器中取回等待的邮件所使用的是（　　）。

A. SMTP　　B. POP3　　C. HTTP　　D. FTP

18. 面向终端的第一代计算机网络主要的缺点是（　　）。

A. 通信设备复杂　　B. 管理困难　　C. 通信线路利用率低　　D. 网络结构混乱

19. 国际标准化组织（OSI）制定“开放系统互连参考模型”（OSI/RM）的目的是（　　）。

A. 互相竞争　　B. 开放系统　　C. 制定通信技术标准　　D. 计算机网络互联

20. 一个网络协议主要组成要素是（　　）。

A. 时序、语法、语义　　B. 响应、语义、时序

C. 格式、语法、语义　　D. 规定顺序

21. 下面各项中，不属于局域网络硬件组成的是（　　）。

A. 网络服务器　　B. 个人计算机工作站　　C. 网络接口卡　　D. 调制解调器

22. 广域网和局域网是按照（　　）来划分的。

A. 网络使用者　　B. 信息交换方式　　C. 网络连接距离　　D. 传输控制规程

23. Windows NT 是一种（　　）。

A. 网络操作系统　　B. 单用户、单任务操作系统

C. 文字处理系统　　D. 应用程序

24. 计算机网络的主要目的是（　　）。

A. 分布处理　　B. 将多台计算机连接起来

C. 提高计算机可靠性　　D. 共享软件、硬件和数据资源

25. 代理服务器的作用不包括（　　）。

A. 操作简便　　B. 减少系统开销　　C. 起防火墙作用　　D. 提高网速

26. 下面各个 URL 地址的写法中，符合 URL 格式的是（　　）。

A. Http//www. xjtu. edu. cn　　B. Http:www. xjtu. edu. cn

C. Http://www. xjtu. edu. cn　　D. Http:/www. xjtu. edu. cn

27. 点分十进制写法的 IP 地址是由（　　）组成。

A. 三个黑点分隔主机名、单位名、地区名和国家名 4 个部分

B. 三个黑点分隔 4 个 0 ~ 255 之间的数字

C. 三个黑点分隔 4 个部分，前两部分是国家名和地区名，后两部分是数字

D. 三个黑点分隔 4 个部分，前两部分是国家名和地区名代码，后两部分是网络和主机码

28. 家庭用户与 Internet 连接的最常用方式是（　　）。

A. 将计算机与 Internet 直接连接

B. 将计算机通过电信数据专线与当地 Internet 供应商的服务器连接

C. 计算机通过一个调制解调器利用电话线与当地 Internet 供应商的服务器连接

D. 计算机与本地局域网直接连接，通过本地局域网与 Internet 连接

29. HTTP 的中文含义是（　　）。

A. 布尔逻辑搜索　　B. 电子公告牌　　C. 文件传输协议　　D. 超文本传输协议

30. Internet 起源于（　　）。

A. 美国　　B. 英国　　C. 德国　　D. 澳大利亚

31. 以下各项中，（　　）不是FTP包含的功能。

A. 显示文件内容　　B. 建立目录　　C. 安装软件.　　D. 文件复制

32. TCP/IP体系结构将网络划分为5个层次，面向HTTP的层是（　　）。

A. 传输层　　B. 网络层　　C. 链路层　　D. 应用层

33. 以下各项中，不是局域网所具有的特点是（　　）。

A. 地域广阔　　B. 高传输率　　C. 单位所建　　D. 低误码率

34. 对任何一台安装了TCP/IP的主机，要对本地主机运行的服务器进行测试时，可以使用的地址是（　　）。

A. 127.0.0.0　　B. 126.0.0.1　　C. 126.0.0.0　　D. 127.0.0.1

35. 在Windows环境下可以使用（　　）查找本机的IP地址。

A. ping　　B. tcp/ip　　C. http　　D. ipconfig

36. 下列各项中，正确说明TCP和UDP相同点的是（　　）。

A. 都是面向连接的协议　　B. 都是可靠的协议

C. 都是具有流控和拥塞控制的协议　　D. 都是传输层的协议

37. 以下各种接入Internet的方式中，传输速率最低的是（　　）。

A. 使用调制解调器入网　　B. 通过ADSL专线入网

C. 通过ISDN专线入网　　D. 以DDN方式入网

38. IP地址是一种层次性的地址，它分为（　　）和主机地址两部分。

A. MAC地址　　B. 网络地址　　C. 本机地址　　D. 回路地址

39. Microsoft公司的IE软件是一种（　　）。

A. 网上的搜索软件　　B. 电子邮件发送程序

C. 网上传输协议　　D. 网上浏览器

40. 通过局域网接入Internet必需的硬件是（　　）。

① 路由器　　② 网卡　　③ 网线　　④ Modem

A. ①②　　B. ①③　　C. ②③　　D. ③④

41. 连接到WWW页面的协议是（　　）。

A. HTML　　B. TCP/IP　　C. HTTP　　D. SMTP

42. 建立计算机网络的目的在于（　　）。

A. 实现资源共享　　B. 建立通信系统

C. 建立自动办公系统　　D. 建立可靠的管理信息系统

43. 以下各项中，不属于网络协议主要组成要素的是（　　）。

A. 语法　　B. 语义　　C. 优先级　　D. 时序

44. 以下各项中，不属于网络中使用的无线介质是（　　）。

A. 微波　　B. 红外线　　C. 无线电　　D. 紫外线

45. 以下各种接入Internet的方式中，家庭用户一般不使用的是（　　）。

A. ADSL　　B. DDN　　C. ISDN　　D. Modem

46. 下面哪种接入Internet方式允许用户一边打电话，一边上网（　　）。

A. ADSL　　B. DDN　　C. 局域网　　D. Modem

47. 以下各项中，（　　）不是计算机网络的功能。

A. 资源共享　　B. 数据通信　　C. 分布式处理　　D. 调节资源

48. 以下各个协议中，不属于应用层的协议是（　　）。

A. TCP　　B. HTTP　　C. SMTP　　D. DNS

49. 以下各项中，（　　）不是 DNS 的组成部分。

A. DNS 服务器　　B. 域名空间　　C. 交换机　　D. 解析程序

50. 以下写法中，正确的 IP 地址是（　　）。

A. 202：117：126：42　　B. 202，117，126，42

C. 202 - 117 - 126 - 42　　D. 202.117.126.42

51. 以下命令中，用于测试网络是否连通的是（　　）。

A. ping　　B. config　　C. telnet　　D. ftp

二、填空题

1. Internet 服务提供商的英文缩写是（　　）。
2. Internet 用（　　）协议实现各个网络之间的相互连接。
3. 在计算机网络中，用来描述数据传输可靠性的指标是（　　）。
4. Internet Explorer 是 Windows 提供的支持因特网的实用程序，称为（　　）。
5. 支持 Internet 基本服务的协议是（　　）。
6. 中国教育和科研计算机网的简称是（　　）。
7. 按拓扑结构分类，计算机网络可以分为树形网、网形网、环形图、星形网和（　　）网。
8. IP 地址是一个（　　）位的二进制数。
9. 计算机网络是（　　）技术和（　　）技术相结合的产物。
10. 计算机网络按照其规模大小和延伸距离远近划分为（　　）、（　　）和（　　）。
11. ISO 的开放系统互联参考模型（OSI/RM）将计算机网络的体系结构分成（ ）层。
12. World Wide Web 的中文简称是（　　）。
13. 局域网简称为（　　）、广域网简称为（　　）。
14. 和广域网相比，局域网具有速率（　　）、误码率（　　）和覆盖范围（　　）的特点。
15. 现代 TCP/IP 的体系结构可分 4 层，由高到低分别是（　　）、（　　）、（　　）、（　　）。
16. 在当今计算机网络中有两个主要的网络体系结构分别是（　　）模型和（　　）模型。
17. 计算机网络的发展过程中第一个阶段称为（　　）。
18. 计算机网络中常用的有线传输介质包括（　　）、（　　）和（　　）。
19. 万维网（WWW）的 3 个组成部分是（　　）、（　　）和（　　）。
20. 为了查找主机的 MAC 地址、IP 地址等参数，在 Windows 的命令提示符下使用（　　）命令。

三、判断题

1. SMTP（简单邮件传输协议）是电子邮件系统中邮件传输的标准协议，发送和接收邮件都需要使用该协议。（　　）
2. Modem 就是网卡。（　　）

3. 西安交通大学的校园网属于广域网。　（　）
4. 进网的计算机是不能脱离网络而独立运行的。　（　）
5. 个人用户通过拨号上网，在电话线上传输的是数字信号。　（　）
6. Internet Explore 只能浏览网页，而不能用来收发电子邮件。　（　）
7. 在 Internet 上，IP 地址是接入 Internet 网络的全球唯一的地址。　（　）
8. 一个域名地址是由主机名和各级子域名构成的。　（　）
9. 浏览网页也可以在脱机方式下进行。　（　）
10. 计算机网络一定是通过同轴电缆等导线相连的。　（　）
11. Internet 是最大的局域网。　（　）
12. 通过浏览器，可以直接下载常用的软件。　（　）

四、简答题

图 6-13 是在 Windows 2003 的“命令提示符”下执行命令的结果：

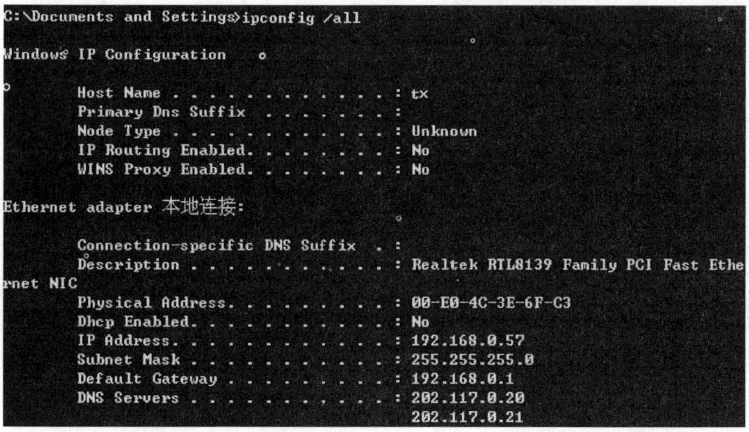

图 6-13　命令提示符下执行命令的结果示意图

请根据图中的命令和输出结果写出该主机的 MAC 地址、IP 地址、子网掩码、默认网关和 DNS 服务器的地址。

6.5　习题答案

一、选择题

1. B	2. C	3. A	4. C	5. C
6. B	7. D	8. A	9. C	10. D
11. D	12. A	13. D	14. D	15. A
16. A	17. B	18. C	19. C	20. A
21. B	22. C	23. A	24. D	25. A
26. C	27. B	28. C	29. D	30. A
31. C	32. D	33. A	34. D	35. D
36. D	37. A	38. B	39. D	40. C

41. C　42. A　43. C　44. C　45. B
46. A　47. D　48. A　49. C　50. D
51. A

二、填空题

1. IPS　2. TCP/IP　3. 误码率
4. 浏览器　5. WWW　6. CERNET
7. 总线　8. 32　9. 计算机　通信
10. 局域网　城域网　广域网　11. 7
12. 万维网　13. LAN　WAN　14. 高　低　小
15. 应用层　传输层　网络层　网络接口层　16. SOI/RM　TCP/IP
17. 远程联机系统　18. 双绞线　光纤　同轴电缆
19. 浏览器　Web 服务器　HTTP　20. IPCONFIG/ALL

三、判断题

1. ×　2. ×　3. ×　4. ×　5. ×
6. ×　7. √　8. √　9. √　10. ×
11. ×　12. √

四、简答题

（略）

第7章 Internet的应用

本章要点：

- IE浏览器的使用
- 信息检索及查询
- FTP、BBS、QQ的使用
- 电子邮件的使用

在通过ISP连接到Internet之后，就可以使用Internet上提供的各种服务了，本章介绍使用最为频繁的WWW和电子邮件。

7.1 IE浏览器的使用

考试内容：

文本、超文本、URL、浏览器的概念、IE浏览器的基本操作、信息检索与信息交流

教学要求：

- 了解文本、超文本、Web页面的超文本结构和统一资源定位器（URL）基本概念
- 熟练掌握IE浏览器打开、关闭以及浏览网页的基本操作
- 熟练掌握IE浏览器选项参数的基本设置
- 掌握IE浏览器收藏夹的基本使用
- 熟练掌握信息搜索的基本方法和常用搜索引擎的使用
- 掌握在IE浏览器中访问FTP站点的基本操作
- 了解BBS的基本操作

知识点（40个）：

- 文本与超文本、HTML、URL、浏览器、WWW
- 进入、退出
- 标题栏、菜单栏、工具栏、功能区、工作区
- 浏览网页、IE常用工具、IE的操作与使用
- 常规 、安全 、隐私、内容、连接、程序、高级选项卡
- 收藏文件的功能、添加到收藏夹、整理收藏夹、操作说明
- 搜索引擎的概念、搜索引擎的主要任务、搜索引擎的分类、常用搜索引擎、搜索引擎的选择、搜索引擎的基本操作、网页快照

- FTP、FTP 地址格式、访问 FTP 站点
- BBS 概念、BBS 的基本操作

Internet 采用的是客户端/服务器工作方式，浏览器是客户端的一种工具软件，使用它可以访问 Web 页面、阅读新闻、下载文件或收发电子邮件。在这些软件中，Microsoft 的 Internet Explorer（简称 IE）是目前使用较多的浏览器软件。

7.1.1 Web 的基本术语

1. WWW

万维网 WWW 是 World Wide Web 的简称，也称为 Web、3W 等，它是建立在因特网上的全球性的、交互的、超文本超媒体的信息查询系统，万维网是因特网应用中发展最为迅速的一个方面。

万维网由 3 部分组成：浏览器、Web 服务器和超文本传输协议（HTTP），它的工作过程如下：

1）客户端的浏览器向 Web 服务器发出请求。

2）Web 服务器向浏览器返回其所要的万维网文档。

3）浏览器解释该文档并按照一定的格式将其显示在屏幕上。

浏览器与 Web 服务器之间使用 HTTP 进行互相通信。

2. 网页

网页又称为 Web 页，各个 WWW 网站的所有信息都以网页的形式保存。网站上所有的网页通过超链接的形式联系起来，一个网站上的第一个网页称为主页，它是该网站的门户和入口。主页文件名为“index. htm”或“index. html”，默认的主页文件名为“default. htm”或“default. html”。

3. 超文本和超链接

超文本是指 WWW 的网页中不仅含有文本信息，还包含有声音、图像和视频等多媒体信息，同时，还包含了作为超链接的文本、图像和图标等。这些超链接通过颜色和字体的改变与普通文本区别开来，它含有指向其他 Internet 信息的 URL 地址。将鼠标移到超链接上，鼠标指针变成一个手形状，单击该链接，Web 就根据超链接所指向的 URL 地址跳到不同站点、不同的文件。

4. 超文本标记语言

超文本标记语言（Hyper Text Markup Language，HTML）在 WWW 中用来描述超媒体文本的格式和内容，是编写超媒体文本的语言，也称为网页编写语言。

5. 统一资源定位器

统一资源定位器（Uniform Resource Locator，URL）它是 WWW 中用来寻找资源地址的方法。这里的“资源”是指在 Internet 可以被访问的任何对象，包括文件、文件目录、文档、图像、声音和视频等。

URL 通常由 4 部分组成：协议、主机名、文件路径和文件名，一般格式如下：

```
协议：//主机名/文件路径/文件名
```

其中：

● 协议是指不同的服务类型，如 HTTP、FTP 等。

● 主机是指存放该资源的主机，可以使用 IP 地址，也可以使用域名。

● 文件路径是文件在主机中的具体位置，通常由一系列的文件夹名称构成。

● 文件名是指定文件的名字（包括文件扩展名）。

例如，西安交通大学主页的 URL 表示：http://www. xjtu. edu. cn/index. htm。意思是使用 HTTP 访问主机 www. xjtu. edu. cn 上的网页文件 index. htm。

7.1.2 IE 浏览器功能及环境

浏览器是安装在客户端的一个软件程序，该程序是浏览 WWW 信息的工具，它可以将用户对信息的请求转换成网络上的计算机可以识别的命令，同时把从服务器上传过来的用 HTML 标记的网页转换成便于理解的形式。

实际使用的浏览器有很多种。目前常用的有 Microsoft 公司的 IE 浏览器，还有 Netscape 公司的 Navigator、FireFox、世界之窗等。本节主要介绍 IE 浏览器的使用，其他的浏览器在使用方法上没有太大的区别。

1. IE 窗口的组成

启动 IE 浏览器可以使用以下 3 种方法之一：

● 双击桌面上的 IE 浏览器图标。

● 单击快速启动栏中的浏览器图标 。

● 选择“开始菜单”→“程序”→“Internet Explorer”命令。

IE 启动后，就可以访问 Web 网站了。例如，要访问中央电视台网站，可以直接在地址栏输入“www. cctv. com. cn”，这时，IE 窗口中显示中央电视台的主页，如图 7-1 所示。

图 7-1　IE 浏览器窗口

2. 关闭 IE

关闭浏览器的方法与关闭其他程序窗口的方法是一样的：

1）单击窗口右上角的关闭按钮。

2）或者鼠标右键单击任务栏中的 IE 按钮，在弹出的快捷菜单中单击“关闭”命令。

3. IE 窗口的组成

IE 窗口中，大部分与其他应用程序窗口一样，主要由以下部分组成：

1）标题栏。位于窗口的最上方，用来显示当前浏览的网页名称。

2）菜单栏。包含“文件”、“编辑”、“查看”、“收藏”、“工具”和“帮助”6 个菜单，这些菜单命令可以完成对网页文件的操作、属性的设置等。

3）工具栏。以按钮的形式列出菜单中的常用命令。

4）地址栏。显示当前正在访问的网页 URL 地址，也可以向其中输入新的 URL 地址。

5）功能区。可以显示“搜索”、“收藏夹”等相应操作功能。

6）工作区。显示当前网页的具体内容，包括文字、图片等。

7.1.3 IE 浏览器基本操作

1. 浏览网页

浏览网页时可以使用下面的不同方法。

（1）使用地址栏

单击地址栏的列表框，直接在文本框中输入要访问网页的 URL 地址，然后按回车键或单击地址栏上的“转到”按钮，就可以进入某个网站或浏览某个网页，进入某个网站实际上是访问该网站的主页。

使用下面的方法可以不必输入完整的 URL 地址而访问网页：

1）如果协议类型是 HTTP，输入时可以省略，IE 会自动加上。

2）第一次输入了某个 URL 地址后，IE 会自动记忆。这样，如果在地址栏输入某个 URL 地址的前几个字符时，IE 会将保存过的地址中前几个字符与输入字符相同的地址罗列出来，用户可以直接在列表中进行选择。

3）单击地址栏右侧的下拉箭头，在下拉列表框中列出了曾经访问过的网页的地址，单击某个地址表示访问相应的网页。

（2）链接到其他网页

每个网页上都有许多链接，用于链接到不同的网页。如果将鼠标移到具有链接的文字或图形时，光标形状会变成手形，单击该链接就可以转到另外一个页面。同样，再单击新网页中的超链接又可以转到其他的页面。

2. 工具栏上的常用命令按钮

“标准按钮”工具栏上的许多按钮也可以用于浏览网页，如图 7-2 所示。

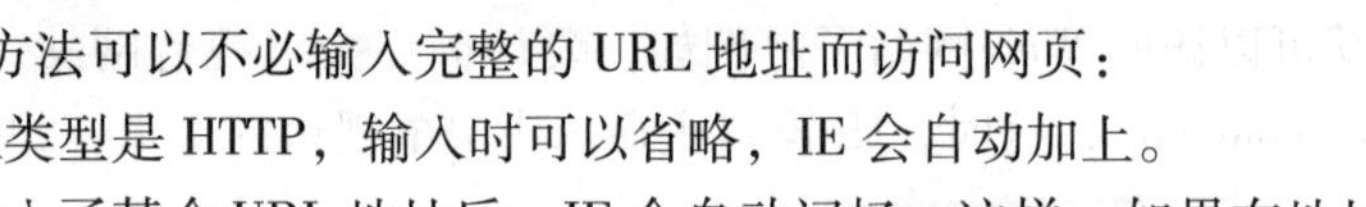

图 7-2 IE 浏览器工具栏上的按钮

（1）后退

单击该按钮可以返回到刚刚访问过的网页，该按钮右侧有下拉箭头，其下拉列表框中会列出最近浏览过的几个网页，可以在列表中单击跳转到选定的网页。

（2）前进

单击该按钮可返回到单击“后退”按钮之前访问的网页，该按钮右侧同样也有下拉箭头，作用与后退按钮中的下拉箭头一样。

（3）刷新

单击该按钮时，可以重传该网页的内容。

（4）停止

单击该按钮时，可以终止网页的传送。

（5）主页

单击该按钮可以返回到启动 IE 浏览器时访问的网页，该主页可以在 Internet 选项中进行设置。

（6）搜索

单击该按钮后，在浏览器的功能区将弹出“搜索”栏，可以搜索包含特定关键字的网页。

（7）收藏夹

单击该按钮后，在浏览器的功能区将弹出“收藏夹”栏，用来显示收藏夹的内容。

（8）历史

单击“历史”按钮，如果该按钮呈下沉显示，则在 IE 窗口的左边显示历史记录。历史记录中记录了最近访问过的网页，可以是按近几天的、最近一个星期的、最近两个星期的等。单击这里的历史记录也可以访问网页，历史记录保留的天数也可以在 Internet 选项中进行设置。

（9）邮件

单击该按钮后，可以打开下拉菜单，在菜单中可以进行邮件的处理，如图 7–3 所示。

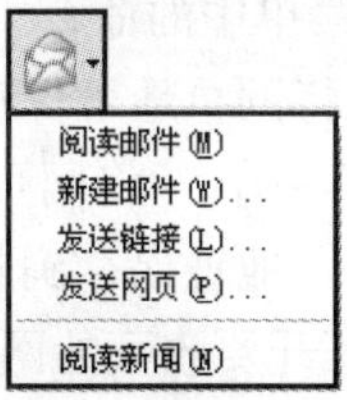

图 7–3　“邮件”按钮的下拉菜单

（10）打印

用于打印当前显示的网页。

3. 网页中信息的保存和使用

在浏览网页的同时，可以保存整个网页，也可以保存网页的一部分。例如，网页中的某些文本或某幅图形。

（1）保存当前页

【例 7–1】　保存当前页。

保存正在浏览的某个网页的具体操作方法如下：

1）选择“文件”→“另存为”命令，打开“保存网页”对话框。

2）单击“保存在”右面的下拉箭头，选择用于保存网页的文件夹。

3）在“文件名”文本框中输入保存网页的名称。

4）单击“保存类型”右面的下拉箭头，在打开的下拉列表框中选择保存网页的文件类型。有以下 4 种类型可以选择：

- 网页，全部：该选项可以保存网页中的所有信息，包括文本、声音、图片、视频。
- Web 档案，单一文件：该选项将网页中的所有信息保存在“. htm”文件中。

- 网页，仅 HTML：该选项保存网页中的信息，但是不包括文本、声音、图片、视频等内容。
- 文本文件：该选项以纯文本方式保存网页信息。

5）单击“保存”按钮。

（2）保存网页中的图片

鼠标右键单击网页上要保存的图片，在弹出的快捷菜单中选择“图片另存为”命令，在打开的“保存网页”对话框中选择文件夹并输入文件名，然后单击“保存”按钮即可。

（3）将网页中的图片设置为桌面墙纸

鼠标右键单击网页上的某个图片，在弹出的快捷菜单中选择“设置为背景”命令即可。

（4）保存当前页中的部分文本

保存当前页中的部分文本要借助于剪贴板，方法是先在当前页中用鼠标拖动选择要保存的文本，然后选择“编辑”→“复制”命令；接下来启动一个文字处理程序，如 Word，在该程序中选择“编辑”→“粘贴”命令，就可以将选择的文本复制到该程序中，最后，对该文档进行保存。

4. 使用收藏夹

IE 浏览器中的收藏夹可以用来保存网页的地址，在收藏夹中，可以为每个网页起一个便于记忆的名字，这样直接在收藏夹中单击该名称就可以链接到相应的网页。在收藏夹中对网页的管理和资源管理器中对文件的管理方式类似；可以在收藏夹下建立若干个文件夹，然后将不同的网页分门别类保存到不同的文件夹中。收藏夹的操作主要有两个：分别是将网页地址保存到收藏夹中和对收藏夹中的内容进行整理。操作时可以使用工具按钮，也可以使用“收藏”菜单中的命令。

（1）将网页地址保存到收藏夹中

【例 7-2】 将网页地址保存到收藏夹中。

将网页地址保存到收藏夹中，具体的操作步骤如下：

1）打开要收藏的网页。

2）选择“收藏”→“添加到收藏夹”命令，打开“添加到收藏夹”对话框。

3）单击对话框中的“创建到”按钮，展开该对话框，如图 7-4 所示。

4）在“名称”文本框中输入网页的名称。

5）在“创建到”列表框中选择保存的位置。

6）单击“确定”按钮，就可以将该网页地址保存到收藏夹中指定的位置。

在最后一步，也可以拖动地址栏上该网页地址前面的图标到收藏夹或收藏夹中的某个文件夹中，松开鼠标后，就可以将该网页地址保存到收藏夹中。

（2）整理收藏夹

整理收藏夹是指将保存在收藏夹中的网页进行分类保存到相应的文件夹中。

选择“收藏”→“整理收藏夹”命令，打开“整理收藏夹”对话框，如图 7-5 所示。“整理收藏夹”对话框中，左边有 4 个按钮，分别是“创建文件夹”、“重命名”、“移至文件夹”和“删除”，使用这些按钮可以整理收藏夹中的网页或创建新的文件夹，对话框的右边是收藏列表。单击“创建文件夹”按钮，可以创建一个新的文件夹，新建的文件夹将添加到右边收藏列表的最下方。

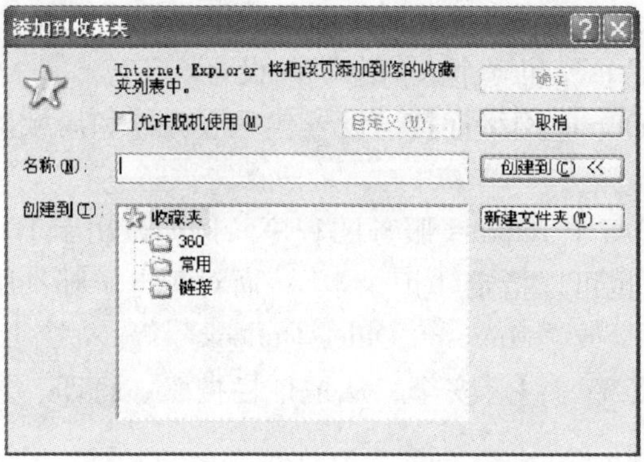

图 7-4　“添加到收藏夹”对话框

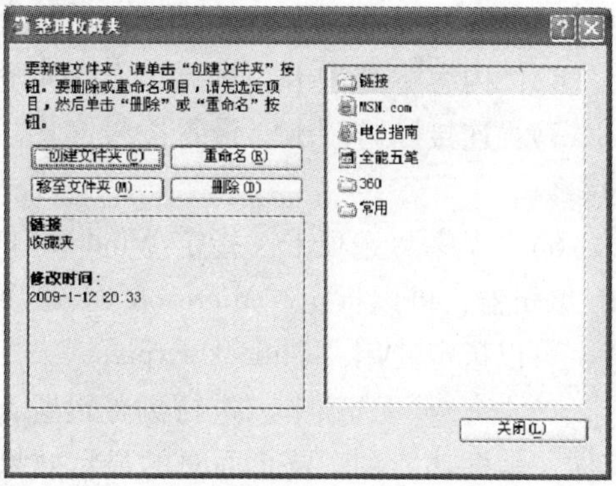

图 7-5　“整理收藏夹”对话框

在收藏列表中选择某个地址或文件夹后，具体的操作步骤如下：

1）单击“重命名”按钮可以修改名称。

2）单击“移至文件夹”按钮，可以在弹出的“浏览文件夹”对话框中将地址或文件夹移动到其他的文件夹中。

3）单击“删除”按钮，系统弹出删除确认对话框，如果单击对话框中的“是”按钮，则选中的地址或文件夹被删除。

在收藏列表中单击某个文件夹，可以展开或收缩该文件夹，也可以使用鼠标在收藏列表中拖动某个网页或文件夹进行移动或改变顺序。

（3）使用收藏夹中的地址

单击工具栏上的“收藏夹”按钮，在 IE 窗口左边将显示“收藏夹”窗口。单击窗口中列出的网页名称，就可以转向相应的网页，也可以单击“收藏”菜单，在其下拉菜单中单击网页名称转到相应的网页。

7.1.4　IE 浏览器基本设置

在浏览器中，可以进行多种不同参数的设置。方法是选择“工具”→“Internet 选项”命令，在打开的“Internet 选项”对话框中进行，如图 7-6 所示。

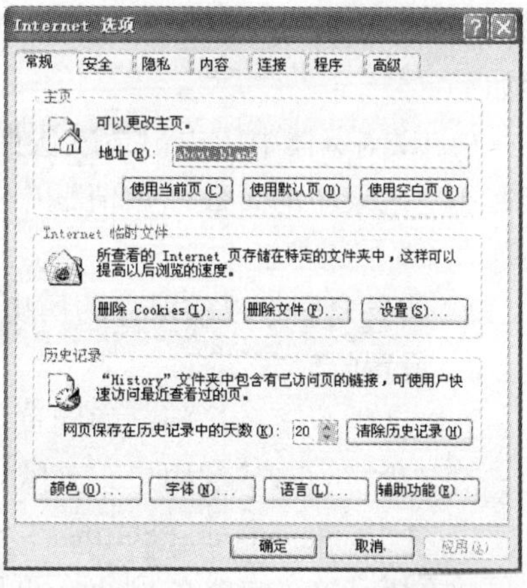

图 7-6　“Internet 选项”对话框

对话框中包含以下 7 个选项卡，可以对 IE 浏览器的使用进行设置：

1）“常规”选项卡。有 3 部分内容，分别是“主页”、“Internet 临时文件”和“历史记录”，用来完成设置主页、清除历史记录、删除临时文件、设置临时文件的保存路径等。

2）“安全”选项卡。IE 浏览器中将站点分为 4 个区域，分别是“Internet”、“Intranet”、“受信任的站点”和“受限制的站点”，该选项卡中可以分别设置每个区域的安全级别，设置时可以使用“自定义级别”和“默认级别”。

3）“隐私”选项卡。通过移动滑块为 Internet 区域进行浏览时的隐私设置。

4）“内容”选项卡。进行“分级审查”、“证书”和“个人信息”的设置。

5）“连接”选项卡。设置拨号连接、添加 Internet 网络连接、设置代理服务器和局域网的参数。

6）“程序”选项卡。指定 Windows 自动用于每个 Internet 服务的程序。例如，用于 HTML 编辑器，可以指定“Microsoft Office Word”，也可以指定“记录本”；而对于电子邮件服务，可以指定使用“Outlook Express”、“Hotmail”或“Microsoft Office Outlook”等。

7）“高级”选项卡。进行浏览设置，包括 HTTP 1.1、安全、从地址栏搜索、打印、多媒体、辅助功能和浏览页面时的显示效果等。

1. 设置主页

如果用户经常访问某个网站，可以将该网站的首页设置为 IE 浏览器的默认主页，这样以后每次启动 IE 浏览器时，系统会自动链接到这个网站的主页上。

【例 7-3】 设置默认主页。

以下将中央电视台的主页设置为 IE 浏览器的默认主页，具体操作步骤如下：

1）启动 IE 浏览器。

2）选择“工具”→“Internet 选项”命令，打开如图 7-6 所示的“Internet 选项”对话框。

3）在“常规”选项卡的地址栏中输入中央电视台的网址“www.cctv.com.cn”。“常规”选项卡中，对于默认主页的设置，有以下 3 个命令按钮：

- 使用当前页：将当前正在 IE 浏览器中显示的网页设置为默认主页。
- 使用默认页：使用第一次安装 IE 浏览器时设置的主页。
- 使用空白页：启动 IE 浏览器时不自动打开任何网页。

4）单击“确定”按钮，关闭该对话框，返回到浏览器。

在浏览器中单击“主页”按钮，就可以直接进入刚刚设置的默认主页，也可以关闭浏览器后再重新启动浏览器，也可以直接进入刚刚设置的默认主页。

2. 历史记录的设置

在“Internet 选项”对话框的“常规”选项卡中可以对历史记录进行设置，具体操作步骤如下：

1）IE 浏览器中历史记录默认保存的天数是 20 天。可以改变天数，方法是在“网页保存在历史记录中的天数”数值框中直接输入天数，也可以分别单击数值框中的两个方向箭头

，调整天数。

2）如果要删除以前保存的历史记录，可以单击“清除历史记录”按钮。

3. 设置临时文件夹

在默认情况下，访问过的网页被作为临时文件保存在本地计算机的特定的文件夹中。例如，对名为“yzjia”的用户，其默认的文件夹如下：

C：\ Documents and Settings \ yzjia \ Local Settings \ Temporary Internet Files

放在默认文件夹下的网页，可以方便用户再次浏览或在断开网络的情况下进行脱机浏览，这个文件夹的位置和存放临时文件所占用的磁盘空间都是可以重新设置的。

【例 7-4】 设置临时文件夹。

设置临时文件夹的位置、大小的具体操作步骤如下：

1）启动 IE 浏览器。

2）选择“工具”→“Internet 选项”命令，打开“Internet 选项”对话框中，单击对话框中的“常规”选项卡。

3）单击对话框中“Internet 临时文件”的“设置”按钮，打开“设置”对话框，如图 7-7 所示。

4）在这个对话框中，可以进行下面的设置：

- 拖动中间的滑块，可以改变所保存的文件占用磁盘空间的大小。
- 单击“移动文件夹”按钮，可以改变该文件夹所在的位置。
- 单击“查看文件夹”按钮，可以显示该文件夹中保存的网页文件。

5）完成设置后，单击“确定”按钮，系统返回到“Internet 选项”对话框。

6）在“Internet 选项”对话框中，单击“确定”按钮，完成设置。

4. 设置代理服务器

【例 7-5】 设置代理服务器。

设置代理服务器的具体操作步骤如下：

1）启动 IE 浏览器。

2）选择“工具”→“Internet 选项”命令，打开“Internet 选项”对话框。

3）单击对话框中的“连接”选项卡，在选项卡中单击“局域网设置”按钮，打开“局域网（LAN）设置”对话框，如图 7-8 所示。

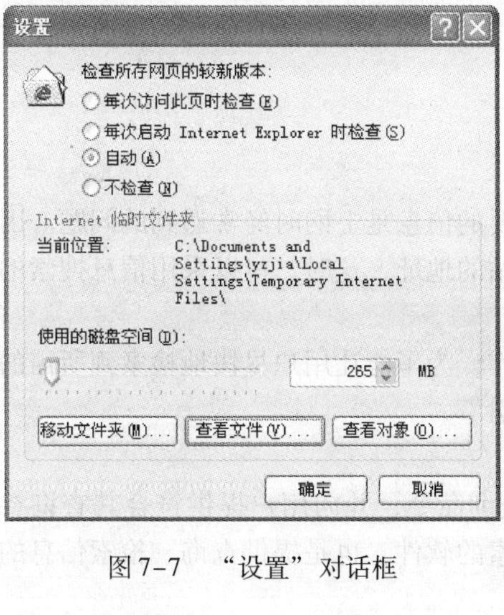

图 7-7 “设置”对话框

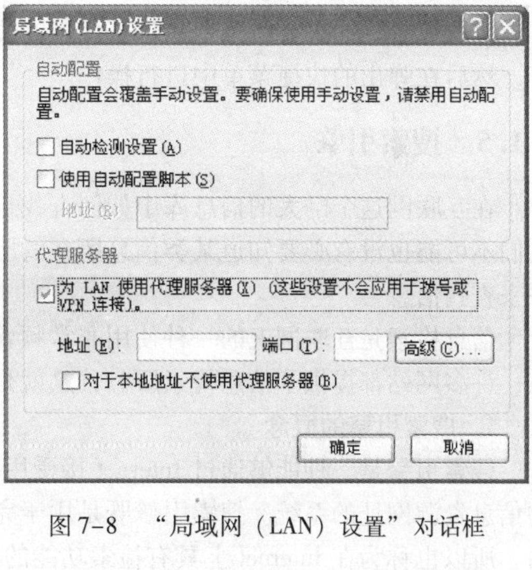

图 7-8 “局域网（LAN）设置”对话框

4）在对话框中的“地址”文本框中输入服务器的地址，在“端口”文本框中输入端口号。

如果不同的服务使用的服务器不同，则单击“高级”按钮，在打开的“代理服务器设置”对话框中可以分别设置这些服务器的地址和端口号。

5）完成设置后，单击“确定”按钮，系统返回到“Internet 选项”对话框。

6）在“Internet 选项”对话框中，单击“确定”按钮，完成设置。

5. 提高网页显示速度

显示一个网页时，花费下载时间较多的是网页中的多媒体文件，如图像、动画和视频，可以将下载图像等多媒体信息的功能关闭，从而加快网页的下载速度。

【例 7-6】　取消多媒体信息的下载。

取消下载多媒体信息的具体操作步骤如下：

1）启动 IE 浏览器。

2）选择“工具”→“Internet 选项”命令，打开“Internet 选项”对话框。

3）单击对话框中的“高级”选项卡。

4）在对话框中，拖动列表框的滚动滑块使显示多媒体部分，如图 7-9 所示。

5）为了加快页面的显示速度，取消对对话框中以下各项前面的复选框的选取：

- 显示图片。
- 播放网页中的声音。
- 播放网页中的视频。
- 播放网页中的动画。

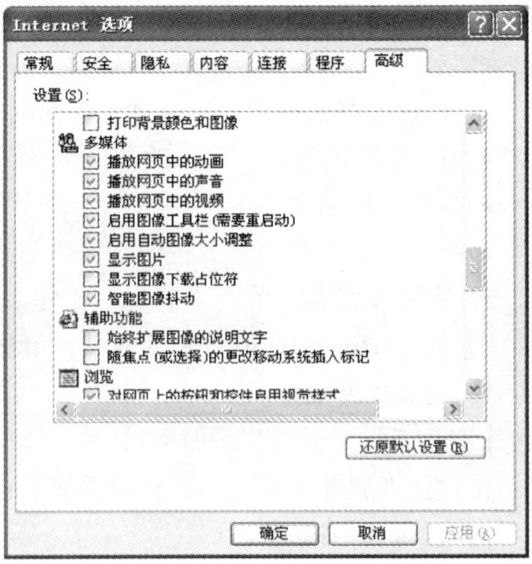

图 7-9　“Internet 选项”对话框的“高级”选项卡

6）单击“确定”按钮，完成设置。

经过以上设置后，就可以加快页面的显示速度。但网页中原来显示多媒体信息的位置被占位符取代了，如果要将某个占位符代表的位置打开，最简单的方法是鼠标右键单击该占位符，然后在弹出的快捷菜单中进行操作。

7.1.5　搜索引擎

在互联网这个巨大的信息库中如何查找自己需要的信息是上网时经常遇到的问题。因为我们不可能也没有必要知道某类信息所在的所有网站的地址，这时，可以采用信息搜索的方法来查找信息。

信息检索是互联网上的一种使用非常频繁的操作，为了能让用户尽快地检索到所需的信息，许多网站都提供了信息检索服务，这就是搜索引擎。

1. 搜索引擎的概念

搜索引擎是一种能够通过 Internet 接受用户的查询命令，并向用户提供符合其查询要求的信息资源网址的系统。搜索引擎既是用于完成检索的软件，也是提供查询、检索信息的网站，所以也称为在 Internet 上具有检索功能的网站。

2. 搜索引擎的任务

搜索引擎的主要任务有以下 3 个方面。

（1）信息搜索

搜索引擎首先要从 Internet 上自动收集网上的各种信息。完成这一任务的数据搜集系统称为蜘蛛（Spider）或机器人（Robots），蜘蛛访问网络中公开区域的每个站点并记录下它的网址，然后将收集到的信息交给索引和检索系统。

(2) 信息处理

将蜘蛛软件搜索到的信息进行分类整理，建立搜索引擎数据库。这个数据库要进行及时更新。不同的搜索引擎搜索的方法不尽相同，所以搜索到的信息的数量也不完全相同。因此，建立的数据库也不会完全相同。

(3) 信息查询

每个搜索引擎要向用户提供良好的信息查询界面，方便用户操作。

3. 搜索引擎的分类

按照工作方式的不同，可以将搜索引擎分为两类：基于关键词的搜索引擎和分类目录型的搜索引擎。

(1) 基于关键词的搜索引擎

这种方式又称为全文搜索引擎。用户输入各种关键词，搜索引擎根据这些关键词在建立好的数据库中寻找用户所需资源的地址，然后将搜索到的包含关键词信息的所有网址和这些网址的链接显示在引擎的窗口中。

通常在搜索引擎的首页上都有一个信息检索栏，用于在栏中输入搜索关键词。由于不同的搜索引擎建立的信息数据库不同，因此，即使是相同的关键词用不同的搜索引擎进行查询时，搜索结果也就不尽相同。

百度和谷歌（Google）是常用的基于关键词的搜索引擎。百度搜索引擎如图 7-10 所示，向文本框中输入关键词后，单击“百度搜索”按钮就可进行搜索了。

(2) 分类目录型的搜索引擎

分类目录型的搜索引擎是将互联网上收集到的信息按不同的类型分成不同的目录，然后将每一目录再进行详细的分类，每一类都是按目录分类的网站链接，在具体使用时，可以按分类一层层地单击链接，就可以找到需要的信息。

属于这一类的搜索引擎有雅虎、搜狐、新浪、网易等。图 7-11 所示就是新浪搜索引擎的首页，从图中可以看出，首页中有许多的大类栏目。例如，新闻、财经、科技、体育等，单击这些大类栏目的链接，可以进一步打开小类栏目，再进行搜索。

图 7-10　“百度”搜索引擎主页

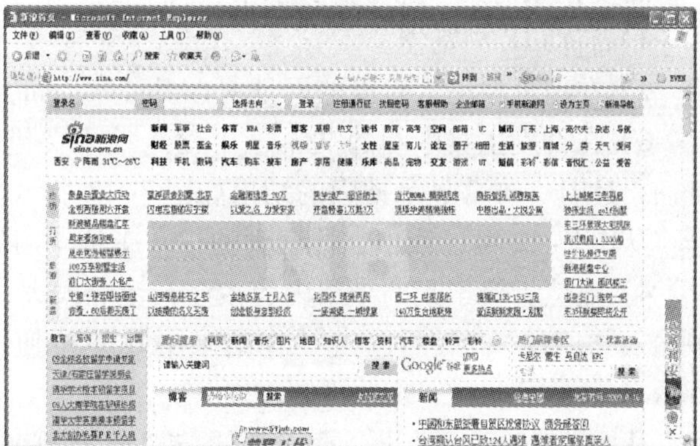

图 7-11　新浪搜索引擎主页

这两种不同工作方式的搜索引擎各有优、缺点。全文搜索引擎使用软件进行搜索，所以建立的数据库容量非常庞大，但它的查询结果往往不够准确；而分类目录依靠人工方式收集和整理网站，能够提供的情报查询结果比较准确，但收集的内容非常有限。所以，现在很多搜索引擎同时兼有这两种工作方式。

4. 常见的中文搜索引擎

下面介绍在国内常用的一些搜索引擎，这些搜索引擎都可以按关键词和按分类目录进行搜索。

（1）百度

百度（www. baidu. com）是国内最早的商业化全文搜索引擎，拥有自己的网络机器人和索引数据库。百度搜索引擎的界面友好、操作方便、检索快速，既可以按关键字检索，也可以按“资讯”、“网页”、“贴吧”、“知道”、“MP3”、“图片”等进行分类检索。

（2）Google

Google（www. google. com）是全球最大的搜索引擎。它可以用中文或英文搜索。其中文名称为谷歌，是互联网上最受欢迎的网站之一。

（3）新浪

使用新浪（www. sina. com）的分类目录，可以按目录逐级向下浏览，直到找到所需的网站或内容。也可以使用关键词进行“分类网站”或“全部网站”的搜索。

（4）搜狐

搜狐（www. sohu. com）的分类目录是将网站作为收录对象。具体的方法是将每个网站首页的 URL 地址提供给搜索用户，并将网站的栏目名称和整个网站的内容进行简要的描述。

对于不同的信息需求，可以选择不同的搜索引擎。例如，对于寻找参考资料，由于目标具体，可以选择使用全文搜索引擎，搜索范围相对较广，搜索到的信息也比较全面。如果是查询产品或服务，采用分类目录搜索引擎更具有优势，因为目录索引中包含了对各个网站的业务范围的简要概括，十分清晰。

5. 搜索引擎的使用

下面以“百度”搜索引擎为例，说明搜索引擎的使用方法。

【例 7-7】 使用百度检索与“英语四级学习”有关的内容。

百度检索的具体操作步骤如下：

1）启动 IE 浏览器。

2）在地址栏输入百度的网址 www. baidu. com，进入百度主页。

3）在百度主页中间的文本框中输入检索关键字“英语学习”，然后单击“百度搜索”按钮，这时，屏幕显示搜索的结果如图 7-12 所示。

从图 7-12 可以看出，搜索到的与“英语学习”有关的网页共约 6280000 篇。

4）显然，搜索到的结果内容太多，范围太大，可以进一步缩小范围，方法是在检索栏中输入“四级”，然后单击“在结果中找”按钮。这时，屏幕显示搜索的结果如图 7-13 所示。

从图 7-13 可以看出，搜索到的与“英语四级学习”有关的网页共约 609000 篇，与刚才搜索的结果相比，范围大大缩小。

6. 搜索意愿表达

在按关键词进行查询的搜索引擎中，在输入了搜索关键词后，搜索引擎就可以进行信息的检索。

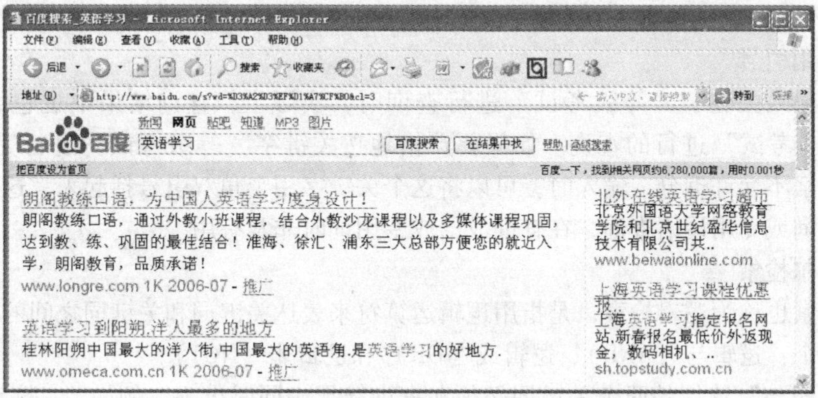

图 7-12　在百度中搜索“英语学习”的结果

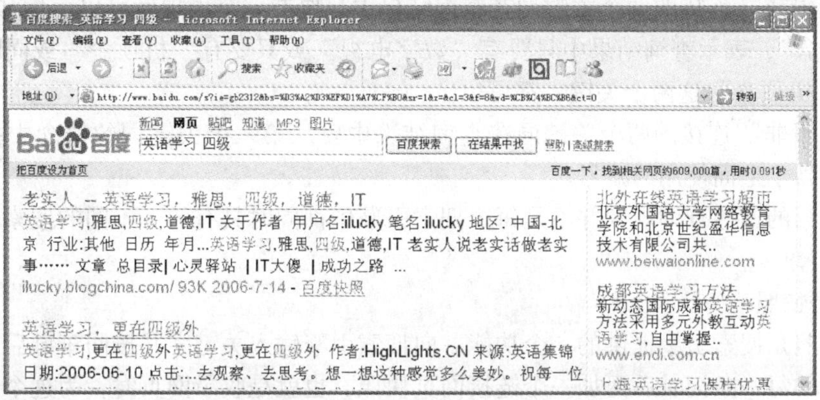

图 7-13　在百度中二次搜索的结果

上例中输入的关键词“英语学习”和“四级”是简单查询的情况。这种方法使用方便，但查询结果中会包含很多无用的信息。借助下面介绍的方法，可以提高查准率和查全率，这些方法统称为搜索意愿的表达。

（1）查询关键词具体化

在使用搜索引擎进行信息检索时，如果只使用简单的关键字进行查询，查询的结果太不精确。例如，如果只输入关键词“等级考试”，查询的结果可以有计算机的等级考试，也可以是英语的等级考试或其他的等级考试内容，显然这个结果范围太大了。可以输入较为复杂的查询条件，如输入“计算机 等级考试”，这两个关键词之间用空格隔开，这样可以查询与计算机有关的等级考试的内容。

（2）使用加号“+”

如果要搜索的内容中同时包含有多个关键词，在输入时，可以将这几个关键词之间用加号“+”连接起来。例如，如果要查询宋代的诗歌，可以输入“宋朝+诗歌”。

对于大多数的搜索引擎，在多个关键词之间使用加号和使用空格的结果是一样的。

（3）使用减号“-”

如果希望在查询结果中不包括某个关键词，可以在这个关键词前面加上减号“-”。例如，要查询除计算机等级考试之外的其他等级考试内容，可以这样输入关键字“等级考试

-计算机”，其中减号和前一个关键字之间有空格。

（4）使用引号

在前面输入关键字“等级考试”进行查询时，实际上，查询结果中也包含按关键字“等级”和“考试”进行的查询。如果要严格地按关键字“等级考试”进行完整的查询，即整个关键字不允许拆分，输入时，可以将这个关键字用半角双引号括起来，这种查询方式称为短语查询或专用词语查询，在查询成语或专用词时非常有用。

（5）布尔检索

布尔检索也称为逻辑检索，是指用逻辑运算符来表达关键词和关键词之间的关系。运算符主要有3个：逻辑与（AND）、逻辑或（OR）和逻辑非（NOT）。

用“逻辑与”连接的两个关键词必须在查询结果中同时出现。例如，“数字电视 AND 机顶盒”，表示查询结果中同时要有“数字电视”和“机顶盒”这两个关键字。

用“逻辑或”连接的两个关键词在查询结果中只要有一个出现就可以。例如，“数字电视 OR 机顶盒”，表示查询结果中只要有“数字电视”或只要有“机顶盒”或同时有“数字电视”和“机顶盒”这两个关键字都可以。

用“逻辑非”连接的两个关键词在查询结果中要从第一个关键词的概念中排除第二个关键词，相当于上面使用的减号。

上面介绍的这些查询规则并不是每个搜索引擎中都同时具有的，不同的搜索引擎中会稍有不同。

7. 网页快照

网页快照是搜索引擎提供的一个功能。向搜索引擎输入关键字并按回车键后，搜索引擎会在搜索到的每一条记录后面加一个链接网页快照，也就是收录网页时，为这个网页做一个备份来保存这个网页的主要文字内容。这个备份保存在搜索引擎服务器的缓存中，当这个网页被删除或链接失效时，用户可以通过网页快照来查看这个网页的主要内容。因为这个快照以文本内容为主，因此访问速度比访问一般的网页会更快一些。

7.1.6 FTP和BBS的使用

FTP、BBS和QQ是Internet中经常使用的服务。

1. FTP

（1）FTP的概念

FTP是文件传送协议（File Transfer Protocol）的缩写，其主要作用是使用户连接到某个远程计算机上，该远程计算机已经运行了FTP服务器程序，因此称为FTP服务器，而用户的机器则称为客户端。

连接到FTP服务器后，就可以在客户端和FTP服务器之间进行文件的传递。从客户端向服务器传递文件称为上传（Upload）文件；反之，从服务器向客户端传递文件则称为下载（Download）文件。

使用FTP时，首先要知道FTP服务的地址，其格式如下：

ftp://用户名：密码@FTP服务器的IP地址或域名：FTP端口号/路径/文件名

在上面的格式中，必须输入的是前面的FTP（服务类型）和域名（或IP地址），其他各部分都可以省略。

用户名和密码是在 FTP 服务器中创建的允许访问该服务器的用户账号信息。例如，如果某个 FTP 服务器的域名为 abc. com，其中一个用户名为 xyz，密码是 123456，则 FTP 地址为“ftp://xyz:123456@ abc. com”。

(2) FTP 的使用

在客户端使用 FTP 有 3 种形式：FTP 命令行、浏览器和 FTP 下载工具。

使用 FTP 命令行方式，要先将系统切换到“命令提示符”状态，然后在提示符后直接输入 FTP 命令。例如，FTP 是进行 FTP 会话的命令，QUIT 或 BYE 是结束 FTP 会话的命令，GET 是下载命令，PUT 是上传命令等。FTP 的会话命令约有 60 个。显然，要记住这些命令及命令中的参数并不容易，因此较少使用。

使用浏览器进行 FTP 操作时，直接在浏览器的地址栏中输入 FTP 地址即可，如果输入地址时省略了用户名和密码，则输入地址后打开一个对话框，提示用户输入用户名和密码。

【例 7-8】 使用 IE 浏览器访问 FTP 站点 。

使用 IE 浏览器访问 FTP 站点进行下载文件，具体的操作步骤如下：

1）启动 IE 浏览器。

2）假定要访问的 FTP 服务器 IP 地址是 202. 117. 35. 169，则在 IE 浏览器的地址栏输入地址“ftp：//202. 117. 35. 169/”。这时打开“登录身份”对话框，如图 7-14 所示。

3）在对话框中输入用户名和密码，然后单击“登录”按钮，如果输入正确，登录成功后在浏览器中显示该 FTP 站点中的文件夹和文件。

4）在指定的 FTP 文件夹中鼠标右键单击要下载的文件夹或文件，弹出快捷菜单。在快捷菜单中选择“复制到文件夹”命令，指定保存路径后单击“确定”按钮，就可以将文件夹或文件下载到本地硬盘的指定文件夹中。

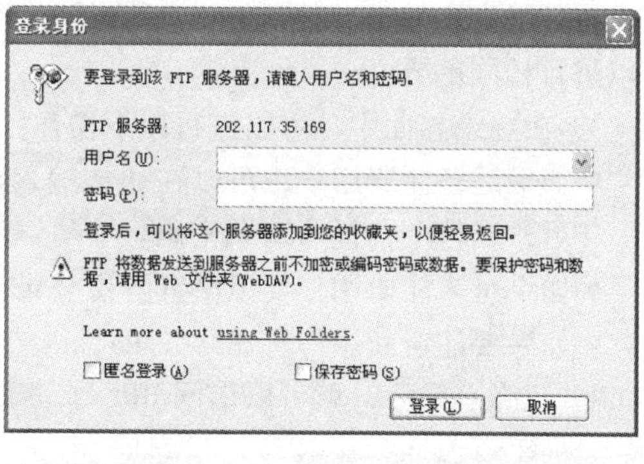

图 7-14 “登录身份”对话框

在许多网页中也包含了 FTP 的链接，如果在这些网页中直接单击链接，也可以使用 FTP 服务，但这时只能下载文件而不能上传文件。

使用 FTP 命令行或浏览器下载文件时，在没有完成下载（如还剩下 5%）时，如果网络连接突然中断，在网络恢复连接之后，已经下载的 95% 前功尽弃，下载操作只能重新开始。如果希望在网络恢复连接之后只下载剩余部分，这称为断点续传，这时，就要使用专门的 FTP 下载工具。这类工具较多，常用的有 CuteFtp、LeapFTP 和迅雷等。

(3) FTP 的访问控制

FTP 服务器使用用户账号（包括用户名和密码）来控制用户对服务器中指定文件夹的访问。对于一些公共的信息和文件，访问时不一定都要用户名和密码，这时可以使用匿名 FTP 服务，也就是不需要账号的访问。

为了保护 FTP 服务器的安全，通常使用匿名 FTP 访问时，只允许用户下载文件而不能上传文件，就算是允许上传，也只能上传到某个指定的文件夹。

2. BBS

(1) BBS 的概念

BBS 是 Bulletin Board System 的缩写，即电子公告牌或电子公告板，是个人或团体在 Internet 上进行交流的一种手段。它也是一种网站，在这个网站上，网友可以对自己感兴趣的话题表达自己的思想和观点，也可以就某个话题进行讨论，这是 BBS 传统的功能。现在的 BBS 中还提供了电子邮件、FTP 等功能。

在 BBS 上，可以按不同的讨论主题分成不同的栏目。例如，某个事件、某类新闻、某项体育运动、某个课程等，发表的言论称为帖子。

(2) BBS 的登录

使用 BBS 有两种方式：一种是通过 Telnet 命令；另一种是通过 WWW 方式进入。下面以进入西安交通大学的“兵马俑 BBS”为例，说明登录的方法。

【例 7-9】 用 Telnet 命令登录 BBS。

使用 Telnet 命令登录 BBS 的具体操作步骤如下：

1）选择“开始”→“程序”→“附件”→“命令提示符”命令，将 Windows 系统状态切换到命令提示符状态。

2）在提示符后输入命令“Telnet bbs. xjtu. edu. cn”，命令输入后按回车键。这时，屏幕上出现登录界面，如图 7-15 所示。

也可以先启动 IE 浏览器，然后在地址栏输入地址“Telnet://bbs. xjtu. edu. cn”，这样也可以进行相同的界面。

3）在登录界面中，可以进行以下操作：

- 如果是已注册用户，可以在“请输入账号:”的提示符后直接输入用户名，按回车键后，屏幕上会提示输入密码。
- 如果是未注册用户要以游客身份登录，可以输入用户名“guest”。
- 如果要注册新用户，输入“new”，然后按屏幕提示进行相应的操作。

4）正确登录后，就可以访问 BBS 了，其中一个界面的内容如图 7-16 所示。

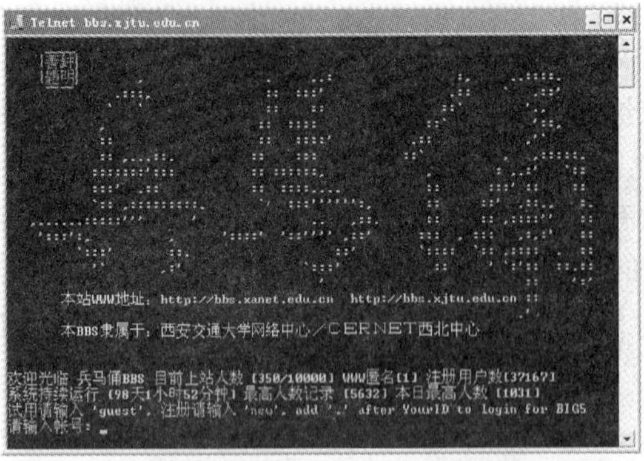

图 7-15 使用 Telnet 登录的 BBS 界面

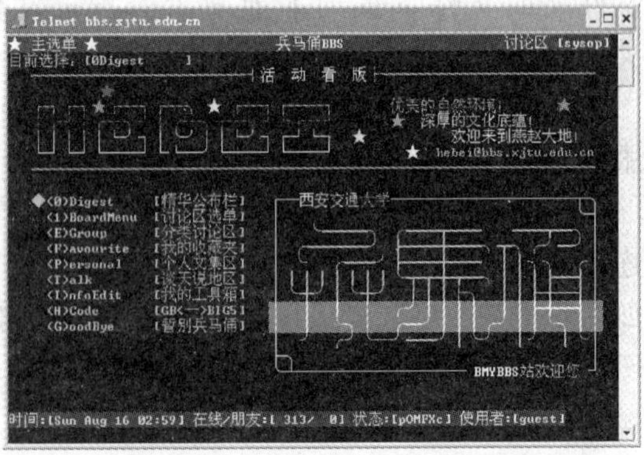

图 7-16 BBS 的显示的一个界面

5）后面的各个操作都要通过键盘进行。

【例 7-10】 通过 WWW 方式进入“兵马俑 BBS”。

通过 WWW 方式进入“兵马俑 BBS”的具体操作步骤如下：

1）启动 IE 浏览器。

2）在地址栏输入地址“http://bbs.xjtu.edu.cn/”，这时，屏幕上出现如图 7-17 的登录界面。

3）在登录界面中，可以进行以下的操作：

- 如果是已注册用户，输入“账号”和“密码”后，单击“登录”按钮。
- 如果是未注册用户要以游客身份登录，单击图中的“匿名登录”按钮。
- 如果要注册新用户，单击“新用户注册”命令，然后按屏幕提示进行。
- 单击“Telnet”按钮，可以切换到 Telnet 方式。

4）正确登录后，就可以访问 BBS 了，其中一个界面的内容如图 7-18 所示。

图 7-17　使用 WWW 方式登录的 BBS 界面

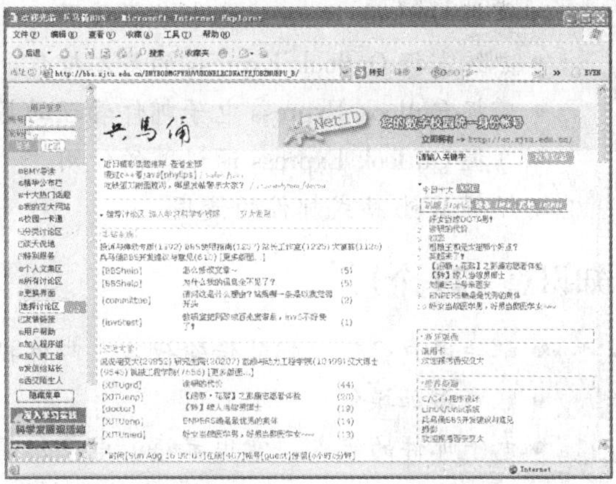

图 7-18　BBS 的一个界面

（3）注册用户

没有注册的用户通常只能进行浏览帖子的操作，要想使用其他的功能，如发帖子、发邮件、聊天等，应该先注册用户，然后以注册用户的身份登录。

以 Telnet 方式注册用户时，在图 7-15 中输入“new”，然后按图 7-19 提示进行操作。

以 WWW 方式注册用户时，单击图 7-17 中的“新用户注册”按钮，然后按图 7-20 所示提示的对话框进行注册新用户的操作。

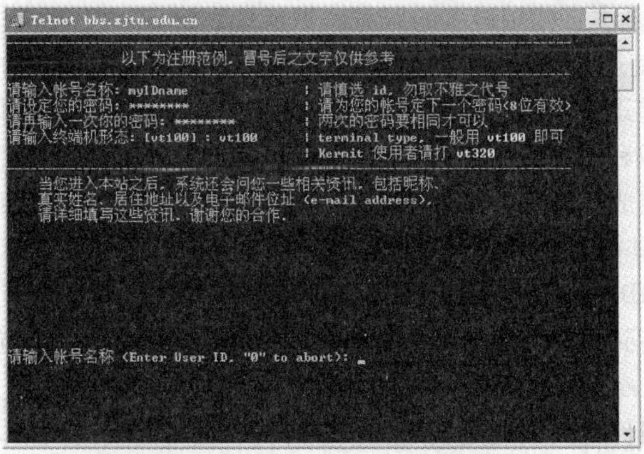

图 7-19　Telnet 方式下的注册用户界面

图 7-20　WWW 方式下的注册用户界面

7.2 电子邮件的使用

考试内容：

电子邮件的概念、Outlook Express 的基本操作

教学要求：

- 了解电子邮件的基本概念
- 掌握 Outlook Express 基本参数设置
- 熟练掌握 Outlook Express 的基本操作
- 掌握 Outlook Express 电子邮件管理的基本操作
- 掌握 Outlook Express 通讯簿的使用
- 了解 Web 格式邮件的使用

知识点（24 个）：

- 邮件用户代理、邮件传输代理、邮件投递代理、SMTP 工作原理
- 账户添加操作
- 电子邮件的优点、常用术语、电子邮箱的申请和使用、常用的收发邮件软件
- 阅读邮件、编辑 HTML 邮件、更改字体样式及大小、编辑段落、编号或项目符号列表、在待发邮件中使用信纸、在待发邮件中加入签名、邮件中插入文件、所有邮件中插入名片
- 使用文件夹为邮件分类、使用邮件规则、定时收取邮件
- 增加联系人信息、创建和增加联系人组、使用目录服务查找用户

7.2.1 电子邮件的概念

1. 电子邮件的工作原理

电子邮件（E-mail）是 Internet 上最基本、使用最多的服务。据统计，Internet 上百分之三十以上的业务量是电子邮件。每一个使用过 Internet 的用户或多或少都使用过电子邮件。电子邮件不仅使用方便，而且还具有传递迅速和费用低廉的优点。现在的电子邮件不仅可以传送文字信息，而且可以传输声音、图像和视频等内容。

一个电子邮件系统主要由 3 个部分组成：代理、邮件服务器和电子邮件协议。其中代理有：邮件用户代理（Mail User Agent，MUA）、邮件传输代理（Mail Transport Agent，MTA）和邮件投递代理（Mail Delivery Agent，MDA）。邮件用户代理负责用户邮件的读写和收发。邮件传输代理负责将邮件由一个服务器传到另一个服务器或邮件投递代理。邮件投递代理负责将邮件放到用户的邮箱中。

邮件服务器是电子邮件系统的核心组件，其功能是发送和接收邮件，同时还要向发信人报告邮件传送的情况。邮件服务通常使用两个不同的协议：SMTP（用于发送邮件）和邮局协议 POP3（用于接收邮件）。

用户代理是用户和电子邮件系统的接口，它使用户通过图形窗口界面发送和接收邮件。这类软件很多，例如 Windows 的 Outlook Express（简称 OE），就是最为常用的用户代理程序，其他的还有 FoxMail、DreamMail 等。

用户代理程序应具有以下的基本功能：

- 撰写信件：给用户提供方便、人性化的编辑邮件的环境。
- 显示信件：能很方便地在计算机屏幕上显示出来信，以及来信附件中的文件。
- 处理信件：包括发送和接收邮件，以及能根据情况按照不同方式对来信，进行处理，如删除、存盘、打印、转发、过滤等。

2. 电子邮件的优点

和普通的信件相比，电子邮件有以下的优点：

1）传递速度快：只需几秒钟就可以将电子邮件通过网络传递到邮件接收人的电子邮箱中。

2）收、发方便：编写、发送、接收电子邮件都由用户邮件代理程序完成，而且发送和接收没有时间和地点的限制。

3）信息多样化：电子邮件不仅可以传递文本，也可以以附件的形式传递声音、图像和视频。

4）可靠：每个电子邮箱的地址在全球都是唯一的，因此可以确保准确投递。

3. 电子邮箱的地址

为了能在 Internet 上发送电子邮件，使用因特网的电子邮件系统的每个用户需要有一个电子邮件的账户，这个账户通常由电子邮件地址和密码两部分组成。

电子邮件地址格式为：

用户名@用户邮箱所在主机的域名

由于一个主机的域名在 Internet 中是唯一的，而每一个邮箱名（用户名）在该主机中也是唯一的，因此在 Internet 上每个人的电子邮件地址都是唯一的。

任何一个用户可以将电子邮件发送到某个电子邮箱中，而只有电子邮箱的拥有者才有权打开信箱，阅读和处理信箱中的信件。

发信人可以随时在网上发送邮件，该邮件被送到收件人邮箱所在的邮件服务器，收件人也可以随时连接因特网后，打开自己的信箱阅读信件。发送方和接收方不需要同时打开计算机，因此，在因特网上收发电子邮件是不受地域或时间限制的。

4. 申请免费的电子邮箱

电子邮箱有收费邮箱和免费邮箱之分。收费邮箱是指通过付费方式获得邮箱账号，这种邮箱容量大、安全性高；免费邮箱是指网站上提供给用户的邮箱账号，用户只需填写邮箱申请表即可获得邮件账户。

还有一种收费邮箱是通过申请域名空间获得的。这种方式主要应用于企、事业单位需要传递一些文件或资料，并且对邮箱的数量、大小和安全性有一定的要求。用户可以到提供该项服务的网站上申请一个域名空间，在申请过程中会给用户提供一定数量及大小的电子邮箱。

5. 电子邮件的格式

电子邮件的结构是一种标准格式，通常由两部分组成，即邮件头（Header）和邮件体

(Body)。邮件体就是实际传送的原始信息，即信件内容。邮件头相当于信封，包括的内容主要是邮件的发件人地址、收件人地址、日期和邮件主题。

电子邮件一般都包含以下几项：

- 发件人（From）：邮件的发送人，表示发送邮件用户的邮件地址。
- 收件人（To）：邮件接收者，表示接收邮件人的邮件地址。
- 抄送（cc）：表示同时可接收到该信件的其他人的电子邮箱地址。
- 日期行：显示的是邮件发送的日期和时间。
- 主题行：邮件的主题是对邮件内容的一个简短的描述。如果每个邮件都能写一个主题来概括其内容，那么，当收件人浏览邮件目录时，就可以很快知道每个邮件的大概内容，便于选择处理，节约时间。
- 附件：同邮件一起传递的独立文件，可以是声音、图像等。

上述几项中，其中收件人地址、抄送和主题要求发信人填写，发件人地址和日期通常是由程序自动填写的。

7.2.2 Web 格式邮件的使用

电子邮件的收发通常也有两种方式：Web 方式和邮件客户程序方式。使用 Web 方式时，在浏览器中通过网站进入邮箱，然后单击相应的超链接进行收发电子邮件，这种方式适用于收发数量较少的邮件，通常用于个人，邮件客户程序方式是通过邮件收发代理软件完成，如 Outlook 和 FoxMail 等，适用于收发数量较多的单位或集体。

【例 7-11】 以 Web 方式收发电子邮件。

下面以新浪网上提供的免费邮箱为例，说明 Web 方式收发电子邮件的具体操作步骤如下：

1）启动 IE 浏览器。

2）在地址栏输入地址“http://www. sina. com/”，进入新浪首页，如图 7-21 所示。

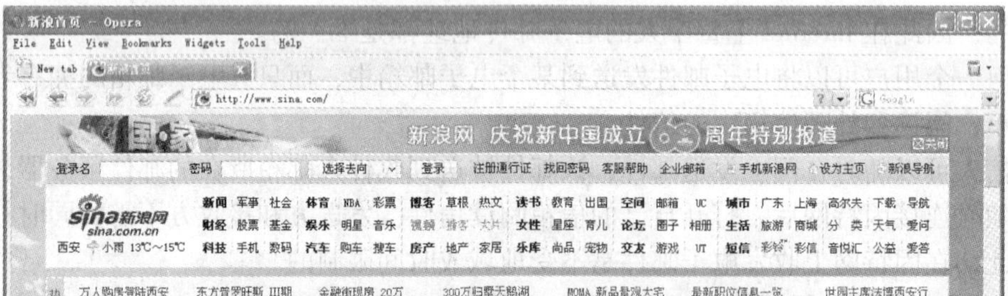

图 7-21 新浪网站首页

3）在首页的左上方的登录窗口，进行用户登录：

- 在登录名文本框中输入用户名。
- 在密码文本框中输入密码。
- 在选择去向下拉列表框中选择“免费邮箱”选项。

输入上述信息后，单击“登录”按钮，进入新浪邮箱主页面。

4）在邮箱首页面中，有“收信”、“写信”按钮，有“通讯录”下拉列表框，在左边邮件类列表中有“收件夹”、“草稿夹”、“已发送”、“已删除”、“垃圾邮件”、“保留邮件”等文件夹。单击某个文件夹时，右侧会显示出该文件夹中的内容。

5）如果要写信，单击“写信”按钮，进入写信件界面，如图 7-21 所示。

6）在写信件界面中，输入有关内容：收件人邮箱地址、邮件主题、根据需要输入抄送地址上传附件。接下来在“正文”文本框中输入信件的内容。

7）邮件写好后，可以设置正文字体大小格式，设置信纸的样式。

8）格式设置后，单击“发送”按钮，即可以发送邮件，发送成功后会显示“邮件发送成功”的提示。

7.2.3 Outlook Express 的基本操作

下面介绍 Outlook Express 的基本使用方法。

1. 设置账号

在第一次启动 Outlook Express 收发电子邮件之前，要进行账号的设置，将 ISP 提供的电子邮箱地址、用户名、口令、邮件服务器的域名等与电子邮件有关的信息输入并保存到 Outlook Express 中。

【例 7-12】 在 Outlook Express 中设置账号

设置账号的具体操作步骤如下：

1）单击任务栏中快速启动栏上的 Outlook Express 按钮，启动 Outlook Express，打开 Outlook Express 窗口，如图 7-22 所示。

2）选择“工具”→“账户”命令，打开“Internet 账户”对话框，如图 7-23 所示。

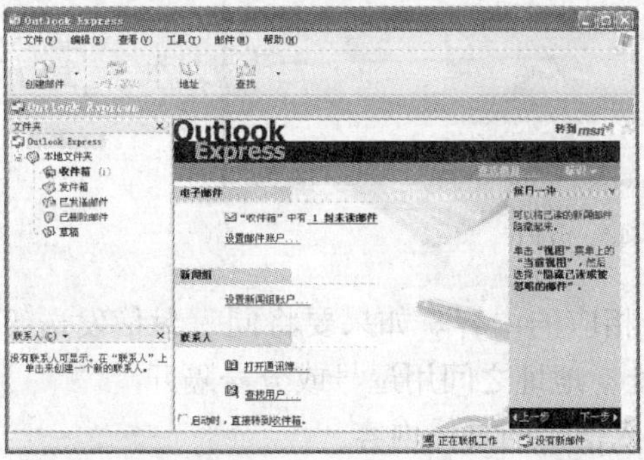

图 7-22 Outlook Express 窗口

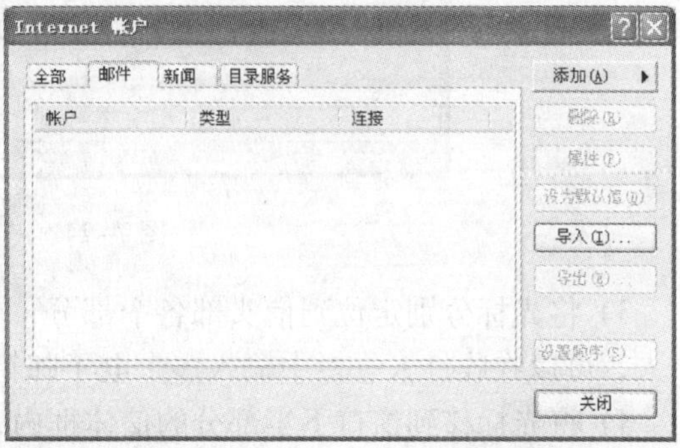

图 7-23 “Internet 账户”对话框

3）在对话框中单击“邮件”选项卡，然后单击“添加”按钮，打开“Internet 连接向导”对话框。

4）输入“显示姓名”，这个姓名将出现在发送邮件的“发件人”一栏，单击“下一步”按钮。

5）在打开的窗口输入邮箱地址，然后单击“下一步”按钮，打开“电子邮件服务器名”对话框。

6）对话框中分别输入接收邮件服务器和发送邮件服务器的地址，这两个地址在申请邮箱的网站上是可以查到的。例如，新浪邮箱的这两个服务器地址如下：

- 接收邮件服务器：pop3. sina. com. cn。
- 发送邮件服务器：smtp. sina. com. cn。

输入后单击“下一步”按钮。

7）在弹出的对话框中输入电子邮箱的地址和密码，然后单击“下一步”按钮。

8）系统弹出“祝贺您”对话框，单击“完成”按钮返回到上层对话框。

9）单击“属性”按钮，打开“属性”对话框，单击对话框中的“服务器”选项卡。

10）在该选项卡中，单击选中“我的服务器要求身份验证”前面的复选框，然后单击“确定”按钮。

完成账号设置后就可以使用 Outlook Express 进行发送和接收电子邮件了。

2. 撰写和发送邮件

【例 7-13】 使用 Outlook Express 撰写和发送邮件。

撰写和发送邮件的具体操作步骤如下。

1）启动 Outlook Express。

2）在 Outlook Express 窗口的工具栏中单击“创建邮件”按钮，显示“新邮件”窗口，如图 7-24 所示，窗口的上半部分为信头部分，下半部分为信体部分。

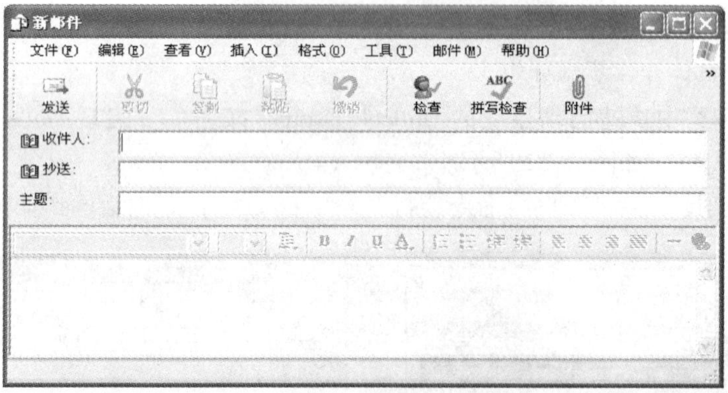

图 7-24 “新邮件”窗口

3）将光标分别定位到信头部各个部分，输入相应的内容。如果要将同一封信发送给多个人，可以在收件人一栏中输入多个电子邮箱地址，地址之间用逗号或分号隔开。

4）将光标移到窗口下半部分的信体框内，输入信件的具体内容。

5）插入附件，如果要使用电子邮件发送计算机中的其他文件，如 Word 文档、图形文件、音频文件等，可以将这些文件以附件的形式随信件一起发送。方法是单击工具栏上的“附加”按钮，打开“插入附件”对话框，在对话框中选择要插入的文件，然后单击“附件”按钮。这时，窗口上半部分会多出一行，显示附件的文件名称。

6）单击“发送”按钮，就可以将邮件发送到收件人的邮箱中。

3. 接收和阅读邮件

单击 Outlook Express 窗口的“发送/接收”按钮，可以发送信件和接收信件。发送信件是将邮件送往邮件服务器，而接收邮件是从邮件服务器的邮箱中将信件移动到自己的计算机上。

发送和接收完成后，单击窗口左侧的“收件箱”按钮，Outlook Express 窗口的右侧分为上、下两个部分，上部分显示的邮件列表区，显示了所收到的所有信件，下部分是邮件浏览区。

单击某个邮件，该邮件的内容显示在浏览区中，就可以进行阅读了。

双击某个邮件可以在单独的窗口中显示选中的邮件。

如果某个邮件包含附件，则在邮件列表框中，该邮件的左侧会显示图标，单击附件名就可以阅读附件的内容，也可以将附件复制到指定的文件夹中。

4. 回复邮件

打开收件箱文件夹，阅读邮件之后，就可以进行回复或转发了。

回复邮件的具体操作步骤如下：

1）在邮件列表中单击要回复的邮件主题。

2）如果只答复发件人，则单击“答复”按钮；如果要答复发件人和“抄送”栏中的其他收件人，单击“全部答复”按钮。这时，发送人和收件人的地址已由 Outlook Express 自动填好。

3）撰写复信的内容。

4）完成后单击“发送”按钮就可以进行回复。

5. 转发邮件

转发是指将收到的信件转发给其他的收件人，具体操作步骤如下：

1）在邮件列表区中选中要转发的信件。

2）单击“转发”按钮。

3）在收件人地址框中输入收件人的地址。

4）单击“发送”按钮进行转发。

7.2.4 Outlook Express 邮件的管理

除了邮件的撰写、收发以外，Outlook Express 中还可以对邮件进行管理操作，包括使用不同的文件夹对邮件进行分类和对接收邮件设置不同的规则。

1. 邮件夹

（1）Outlook Express 中固定的文件夹

Outlook Express 的固定文件夹及保存的邮件类型如下：

1）收件箱：该文件夹保存各账户收到的已读和未读的邮件。

2）发件箱：该文件夹保存各个账户没有成功发送到邮件服务器的邮件。当下次启动 Outlook Express 或单击“发送/接收”按钮时，会自动发送其中的邮件。

3）已发送邮件：保存各个账户已经成功发送到邮件服务器的邮件，也包括账号错误的邮件。

4）已删除邮件：保存已经删除的邮件。该文件夹和“回收站”类似，所以放在这个文件夹中邮件还可以还原到原来的位置。

5）草稿：保存用户撰写后还没有发送的邮件。当用户进行“发送”操作后，这个邮件就被转到“发件箱”文件夹中，等待发送；如果发送成功，该邮件又从“发件箱”文件夹被转到“已发送邮件”文件夹中。

上面的固定文件夹用户不能删除，也不能进行重命名，Outlook Express 可以将收到的邮件自动地保存到不同的文件夹中。

（2）创建新的文件夹

【例 7-14】 在 Outlook Express 中创建新的文件夹。

在 Outlook Express 中也可以创建新的文件夹，具体操作步骤如下：

1）鼠标右键单击“收件箱”，在弹出的快捷菜单中选择“新建文件夹”命令，打开“创建文件夹”对话框，如图 7-25 所示。

2）在对话框中，在“文件夹名”下面的文本框中输入文件夹的名称，这里输入“大学同学”；在“选择新建文件夹的位置”列表框中确定新文件夹所在的位置，这里选择“本地文件夹”选项。

3）单击“确定”按钮，这时就在“本地文件夹”中创建了一个新的名为“大学同学”的文件夹。

对新创建的文件夹可以进行打开、删除和重命名等操作，操作时可以右键单击文件夹，在弹出的快捷菜单中选择进行相应的操作。

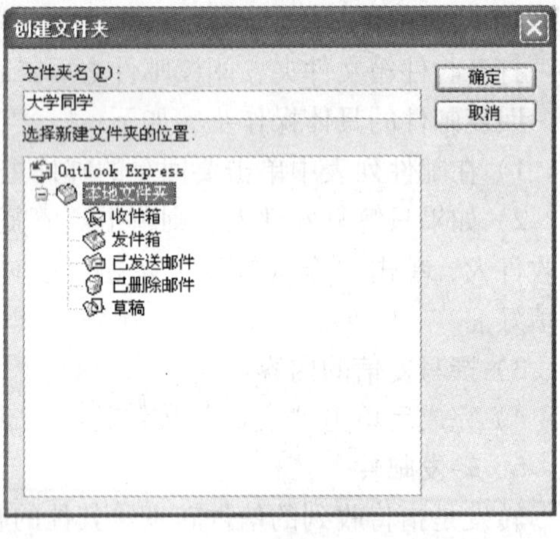

图 7-25 “创建文件夹”对话框

（3）在文件夹之间移动邮件

通常，Outlook Express 是将邮件自动存放到不同的文件夹中，也可以用手工的方法将某个邮件从一个文件夹移动到另一个文件夹中，通常有两种方法：一种方法是直接拖动，就是将选定的邮件拖动到指定的文件夹中；另一种是鼠标右键单击选定的文件，在弹出的快捷菜单中选择“移动到文件夹”命令，在弹出的“移动”对话框中选择目的文件夹，然后单击“确定”按钮即可。

2. 删除邮件

从某个文件夹删除邮件，Outlook Express 将该邮件移送到“已删除邮件”的文件夹中。如果要彻底删除该邮件，还要在“已删除邮件”的文件夹中再次执行删除操作。

【例 7-15】 彻底删除“收件箱”文件夹中的邮件。

删除邮件的具体操作步骤如下：

1）在 Outlook Express 中打开“收件箱”文件夹，在右侧的邮件列表框中选择要删除的邮件。

2）鼠标右键单击该邮件，在弹出的快捷菜单中选择“删除”命令，或单击工具栏上的“删除”按钮。被删除的邮件被移送到“已删除邮件”文件夹中。

3）在“已删除邮件”文件夹中选定该邮件，鼠标右键单击，在弹出的快捷菜单中单击

“删除”按钮，系统弹出确认删除对话框。

4）在对话框中单击“是”按钮，该邮件被彻底删除。

3. **设置邮件规则**

设置邮件规则，可以对接收到的邮件进行一些特殊的处理，如移动到指定的文件夹、删除、给邮件做标记、突出显示等。

【例7-16】 设置邮件规则，将来自某个邮件用户的邮件自动保存到指定的文件夹中。

下面设置一个邮件规则，作用是将来自用户 daxuejsj2007@ sina. com 的邮件自动保存到上一个例子创建的文件夹“大学同学”中，具体操作步骤如下：

1）选择“开始”→“程序”→“Outlook Express”命令，启动 Outlook Express。

2）在 Outlook Express 窗口中，选择“工具”→“邮件规则”→“邮件”命令，系统弹出“邮件规则”对话框，选择“邮件规则”选项卡，如图 7-26 所示。

3）在“邮件规则”对话框中，单击“新建”按钮，系统弹出“新建邮件规则”对话框，如图 7-27 所示。对话框中有 4 个部分：

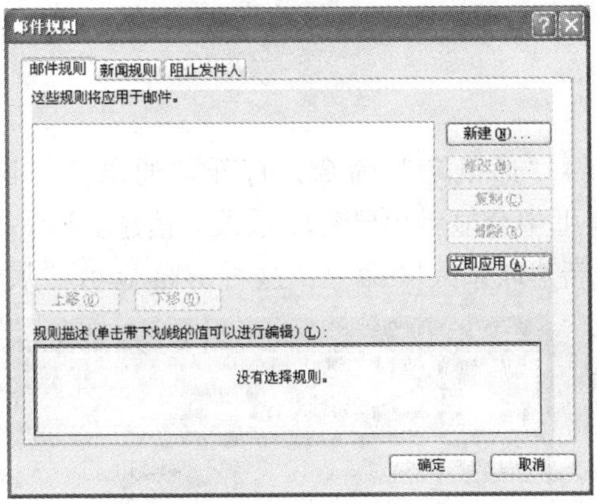

图 7-26　“邮件规则”对话框

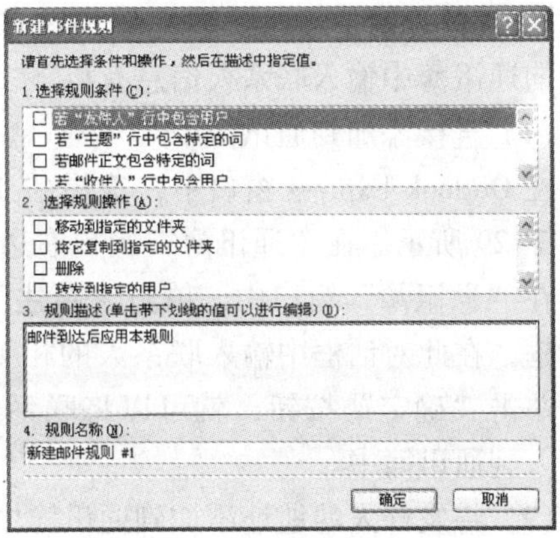

图 7-27　“新建邮件规则”对话框

- “1. 选择规则条件”是用来设置选择邮件的规则条件的，即只选择哪些满足规则条件的邮件。
- “2. 选择规则操作”是设置对满足条件的邮件进行的操作。
- “3. 规则描述（单击带下画线的值可以进行编辑）”用来编辑并显示规则的描述。
- “4. 规则名称”用来设置并显示规则名称。

4）在对话框中，从选择规则列表框中选择“若“发件人”行中包含用户”复选框，接下来在“选择规则操作”列表框中选择“移动到指定的文件夹”，这时在规则描述框中出现了本规则的描述，其中“包含用户”和“指定的”都变成了蓝色的链接。

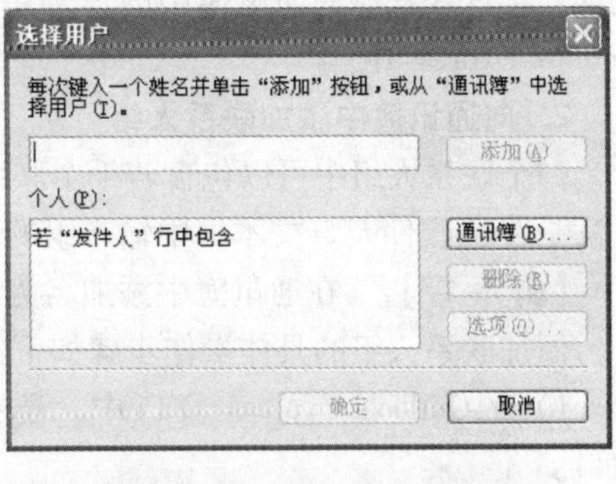

图 7-28　“选择用户”对话框

5）单击“规则描述”列表框中的“包含用户”链接，系统弹出“选择用户”对话框，如图 7-28 所示，在文件框中输入邮箱地址“daxuejsj2007@ sina. com”，然后单击“添加”按钮。这时，该地址显示在下面的“个人”列表框中，如果还有其他的邮箱地址，可以按此方法继续添加。

添加完成后，单击“确定”按钮，关闭此对话框，系统返回到“新建邮件规则”对话框。

6）在“新建邮件规则”对话框中显示该规则默认的名称为“新建邮件规则#1”，也可以在“规则名称”文本框中将此名称修改为有意义的名称。单击“确定”按钮，系统返回到“邮件规则”对话框，单击这个对话框中的“确定”按钮，该邮件规则创建完成。

按上面的步骤还可以继续创建其他的邮件规则，在实际执行时是按从上到下的顺序依次执行的。

7.2.5 使用通讯簿

Outlook Express 提供的通讯簿可以用来保存联系人的 E-mail 地址、邮政编码、通信地址、电话等信息，还可以进行自动从通讯簿中选择地址填写到收件人地址栏中的操作。

1. 向通讯簿中添加联系人

向通讯簿中输入联系人信息有以下多种方法。

（1）直接添加到通讯簿中

在 Outlook Express 窗口中，选择“工具”→“通讯簿”命令，打开“通讯簿”窗口，如图 7-29 所示。在“通讯簿”窗口右边的列表框中会显示出已有联系人的信息。

在“通讯簿”窗口中，单击“新建”→“新建联系人”命令，这时屏幕显示“属性”对话框，在此对话框中输入联系人的相关信息，最后单击“确定”按钮，就可以将联系人的信息输入到通讯簿中。

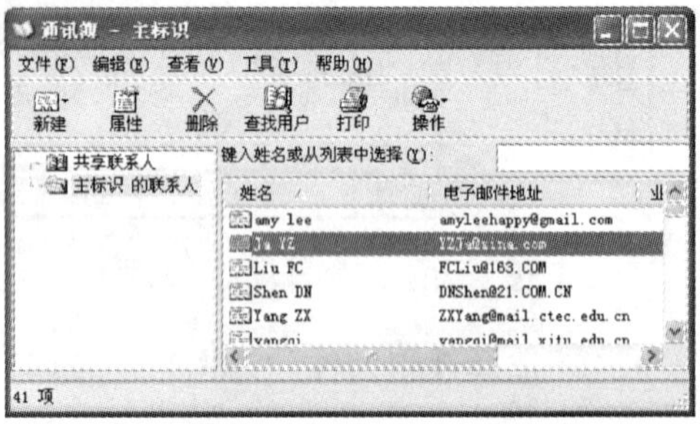

图 7-29 “通讯簿”窗口

（2）将发件人的地址添加到通讯簿中

收到一个信件后，鼠标右键单击该信件，在弹出的快捷菜单中，执行“将发件人添加到通讯簿”命令，就可以将发件人的电子邮件地址添加到通讯簿中。

（3）从其他程序导入到通讯簿

其他的电子邮件应用程序，如 Netscape Communicator 或 Microsoft Exchange 也有通讯簿的功能，将这些程序的通讯簿中的信息用文本文件（CSV）的格式导出，然后就可以导入到 Outlook Express 中。

2. 向通讯簿中添加联系人组

一个联系人组中可以包含若干个联系人，这样，可以将邮件方便地发送给一组收件人，方法是在“收件人”文本框中输入组的名称就可以将邮件发送到该组中的每个用户。

【例 7-17】 在通讯簿中添加名为“课外实验”的联系人组。

添加联系人组的具体操作步骤如下：

1）在 Outlook Express 窗口中，选择“工具”→“通讯簿”命令，打开“通讯簿”窗口。

2）在“通讯簿”窗口中，单击“新建”→“新建组”命令，这时屏幕显示“属性”

对话框，对话框中有两个选项卡：“组”和“组详细信息”。

3）在“组”选项卡中，输入组名“课外实验”，然后向新组中添加成员，有3种添加方法：

- 单击“选择成员”按钮，从通讯簿中已有的联系进行选择。
- 单击“新建联系人”按钮，新添加的联系人信息也同时添加到通讯簿中。
- 直接在对话框下方输入“姓名”和“电子邮件”。

4）单击对话框的“组详细信息”选项卡，填写新建组的详细信息。例如，国家/地区、城市等。

5）单击“确定”按钮，该新组创建完成。

3. 在写邮件时从通讯簿自动填写电子邮件地址

使用通讯簿可以自动填写电子邮箱的地址。方法是在通讯簿中单击某个具体的收件人地址，然后单击通讯簿窗口中“操作”按钮，在下拉列表框中执行“发送邮件”命令，打开“新邮件”窗口。同时，选定的邮箱地址自动填写在“收件人”文本框中。

4. 在通讯簿中查找联系人

在通讯簿中查找联系人，方法是在“通讯簿”窗口中选择“编辑”→“查找用户”命令，或单击工具栏中的“查找用户”按钮，系统弹出“查找用户”对话框，如图7-30所示。

在对话框的“搜索范围”下拉列表框中选择查找区域，然后在“个人”信息栏中输入查找的依据，最后单击“开始查找”命令按钮，就可以在所选范围内按依据进行查找。

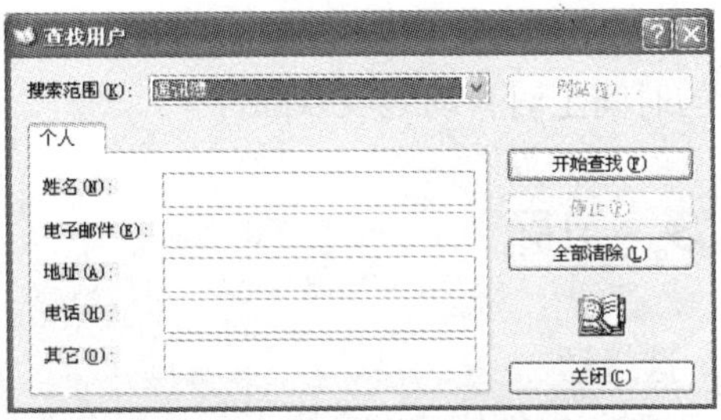

图7-30 “查找用户”对话框

7.2.6 Outlook Express的设置

在使用Outlook Express进行收发电子邮件时，可以根据用户的不同需求设置程序的基本参数。设置参数时，在Outlook Express中选择“工具”→“选项”命令，打开“选项”对话框，如图7-31所示。

对话框中共有10个选项卡，每个选项卡可以设置的内容如下：

1）常规：包含“常规”、“发送/接收邮件”和“默认邮件程序”3个栏目。可以启动显示文件夹设置、新闻组通知设置、显示未读邮件设置、接收邮件声音设置、自动接收新邮件设置等。

2）阅读：包含对阅读邮件时的显示效果进行设置，如字体、颜色和编码方式等。

3）回执：设置是否请求阅读回执、是否返回阅读回执、是否为数字签名的邮件请求安全回执。

4）发送：对发送条件和要求进行设置，也可以设置邮件发送格式和新闻发送格式，包括HTML

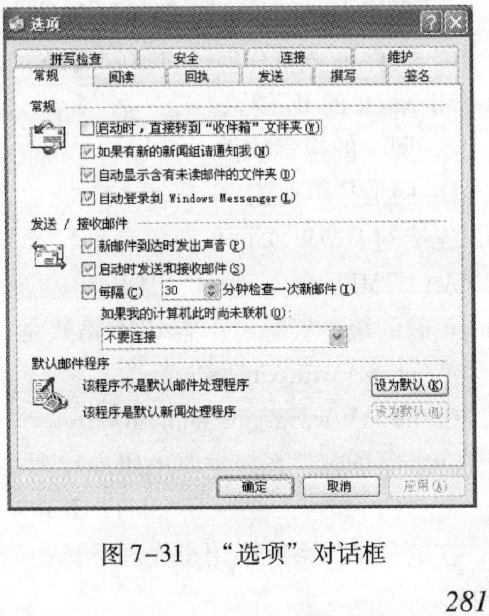

图7-31 “选项”对话框

和纯文本两种格式。

5）撰写：设置在撰写邮件时使用的字体格式、信纸样式和名片的内容。

6）签名：设置是否在邮件中添加签名，以及签名的样式。

7）拼写检查：设置在发送前是否检查拼写、检查拼写时可以忽略的内容、使用的语言等。

8）安全：对病毒防护、图形下载、数字标识、数字签名和对附件加密进行设置。

9）连接：对拨号和 Internet 连接进行设置。

10）维护：对邮件清除选项和日志进行设置。

【例 7-18】 在 Outlook Express 中设置定时收取邮件，间隔为 60 min。

设置定时收取邮件的具体操作步骤如下：

1）在 Outlook Express 中选择“工具”→“选项”命令，打开“选项”对话框。

2）在“选项”对话框中选择“常规”选项卡。

3）在“发送/接收邮件”栏目下的“每隔 30 min 检查一次新邮件”中设置新的时间“60”，即间隔时间为 60 min。

4）设置后，单击“确定”按钮，完成设置操作。Outlook Express 运行时就可以根据设置的时间定时自动地收取邮件。

7.3 习题

一、选择题

1. 下列各邮件信息中，属于邮件服务系统在发送邮件时自动加上的是（ ）。

   A. 收件人 E-mail 地址　　B. 邮件体内容

   C. 附件　　D. 邮件发送日期和时间

2. Web 把某一特定信息资源的所在地称为（ ）。

   A. Web 页　　B. Web 浏览器　　C. Web 服务器　　D. Web 网站

3. 关于电子邮件，下列说法中错误的是（ ）。

   A. 发送电子邮件需要 E-mail 软件支持　　B. 发件人必须有自己的 E-mail 账号

   C. 收件人必须有自己的邮政编码　　D. 必须知道收件人的 E-mail 地址

4. Microsoft 的 IE 浏览器是一种（ ）。

   A. 网上的搜索软件　　B. 电子邮件发送程序

   C. 网上传输协议　　D. 网上浏览器

5. 连接到 WWW 页面的协议是（ ）。

   A. HTML　　B. TCP/IP　　C. HTTP　　D. SMTP

6. 正确的统一资源定位器 URL 格式是（ ）。

   A. http:\\ww. xjtu. edu. cn\　　B. http//:www. xjtu. edu. cn/

   C. http\\:www. xjtu. edu. cn\　　D. http://www. xjtu. edu. cn/

7. 一个电子邮件系统主要由用户代理、（ ）和电子邮件使用的协议组成。

   A. TCP/IP　　B. SMTP/POP3　　C. 邮件服务器　　D. HTTP

8. 在电子邮件系统中用户代理不具有的功能是（ ）。

A. 显示邮件　　B. 接收邮件

C. 转发邮件　　D. 上传和下载文件

9. FTP 不包含的功能是（　　）。

A. 显示文件内容　B. 建立目录　C. 安装软件　D. 文件复制

10. 电子邮件地址格式为：username@ hostname，其中 hostname 为（　　）。

A. 用户地址名　B. ISP 某台主机的域名　C. 某公司名　D. 某国家名

11. 收到一封邮件，再把它寄给别人，一般可以用（　　）。

A. 答复　B. 转发　C. 编辑　D. 发送

12. 在 IE 中，要传输视频文件使用的协议是（　　）。

A. FTP　B. HTTP　C. BBS　D. SMTP

13. 以下协议中，主要用于处理电子邮件客户如何从邮件服务器中取回等待邮件的是(　　)。

A. SMTP　B. POP3　C. HTTP　D. FTP

14. 以下各项中，任何用户都可以自由访问的 FTP 服务器是（　　）。

A. 非匿名 FTP 服务器　　B. 匿名 FTP 服务器

C. Web 服务器　　D. DNS 服务器

15. 电子邮件地址的一般格式为（　　）。

A. 用户名@ 域名　B. 域名@ 用户名　C. IP 地址@ 域名　D. 域名@ IP 地址

16. 下列说法错误的是（　　）。

A. 电子邮件是 Internet 提供的一项最基本的服务

B. 电子邮件具有快速、高效、方便、价廉等特点

C. 通过电子邮件，可向世界上任何一个角落的网上用户发送信息

D. 可发送的多媒体只有文字和图像

17. 当电子邮件在发送过程中有误时，则（　　）。

A. 电子邮件将自动把有误的邮件删除

B. 邮件将丢失

C. 电子邮件会将原邮件退回，并给出不能寄达的原因

D. 电子邮件会将原邮件退回，但不给出不能寄达的原因

18. 下列软件中，（　　）不是 WWW 浏览器。

A. IE 6.0　B. NetScape Navigator　C. Mosaic　D. C ++ Builder

19. 在 Outlook Express 的服务器设置中 SMTP 服务器是指（　　）。

A. 邮件接收服务器　　B. 邮件发送服务器

C. 域名服务器　　D. WWW 服务器

20. 在 Outlook Express 的服务器设置中 POP3 服务器是指（　　）。

A. 邮件接收服务器　　B. 邮件发送服务器

C. 域名服务器　　D. WWW 服务器

21. BBS 的中文意思是（　　）。

A. 布尔逻辑搜索　　B. 电子公告牌

C. 文件传输协议　　D. 超文本传输协议

22. 登录到某个网站已注册的邮箱，该邮箱页面上的“发件箱”文件夹通常保存的是(　　)。

A. 已经发送的邮件　　B. 已写好并等待发送的邮件

C. 需要回复的邮件　　D. 需要转发的邮件

23. 使用 FTP 进行文件传递时，关于可以传递的文件类型，以下说法中正确的是（　　）。

A. 能传递所有类型的文件　　B. 只能传递文本文件

C. 不能传递声音文件　　D. 不能传递图像文件

24. 关于 Outlook Express 的通讯簿，以下说法中正确的是（　　）。

A. 一个联系人组中包含多个联系人

B. 一个联系人只能加入到一个联系人组中

C. 只能将已收到邮件的发件人地址加到入到通讯簿中

D. 更改某个联系人的邮箱地址后，相应联系人组中的地址不能自动更新

25. 在 Internet Explorer 中，要浏览最近访问过的网页，可以（　　）。

A. 按回车键　　B. 单击工具栏上的“历史”按钮

C. 按〈Backspace〉键　　D. 单击工具栏上的“刷新”按钮

26. 在 Internet 中，（　　）用于文件的传输。

A. FTP　　B. HTML　　C. SMTP　　D. POP3

27. 在 Internet Explorer 中，要返回上一页，可以（　　）。

A. 按回车键　　B. 单击工具栏上的“历史”按钮

C. 按〈Backspace〉键　　D. 单击工具栏上的“后退”按钮

28. 在 FTP 中，传输一个文本文件时，通常选用的传输类型是（　　）。

A. Unicode 码　　B. 二进制流　　C. ASCII 码　　D. GB 码

29. 搜索引擎的本质也是一个（　　）。

A. 服务器　　B. 计算机　　C. 硬件　　D. 网站

30. Internet Explorer 的历史文件夹中保存的是（　　）。

A. 浏览网页所用的时间　　B. 访问过的网页的历史记录

C. 网页的内容　　D. 网页的地址

31. 不同于一般的纯文本格式的邮件，（　　）允许插入图片、可以进行更改字体、字号、颜色等格式化操作。

A. Word 格式邮件　　B. Web 格式邮件　　C. 传统电子邮件　　D. 文本格式邮件

32. 在 Outlook Express 中，要添加一个新的账号，应执行 Outlook Express 窗口的（　　）菜单。

A. 编辑　　B. 工具　　C. 文件　　D. 邮件

33. 关于发送电子邮件，以下说法中错误的是（　　）。

A. 发件人要有自己的邮箱地址和密码　　B. 自己可以给自己发送邮件

C. 需要知道收件人的邮箱地址和密码　　D. 电子邮件中还可以发送其他类型的文件

34. 对于收到的电子邮件可以进行操作是（　　）。

A. 删除　　B. 回复　　C. 转发　　D. 以上都可以

35. 电子邮箱是（　　）上的一块区域。

A. 用户计算机内存　　B. 用户计算机硬盘
C. 邮件服务器内存　　D. 邮件服务器硬盘

36. Outlook Express 的最主要功能是（　　）。
A. 接收和发送电子邮件　　B. 创建账户
C. 在网上搜索信息　　D. 为电子邮件加密

37. 在邮件系统中，收到的某个邮件主题行开始处有“回复:”或“Re:”时，表示该邮件是（　　）。
A. 对方回复的邮件　　B. 希望对方答复的邮件
C. 对方拒绝接收的邮件　　D. 当前的邮件

38. 要将访问过的自己感兴趣的网页地址保存下来，以便以后访问，最好的方法是（　　）。
A. 将该网页添加到收藏夹中　　B. 写在纸上
C. 将该网页以文本形式保存下来　　D. 保存在通讯簿中

39. 在搜索引擎中输入用双引号括起来的关键字 Outlook Express，查询的结果是（　　）。
A. 满足 Outlook 和 Express 两者中的一个　　B. 满足 Outlook 和 Express 两个条件
C. 包含 Outlook 或 Express　　D. 满足 Outlook Express 这个完整的条件

40. 关于 Outlook Express 中固定的文件夹，下列说法中正确的是（　　）。
A. 已发送邮件文件夹中存放的是已发送邮件的备份
B. 收件箱中的邮件不可以删除
C. 发件箱中保存的是已发送的邮件
D. 不能在固定文件夹下创建新的文件夹

41. 电子邮件系统不具备的功能是（　　）。
A. 撰写电子邮件　　B. 浏览网页信息
C. 接收电子邮件　　D. 发送电子邮件

42. URL 的含义是（　　）。
A. 统一资源定位器　　B. 简单邮件传输协议
C. 邮局协议　　D. 传输控制协议

43. 在输入 URL 地址时，如果省略服务类型，则默认的服务类型是（　　）。
A. TELNET　　B. HTTP　　C. FTP　　D. MAILTO

44. 在 Outlook Express 中，修改 E-mail 参数的方法是（　　）。
A. 在“Internet”窗口中单击“属性”　　B. 在“Internet”窗口中单击“添加”
C. 在“Internet”窗口中单击“删除”　　D. 以上三项都可以

45. 使用 Yahoo 搜索引擎搜索时，（　　）。
A. 只能按“分类目录”搜索　　B. 只能按“关键字”搜索
C. 两种方式可以交替使用　　D. 使用其他方式

46. 以下哪一项不是 WWW 的组成部分（　　）。
A. INTERNET　　B. Web 服务器　　C. 浏览器　　D. HTTP

47. 要打开 IE 窗口，可以双击桌面上的（　　）图标。
A. Internet Explorer　　B. 网上邻居　　C. 我的电脑　　D. 我的文档

48. 对于一个正在 Internet Explorer 中浏览的网页，可以保存的是（　　）。

A. 整个网页　　B. 网页中的文本
C. 网页中的图片　　D. 以上三项都可以

49. 在 Internet Explorer 中，设置 Internet 选项中的主页时，不可以进行的设置是（　）。
A. 当前页　　B. 默认页　　C. 空白页　　D. 上次访问的页

50. 以下协议中，WWW 使用的是（　）。
A. TELNET　　B. HTTP　　C. FTP　　D. MAILTO

二、判断题

1. 在 Internet Explorer 中，默认主页一项不能为空白页。（　）
2. 在 Internet Explorer 中，可以设置脱机浏览网页。（　）
3. 在 Internet Explorer 中，只能保存正在浏览的完整的网页。（　）
4. 访问“网页快照”比访问一般的网页速度要慢。（　）
5. “网页快照”是搜索引擎在收录网页时，保存在搜索引擎的服务器缓存里的内容。（　）
6. 使用搜索引擎搜索计算机之外的等级考试，输入的关键词是“等级考试 -计算机”。（　）
7. 使用 Yahoo 搜索引擎搜索时只能按“关键字”搜索。（　）
8. 在 Outlook Express 中，只能设置一个账户。（　）
9. POP3 服务器是用来发送邮件的。（　）
10. 在 Outlook Express 中收到的邮件中带有回形针标志，表示该邮件有附件。（　）
11. 要将访问过的自己感兴趣的网页地址保存下来，以便以后访问，最好的方法是将该网页添加到收藏夹中。（　）
12. WWW 服务使用的协议是 FTP。（　）
13. 统一资源定位符 URL 大致由三部分组成：协议、主机名、文件路径。（　）
14. 一个电子邮件系统主要由两部分组成：用户代理和邮件服务器。（　）
15. SMTP（简单邮件传输协议）是电子邮件系统中邮件传输的标准协议，发送和接收邮件都需要使用该协议。（　）
16. 在 Outlook Express 的服务器设置中 SMTP 服务器是指邮件发送服务器。（　）
17. 搜索引擎是某些网站提供的用于网上查询信息的搜索工具。（　）
18. 电子邮件只能传送文字信息，不能传送图片、声音等多媒体信息。（　）
19. Internet Explore 只能浏览网页，而不能用来收发电子邮件。（　）
20. 在电子邮件中，主题是必须的。（　）

三、操作题

1. 在 Internet Explorer 中，将西安交通大学的网站 www. xjtu. edu. cn 设置为默认主页。
2. 在 Internet Explorer 中打开网站 www. xjtu. edu. cn，并将该网页设置为脱机查看。
3. 在 Internet Explorer 中，将网页的保存时间设置为 20 天。
4. 在 Internet Explorer 中，查找最近访问过的网页。
5. 在 Internet Explorer 中打开网站 www. xjtu. edu. cn，并将该网页中的某张图片单独保存到一个文件中。
6. 使用百度搜索引擎搜索含有关键词“北京奥运会”的页面。

7. 使用百度搜索引擎搜索与 MP4 有关的产品信息。
8. 在 Outlook Express 中，设置一个新的账户。
9. 向 Outlook Express 的通讯簿中添加一个联系人，其姓名为“张山”，电子邮箱地址是 zhangshan@ sina. com。
10. 使用 Outlook Express 同时给多个人发送邮件，邮箱地址如下：
zhang@ sina. com，li@ qq. com，zhou@ 126. com，kou@ 263. com
11. 在 Internet Explorer 的收藏夹中创建新的文件夹，名称为“英语学习网站”。
12. 使用 Outlook Express 给下列用户发送邮件，并同时将某个 Word 文档以附件形式发送：
zhang@ sina. com。
13. 在 Outlook Express 中，将收到的某一封邮件的发件人的信息保存到通讯簿中。
14. 在 Outlook Express 中，创建一个名为“我的中学同学”的联系人组，并向该组中添加若干个联系人的信息。
15. 在 Outlook Express 中，将收到的某一封邮件转发给另一个用户。

7.4 习题答案

一、选择题

1. D	2. C	3. C	4. D	5. C	6. D
7. C	8. D	9. C	10. A	11. B	12. A
13. B	14. B	15. A	16. D	17. C	18. D
19. B	20. A	21. B	22. A	23. A	24. A
25. B	26. A	27. D	28. C	29. D	30. B
31. B	32. B	33. C	34. D	35. D	36. A
37. A	38. A	39. D	40. A	41. B	42. A
43. B	44. A	45. C	46. A	47. A	48. D
49. D	50. B				

二、判断题

1. ×	2. √	3. ×	4. ×	5. √	6. √
7. ×	8. ×	9. ×	10. √	11. √	12. ×
13. ×	14. ×	15. ×	16. √	17. √	18. ×
19. ×	20. ×				

三、操作题

1. 请参考例 7-3。
2. 提示：在 IE 浏览器中，选择“Internet 选项”→“常规”选项卡中的历史记录操作。
3. 请参考例 7-4 设置临时文件夹。
4. 提示：单击 IE 浏览器工具栏上的“历史”按钮。
5. 提示：鼠标右键单击图片，在弹出的快捷菜单中选择“图片另存为”命令。
6. 提示：在某种搜索引擎的文本框中输入关键字“北京奥运会”。
7. 请参考例 7-7。

8. 请参考例 7–12。
9. 提示：在 Outlook Express 中，选择“工具”→“通讯簿”命令，在通讯簿对话框中执行“新建”→“新建联系人”命令。
10. 请参考例 7–17。
11. 提示：在 IE 浏览器中，选择“收藏”→“整理收藏夹”命令，在“整理收藏夹”对话框中单击“创建文件夹”按钮。
12. 请参考例 7–13。
13. 提示：收到信件后，鼠标右键单击该信件，在弹出的快捷菜单中，选择“将发件人添加到通讯簿”命令。
14. 请参考例 7–17。
15. 提示：在 Outlook Express 中，选择指定信件，单击工具栏中的“转发”按钮。

第 8 章　计算机安全

本章要点：

- 计算机安全基本知识
- 网络安全
- 计算机病毒
- 防火墙、系统更新与系统还原

8.1　计算机安全的基本知识

考试内容：

计算机安全的基本知识和基本概念

教学要求：

- 了解计算机安全的定义、计算机安全的属性
- 了解计算机安全包含的内容

知识点（4 个）：

实体安全、系统安全、信息安全、保密级别及标准

随着计算机和互联网应用的普及，人们的日常生活与计算机和互联网的联系更加紧密。但是，在人们充分享受信息的同时，还时时刻刻受到来自互联网的安全威胁。本章将讲述计算机安全问题，包括信息安全、网络安全、不安全因素、如何防范计算机病毒、如何遵守网络道德规范和行为准则等。

8.1.1　计算机安全基本概念

"安全"一词的基本含义可以解释为"客观上不存在威胁，主观上不存在恐惧"。计算机安全则可以解释为，用户可以放心地使用计算机，并不为信息在计算机中被处理而担心。现实社会中，我们能够安全地使用计算机吗？答案是否定的。因为，在日常工作、生活、学习中使用计算机时会遇到各种威胁，碰到各种障碍，有时甚至还会遇到计算机毁坏或重要数据丢失的情况。例如，辛辛苦苦积累的科研数据资料文件因感染病毒而打不开。

1. 计算机安全的定义

国际标准化组织（ISO）对计算机安全的定义为：所谓计算机安全，是指为数据处理系统建立和采取的技术和管理的安全保护，保护计算机硬件、软件和数据不因偶然和恶意的原

因而遭到破坏、更改和泄密。

计算机安全包含了两方面内容：物理安全和逻辑安全。物理安全是指计算机系统设备及相关设备受到保护，免于被破坏、丢失等；逻辑安全是指保障计算机信息系统的安全，即保障计算机中处理信息的完整性、保密性和可用性。

计算机安全涉及物理安全（实体安全）、系统安全和运行安全3个方面。

（1）物理安全

物理安全又称实体安全，是指保护计算机设备、设施（含网络）以及其他媒体免遭地震、水灾、火灾、有害气体和其他环境事故（如电磁污染等）破坏的措施和过程。特别是避免由于电磁泄漏产生信息泄露，从而干扰他人或受他人干扰。物理安全包括环境安全、设备安全和媒体安全3个方面。

（2）系统运行安全

系统安全是指主机操作系统本身的安全，如系统中的用户账号和口令设置、文件和目录存取权限设置、系统安全管理设置、服务程序使用管理等保障安全的措施。

（3）运行安全

运行安全是指为保障系统功能的安全实现，提供一套安全措施（如风险分析、审计跟踪、备份与恢复、应急措施等）来保护信息处理过程的安全。它侧重于保证系统正常运行，避免因为系统的崩溃和损坏而对系统存储、处理和传输的信息造成破坏和损失。运行安全包括风险分析、审计跟踪、备份与恢复、应急措施4个方面。

1）风险分析是指为了使计算机信息系统能安全地运行，首先了解影响计算机信息系统安全运行的诸多因素和存在的风险，从而进行风险分析，找出克服这些风险的方法。

2）审计跟踪是利用计算机信息系统所提供的审计跟踪工具，对计算机信息系统的工作过程进行详尽的跟踪记录，同时保存好审计记录和审计日志，并从中发现和及时解决问题，保证计算机信息系统安全可靠地运行。这就要求系统管理员要认真负责，切实保存、维护和管理审计日志。

3）应急措施和备份恢复应同时考虑。首先要根据所用信息系统的功能特性和灾难特点制订包括应急反应、备份操作、恢复措施3个方面内容的应急计划，一旦发生灾害事件，就可按计划方案最大限度地恢复计算机系统的正常运行。

2. 信息安全

信息安全是指信息网络的硬件、软件及其系统中的数据受到保护，不受偶然的或者恶意人为的原因而遭到破坏、更改和泄露，系统连续可靠地运行，信息服务不中断。信息安全主要包括软件安全和数据安全。对信息安全的威胁有两种：信息泄露和信息破坏。信息泄露是指由于偶然或人为因素使一些重要信息为别人所获，造成泄露事件；信息破坏则是指由于偶然事故或人为因素使信息的正确性、完整性和可用性遭到破坏。

我国信息安全理论奠基者之一、信息战学科带头人沈伟光教授在解释信息安全时指出“信息安全是指人类信息空间和资源的安全”。他认为当前人类面临的信息安全威胁主要来自3个方面：

1）信息基础设施。它是由各种通信设备、信道、终端和软件构成，是信息空间（信息化社会）存在、运作的物理基础。

2）信息资源。信息是与物质、能源同等重要的、人类赖以生存的3大资源之一，信息资源的安全已经成为直接关系到国家安全的战略问题。

3）信息管理。有效地管理信息，可以增强信息的安全程度，反之可能增大安全隐患，甚至动摇社会经济基础。

由于信息具有抽象性、可塑性、可变性，以及多效性等特征，使得它在处理、存储、传输和使用中存在严重的脆弱性，很容易被干扰、滥用、遗漏和丢失，甚至被泄露、窃取、篡改、冒充和破坏。因此，信息安全将面临上述3个方面的挑战。

信息安全是一门涉及计算机科学、网络技术、通信技术、密码技术、信息安全技术、应用数学、数论、信息论等多种学科的综合性学科。

8.1.2 安全的属性

1. 信息安全实现的目标

无论是存储在计算机中的信息，还是在网络中传输的信息都存在不安全问题；信息有可能被非授权访问而导致泄密，被篡改、破坏而导致不完整，被冒充、替换而导致否认，也有可能被阻塞、拦截而导致无法存取。这些破坏可能是有意的，如黑客攻击、病毒感染；也可能是无意的，如误操作、程序错误等。

那么，信息安全关注的实质性问题究竟是什么呢？信息安全的目标是什么？不同的时代对该问题的诠释显然是不同的。目前普遍认为，信息安全实现的目标应该是：

- 真实性：对信息的来源进行判断，能对伪造来源的信息予以鉴别。
- 保密性：保证机密信息不被窃听，或窃听者不能了解信息的真实含义。
- 完整性：保证数据的一致性，防止数据被非法用户篡改。
- 可用性：保证合法用户对信息和资源的使用不会被不正当地拒绝。
- 不可抵赖性：建立有效的责任机制，防止用户否认其行为，这一点在电子商务中是极其重要的。
- 可控制性：对信息的传播及内容具有控制能力。
- 可审查性：对出现的网络安全问题提供调查的依据和手段。

2. 计算机安全属性

在美国国家信息基础设施（NII）的文献中，给出了安全的5个属性：可用性、可靠性、完整性、保密性和不可抵赖性。这5个属性适用于国家信息基础设施的教育、娱乐、医疗、运输、国家安全、电力供给及分配、通信等领域。

1）可用性。得到授权的实体在需要时可访问资源和服务。可用性是指无论何时，只要用户需要，信息系统必须是可用的，也就是说，信息系统不能拒绝服务。网络最基本的功能是向用户提供所需的信息和通信服务，而用户的通信要求是随机的、多方面的（语音、数据、文字和图像等），有时还要求时效性，网络必须随时满足用户通信的要求。攻击者通常采用占用资源的手段阻碍授权者的工作。可以使用访问控制机制，阻止非授权用户进入网络，从而保证网络系统的可用性。增强可用性还包括如何有效地避免因各种灾害（战争、地震等）造成的系统失效。

2）可靠性。可靠性是指系统在规定的条件下和规定的时间内完成规定功能的概率。可靠性是网络安全最基本的要求之一，网络不可靠，事故不断，也就谈不上网络安全。目前，对于网络可靠性的研究基本上偏重于硬件可靠性方面。研制高可靠性元器件设备，采取合理的冗余备份措施仍是最基本的可靠性对策。然而，有许多故障和事故，则与软件可靠性、人员可靠性和环境可靠性有关。

3）完整性。完整性是指信息不被偶然或蓄意地删除、修改、伪造、乱序、重放、插入等破坏的特性。只有得到允许才能修改实体或进程，并且能够判别出实体或进程是否已被篡改，即信息的内容不能为未授权的第三方修改。信息在存储或传输时不被修改、破坏，不出现信息包的丢失和乱序等。

4）保密性。保密性是指确保信息不暴露给未授权的实体或进程，即信息的内容不会被未授权的第三方所知。这里所指的信息不但包括国家秘密，而且包括各种社会团体、企业组织的工作秘密及商业秘密，个人的秘密和个人私密（如浏览习惯、购物习惯）。防止信息失窃和泄露的保障技术称为保密技术。

5）不可抵赖性。不可抵赖性也称作不可否认性。不可抵赖性是面向通信双方（人、实体或进程）信息真实同一的安全要求，它包括收、发双方均不可抵赖。不可抵赖性包括两个方面：一是源发证明，它提供给信息接收者以证据，这将使发送者谎称未发送过这些信息或者否认它的内容的企图不能得逞；二是交付证明，它提供给信息发送者以证明，这将使接收者谎称未接收过这些信息或者否认它的内容的企图不能得逞。

除此之外计算机网络信息系统的其他安全属性还包括：

1）可控性。可控性就是对信息及信息系统实施安全监控。管理机构对危害国家信息的来往、使用加密手段从事非法的通信活动等进行监视审计，对信息的传播及内容具有控制能力。

2）可审查性。使用审计、监控、防抵赖等安全机制，使得使用者（包括合法用户、攻击者、破坏者、抵赖者）的行为有证可查，并能够对网络出现的安全问题提供调查的依据和手段。审计是通过对网络上发生的各种访问情况记录日志，并对日志进行统计分析，是对资源使用情况进行事后分析的有效手段，也是发现和追踪事件的常用措施。审计的主要对象为用户、主机和节点，主要内容为访问的主体、客体、时间和成败情况等。

3）认证。保证信息使用者和信息服务者都是真实声称者，防止冒充和重演的攻击。

4）访问控制。保证信息资源不被非授权用户使用。访问控制根据主体和客体之间的访问授权关系，对访问过程作出限制。

8.1.3 安全标准

针对网络与信息系统安全问题，无论是各国政府、公司企业，还是高校、科研机构，甚至个人都投入了无数的资金、人力、物力资源，进行了大量研究探索和实践。

1. 信息安全标准概述

美国由于其在信息技术领域中一直占据领先地位，因此在信息安全标准的制定及测评认证方面也走在前边。早在 1984 年，美国首次进行了安全产品的评估，开创了信息安全评估认证的先河。信息安全测评认证标准的发展经历了 3 个阶段：第一阶段的代表作是美国国防部《可信计算机系统评价准则》（TCSEC）；第二阶段的代表作是欧洲各国实施的《信息技术安全评估准则》（ITSEC）；第三阶段是 20 世纪 90 年代末期美、英、法、澳、加、德等国实施的《信息安全技术评估通用准则》（CCITSE）。目前，国际上最新通用的测评标准是 CC 标准。而中国的信息安全测评活动始于 1997 年，依据的国家标准主要是 GB 17859—1999。

2. 美国彩虹系列

美国国防部于 1985 年公布了《可信计算机系统评估准则》（Trusted Computer System Evaluation Criteria，TCSEC）。TCSEC 被称为橘皮书，其中提出了“可信计算基础（Trusted Computing Base，TCB）”的概念，对不同类型的物理安全、操作系统软件的可信度等进行了详尽的描述，说明了如何创建不同系统的安全需求等。TCSEC 是世界上第一个信息安全评估标准。用现在的眼光看，它是以单机为考虑对象，以加密为主要手段，但对网络系统和数据库的安全需求没有考虑。

TCSEC 开始时主要作为军方标准在使用，以后又延伸到民用。1987 年，美国国家计算机安全中心（NCSC）将计算机安全方面的有关文件汇编成册，形成彩虹系列文集（Rainbow Series），除了橘皮书外，还有适用于网络环境的红皮书（Trusted Network Interpretation of TCSEC）和产品评估的要求及步骤的蓝皮书（Vendor Guide of Trusted Product Evaluation）。

TCSEC 将安全分为 4 个方面：安全政策、可说明性、安全保障和文档，将计算机系统的可信程度划分为 7 个安全级别，从低到高依次为 D1、C1、C2、B1、B2、B3 和 A1 级。

【例 8-1】 D1 级表示网络安全是不可信的。MS-DOS、Windows 95/98 系统就属于 D1 级。C1 级是自主安全保护。它对硬件进行某种程度的保护，用户必须通过用户名和口令才能登录系统。早期的 UNIX、Novell NetWare 3. X 等是 C1 级系统。C2 级是受控安全保护，它是在 C1 级的基础上增加了审计跟踪、创建受控访问环境等功能。达到 C2 级的系统有 Windows NT、UNIX 等。A1 级是验证设计级，它是最高安全级别。至今为止，只有 Honeywell SCOMP 系统被认证为 A1 级。

3. 欧洲信息技术安全评估准则

欧洲信息技术安全评估准则（Information Technology Security Evaluation Criteria，ITSEC）1. 2 是由欧洲委员会于 1991 年在英、法、德、荷 4 国研究成果的基础上提出的。ITSEC 以超越 TCSEC 为目标，首次提出信息安全的保密性、完整性、可用性概念，把可信计算的概念提高到可信信息技术的高度。与 TCSEC 不同，ITSEC 并不把保密措施直接与计算机功能相联系，而是只叙述技术安全的要求，把保密作为安全增强功能。

此外，TCSEC 把保密作为安全的重点，而 ITSEC 则把完整性、可用性与保密性作为同等重要的因素。ITSEC 定义了从 E0 级（不满足品质）到 E6 级（形式化验证）7 个安全等级，适用于军队、政府和商业部门。

4. 信息技术安全评价通用准则

为适应全球 IT 市场、推动全球信息化发展的需要，国际标准化组织（ISO）从 1990 年开始着手编写通用国际标准评估准则。1996 年，在 TCSEC 和 ITSEC 的基础上，经美国、加拿大、英国、法国、德国和荷兰等国家的共同努力，公布了具有统一标准、能被广泛接受的信息技术安全通用准则（Common Criteria，CC）。1999 年 12 月，ISO 正式将 CC 2.0 接纳为国际标准 ISO 15408。CC 是目前最全面的信息技术安全评估准则。

CC 参照了 ITSEC 的主要特征，将功能需求分为 11 类 63 族，将保障分为 7 类 29 族。

上述信息安全测评及认证标准的等级见表 8-1。

表 8-1　各种信息安全测评及认证标准的等级对照表

CC	TCSEC	ITSEC	GB 17859—1999
	D1：最小保护	E0	
EAL1：功能测试			
EAL2：结构测试	C1：任意安全保护	E1	1：用户自主保护级
EAL3：方法测试和检验	C2：控制存取保护	E2	2：系统审计保护级
EAL4：方法设计，测试和评审	B1：标识安全保护	E3	3：安全标记保护级
EAL5：半正式设计和测试	B2：结构保护	E4	4：结构化保护级
EAL6：半正式验证设计和测试	B3：安全域	E6	5：访问验证保护级
EAL7：正式验证设计和测试	A1：验证设计	E7	

5. 我国信息安全标准

1999 年，我国正式颁布了《计算机信息系统安全保护等级划分准则》，GB 17895—1999，于 2001 年 1 月 1 日起实施。该准则将网络信息系统安全分为 5 个等级：自主保护、系统审计保护、安全标记保护、结构化保护和访问验证保护。主要的安全考核指标有身份认证、自主访问控制、数据完整性、审计、隐蔽信道分析、客体重用、强制访问控制、安全标记、可信路径和可信恢复等，这些指标涵盖了不同级别的安全要求。

另外，我国还制定并颁布了相关的技术标准和法律性文件。

如今，我国已接受了 ISO 在 1989 年 12 月颁布的 ISO 7498 - 2 标准，在我国被命名为 GB/T 9387.2—1995，并确立了国家信息安全测评认证体系，即 CC 评估认证体系。

6. 保密级别

根据中华人民共和国保守国家秘密法第九条，国家秘密的密级分为“绝密”、“机密”、“秘密” 3 个级别。

1）“绝密” 是最重要的国家秘密，若泄露会使国家的安全和利益遭受特别严重的损害。

2）“机密” 是重要的国家秘密，若泄露会使国家的安全和利益遭受严重的损害。

3）“秘密” 是一般的国家秘密，若泄露会使国家的安全和利益遭受损害。

8.2　网络安全

考试内容：

网络安全的基本概念

教学要求：

- 了解网络安全的特征
- 了解影响网络安全的主要因素
- 了解主动攻击和被动攻击的区别
- 了解数据加密、身份认证、访问控制技术的基本概念
- 了解网络道德的基本准则

知识点（8 个）：

- 网络安全的基本概念、影响网络安全的主要因素
- 网络攻击分类、密码技术、身份认证、访问控制
- 网络道德、行为准则

8.2.1 网络安全特性

本节主要内容包括网络安全、网络信息安全解决方案以及个人网络信息安全策略。

1. 网络安全概述

当整个国家、社会乃至我们每一个人赖以生存的空间是建立在网络基础之上时，那么网络安全问题就变成无论如何强调都不过分的大问题了。

IT 界精英在向世人描述互联网无所不能时，人们在惊喜之后，又在考虑具体的“电子商务安全吗?”这样的问题。美国密执安大学的一个调查机构通过对 23000 名互联网用户的调查结果显示，超过 60% 的人由于担心电子商务的安全问题而不愿进行网上购物。据美国联邦调查局统计，美国每年仅因网络安全问题所造成的损失就高达 170 亿美元。

人们的担心不是多余的。现实生活的商品交易过程中诸如篡改交易合同、交易抵赖、交易欺骗、销毁交易凭证等事情时有发生，更何况在网上虚拟环境交易过程中，如何防范这类事件的发生呢?

网络安全问题的具体含义涉及社会生活的各个方面，从使用防火墙、防病毒软件、信息加密、身份认证、数字签名、访问控制等技术，到国家法律、政策、安全教育，直至采取必要的监控手段、网络安全的审计管理等。

2. 网络安全的技术问题

从技术角度考虑，网络安全包括以下几个方面的问题。

1）网络运行系统安全问题。它包括系统处理安全和传输系统安全。系统处理安全是指避免因系统崩溃或损坏对系统存储、处理和传输的信息造成破坏和损失；传输系统安全是指避免由于电磁泄露，产生信息泄露所造成的损失和危害。

2）网络系统信息安全问题。它包括用户身份鉴别、用户存取权限控制、数据访问权限和方式控制、安全审计、安全问题跟踪、计算机病毒防治和数据加密等。

3）网络信息传播安全问题。它是指网络上信息传播后果的安全，包括信息过滤、防止大量自由传输的信息失控、非法窃听等。

4）网络信息内容安全问题。它主要是保证信息的保密性、真实性和完整性。本质上是保护用户的利益和隐私。

任何网络信息系统必须实质性地解决了上述的技术实现问题，其安全解决方案才是可行的。

3. 安全风险

一个网络系统的安全风险主要来自网络设施物理特性的安全、网络系统平台的安全、网上信息传输的安全和数据存储的安全。

1）物理特性的安全风险主要包括天灾（火灾、水灾、雷击、静电等），设备、环境缺陷造成的危害，以及误操作等。

2）网络系统平台的安全风险主要包括网络系统、操作系统和应用系统的安全。

3）网上信息传输的安全风险主要包括数据欺骗、窃听、窃取数字证书和口令、截取篡改数据、通信受阻等。

4）数据存储的安全风险主要包括数据丢失、泄密和篡改等。

4. 解决方案

网络信息安全工作的目可以用15个字来描述："进不来，拿不走，看不懂，改不了，跑不掉"。为此，网络信息系统安全的解决方案必须综合考虑网络安全、数据安全、数据传输安全、安全服务、安全目标等问题。包括政策上的措施、物理上的措施、逻辑上（网络安全技术）的措施。

常用的网络安全技术有：网络隔离技术、防火墙技术、身份认证技术、数据加密技术、访问控制技术、数字签名技术、入侵检测技术、信息审计技术、安全评估技术、网络反病毒技术、安全监控技术和备份与恢复技术等。

8.2.2 网络信息不安全因素

分析网络信息系统不安全因素还必须从网络信息系统构成的基本元素入手。网络信息系统是由硬件设备、系统软件、数据资源、服务功能和用户等基本元素组成。分析这些基本元素不难得出这样的结论：网络信息系统的安全风险来自4个方面，即自然灾害威胁、系统故障、操作失误和人为蓄意破坏。对前3种安全风险的防范可以通过加强管理、采用切实可行的应急措施和技术手段来解决，而对于人为蓄意破坏，问题则复杂得多，必须通过制定综合防范和治理的安全机制加以解决。

下面分析一下网络信息系统不安全的主要因素。

1. 网络信息系统的脆弱性

信息不安全因素是由网络信息系统的脆弱性决定的，主要有3个方面的原因：网络的开放性、软件系统的自身缺陷和黑客攻击。

（1）网络的开放性

由于网络的开放性，使得网络系统的协议、核心模块和实现技术是公开的，其中的设计缺陷很可能被熟悉它们的别有用心的人所利用；在网络环境中，可以不到现场就能实施对网络的攻击；基于网络的各成员之间的信任关系可能被假冒。因此，网络的开放性决定了网络信息系统的脆弱性是先天具有的。

（2）软件系统的自身缺陷

由于系统设计人员的认知能力和实践能力的局限性，在系统的设计、开发过程中会产生许多缺陷、错误，形成安全隐患，而且系统越大、越复杂，这种安全隐患就越多。1999年，安全应急响应小组论坛（FIRST）的专家指出，每千行程序中至少有一个缺陷，随着系统功能、复杂性的增加，错误也会增加。表8-2中的数据验证了这个结论。

表8-2 Microsoft 通用操作系统的安全性估计

操作系统	推出年份	代码行数（万）	估计缺陷数（万）
Windows 3.1	1992年	300	1.5~3
Windows 95	1995年	500	2.5~5

（续）

操作系统	推出年份	代码行数（万）	估计缺陷数（万）
Windows NT4.0	1996年	1650	8.25～15.5
Windows 2000	2000年	3500～5000	17.5～35

（3）黑客攻击

黑客是指专门从事网络信息系统破坏活动的攻击者。由于网络技术的发展，在网上存在大量公开的黑客站点，使得获得黑客工具、掌握黑客技术越来越容易，从而导致网络信息系统所面临的威胁也越来越大。

2. 对安全的攻击

对网络信息系统的攻击有许多种类，美国国家安全局在2000年公布的《信息保障技术框架》（IATF）3.0版本中把攻击划分为以下5种类型。

（1）被动攻击

被动攻击是指在未经用户同意和认可的情况下将信息泄露给系统攻击者，但不对数据信息做任何修改。这种攻击方式一般不会干扰信息在网络中的正常传输，因而也不容易被检测出来。被动攻击通常包括监听未受保护的通信、流量分析、获得认证信息等。

被动攻击常用的手段有以下几种：

1）搭线监听。这是最常用的一种手段，只须将一根导线搭在无人值守的网络传输线路上就可以实现监听。只要所搭载的监听设备不影响网络负载平衡，就很难被觉察出来。

2）无线截获。通过高灵敏度的接收装置接收网络站点辐射的电磁波，再通过对电磁信号的分析，恢复原数据信号，从而获得信息数据。

3）其他截获。通过在通信设备或主机中预留程序或释放病毒程序后，这些程序会将有用的信息通过某种方式发送出来。例如：

① 发送含有恶意代码的电子邮件。当用户使用具有执行脚本能力的电子邮件客户端软件时，如使用Outlook打开包含恶意代码的电子邮件，就会使计算机受到攻击。

② 发送带有迷惑性描述并以可执行文件作为附件的电子邮件。当用户执行附件中的可执行文件时，使计算机遭到攻击或破坏。

③ 在网上发布带欺骗性的后门程序或病毒软件，诱骗人们下载。

被动攻击由于不对被攻击的信息做任何修改，很少或根本就不留痕迹，非常难检测，因而不易被发现。抗击被动攻击的重点在于预防。

（2）主动攻击

主动攻击通常具有更大的破坏性。攻击者不仅要截获系统中的数据，还要对系统中的数据进行修改，或者制造虚假数据。

主动攻击常见的手段有以下几种：

- 中断。破坏系统资源或使其变得不能再利用，造成系统因资源短缺而中断。
- 假冒。以虚假身份获取合法用户的权限，进行非法的未授权操作。
- 重放。指攻击者对截获的合法数据进行复制，并以非法目的重新发送。
- 篡改消息。将一个合法消息进行篡改、部分删除，或使消息延迟或改变顺序。
- 拒绝服务。拒绝服务（DoS）指拒绝系统的合法用户、信息或功能对资源的访问和使用。

- 对静态数据的攻击。这种攻击包括口令猜测是通过穷举方式扫描口令空间，实施非法入侵；IP 地址欺骗是通过伪装、盗用 IP 地址方式，冒名窃取信息；指定非法路由是通过选择不设防路由（逃避安全检测），将信息发送到指定目的站点。

主动攻击的特点与被动攻击正好相反。被动攻击虽然难以检测，但是可采取措施有效地防止，而要绝对防止主动进攻却是十分困难的。因为这需要随时随地对所有的通信设备和通信活动进行物理和逻辑保护，这在实际中是做不到的。因此，防止主动攻击的主要途径是检测，以及能从攻击造成的破坏中及时地恢复出来。

主动攻击一般采用的实施步骤有：漏洞扫描和利用漏洞实施攻击。

漏洞扫描。针对特定目标的主机，搜索其基本信息，包括操作系统类型、开放服务、防火墙路由器信息等，寻找薄弱点或突破口。发现基本信息后，利用工具（如 Telnet、IE 等）试探目标是否存在已知的各种漏洞。更多的是利用扫描工具（如 saint、twww 等）对网站进行各种试探性攻击，寻找网络防护的薄弱点和漏洞。一般情况下很容易发现突破口或漏洞。

利用漏洞实施攻击。黑客会根据不同目的对系统采取不同的攻击行动。一般而言，以窃取重要资料或者植入木马程序的较多，也有涂改网页、破坏重要数据库的。

（3）物理临近攻击

这种攻击是指非授权个人以更改、收集或拒绝访问为目的，物理接近网络、系统或设备实施攻击活动。这种攻击可能是秘密进入或是公开接近，或是两种方式同时使用。

（4）内部人员攻击

这种攻击包括恶意攻击和非恶意攻击。恶意攻击是指内部人员有计划地窃听、偷窃或损坏信息，或拒绝其他授权用户的正常访问。有统计数据表明，80% 的攻击和入侵来自组织内部。由于内部人员更了解系统的内部情况，所以这种攻击更难以检测和防范。非恶意攻击则通常是由于粗心、工作失职或无意间的误操作，对系统产生了破坏行为而造成的。

（5）软、硬件装配攻击

这种攻击是指采用非法手段在软、硬件的生产过程中将一些“病毒”植入到系统中，以便日后待机攻击，进行破坏。

3. 有害程序的威胁

有害程序是指对系统安全构成危害的各种程序，包括程序后门、特洛伊木马程序、“细菌”程序、蠕虫程序以及逻辑炸弹程序等。

程序后门是指信息系统中未公开的通道。系统设计者或其他用户可以通过这些通道出入系统而不被用户发觉。比如，监测或窃听用户的敏感信息，控制系统的运行状态等。

后门形成的可能途径包括黑客设置和非法预留。黑客设置是指黑客通过非法途径侵入一个信息系统而在其中设置后门，伺机进行破坏活动；非法预留是指一些不道德的公司或程序员在编写程序时故意留下的后门。这两种后门的设置显然都是恶意的。

后门一旦被原来的程序员或黑客利用，或者被有意或无意的人发现而利用，将会带来严重的后果。例如，可利用后门在程序中建立隐蔽通道，植入一些隐蔽的恶意程序，进而可以非法访问系统和网络，达到窃取、篡改、伪造和破坏信息的目的。

特洛伊木马程序是冒充正常程序的有害程序。这种称谓是借用于古希腊传说中的木马计。它将自身程序代码隐藏在正常程序中，在预定时间或特定事件中被激活起破坏作用。

【例8-2】 1989年，美国人类学博士鲍伯编写了一个有关艾滋病研究的数据库程序，当用户启动该程序90次时，它突然将磁盘格式化。这一非用户授权的破坏行为，是典型的特洛伊木马程序。

“细菌”程序是不明显危害系统或数据的程序，其唯一目的就是复制自己。它本身没有破坏性，但通过不停地自我复制，能耗尽系统资源，造成系统死机或拒绝服务。

蠕虫程序也称超载式病毒，它不需要载体，不修改其他程序，而是利用系统中的漏洞直接发起攻击，通过大量繁殖和传播造成网络数据过载，最终使整个网络瘫痪。

【例8-3】 蠕虫病毒最典型的案例是莫里斯蠕虫病毒。由于美国于1986年制定了计算机安全法，所以莫里斯成为美国当局起诉的第一个计算机犯罪者，他制造的这一蠕虫程序从此被人们称为莫里斯病毒。

逻辑炸弹程序与特洛伊木马程序有相通之处，它将一段程序（炸弹）蓄意植入系统内部，在一定条件下发作（爆炸），并大量吞噬数据，造成整个网络爆炸性混乱，乃至瘫痪。

8.2.3 网络攻击和安全服务

1. 网络攻击

前面一节分析了网络信息不安全因素，从中得出的结论是：网络信息是不安全的。究其原因主要是因为来自各方面对网络的攻击。正因为如此，安全服务被提升到保障网络信息安全的重要层面。

2. 安全服务

通常将为加强网络信息系统安全性及对抗安全攻击而采取的一系列措施称为安全服务。目前，国际上关于信息安全体系结构普遍遵循的是ISO制定的《信息处理系统 开放系统互连基本参考模型 第2部分——安全体系结构》，ISO 7498-2—1989。

ISO7 498-2—1989确定了5大类安全服务，即鉴别、访问控制、数据保密、数据完整性和不可否认性。

（1）鉴别

这种安全服务用于保证通信的真实性，证实接收的数据来自所要求的源方，包括对等实体鉴别和数据源鉴别。

（2）访问控制

用户访问控制服务允许通过限制合法的、经认证的用户数据访问权限来保护某些敏感的系统资源。它用于防止对网络资源的非授权访问，保证系统的可控性。通过访问控制权限的设置，资源拥有者可以指定访问该资源的用户名、访问方式、访问时间和访问条件（如执行某些特定的应用、程序或交易时）。

（3）数据保密

数据保密性服务可以防止敏感信息失窃，主要用于保护数据以防止被动攻击。在本地存储环境下，敏感数据可以通过访问控制及数据加密机制来进行保护。为保障网络通信安全，则要对传输的敏感数据进行加密保护。ISO已定义了一系列利用加密技术的相关国际标准（8730、8731及9564）来保证数据的保密性和完整性。

（4）数据完整性

数据完整性服务主要用于识别非法的数据修改。这种安全服务用于对抗主动攻击，即保证所接收的消息未经复制、插入、篡改、重排或重放。另外，还能对遭受一定程度毁坏的数据进行恢复。

网上传输数据的目的是使合法用户能够得到并使用数据。但是数据可能在两种情况下被修改：硬件传送错误和人为攻击。对于前者，采用校验码技术来防止硬件传送错误；对于后者，则采用数据加密和完整性校验来确保数据完整性。

（5）不可否认性

不可否认服务可以避免发生发送者拒绝承认曾发送过信息的情况，从而保护信息接收者的权益。同样，不可否认性也可以避免发生接收者拒绝承认接收过信息的情况，保护了信息发送者的权益。

通常，不可否认服务用于处理数据电子化传送中的问题，如股票交易的买入卖出、医生开出的处方或企业的银行转账业务等。不可否认服务的目标是提供某种校验手段，让用户几乎可以100%确定某条信息与某人相关，就像在银行支票上手写的签名一样。

8.2.4 网络安全技术

随着信息科学和信息技术的发展和进步，人们对信息安全理论和信息安全技术的研究也不断取得令人鼓舞的成果，确立了独立的学科体系，初步制定了相关法律、规范和标准，建立了评估认证准则、安全管理机制，确定了安全服务内容以及信息安全技术等。

本节主要讨论信息的安全技术问题。目的是要了解如何克服网络信息系统的脆弱性，为应对信息安全的各种类型的攻击，应采取哪些防范措施，使用何种信息安全技术达到什么样的安全目的。下面主要介绍几种关键的信息安全技术：访问控制、数据加密和身份验证。

1. 访问控制技术

为保障网络信息系统的安全，限制对网络信息系统的访问和接触是重要措施。例如，国家重点机密设施由军队守卫、辅以极其严密的安防机制来保证其防卫的万无一失。

网络信息系统的安全也可采用类似的安全机制和访问控制技术来保障。

（1）建立制定安全管理制度和措施

从管理角度来加强安全防范。通过建立健全安全管理制度和防范措施，约束对网络信息系统的访问者。例如，规定重要网络设备使用的审批、登记制度，网上言论的道德、行为规范，违规、违法的处罚条例等。

规章、制度的制定虽然不能防止导致数据丢失或者破坏的操作错误，但是可以避免或减少一些错误，特别是养成了良好习惯的用户可以大大减少犯错误的机会。

（2）限制对网络系统的物理接触

防止人为对网络设备破坏的最好办法是限制对网络及计算机系统的物理接触。如果恶意攻击者没办法使用信息设备，那么他们对信息的偷窃和破坏就会更加困难。但是物理限制并不能制止恶意攻击者偷窃数据，而且尽管限制物理上的接触可能会制止故意的破坏行为，但是并不能防止意外事件。

（3）限制对信息的在线访问

如何禁止人们对信息的访问从而防止信息被盗窃或者篡改？提出这个问题是要说明，并非所有人都应该有权访问银行或商业公司网站上的信息数据。但是，从通信的基本构造和技术上来讲，每个连接在网上的用户都可以对网上的任何站点进行访问。由此带来的问题是：如何辨认是否合法用户，尤其是从远程站点进行登录访问的用户。

通常，限制对网络系统访问的方法是使用用户标识和口令，而通过用户标识和口令进行信息数据的安全保护，其安全性取决于口令的秘密性和破译口令的难度。人们不禁会问，发觉或破译一个口令究竟有多难？表 8-3 给出了口令的组合与非法用户访问几率的关系。显然，选择适当的组合方式及长度，就能使黑客破译口令的成功率大大降低。

表 8-3　口令长度及组合方式影响非法用户访问的几率

口令组合策略	举　例	破译需要的尝试次数	破译需要的平均时间
任何长度的姓名	Ed. Christine	2×10^{3}	5 小时
任何长度的单词	It，electrocardiagram	6×10^{3}	7 天
两个单词的组合	Whiteknight	3.6×10^{9}	1140 年
数字字母的任意组合	JP2C2TP307	3.7×10^{15}	1.2×10^{9} 年
一首诗的第一行	onceuponamidnightdreary	1×10^{28}	3×10^{21} 年

（4）设置用户权限

通过在系统中设置用户权限可以减小系统非法进入造成的破坏。用户权限是指限制每个用户能够访问的文件和目录。当用户申请一个计算机系统的账号时，系统管理员会根据该用户的实际需要和身份分配给一定的权限，允许其访问指定的目录及其中的文件。用户权限是设置在网络信息系统中信息安全的第二道防线。

通过配置用户权限，可以防止一些意外的或故意的信息破坏行为。黑客即使得到了某个用户的口令，也只能行使该用户被系统授权的操作，不会对系统造成太大的损害。

黑客通常是通过称为陷阱门户的机制非法侵入系统的。所谓的陷阱门户是一组指令，可以允许用户越过正常的安全防御机制而进入系统。陷阱门户通常是开发和测试系统过程中形成的，在投入使用之前应该进行处理。

2. 数据加密技术

尽管有口令的保护和采取物理上的安全措施可以限制对数据的访问，但是黑客和非法分子仍能够想方设法访问到系统中的数据。任何保密数据只要被非法分子获取，这些数据就不再是秘密的了。数据加密的思想正是源出于此。

加密是将原文信息进行伪装处理，即使这些数据被偷窃，非法用户得到的也只是一堆杂乱无章的数据。而合法用户通过解密处理，可将这些数据还原为有用信息。因此，数据加密是防止非法使用数据的最后一道防线。数据加密技术涉及以下术语：

- 明文：原本数据。
- 密文：伪装后的数据。
- 密钥：由数字、字母或特殊符号组成的字符串，用它控制加密和解密的过程。
- 加密：把明文转换为密文的过程。
- 加密算法：加密所采用的变换方法。
- 解密：对密文实施与加密相逆的变换，从而获得明文的过程。

加密技术是一种防止信息泄露的技术。密码学是研究密码系统或通信安全的一门学科，它又分为密码编码学（加密）和密码分析学（解密或密码破译学）。

任何一个加密系统（密码系统）都是由明文、密文、算法和密钥组成的，如图 8-1 所示。

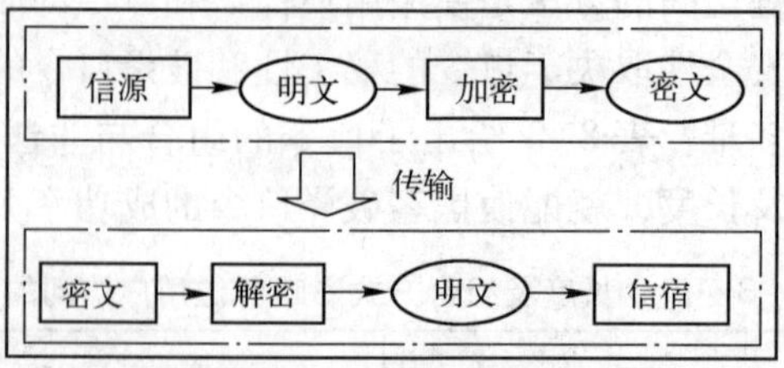

图 8-1 加密和解密示意图

发送方通过加密设备或加密算法，用加密密钥将数据加密后发送出去。接收方在收到密文后，用解密密钥将密文解密，恢复为明文。在传输过程中，即使密文被非法分子偷窃获取，得到的也只是无法识别的密文，从而起到数据保密的作用，如图 8-2 所示。

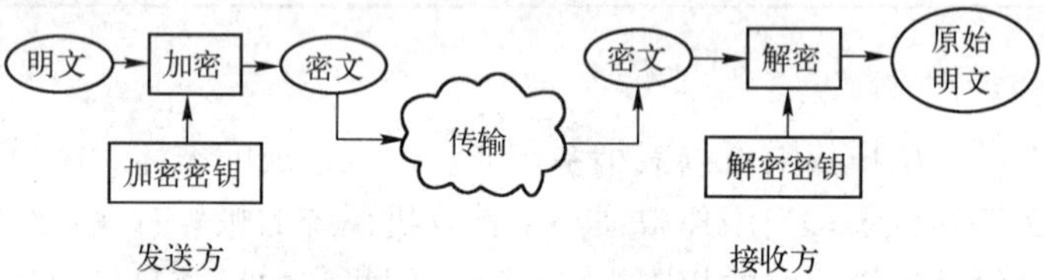

图 8-2 密钥作用示意图

3. 身份认证技术

在网络环境中，通过对用户身份的控制来保障网络资源的安全性是一条非常重要的策略。在现实生活中可以通过验证身份证、基于物理标志的特征信息（如指纹、虹膜）和实地取证等手段来验证身份的真伪。在网络环境中，基于任何对象都是以数据的形式存在这个基本特征，又如何验证身份呢？

目前，身份认证主要采用以下 3 种方法。

(1) 基于主体特征的认证

根据人们所具有的主体特征（物理标志）来认证是这种方法的特点。早期基于主体特征的认证是根据身份证号码、护照号码、学生证或工作证号码等。20 世纪 80 年代起流行磁卡和 IC 卡作为认证的主体特征。随着数字化技术的发展，如今指纹、视网膜等信息都可以作为认证的主体特征信息，这种方法具有很高的安全性。但是这些系统的设备大多数很昂贵（指纹、虹膜识别设备），而且还存在可靠性问题。验证时远程数据在传输过程中存在被监听和偷窃的危险。

(2) 口令机制

利用口令来确认用户的身份，是当前最常用的认证手段。口令是相互约定的代码，只有系统和用户知道。口令可由用户选择或系统分配。进入系统时，用户被要求输入用户标识 ID 和口令。如果输入的口令与存储在系统中的口令相符，则该用户通过身份认证。这种方法简单、易实现，但是也存在容易被破译的缺点。

为了提高安全性，口令还有其他多种形式：

1）一次性口令。系统可以为用户生成一个一次性口令的清单，每次都要求用户变换口令。问题是用户要妥善保管和记忆口令表。

2）加密口令。对口令进行加密并存储到口令文件中。即使非法入侵者得到口令文件，也无济于事，因为这些密文作为口令是无效的。

3）限定次数口令。为了增加攻击者用穷举法猜中口令的难度，在口令机制中引入自动断开连接的功能，即只允许用户输入有限次数的不正确口令；如果输入不正确的口令次数超过规定次数（如3次），则自动断开连接。

（3）基于公开密钥的认证

随着互联网应用的不断普及，电子商务成为人们日常生活中的可选购物方式之一。为确保网上电子交易的安全，不仅需要对网上传输的信息进行加密，而且还要能对交易双方的身份进行认证。如今，已开发出多种专门用于身份认证的协议，如身份认证协议（Kerberos）、安全套接层协议（SSL），以及安全电子交易协议（SET）等。

SSL是由Netscape公司提出的一种Internet通信安全标准，用于提供在Internet上的信息保密、身份认证服务。目前，SSL已成为利用公开密钥进行身份认证的工业标准。由于SSL提供的是基于公开密钥证明书的身份认证，因此要利用SSL的用户和服务器都必须先向认证机构（CA）申请公开密钥证明书。SSL实现信息保密和身份认证的基本思想是：用户和服务器在进行通信之前，必须先运行SSL握手（连接）协议，以完成身份认证、协商密码算法和加密密钥的准备工作。

【例8-4】　为实现电子商务的安全性，由中国人民银行，工商银行、农业银行、中国银行、建设银行等12家商业银行联合共建的中国金融认证中心，是由中国政府授权的一个第三方权威的公证机构，它采用国际标准的安全电子交易协议（SET），通过发放数字证书为顾客提供身份认证，为解决网络购物的安全问题提供了保障。

8.2.5　网络道德与行为规范

随着互联网更大范围的普及，网络文化已经融入了我们的生活。任何事物都有它的两面性，互联网也是一样。它好的一面，所有媒体关于它的正面报道已经到了有过之而无不及的程度。但它不好的一面，即负面影响也越来越引起人们的关注。

作为一种技术手段，Internet本身是中性的，用它可以做好事，也可以用它做坏事。例如，1995年一位学生为挽救生命垂危的同学，在Internet上发出了一个求救的E-mail，得到了全球1000多名医学专家的“网上会诊”而使病危的同学转危为安。另一个例子，一位学生在妒忌心的驱使下，通过Internet假冒自己的同窗拒绝了美国密执安大学的入学邀请，使同窗痛失出国深造的机会。

《数字化生存》的作者尼葛洛庞帝举了这样一个例子。他到加拿大参加一个研讨会，会议需要的一批展示音乐、电影、电子游戏的CD在加拿大海关被扣留。然而他在旅馆房间里却通过Internet把这批CD的信息毫不费力地传了过来，使海关如同虚设。

既然学术信息可以毫不费力地传送，那么垃圾信息、有害信息不也一样能毫不费力地传送吗？更令人不安的是，利用Internet犯罪，不仅危害大，还由于“位”（bit）在网上的特殊传输形式而容易钻空子，逃避法律的监督和制裁。

1. 网络负面现状

如今，信息网络已经涉及国家的政治、军事、经济、文化等各个领域，因此吸引了越来越多的人关注，特别是不法分子的关注。近几年来，计算机犯罪案件急剧上升，已经成为普遍的国际性问题。据美国联邦调查局的报告，在美国计算机犯罪是商业犯罪中最大的犯罪类型之一，每笔犯罪的平均金额为45000美元，每年计算机犯罪造成的经济损失高达50亿美元。

网络负面的影响还包括计算机诈骗、非法盗版、垃圾邮件、青少年堕落、黄毒泛滥、恐怖活动等。

以下是计算机犯罪的事例。

【例8-5】 用计算机“抢劫”银行。1994年，俄罗斯黑客弗拉基米尔·利文与同伙从圣彼得堡的一家软件公司的联网计算机上，通过电子转账方式，从美国花旗银行在纽约的计算机主机中窃取了1100万美元。

【例8-6】 20世纪80年代，美国年仅15岁的少年莫尼卡成功破译北美防空指挥中心的计算机密码，非法侵入该系统。之后，他在指着计算机中核弹头的名称、数量和位置向同伴们炫耀时，令同伴们一个个目瞪口呆，对他佩服得五体投地。

【例8-7】 2003年1月，英国22岁的网页设计师Simon Vallor因制造并传播“Gokar”、“Redesi”和“Admirer”等3种邮件病毒，造成感染了42个国家的超过2.7万台计算机的后果，而被判处两年的有期徒刑。

【例8-8】 2000年6月，上海某信息网的工作人员在例行检查时，发现网络遭黑客袭击。经调查，该黑客曾多次侵入网络中的8台服务器，破译了大多数工作人员和500多个合法用户的账号和密码。最后，犯罪嫌疑人杨某以“破坏计算机系统”罪名被逮捕。

【例8-9】 2000年10月27日，“中国人权研究会”和“中国西藏”两个网站遭到黑客攻击，这两个网站的主页均被严重篡改。

2. 信息安全与法律

在计算机网络应用比较普及的发达国家已经比较早地开始研究有关计算机网络应用方面的法律问题，并陆续制定了一系列有关的法律法规，以规范计算机在社会和经济活动中的应用。然而，计算机网络进入人类社会及经济活动的时间相对还比较短，因此有关法律法规的制定工作仍然存在着许多的问题和困难。

问题一：信息安全与法律问题目前还处于探讨阶段。基本情况是我国的有关部门对互联网的行政管理已经作出了几项管理规定，这是对互联网进行立法的一个尝试。这些规定，虽然属于行政法的范畴，是以部门规章的形式出现的，但还是一种级别很低的“法律”。它的性质仍然属于管理型的法规。例如，国务院颁布的《互联网信息服务管理办法》就是这类法规。另一方面，在理论上的探索和研究，还处于立法的前期准备阶段。

问题二：学者和专家对信息安全法律的问题已经进行了一定程度的研究，对诸如立法框架、立法主要内容、应当建立的基本制度等已经有了初步的设想。但是，要达到全面建设网络信息安全法的程度，还需要长期不懈的努力。

综上所述，我国信息安全的立法工作还是任重而道远的。但是通过立法机构和广大网民的共同努力，我国的网络信息安全一定会走上健康的法制轨道。

3. 为预防计算机犯罪的安全防护措施

为预防利用计算机进行犯罪，计算机安全的防护措施必然要综合考虑信息流通的各个环节，包括从法律、管理，到处理的全部过程。因此，应做好以下几个方面的工作：

1）建立信息保护法。其目的是为国家、单位和个人的信息提供法律形式的保护，作为对玩忽职守和窃取机密者进行惩处的法律依据。

2）建立健全严密的安全管理体制和完善的管理制度，采取各种预防措施和恢复手段防止来自内部和外部的攻击。各级员工必须忠于职守，严格按规章制度办事，切实落实各种安全措施，确保实现各级安全管理目标和责任制。

3）建设好物理保护层，加强对自然灾害（火灾、水灾、雷电等）的防护，加强对通过物理接触实施非法活动人员的防护。可通过将周密的戒备措施与严格的身份鉴别技术相结合，识别和监视接触系统的各类人员。例如，可采用密钥、磁卡、条码等手段来对付“电子作恶”。

4）落实硬件保护措施，保护存储在硬件主体（内存、外部设备、磁盘等）中的信息。例如，构建异地、异机的信息备份机制，定期备份数据。

5）落实通信网络保护措施，保护通信网络中传输的信息。由于信息在传输过程中直接受到安全方面的威胁，它是非法窃取者在线窃听和无线接收的目标，因此防护难度也很高。有效的保护方法就是采用加密技术。

6）落实软件保护措施，保护所处理的信息。保护对象包括操作系统和用户的应用程序。软件在编写时就要考虑到安全性。

7）落实数据库保护措施，保护数据的完整性和安全性，防止数据非法泄露，严禁对数据库的非法存取或篡改。数据库的保护可以采用访问控制技术。

4. 网络用户行为规范

互联网把全世界连接成了一个“地球村”，互联网上所有网民是地球村的村民，他们共同拥有这个由“比特”构成的数字空间。

为维护每个网民的合法权益，必须用网络公共道德和行为规范约束每个人，由此而产生了互联网网络文化。例如，网络礼仪、行为守则和注意事项等。

（1）网络礼仪

网络礼仪是网民之间交流的礼貌形式和道德规范。当两人相遇时，一声“你好!”就可以表达相互尊重的愉快情绪。网络礼仪是建立在自我修养和自重自爱的基础上的。

网络礼仪主要内容包括使用电子邮件时应遵循的规则、上网浏览时应遵守的规则、网络聊天时应该遵守的规则、网络游戏时应该遵守的规则以及尊重软件知识产权。

网络礼仪的基本原则是：自由和自律。

网络公共道德守则的主要内容：

- 彼此尊重，宽以待人，允许不同意见。
- 保持平静。
- 助人为乐，帮助新手。
- 健康、快乐、幽默。
- 作出贡献。

（2）行为守则

在网上交流，不同的交流方式有不同的行为规范，主要交流方式有：“一对一”方式（如 E-mail）、“一对多”方式（如电子新闻）、“信息服务提供”方式（如 WWW 和 FTP）。

1）“一对一”方式交流的行为规范：

- 不发送垃圾邮件。
- 不发送涉及机密内容的电子邮件。
- 转发别人的电子邮件时，不随意改动原文的内容。
- 不给陌生人发送电子邮件，也不要接收陌生人的电子邮件。
- 不在网上进行人身攻击，不讨论敏感的话题。
- 不运行通过电子邮件收到的软件程序。

2）一对多方式交流的行为规范：

- 将一组中全体组员的意见与该组中个别人的言论区别开来。
- 注意通信内容与该组目的的一致性，如不在学术讨论组内发布商业广告。
- 注意区分“全体”和“个别”，与个别人的交流意见不要随意在组内进行传播，只有在讨论出结论后，再将结果摘要发布给全组。

“一对一”方式交流的行为规范对于“一对多”方式也是适用的。

3）以信息服务提供方式交流的行为规范：

- 要遵守信息服务器管理员的各项规定。要使用户意识到信息内容可能是开放的，也可能是针对特定的用户群。因此，不能未经许可就进入非开放的信息服务器，或使用别人的服务器作为自己信息传送的中转站。
- 信息服务提供者应该将信息内容很好地组织，以便用户使用。
- 信息内容不应该偏激。
- 除非有安全措施保证，否则不能让用户无条件地信任从网上所获得的信息。

（3）注意事项

网络道德的基本守则是自由、自律、健康、愉快。网上交流还要遵守以下注意事项。

- 不可以在网络上恶意攻击别人。
- 不可以企图侵入别人的系统。
- 不可以盗用别人的账号。
- 不应将私人广告信件用 E-mail 发送给所有人，或是任意广播到所有的电子讨论区。
- 不在网上任意修改不属于自己的信息。
- 不散发保密的信息，不转发来源不详的信息，不传播小道消息。
- 不在网上交识身份不明的朋友。

8.3　计算机病毒

考试内容：

计算机病毒的基本知识和基本概念

教学要求：

- 了解计算机病毒的基本知识
- 了解计算机病毒的预防和消除

● 了解常用的防病毒软件的安装和使用方法

知识点（6个）：

● 计算机病毒的概念、病毒特征、病毒分类、病毒预防、病毒消除、常用杀毒软件的使用

8.3.1 计算机病毒的概念

1. 计算机病毒的定义

计算机的先驱冯·诺依曼早在1949年他的一篇论文《复杂自动装置的理论及组识的进行》中描述了计算机病毒的概念，称其为“能够实际复制自身的自动机”。而第一个提出“计算机病毒”的是美国南加州大学的弗雷德·科恩，他在1983年发表的博士论文“计算机病毒实验”中给出了计算机病毒科学的定义：一种在运行过程中可以复制自身的破坏性程序。

在我国颁布的《中华人民共和国计算机信息系统安全保护条例》中明确指出：“计算机病毒，是指编制或者在计算机程序中插入破坏计算机功能或者毁坏数据，影响计算机使用，并能自我复制的程序代码”。

也就是说，计算机病毒是软件，是人为制造出来专门破坏计算机系统安全的程序。

2. 计算机病毒的历史

（1）计算机病毒的起源

1949年，冯·诺依曼提出了计算机病毒的概念，但是在当时绝大多数计算机专家都无法想象会有这种能自我繁殖的程序。

1977年，托马斯·捷·瑞安在科幻小说《P-1的春天》中描写了一种可以在计算机中互相传染的病毒，病毒最后控制了7000台计算机，造成了一场灾难。同年，美国AT&T公司贝尔实验室的3个年轻人作为一种娱乐，编写了“磁芯大战”游戏。在游戏过程中，双方会通过格斗消灭对方存放在内存中的程序。这是最早的一次人为制造的计算机病毒的实战演习。

1983年，弗雷德·科恩博士研制出一种在运行过程中可以复制自身的破坏性程序，并由计算机专家们在VAX11/750计算机系统上第一次模拟运行并获得成功，从而在实验上验证了计算机病毒的存在。

1986年，巴基斯坦两兄弟巴锡特和阿姆杰德编写了Pakistan病毒，即C-BRAIN，目的主要是为了防止他们的软件被非法拷贝。只要有人复制他们的软件，C-BRAIN就会发作，将复制者的硬盘剩余空间“吃掉”。业界认为，这是真正具备完整特征的计算机病毒的始祖。

1988年，当时只有23岁的美国康乃尔大学研究生罗伯特·莫里斯利用他自己制作的一种蠕虫病毒（以后被称为莫里斯病毒）对美国国防部的计算机系统发难，造成连接美国国防部、美军军事基地、宇航局和研究机构的6000多台计算机瘫痪数日，损失近1亿美元。这是一次非常典型的计算机病毒入侵计算机网络的事件，该事件迫使美国政府立即做出反应，国防部成立了计算机应急行动小组。莫里斯本人也因此被判3年缓刑，罚款1万美元，还被迫进行400 h的社区服务。

（2）计算机病毒的发展阶段

随着计算机技术和以计算机为核心的社会信息化的发展，计算机病毒也经历了几个具有典型症状的发展阶段。

1）MS-DOS 阶段。该阶段的计算机病毒主要是针对微软 MS-DOS 操作系统的。

【例 8-10】 1987 年，计算机病毒主要是引导型病毒，具有代表性的是“小球病毒”。引导型病毒利用软盘的启动原理工作，通过软盘将病毒传染到计算机系统。此时如再使用其他的硬盘或软盘，病毒就会传播到其他使用盘中。

【例 8-11】 1989 年，出现可执行文件型病毒。其特点是利用 DOS 系统加载可执行文件的机制，在系统执行文件时取得控制权，修改 DOS 中断，在系统调用时进行传染，并将自己附加在可执行文件中，使文件长度增加。例如，“耶路撒冷病毒”（也称“黑色星期五病毒”），1988 年，10 月 13 号星期五，一些国家的公司和大学遭到了“耶路撒冷病毒”的攻击，病毒摧毁了计算机上所有想要执行的文件。

2）Windows 阶段

这个阶段的计算机病毒主要是针对微软 Windows 操作系统的。

【例 8-12】 1995 年，美国出现“宏病毒”，这种病毒专门攻击 Windows 操作系统以及微软公司的产品。

【例 8-13】 1996 年，随着网络的普及，病毒开始利用网络进行传播。在 Windows 操作系统中，“蠕虫病毒”是典型的代表。蠕虫病毒不占用任何资源（除内存外），不修改磁盘文件，它利用网络功能搜索网络地址，将自身向下一个地址进行传播。

【例 8-14】 从 1996 年开始，随着 Windows 操作系统的日益普及，利用 Windows 操作系统进行攻击的病毒开始发展，它们修改可执行文件，典型的代表是 1999 年出现的“CIH 病毒”，这类病毒利用保护模式和 API 调用接口进行传播和攻击破坏，CIH 病毒是世界上首次出现的既攻击软件又攻击硬件的病毒。

3）互联网阶段

1997 年以后，Internet 发展迅速，各种病毒开始利用 Internet 进行攻击破坏。

【例 8-15】 2000 年，一种叫“爱虫”的病毒利用微软公司 Outlook 电子邮件系统存在的漏洞进行传播，只要打开携带“爱虫”病毒的电子邮件，计算机系统就会受到攻击，由该病毒造成的损失超过 100 亿美元以上。

【例 8-16】 2002 年，出现了集蠕虫、木马、后门、黑客等攻击手段为一体的综合性病毒——“红色代码”病毒。它是一种新型网络病毒，通过微软公司 IIS 系统漏洞进行感染。其传播所使用的技术可以充分体现网络时代网络安全与病毒的巧妙结合，开创了网络病毒传播的新路，可称之为划时代病毒。该病毒发作时可导致网络瘫痪，其造成的直接经济损失超过 26 亿美元。

（3）病毒的发展趋势

在网络技术飞速发展的今天，病毒的发展呈现出以下趋势：

- 病毒与黑客技术相结合。网络的普及与网速的提高，使得计算机之间的远程控制更加方便，传输文件更加快捷，正因如此，病毒与黑客技术结合造成的危害更为严重。
- 蠕虫病毒更加泛滥。由于上网浏览、收发电子邮件已成为人们进行网络交流的主要形式，因此利用系统漏洞而制作的邮件病毒、网页病毒、木马病毒等类型的病毒会越来越多，危害也越来越大。

- 病毒破坏性更大。除侵占和破坏本地系统的资源外，还可以导致本机资料外泄、拒绝服务、中止网络服务，甚至导致网络瘫痪。
- 制作病毒的方法更简单。网络的普及，使得任何人都可以轻松获取编写病毒的知识，获得以探测系统漏洞为目的的工具软件。通过这些工具只进行简单的操作就可以生成具有破坏性的病毒。
- 病毒传播速度更快，传播渠道更多。目前除了收发邮件和网站浏览外，文件传输已成为病毒传播的另一个重要途径。
- 病毒检测与查杀更加困难。病毒可能采用一些技术防止被查杀，如变形、对原程序加密、拦截 API 函数、甚至主动攻击杀毒软件等。

3. 计算机病毒的特征

计算机病毒也是一种程序，显然它具有普通程序的特征。但是，它又是一种旨在威胁计算机安全的程序，又具有与普通程序不同的特殊特征。

病毒程序与普通程序相比具有以下特征：

1）感染性。感染性是计算机病毒的重要特性，病毒为了要继续生存，唯一的方法就是要不断地、传递性地感染其他文件。病毒传播的速度极快，范围很广，病毒程序一旦侵入计算机系统就伺机搜索可以感染的对象（程序或者磁盘），然后通过自我复制迅速传播。特别是在互联网环境下，病毒可以在极短的时间内，通过互联网传遍世界。

2）破坏性。无论何种病毒程序，一旦侵入都会对系统造成不同程度的影响。至于破坏程度的大小主要取决于病毒制造者的目的；有的病毒以彻底破坏系统运行为目的，有的病毒以蚕食系统资源（如争夺 CPU、大量占用存储空间）为目的，还有的病毒删除文件、破坏数据、格式化磁盘，甚至破坏主板。总之，无论何种病毒都对信息安全构成威胁和损害。

3）隐蔽性。隐蔽是病毒的本能特性，为了逃避清除，病毒制造者总是想方设法地使用各种隐藏术。病毒一般都是些短小精悍的程序，通常依附在其他可执行程序体或磁盘中较隐蔽的地方，因此用户很难发现它们，而往往发现它们都是在病毒发作的时候。

4）潜伏性。为了达到更大破坏作用的目的，病毒在发作之前往往是隐藏起来。有的病毒可以几周或者几个月内在系统中进行繁殖而不被人们发现。病毒的潜伏性越好，其在系统内存在的时间就越长，传染范围也就越广，因而危害就越大。

5）可触发性。指病毒在潜伏期内是隐蔽活动（繁殖），当病毒的触发机制或条件满足时，就会以各自的方式对系统发起攻击。病毒触发机制和条件可以是五花八门，如指定日期或时间、文件类型或指定文件名、用户安全等级、一个文件的使用次数等。例如，“黑色星期五”病毒就是每逢 13 日恰为星期五就发作，CIH 病毒 V1.2 发作日期为每年的 4 月 26 日。

6）主动攻击性。病毒对系统的攻击是主动的，是不以人的意志为转移的。也就是说，从一定的程度上讲，信息系统无论采取多么严密的保护措施都不可能彻底地排除病毒对系统的攻击，而保护措施只是一种预防的手段而已。

7）病毒的不可预见性。从对病毒的检测方面来看，病毒还有不可预见性。病毒对反病毒软件永远是超前的。新一代计算机病毒甚至连一些基本的特征都隐藏了起来，有时病毒利用文件中的空隙来存放自身代码，有的新病毒则采用变形来逃避检查，这也成为新一代计算机病毒的基本特征。

4. **计算机病毒的传播途径**

计算机病毒的传播途径分为被动传播和主动传播两种。

(1) 常见被动传播途径

- 携带传播。随引进的计算机系统和软件中携带的病毒而传入，或因计算机生产、经营单位销售的机器和软件染有病毒而传入。
- 病毒传播。随下载或执行染有病毒的游戏软件或其他应用程序而传入。
- 复制传播。随非法复制软件或数据传入。
- 交叉感染。维修部门在检修机器或系统时可能产生交叉感染。
- 网络传播。通过网络、电子邮件传入。

(2) 常见主动传播途径

- 无线射入。通过无线电波把病毒发射注入到被攻击对象的电子系统中。
- 有线注入。目前，计算机大多是通过有线线路联网，只要在网络结点注入病毒，就可以向网络内的所有计算机扩散和传播。
- 接口输入。通过网络中计算机接口输入的病毒由点到面，从局部向全网迅速扩散蔓延，最终侵入网络中心和要害终端，使整个网络系统瘫痪。
- 先机植入。这是采用“病毒芯片”手段实施攻击的方式。将病毒固化在集成电路中，一旦需要，便可遥控激活。

5. **计算机病毒的分类**

从第一个病毒产生以来，究竟世界上有多少种病毒，说法不一。据国外统计，目前计算机病毒每天以百个的速度递增，另据我国公安部统计，国内以每月 4 ~ 6 种的速度递增。图 8-3显示了瑞星全球反病毒监测网 2008 年发布的新增病毒样本统计数据。从中可以看出，截止 2008 年上半年，新增病毒数量达到 150 多万个。

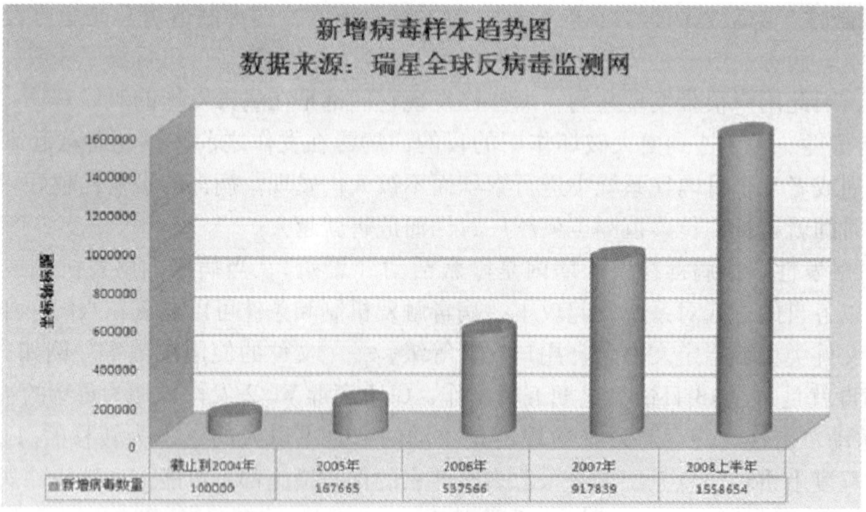

图 8-3　全球新增病毒样本趋热图

目前，针对计算机病毒的分类方法很多，基于技术的分类是基本分类法。

(1) 网络病毒

网络病毒是在网络上运行并传播、破坏网络系统的病毒。该病毒利用网络不断寻找有安全漏洞的计算机，一旦发现这样的计算机，就趁机侵入并寄生于其内存中。这种病毒的传播媒介不再是文件等移动式载体，而是网络通道，所以网络病毒的传染能力更强，破坏力更大。例如，它破坏网络系统，非法使用网络资源，发送垃圾邮件，占用网络带宽等。

新的网络病毒主要攻击网络服务器，向控制他人的计算机和造成受控计算机的泄密方向发展。典型的如红色代码病毒，该病毒将自己驻留在内存中（使用文件扫描方式无法发现它，需要重新启动机器才能将其清除），发作时严重影响服务器的性能和占用网络的带宽，造成用户上网困难。该病毒的变种还向被感染的计算机安装特洛伊木马程序，以便进一步控制被感染的计算机；它在向网络传播自身的同时还传送受控计算机上的文档，从而造成该机的泄密。如果将网络上的计算机都同时关机，这些病毒就会被清除掉。

木马病毒是目前广为流行的一种网络病毒，它的发作机制是基于客户端/服务器模式。与一般的病毒不同，它不会自我繁殖，也并不“刻意”地去感染其他文件，而是通过将自身伪装吸引用户下载执行。当载有木马的文件被下载到本地计算机系统后，木马就会在用户毫无觉察的情况下进行攻击或破坏。木马的服务一旦运行并被控制端连接，其控制端将享有服务器端的大部分操作权限，如给计算机增加口令，浏览、移动、复制、删除文件，修改注册表，更改计算机配置等。随着病毒技术的发展，木马程序对用户的威胁越来越大，尤其是一些木马程序采用非常狡猾的手段来伪装自己，使普通用户很难察觉和识别。

（2）邮件病毒

邮件病毒主要是利用电子邮件软件（如 Outlook Express）的漏洞进行传播的计算机病毒。常见的传播方式是将病毒依附于电子邮件的附件中。当接收者收到电子邮件打开附件时，即激活病毒。例如，SirCam 病毒会让用户收到无数封陌生人的垃圾邮件，在这些邮件中附带有病毒文件，可以进一步感染其他计算机。它寻找受害者通信录中的邮件地址，还可以在系统中搜寻 HTML 文件中的邮件地址，从而去感染这些邮件地址的计算机。典型的邮件病毒有“Melissa”（梅丽莎）和“Nimda”（尼姆达）等。

（3）文件型病毒

文件型病毒是以感染可执行文件（. COM、. EXE、. OVL 等）而著称的病毒。这种病毒把可执行文件作为病毒传播的载体，当用户执行带病毒的可执行文件时，病毒就获得了控制权，开始其破坏活动。在 MS-DOS 时代，文件型病毒曾泛滥成灾，如 1575/1591 病毒等。在 Windows 环境下，Macro/Concept、Macro/Atoms 等宏病毒感染“. DOC”文件。CIH 病毒也是一种文件型病毒。

（4）宏病毒

宏病毒是一种寄存于文档或模板的宏中的计算机病毒。它是一种属于文件型的病毒，主要是利用 Office 软件（如 Word、Excel 等）本身所提供的宏能力而设计的。一旦打开这样的文档，宏病毒就会被激活，转移到计算机上，并驻留在 Normal 模板中。以后，所有自动保存的 Office 文档都会“感染”上这种宏病毒，而且如果其他用户打开了感染病毒的文档，宏病毒又会转移到其他的计算机上。据美国国家计算机安全协会统计，宏病毒是病毒军团中的“后起之秀”，已占目前全部病毒数量的 80% 以上。另外，宏病毒还可衍生出各种变形、变种病毒，其独特的繁衍、传播方式令人们防不胜防，这使得宏病毒成为威胁计算机系统的“第一杀手”。

（5）引导型病毒

引导型病毒是利用系统启动的引导原理而设计的。正常系统启动时，是将系统程序引导装入内存。而病毒程序则修改引导程序，先将病毒程序装入内存，再去引导系统。这样就使病毒驻存在内存中，伺机滋生繁衍，进行破坏活动。引导型病毒在 MS-DOS 时代特别猖獗，典型的有大麻病毒、小球病毒等。

引导型病毒又分为普通型引导病毒和隐密型引导病毒。前者直接修改启动区的引导程序，以使病毒程序被自动加载到内存中。后者除了具有前者的功能外，还具有欺骗功能，即感染了病毒后，即使检查启动区，也不会发现异常情况。显然，这种病毒不易被察觉。

（6）变体病毒

这是一类高级的文件型病毒，其特点是每次进行传染时都会改变程序代码的特征，以防止杀毒软件的查杀。此类病毒的算法比一般病毒复杂，甚至用到数学算法为病毒程序加密，使病毒程序每次都呈现不同的形态，让杀毒软件检测不到。

（7）混合型病毒

混合型病毒是指兼有两种以上病毒类型特征的计算机病毒。例如，有些文件型病毒同时也是网络型病毒。目前，邮件病毒中有很多都是文件型病毒和宏病毒的混合体。

6. 计算机中毒的症状

计算机感染病毒后，会出现各种症状。用户在使用计算机过程中，可以根据计算机系统反映出来的基本症状，判断系统是否“中毒”，从而采取相应的措施。计算机中毒的症状主要表现在以下几个方面：

- 开机时系统启动的速度比以往明显地慢，或机器运行的速度减慢，并且越来越慢。
- 机器无故自动重新启动，或程序运行时死机的次数增多，而且是莫名其妙地死机。
- 出现蓝屏，或屏幕上出现异常的画面或信息，有些是直接给出某种病毒的信息。
- 不能进行正常的打印操作。
- 系统不识别存在的硬盘，或没有对磁盘进行读写操作，但磁盘的指示灯亮着。
- 内存空间减小，存盘失败。
- 检查磁盘，发现某些可执行程序的字节数发生明显的增、减变化，或发现磁盘上自动生成了一些特殊文件名的程序，或发现盘上的文件无故自动丢失。
- 网络服务器拒绝服务，或上网速度明显变慢，甚至整个网络瘫痪。
- 邮箱中发现大量不明来路的邮件。
- 出现陌生的文件、陌生的进程。

8.3.2 计算机病毒的预防

计算机病毒防治的关键是做好预防工作，即防患于未然。预防工作应包含思想认识、管理措施和技术手段 3 方面的内容。

1. 牢固树立预防为主的思想

解决病毒防治关键的一点是要在思想上给予足够的重视，要采取“预防为主，防治结合”的方针，从加强管理入手，制订切实可行的管理措施并严格地贯彻落实。由于计算机病毒的隐蔽性和主动攻击性，要杜绝病毒的传染，在目前情况下，特别是对于网络系统和开放式系统而言，几乎是不可能的。因此，采用以预防为主，防治结合的防治策略可降低病毒感染、传播的概率。即使受到感染，也可以立即采取有效措施将病毒消除，从而达到把病毒的危害降到最低的目的。

【例 8-17】 1999 年 4 月 26 日 CIH 病毒发作，造成全球 70 万台计算机损坏的恶果。其主要原因是用户防毒意识淡漠。因为，从 CIH 病毒出现到这次大爆发已有近一年的时间，而且所有反病毒产品都能杀灭 CIH 病毒，但由于用户防范意识不强，失去对病毒的警觉，造成不可挽回的损失。

2. 制定切实可行的预防管理措施

制定切实可行的预防病毒的管理措施，并严格地贯彻执行。大量实践证明主动预防的策略是行之有效的。主动预防管理措施包括：

- 尊重知识产权，使用正版软件。不随意复制、使用来历不明及未经安全检测的软件。
- 建立健全各种切实可行的预防管理规章、制度及紧急情况处理的预案措施。
- 对服务器及重要的网络设备实行物理安全保护和严格的安全操作规程，做到专机、专人、专用。严格管理和使用系统管理员的账号，限定其使用范围。
- 对于系统中的重要数据要定期与不定期地进行备份（异机、异地）。
- 严格管理和限制用户的访问权限，特别是加强对远程访问、特殊用户的权限管理。
- 随时注意观察计算机系统及网络系统的各种异常现象，一旦发现问题，立即采取相应应对措施；若怀疑是网络病毒，则应立即关机、断网，以清除寄生在内存中的病毒，然后再用杀毒软件进行清杀处理。
- 网络病毒发作期间，暂时停止使用 Outlook Express 接收电子邮件，避免来自其他邮件病毒的感染。
- 不在与工作有关的计算机上玩游戏，避免潜伏在游戏程序中的病毒对系统的感染。
- 不要随意打开来路不明的电子邮件，不要随意下载、执行来路不明的可执行文件或 E-mail 附件中带的可执行文件，以预防特洛伊木马类程序的攻击。

3. 采用技术手段预防病毒

在管理措施和规章制度方面对病毒进行预防只是一个方面，同时还必须采用技术手段进行预防，只有软、硬两个方面的预防都能生效，才能构筑防范病毒入侵的有效屏障。采用技术手段预防病毒主要措施包括：

- 安装、设置防火墙，对内部网络实行安全保护。
- 安装实时监测的杀病毒软件，定期更新软件版本，享受杀毒软件提供的防护服务。
- 从互联网接口中去掉不必要的协议，避免病毒或黑客借助这些协议的漏洞实施攻击。
- 不要将自己的邮件地址放在网上，以防 SirCam 病毒的窃取。
- 禁用 Windows Scripting Host（WSH），以防求职信（Klez）及其变种病毒的攻击。
- 使用 ICQ 聊天软件时，不要轻易打开陌生人传来的页面链接，以防“W32Love. Worm”之类的 HTML 网页陷阱的攻击。
- 对重要的文件采用加密方式传输。

8.3.3 计算机病毒的清除

在检测出系统感染了病毒或确定了病毒种类之后，就要设法消除病毒。消除病毒可采用人工消除和自动消除两种方法。

人工消除病毒方法是使用工具软件对病毒进行手工清除。操作时使用工具软件打开被感染的文件，从中找到并摘除病毒代码，使之复原。手工消毒操作复杂，速度慢，风险大，要求操作者具有熟练的操作技能和丰富的病毒知识，一般用户不宜采取这种方式。这种方法是专业防病毒研究人员在查杀新病毒时采用的。

自动消除病毒方法是使用杀毒软件来清除病毒。用杀毒软件进行消毒，操作简单，用户按照菜单提示和联机帮助去操作即可。自动消除病毒法具有效率高、风险小的特点，是一般用户都可以使用的杀毒方法。

目前，国内常用的杀毒软件有：瑞星杀毒软件、金山毒霸杀毒软件、蓝盾杀毒软件等；国外常用的杀毒软件有诺顿（Norton AntiVirus）杀毒软件、卡巴斯基（Kaspersky Anti-Virus Personal）杀毒软件等。

8.4 防火墙、系统更新与系统还原

考试内容：

防火墙、系统更新和系统还原的基本知识

教学要求：

- 了解防火墙的基本知识
- 了解系统更新和系统还原的基本知识和使用方法

知识点（5个）：

- 防火墙的基本概念、功能、硬件防火墙的分类、常用的软件防火墙
- 系统更新操作步骤
- 创建还原点、系统还原方法

8.4.1 防火墙基本概念

防火墙的原意是防止火焰灾害蔓延而设置的防火障碍。网络系统中的防火墙的功能与此类似，也是用于防止网络外部的恶意攻击对网络内部造成危害而设置的安全防护设施。在网络安全中，使用最广泛的技术就是防火墙技术。目前，全球连入互联网的计算机中，大约三分之一是在防火墙的保护之下。那么，到底什么是防火墙呢？

1. 防火墙的基本概念

防火墙是一种专门用于保护网络内部安全的系统。它的作用是在某个指定网络（Intranet）和网络外部（Internet）之间构建网络通信的监控系统，用于监控所有进、出网络的数据流和来访者，以达到保障网络安全的目的。根据预设的安全策略，防火墙对所有流通的数据流和来访者进行检查，符合安全准则的予以放行，不符合的一律拒之门外。

利用防火墙技术来保障网络安全的基本思想是：无须对网络中的每台设备进行保护，而是只为所需要的重点保护对象（Intranet）设置保护“围墙”，并只开一道“门”，在该门前设置门卫。所有要进入 Intranet 的来访者或“信息流”都必须通过这道门，并接受检查。由

于这道门是进入网络内部的唯一通道，只要防护检查严格，拒绝任何不合法的来访者或信息流，就能保证网络安全，如图 8-4 所示。

2. **防火墙的功能**

由于网络安全面临众多不安全因素的威胁，因此对于关系网络安全的防火墙来说应该具备许多功能。但是对任何防火墙来说，必须满足两个基本要求：

1）保证内部网络的安全。

2）保证内部网和外部网间的连通。

这两者缺一不可，既不能因安全而牺牲连通，也不能因连通而失去安全。基于这两个基本要求，性能良好的防火墙系统应具有表 8-4 的功能。

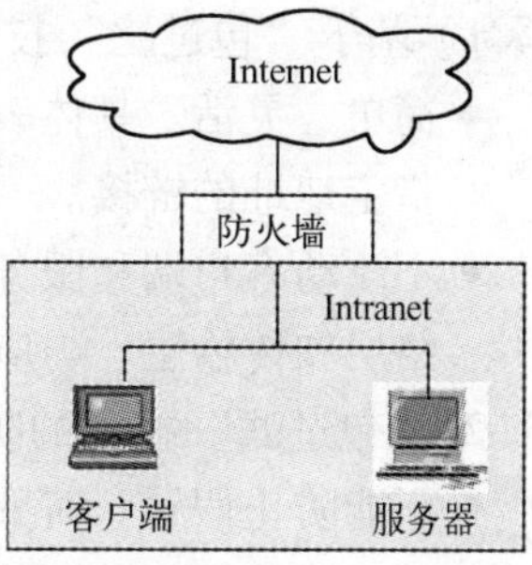

图 8-4　防火墙示意图

表 8-4　防火墙主要功能列表

功能名称	功能说明
安全控制	实现网间的安全控制，保障网间通信安全
活动记录	能有效记录网络活动的情况
网段隔离	隔离网段，限制安全问题的扩散
抵御攻击	自身要具有一定的抵御攻击的能力
安全措施	综合运用各种安全措施，使用先进健壮的安全技术
便于操作	人机界面良好，用户配置方便，容易管理

防火墙技术并不是万能的，它也有局限，主要表现在：

1）它能保障系统的安全，但不能保障数据安全，因为它无法理解数据内容。

2）由于执行安全检查，会带来一定的系统开销，导致传输延迟、对用户不透明等问题。

3）不能防范不经过它的连接。

4）当使用端到端加密时，因只检查数据包包头，而不检查加密的密文，使安全监控能力大打折扣。

5）过于依赖网络的拓扑结构。当网络拓扑结构改变时，防火墙的配置也必须改变。

6）不能有效地防范病毒。

7）是一种静态防御技术，它难以适应日益多变的互联网安全环境。

典型的防火墙应该具有以下 3 个方面的基本特性：

1）内部网络和外部网络之间的所有网络数据流都必须经过防火墙。

2）只有符合安全策略的数据流才能通过防火墙。

3）防火墙自身应具有非常强的抗攻击免疫力。

3. **防火墙技术分类**

防火墙技术从原理上分为 3 大类：“包过滤”技术、“代理服务器”技术和“状态监视”技术。

（1）“包过滤”技术

“包过滤”技术是指对于所有进入网络内部的数据包按指定的过滤规则进行检查，凡是符合指定规则的数据包才允许通行，否则将被丢弃。“包过滤”检查是针对数据包包头的。

在数据包包头中包含的源地址和目的地址、连接请求方向（连入或连出）、数据包协议（如TCP/IP），以及请求的服务类型（如 FTP 或 WWW）等。

1）基于“包过滤”技术的防火墙优点：

- 简单、灵活。具体表现在通过修改过滤规则表中的 IP 地址，就可以阻止来自或去往指定地址的链接。
- 不改动客户端和服务器上的应用程序，因为基于“包过滤”技术的防火墙工作在网络层和传输层，与应用层无关。

2）“包过滤”技术的防火墙缺点：

- 不能防止假冒。对熟悉“包过滤”技术的黑客来说，他可以先窃取真正的源 IP 地址，并将该地址加入到他恶意构成的 IP 数据包的包头中。由于防火墙不具有识别真、假 IP 源地址的能力，使得该数据包可以骗过防火墙而非法入侵。
- 只在网络层和传输层实现包过滤。对于通过高层进行非法入侵的行为无防范能力。
- 缺乏可审核性。“包过滤”技术只是丢弃非法数据包，并不作任何记录，也不向系统汇报，从而不具有安全保障系统所要求的可审核性。
- 不能防止来自内部人员造成的威胁。例如，不能阻止内部人员复制保密数据。

在对“包过滤”技术的改进过程中，又出现了两种类型的“包过滤”技术：一种被称为“第一代静态包过滤”；另一种被称为“第二代动态包过滤”。

① 第一代静态“包过滤”类型防火墙。这类防火墙是根据定义好的过滤规则审查每个数据包，以便确定其是否与某一条“包过滤”规则匹配。过滤规则基于数据包的包头信息进行制订。包头信息中包括 IP 源地址、IP 目标地址、传输协议（TCP、UDP、ICMP 等）、TCP/UDP 目标端口、ICMP 消息类型等。

② 第二代动态包过滤类型防火墙。这类防火墙采用动态设置包过滤规则的方法，避免了静态包过滤的缺陷。这种技术后来发展成为包状态监测技术。采用这种技术的防火墙对通过其建立的每一个连接都进行跟踪，并且根据需要动态地在过滤规则中增加或更新条目。

基于“包过滤”技术的防火墙对安全管理人员素质要求高，建立安全规则时，必须对协议本身及其在不同应用程序中的作用有较深入的理解。因此，过滤器通常和应用网关配合使用，共同组成防火墙系统。

（2）“代理服务器”技术

“包过滤”技术有一个重要的特点是：防火墙内、外的计算机系统之间是直接连通的。但由此产生的副作用是外部用户能够获得内部网络的结构和运行情况，为网络安全留下隐患。而“代理服务器”技术就是针对“包过滤”技术的这一缺陷而设计和改进防护策略的。

代理服务器型防火墙是工作在 OSI 的最高层（应用层）。其特点是完全“阻隔”了网络通信流，通过对每种应用服务编制专门的代理程序，实现监视和控制应用层通信流的作用。

从代理服务器的逻辑结构上看，外部访问者和要访问的计算机之间隔着一个代理服务器，使得外部用户无法直接获得网络内部的信息，而是通过具有详细注册和安全审计功能的代理服务器进行链接。当外部主机请求访问 Intranet 内部网中的某一台应用服务器时，请求被送到代理服务器上，并在此接受安全检查后，再由代理服务器与内部网中的应用服务器建立链接，从而实现了外部主机对 Intranet 内部的应用服务器的访问。这里特别强调的是通过

"代理"实现内、外部网之间的数据交流，如图 8-5 所示。

"代理服务器"技术的主要优点：

图 8-5 代理服务器技术示意图

- 最突出的优点就是安全。由于它工作在最高层，所以可以对网络中任何一层数据通信进行筛选保护（而包过滤技术只是对网络层的数据进行过滤）。
- 屏蔽了被保护的网络。由于 Internet 用户只能通过代理服务器访问 Intranet，所以对内部网的情况无从了解，强化了网络安全。
- 对进、出数据流实施监控，并利用统计资料及时发现 Intranet 中的不安全因素。

2）"代理服务器"技术的缺点：

- 最大缺点就是速度相对比较慢，当用户对内、外部网络网关的吞吐量要求比较高时，代理服务器就会成为内、外部网络之间的瓶颈。因此，它是以牺牲服务的延迟时间为代价的。
- 实现复杂，需要专用硬件支持。

在实际应用中，通常把"包过滤"技术和"代理服务器"技术结合起来使用。"包过滤"防火墙只需要让那些来自或去往代理服务器的包通过，同时简单地丢弃其他包。其他进一步的过滤由代理服务器去完成。

"代理服务器"技术也分为两种不同类型：一种是"第一代应用网关型代理服务器技术"；另一种是"第二代自适应代理服务器技术"。

（1）第一代应用网关代理服务器技术

这类防火墙是通过一种代理技术参与到一个 TCP 连接的全过程。从内部发出的数据包经过代理防火墙处理后，对外呈现的是外部网络的网卡，从而可以达到隐藏内部网结构的作用。这种类型的防火墙被网络安全专家和媒体公认为是最安全的防火墙。

（2）第二代自适应代理服务器技术

这是最近几年才得到广泛应用的一种新型代理服务器技术。它是结合了"代理服务器"技术的安全性和"包过滤"技术的高速度等优点，在丝毫不损失安全性的基础之上将代理服务器的性能提高了 10 倍以上。组成这种类型防火墙的基本要素有两个：自适应代理服务器和动态包过滤器。在"自适应代理服务器"与"动态包过滤器"之间存在一个控制通道。在对防火墙进行配置时，用户仅仅将所需要的服务类型、安全级别等信息通过相应代理的管理界面进行设置，自适应代理就可以根据用户的配置信息，决定是使用代理服务从应用层代理请求还是从网络层转发数据包。如果是后者，它将动态地通知包过滤器增、减过滤规则，满足用户对速度和安全性的双重要求。

（3）"状态监视"技术

"状态监视"技术是继"包过滤"技术和"代理服务器"技术后发展起来的防火墙技术。它是基于"包过滤"原理的"动态包过滤"技术发展而来的。这种防火墙技术通过一种被称为"状态监视"的模块，在不影响网络安全正常工作的前提下采用抽取相关数据的方法对网络通信的各个层次实行监测，并根据各种过滤规则做出安全决策。

"状态监视"技术在对每个数据包的头部、协议、地址、端口、类型等信息进行分析的基础上，进一步发展了“会话过滤”功能。这种检测的高明之处是能对每个数据包的内容进行监视，一旦建立了一个会话状态，则此后的数据传输都要以此会话状态作为依据。

“状态监视”可以对数据包内容进行分析，从而摆脱了传统防火墙仅局限于检测几个包头部信息的弱点，而且这种防火墙不必开放过多端口，进一步杜绝了可能因为开放端口过多而带来的安全隐患。

8.4.2 系统更新及系统还原

在网络时代，无论对个人还是对工作都至关重要的计算机系统不安全是可能的。因此，才有了防范各种攻击的防火墙、杀毒软件和应对安全威胁的各种防护机制和措施。Windows 操作系统也不例外，为了最大限度地减少病毒和其他各种安全威胁对计算机系统的攻击，降低因遭受攻击所造成的损失，微软公司为 Windows 操作系统提供了包括系统自动更新和系统自动还原在内的系统保护功能。充分利用 Windows 本身具有的这些安全防护功能，可以帮助用户保护自己的计算机，增强计算机系统的安全性。

1. 系统自动更新

Windows 操作系统的“自动更新”功能是保证 Windows 安全性所不可或缺的。帮助保护计算机的 3 种最佳方法是运行防病毒软件、启用防火墙以及获取最新的 Windows 系统更新。为使用户能够方便地获取 Windows 系统更新所需要的软件，微软公司建立了 Windows Update 网站（http：//update. microsoft. com/）。该网站免费向用户提供系统更新的软件包，这些软件包括安全更新、重要更新和服务包（例如，Windows XP 操作系统的 Microsoft Windows XP Service Pack 2）。

Windows Update 是 Windows 的联机扩展，它帮助用户及时更新计算机系统。只要用户选择“自动更新”功能，Windows 将例行检查可以保护用户计算机系统免受最新病毒和其他安全威胁攻击的更新，这些重要的更新（包括安全更新和其他关键更新），将帮助用户保护自己的计算机，防范可能通过 Internet 或网络传播的最新病毒和其他安全威胁。其他更新包括功能增强，如有助于计算机更平稳地运行的升级和工具。Windows Update 将自动扫描计算机系统，并提供只适用于用户计算机上的软件和硬件的定制更新选择。

要获得增强的安全性，并确保用户的计算机始终能够及时接收到最新更新，需要设置自动更新，以便在发行重要更新时立即自动下载并安装。

设置“自动更新”的操作步骤如下：

步骤 1：打开系统，依次选择“开始”→“设置”→“控制面板”→“自动更新”命令，打开“自动更新”对话框，如图 8-6 所示。

步骤 2：选择“自动（推荐）”单选按钮。在“自动下载推荐的更新，并安装它们：”下面的下拉列表框中，可以选择希望 Windows 下载更新的日期和时间。例如，每周周一、晚 12 点。最后，单击“确定”按钮。

经过这样的设置后，系统会在指定的日期和时间（如每周周一晚 12：00）自动下载更新，并在不打扰用户的情况下自动安装更新。从而实现对计算机系统的安全保护。

使用自动更新后，Windows 可以定期检查针对用户计算机的最新的重要更新，然后自动安装这些更新。这些更新（包括关键更新和安全更新）会在发行后尽快安装到用户的计算机上，以便它们帮助用户保护自己的计算机免受病毒攻击和其他安全威胁。

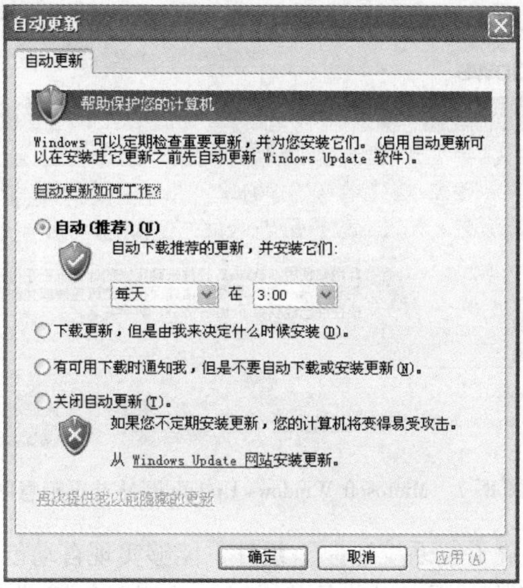

图 8-6　“自动更新”对话框

Windows 操作系统本身还具有其他安全保护功能，采取下列措施（Windows 系统的内置功能），可以使自己的计算机系统更加安全：

- 为了使用户始终能查看计算机的安全状态，新的“安全中心”将监视基本的安全设置，并在计算机遇到危险时发出警告。
- 为了帮助计算机防止来自 Internet 的攻击，Windows 防火墙默认处于打开状态。
- 为了确保接收到针对蠕虫和病毒的相应的最新关键更新，自动更新设计成更易于打开和使用。
- 为了在公共场合使用无线连接时提供增强的保护，用户可以使用相应功能以帮助保护自己的计算机免受同一无线网络上的其他计算机的攻击。
- 为了帮助降低暴露在有害程序和病毒前，Internet Explorer 具有多项新安全功能。
- 为了使阅读电子邮件更加安全，Outlook Express 将自动阻止图像并自动利用 Internet Explorer 中的高级安全设置。

有时候需要使用 Windows Update，直接登录 Windows Update 网站，查询信息（注：执行该操作的前提是，计算机系统是连接 Internet 的）。其操作方法是：

步骤 1：依次选择“开始”→“所有程序”→“Windows Update”命令，即可登录到微软公司的 Windows Update 网站，如图 8-7 所示。

如果是第一次访问 Windows Update 网站时，当系统提示是否安装所需的任何软件或控件时，选择单击“是”按钮。

步骤 2：根据需要选择浏览 Windows Update 网站的相关栏目及内容。

2. 系统还原

如果用户在安装一个软件过程中因种种原因操作失败了，或是在执行一个应用程序过程中因突发意外故障造成应用系统瘫痪了，当发生这些异常情况时用户如何处理呢？“系统还原”就是为了应付这种突发事件而设置的。

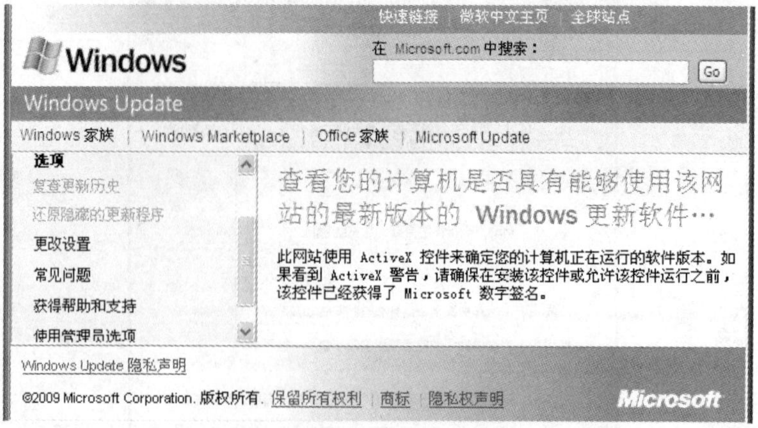

图 8-7　Microsoft Windows Update 网站首页示意图

Windows 操作系统配置了“系统还原”组件，能够实现自动创建还原点功能。当用户需要将系统恢复到某个指定的还原点以前的状态时，就可以使用“系统还原”功能，自动实现系统还原操作。

系统还原操作可以使系统恢复到用户指定的某个还原点以前的状态，系统还原后，一般不会修改、丢失用户的个人文件。例如，Word 文档、浏览器历史记录、收藏夹、电子邮件等。

系统还原操作实际上包含两个部分；首先要创建一个还原点，然后再执行“系统还原”功能。这两种操作在顺序上是创建还原点在前，执行系统还原在后。

（1）创建还原点

“创建还原点”的操作步骤如下：

步骤 1：创建还原点。依次选择“开始”→“程序”→“附件”→“系统工具”→“系统还原”命令，打开“系统还原”对话框，如图 8-8 所示。

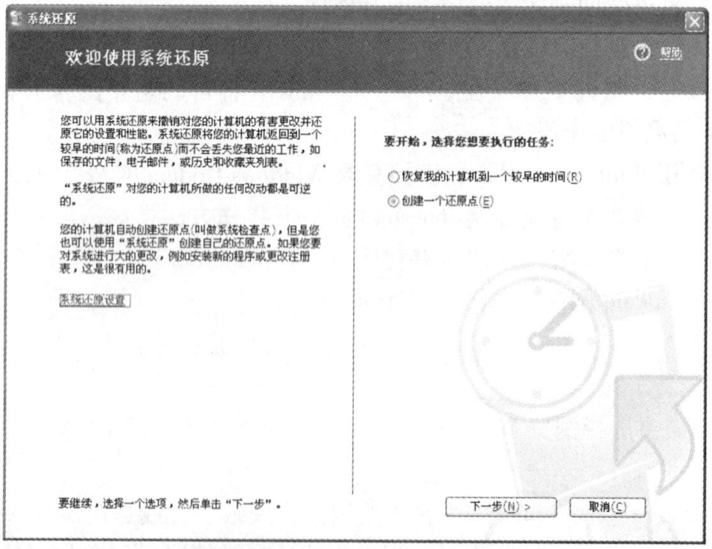

图 8-8　创建系统还原对话框

步骤2：选择“创建一个还原点（E）”单选按钮后，单击“下一步”按钮，系统弹出“创建一个还原点”对话框，如图8-9所示。

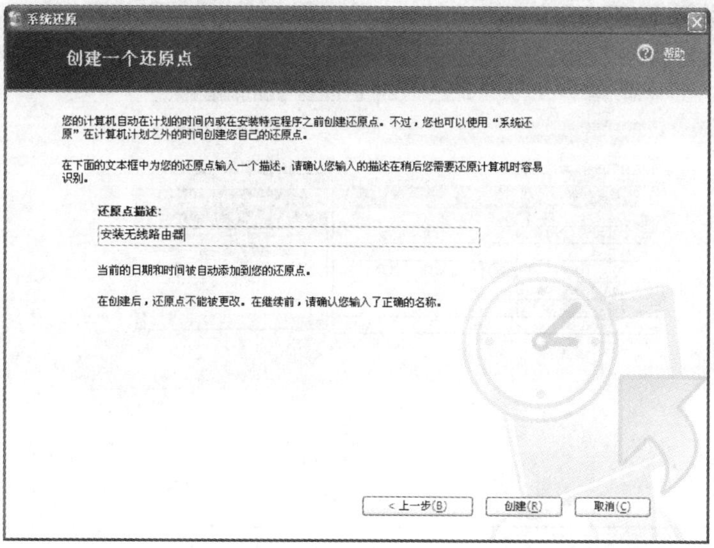

图8-9 “创建一个还原点”对话框

步骤3：在“还原点描述”文本框中，输入一个可以辨认的名称来标识该还原点（例如，输入“安装无线路由器”作为名称），“系统还原”会自动创建用户定义“还原点”的日期和时间添加到该名称中。

步骤4：单击“创建”按钮，系统会自动创建一个用户自己命名的还原点。

（2）系统还原

如果在此之前用户已经创建了一个还原点，执行系统还原操作就可将系统还原到指定还原点之前的系统状态（相当于在此之前到指定还原点之间系统发生的任何更改将废弃，系统恢复到还原点之前的原始状态）。

“系统还原”的操作步骤如下：

步骤1：依次选择“开始”→“程序”→“附件”→“系统工具”→“系统还原”命令，打开“系统还原”对话框。

步骤2：在图8-8所示对话框中，选择“恢复我的计算机到一个较早的时间（R）”单选按钮，单击“下一步”按钮，系统弹出如图8-10所示的对话框。

步骤3：在如图8-10所示对话框左边的日历中可选择日期，在右边的还原点列表中可选择其中的一个还原点。选择一个还原点后，单击“下一步”按钮，系统就会自动重新启动，进行还原操作（注意：系统进行还原操作之前不能强行关机）。

步骤4：计算机重新启动后，单击“确定”按钮，完成系统还原。

系统还原不会替代卸载（删除）程序的过程。要完全删除某个程序所安装的所有文件，还必须执行“控制面板”中“添加或删除程序”或程序自带的卸载程序。

3. 系统备份

用户都有操作失误的经历，系统也有突发意外故障的时候，当发生这些异常情况时，如何减少损失是用户最关心的问题。为了使因意外事故造成用户个人信息丢失的损失减到最小，用户要养成定期进行系统备份的良好习惯。

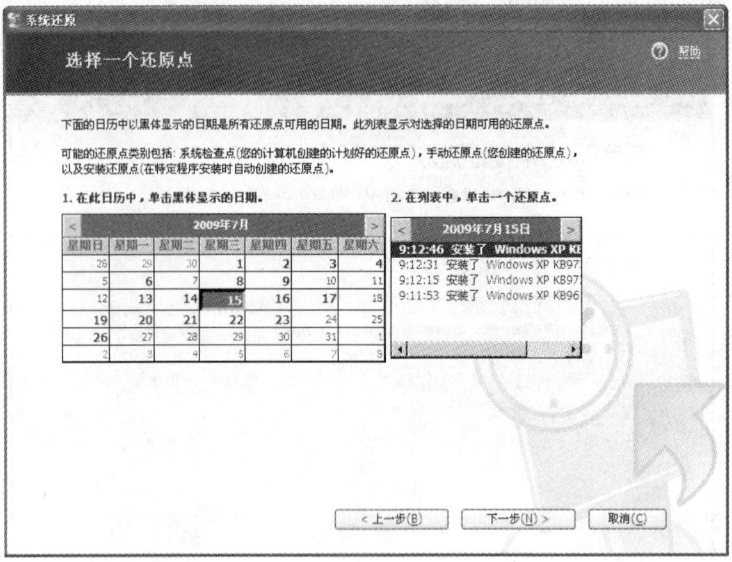

图 8-10　选择一个还原点对话框

“系统备份”的操作步骤如下：

步骤 1：依次选择“开始”→“程序”→“附件”→“系统工具”→“备份”命令，打开“备份或还原向导”对话框，如图 8-11 所示。单击“下一步”按钮，系统弹出如图 8-12 所示的对话框。

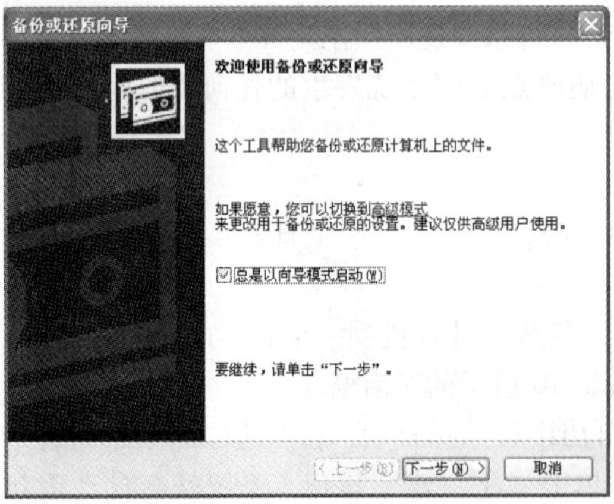

图 8-11　备份向导对话框

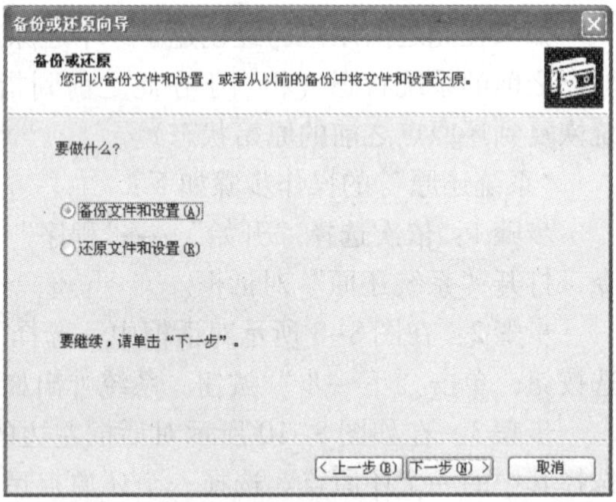

图 8-12　备份向导“要做什么”对话框

步骤 2：在“要做什么?”对话框中，选择“备份文件和设置（A）”单选按钮，单击“下一步”按钮，系统弹出如图 8-13 所示的“要备份什么?”的对话框。

在“要备份什么?”对话框中有 4 个选项：“我的文档和设置”、“每个人的文档和设置”、“这台计算机上的所有信息”和“让我选择要备份的内容”，分别表示：

- “我的文档和设置”包括“我的文档”文件夹、“收藏夹”、桌面和 Cookies。

● “每个人的文档和设置”包括每个用户的“我的文档”文件夹、“收藏夹”、桌面和 Cookies。

● “这台计算机上的所有信息”包括这台计算机上的所有数据，并创建可以在出现严重故障的情况下用来还原 Windows 的系统恢复磁盘。

● “让我选择要备份的内容”是用户可以自选择要备份的内容。

步骤3：在“要备份什么?”对话框的4个单选按钮中选择其中的一个，单击“下一步”按钮，系统弹出如图8-14所示的“备份类型、目标和名称”对话框。

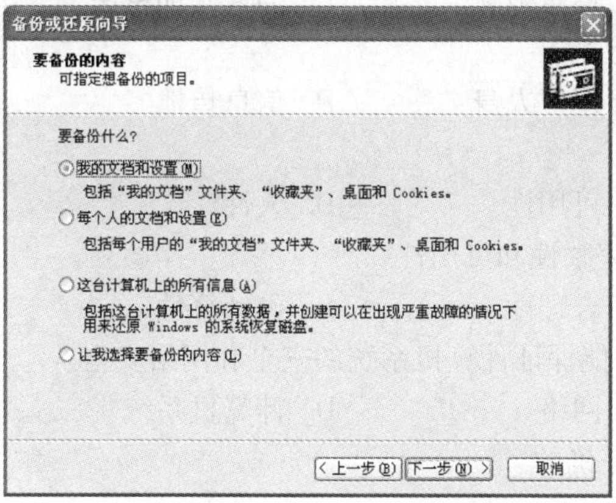

图8-13　备份向导“要备份什么?”对话框

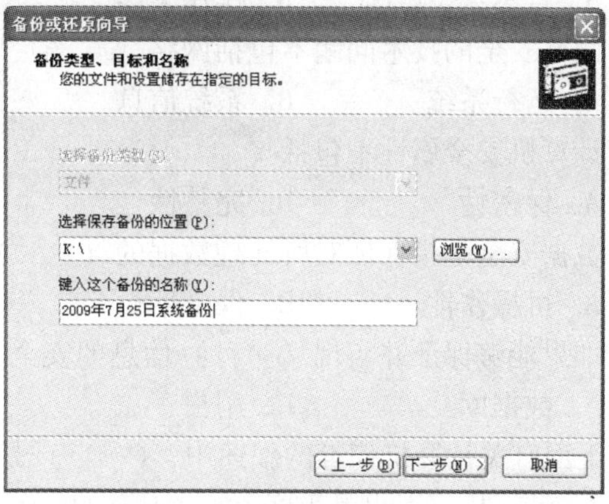

图8-14　备份向导“备份类型、目标和名称”对话框

步骤4：在图8-14所示的对话框中，通过“选择备份类型”下拉列表框中，可以选择备份文件的类型，默认的备份文件类型是“. bkf”；通过“选择保存备份的位置”下拉列表框及“浏览”命令按钮，用户可以选择保存备份文件的路径；在“键入这个备份的名称”文本框中，用户输入可供辨认的备份文件名。最后，单击“下一步”按钮，系统弹出如图8-15所示的对话框。

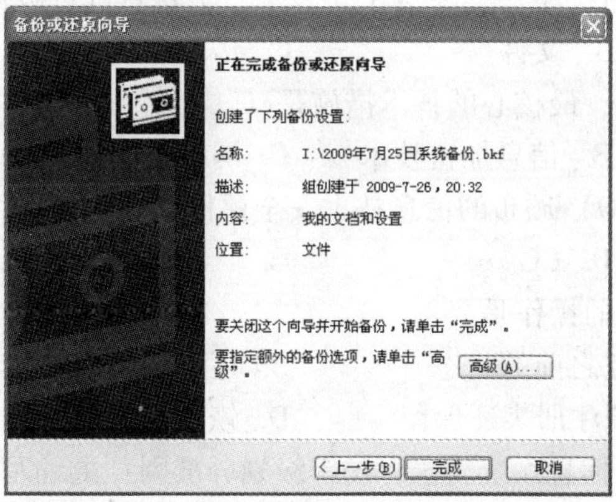

图8-15　备份向导“完成备份”对话框

步骤5：在图8-15所示的对话框中，单击“完成”按钮，系统就会自动按用户选择的设置进行备份，直到完成备份操作。

8.5　习题

一、选择题

1. 混合型病毒是指兼有（　　）病毒类型特征的病毒。

A. 文件型　　B. 引导型　　C. 邮件　　D. 两种以上

2. 网络信息系统不安全因素不包括（　　）。

A. 自然灾害威胁　　B. 操作失误　　C. 蓄意破坏　　D. 插入式加密法

3. 网络安全的技术问题不包括网络（　　）安全。

A. 运行系统　　B. 系统信息　　C. 用户人身　　D. 信息传播

4. 计算机安全属性不包括（　　）。

A. 保密性　　B. 完整性　　C. 可用性　　D. 人性

5. 数据安全是指保证对所处理数据的（　　）、完整性和可用性。

A. 可操作性　　B. 保密性　　C. 合理性　　D. 可计算性

6. 如果能够保证并实现（　　）信息的安全，就能保证计算机系统的安全和网络安全。

A. 数据库　　B. 用户　　C. 网络　　D. 计算机系统

7. 下面有关计算机病毒的叙述中，（　　）是不正确的。

A. 计算机病毒也是程序

B. 将磁盘格式化可以清除病毒

C. 最好的杀毒软件可以防治任何病毒

D. 现在的计算机经常是带病毒运行的

8. 系统更新的原因正确的是（　　）。

A. 系统更新是系统发展的自然规律　　B. 不更新系统就会老化

C. 用户要使用新的系统功能　　D. 系统存在漏洞

9. 计算机病毒是计算机系统中一类隐藏在（　　）上蓄意进行破坏的程序。

A. 内存　　B. 文件　　C. 传输介质　　D. 网络

10. 保障信息安全最基本、最核心的技术措施是（　　）。

A. 信息确认技术　　B. 信息加密技术　　C. 网络控制技术　　D. 反病毒技术

11. 国际标准化组织（ISO）颁布的信息技术安全评价“通用准则”的英文缩写是（　　）。

A. ITSEC　　B. CC　　C. TCSEC　　D. ISO

12. 系统还原后不能实现的操作是（　　）。

A. 系统恢复到还原点之前的状态　　B. 还原点之后安装的软件被删除

C. 还原点之后的系统注册表还保留　　D. 恢复系统注册表到还原点前的状态

13. 中国颁布的“计算机信息系统安全保护等级划分准则”的缩写是（　　）。

A. ITSEC　　B. CC　　C. TCSEC　　D. GB17895—1999

14. （　　）属于主动攻击行为。

A. 流量分析　　B. 身份假冒　　C. 数据窃听　　D. 非法访问

15. 计算机信息系统的安全准则是指构成信息系统的 3 大要素的安全，即信息基础设施安全、（　　）和信息管理安全。

A. 社会安全　B. 游客安全　C. 学生安全　D. 信息资源安全

16. 下列（　　）是用于身份认证的方法。

A. RSA 算法　B. 比较诊断法　C. 口令机制　D. 包过滤

17. 计算机信息系统的安全是指保证对所处理数据的保密性、（　　）和可用性。

A. 可理解性　B. 完整性　C. 可关联性　D. 安全性

18. 防止信息泄露的有效技术之一是加密技术，它的核心技术是（　　）。

A. 密码学　B. 物理学　C. 化学　D. 生物学

19. 计算机病毒活动时，经常有（　　）现象出现。

A. 速度变快　B. 速度变慢　C. 数据完好　D. 没有影响

20. 对计算机软件正确的认识应该是（　　）。

A. 计算机软件受法律保护是多余的

B. 正版软件太贵，软件能复制不必购买

C. 受法律保护的软件不能随便复制

D. 正版软件只要能解密就能用

21. 计算机安全不包括（　　）。

A. 实体安全　B. 用户人身安全　C. 系统安全　D. 信息安全

22. （　　）是计算机感染病毒的途径。

A. 软盘已发霉　B. 从键盘输入命令　C. 运行外来程序　D. 操作系统传输数据

23. 网络系统的安全风险不包括（　　）安全。

A. 网络信息传输的　B. 网络系统投资的

C. 网络系统平台的　D. 网络设施的

24. 国际标准化组织（ISO）对计算机安全的定义为：指为数据处理系统建立和采取的技术和管理的安全保护，保护计算机（　　）、软件和数据不因偶然和恶意的原因而遭到破坏、更改和泄密。

A. 使用　B. 上网　C. 聊天　D. 硬件

25. 下列攻击中，（　　）属于主动攻击。

A. 无线截获　B. 搭线监听　C. 拒绝服务　D. 流量分析

26. 消除病毒可采用（　　）和自动消除两种方法。

A. 人工消除　B. 机械消除　C. 安全消除　D. 药物消除

27. 网络信息系统的不安全因素主要来自 3 个方面，它们是（　　）、对安全的攻击和有害程序的威胁。

A. 自然灾害威胁　B. 网络的脆弱性　C. 数据保密　D. 散布谣言

28. 防火墙技术从原理上可以分为：（　　）、代理服务器技术和状态监视技术。

A. 包过滤技术　B. DES 算法　C. 插入式加密法　D. Vigenère 加密法

29. 计算机病毒发作时，经常有（　　）现象出现。

A. 速度变快　B. 数据完好　C. 异常　D. 没有影响

30. 发现计算机病毒后，比较彻底的清除方法是（　　）。

A. 装入系统软件　B. 用杀毒软件处理　C. 删除磁盘文件　D. 格式化磁盘

31. 计算机病毒按其传播方式可分为（　　）。

A. 文件型、系统引导型和复合型　　B. 良性和恶性
C. 文件型、复合型和恶性　　D. 良性、恶性和引导型

32. 计算机之间病毒传染的主要媒介之一是（　　）。
A. 硬盘　　B. U 盘　　C. 键盘　　D. 电磁波

33. 关于计算机病毒的传播途径，不正确的说法是（　　）。
A. 通过软件的复制　　B. 通过共用 U 盘　　C. 通过计算机网络　　D. 与有毒盘共同存放

34. 网络用户行为规范包括（　　）、行为守则和注意事项等。
A. 问好　　B. 网络礼仪　　C. 鞠躬　　D. 行礼

35. 计算机系统安全主要包括（　　）、软件安全、数据安全和运行安全等内容。
A. 人员安全　　B. 学生安全　　C. 实体安全　　D. 社会安全

36. 访问控制技术和措施中不包括（　　）。
A. 信息的在线访问限制　　B. 对系统的物理接触限制
C. 严格按安全、保密制度制度管理　　D. 对系统管理员的人身控制

37. 信息安全有两层含义：数据（信息）的安全和（　　）的安全。
A. 图像　　B. 文字　　C. 信息系统　　D. 字符

38. 我国《计算机信息安全保护等级划分准则》将信息安全分为安全标记保护、结构化保护、访问验证保护、自主保护和（　　）。
A. 系统审计　　B. 网络　　C. 自由访问　　D. 不加密

39. 在进行病毒诊断时，使用分析诊断法的是（　　），而不是普通用户。
A. 反病毒技术人员　　B. 普通用户　　C. 所有人员　　D. 大学生

40. （　　）与数据加密技术有关。
A. 密钥　　B. 保密　　C. 算法　　D. 解密

二、判断题

1. 计算机病毒的危害主要有破坏计算机系统中的数据、程序等，使磁盘上的数据被改写甚至全部被毁坏。（　　）
2. 信息安全、计算机安全和网络安全之间没有关系。（　　）
3. 计算机软件受著作权保护。（　　）
4. “拒绝服务”是指系统关闭了服务通道，服务功能终止。（　　）
5. 利用口令来确认用户的身份，是当前最常用的认证手段。（　　）
6. 对软件而言，知识产权保护的是代码，而不是功能和思想。（　　）
7. 知识产权的作用是有地域性的，表现为知识产权在任何国家和地域都受法律保护。（　　）
8. 即使是“死”的计算机病毒也是有害的。（　　）
9. 购买正版杀毒软件就能防杀所有病毒。（　　）
10. 口令、密码长度与破译它们的难度是成正比的。（　　）
11. 思想重视、安全防范措施得当、规章制度落实是保障安全的重要部分。（　　）
12. 计算机“黑客”的恶意攻击，普通网络用户是防范不了的。（　　）
13. 有了防火墙就不怕任何攻击了。（　　）
14. 单纯利用口令机制是无法保障系统安全的。（　　）

15. 美国的计算机安全标准（TCSEC）高于国际标准化组织的信息安全标准 CC。（　　）

16. 防火墙可以防止病毒通过网络传播。（　　）

17. 保障信息安全最基本、最核心的技术措施是网络控制技术。（　　）

18. 使用正版软件是预防攻击的一种自我保护手段。（　　）

19. 计算机网络安全中的"防火墙"指隔离本地网络与外界网络之间的一道防御系统，通过它可以隔离风险区域与安全区域的连接，同时不会妨碍安全区域对风险区域的访问。（　　）

20. 综合运用各种安全措施，使用先进健壮的信息安全技术，是一个性能良好的防火墙系统应具有的功能。（　　）

21. 程序运行过程中死机的次数增多，而且是莫名其妙地死机。系统可能感染病毒。（　　）

22. 计算机、服务器要设置用户账户、口令，口令密码字符数目不要太少，并时常更换口令密码。（　　）

23. 被动攻击是指在未经用户同意和认可的情况下将信息泄露给系统攻击者，但不对数据信息做任何修改。（　　）

24. 防火墙可以由代理服务器实现。（　　）

25. 系统自动更新后，被更新的内容还能再恢复。（　　）

8.6 习题答案

一、选择题

1. D	2. D	3. C	4. D	5. B
6. C	7. C	8. D	9. A	10. B
11. B	12. C	13. D	14. B	15. D
16. C	17. B	18. A	19. B	20. C
21. B	22. C	23. B	24. D	25. C
26. A	27. B	28. A	29. C	30. D
31. A	32. B	33. D	34. B	35. C
36. D	37. C	38. A	39. A	40. B

二、判断题

1. √	2. ×	3. √	4. ×	5. √
6. √	7. ×	8. ×	9. ×	10. √
11. √	12. √	13. ×	14. √	15. ×
16. ×	17. ×	18. √	19. √	20. √
21. √	22. √	23. √	24. √	25. ×

第9章　计算机多媒体技术

本章要点：

- 多媒体技术基本知识
- 多媒体基本应用工具的使用
- 多媒体信息处理工具的使用

9.1　计算机多媒体技术的基本知识

考试内容：

- 多媒体技术的基本知识、多媒体计算机基本组成、应用和特点
- 多媒体基本应用工具、常用数字设备的分类与用途

教学内容：

- 解多媒体信息数字化的过程、数据格式及类型
- 了解多媒体信息的特点
- 了解多媒体计算机系统的基本构成和多媒体设备的种类

知识点（9个）：

- 多媒体、多媒体技术、多媒体特性
- 多媒体计算机的组成
- 多媒体技术在网络教育中的作用、对远程教育的影响
- 多媒体设备、多媒体设备接口

9.1.1　多媒体技术概述

1. 媒体和多媒体

“媒体”一词来自拉丁文“medius”，有中介的意思，常用复数形式“media”。媒体是信息交流和传播的载体，也被称为媒介或媒质。显然，媒体包括两层含义：一是传递信息的载体，即媒介，也称为逻辑载体，如文字、符号、图形、编码等；二是存储信息的实体，即媒质，如纸、磁盘、光盘、磁带、半导体存储器等。人与人进行交流就离不开“媒体”。例如，人们用语音进行交流时，由于声带振动产生的声波是“媒体”，其中包含了人们需要表达的信息。而传播声波的空气是“媒介”，负责将“媒体”送达目的地。

多媒体一词源自“Multimedia”，英文原意为“多重媒体”。它是由词根“Multi”（多重、复合）和“media”复合形成的一个新词，被称为“多媒体”。

多媒体通常是指信息表示媒体的多样化。除了数字、文字、声音、图像、图形、视频等多种形式外，可以承载信息的程序、过程或活动等也是媒体。因此，计算机、电视或其他信息手段，都是多媒体工具。多媒体赋予传统计算机技术更高层面上新的含义。

随着多媒体技术在远程教育及娱乐领域中的广泛应用，“流媒体”的概念越来越受到人们的瞩目。所谓流媒体是指采用流式传输方式在 Internet 上播放的媒体格式，它是一种新的媒体传送方式，而不是一种新的媒体。流媒体这种传送方式是将视频、音频和相关媒体数据流从数据源（发送端）同时向目的地（接收端）以连续的、实时的方式传送。显然，实时性和对时间的高度敏感性是流媒体的重要特性，因此，流媒体的应用对网络协议、硬件环境、网络带宽和压缩算法等均有很高的要求。流媒体技术广泛用于多媒体新闻发布、在线直播、视频点播、远程教育等互联网信息服务领域。

2. 多媒体技术

在计算机领域中，多媒体是利用计算机对多种媒体信息进行处理，并实现交互作用的技术，这种技术被称为“多媒体技术”。

多媒体技术是利用计算机对文字、图像、图形、动画、音频、视频等多种信息进行综合处理、建立逻辑关系，以及实现人机交互的综合信息处理技术。多媒体技术的问世和发展，使得计算机具有类似人类的听说能力和视觉能力，提供了声音、文字、图形、图像等模拟智能的接口，极大地提高了计算机的应用能力，并将计算机的应用拓展到更广阔的领域。

多媒体技术涉及许多成熟的传统学科，如声音处理技术、视频处理技术、图像处理技术，以及三维动画技术等，是集计算机技术、通信技术、音频技术、视频技术、图像压缩技术、文字处理技术等于一体的一门跨学科的综合性技术。多媒体技术能提供多种文字信息（文字、数字、数据库等）和多种图像信息（图形、图像、视频、动画等）的输入、输出、传输、存储和处理，使表现的信息图、文、声、像并茂，更加直观和自然。

多媒体技术是一种迅速发展的综合电子信息技术，给传统的计算机系统带来了巨大的变革。多媒体技术是现代计算机应用的时代特征。

3. 多媒体类型

由于人们在感知、抽象、表现等方面存在不同，同时存储或传输的载体也不同，所以媒体的概念范围相当广泛。根据国际电信联盟（ITU）下属的国际电报电话咨询委员会（CCITT）的定义，媒体可分为下列 5 大类。

1）感觉媒体。感觉媒体是指能直接作用于人的感觉器官，使人能直接产生感觉的一类媒体。例如，各种语言、文字、音乐，自然界的各种声音，静止的或活动的图像、图形和动画，计算机系统中的文件、数据等信息。

2）表示媒体。表示媒体是为了加工、处理和传输感觉媒体而人为进行研究、构造出来的一类媒体。表示媒体用来说明信息的类型、定义信息的特征，一般以编码的形式描述。例如，ASCII 编码、汉字编码、图像编码、声音编码等。

3）显示媒体。显示媒体是指获取和显示信息的设备，用于表达信息。显示媒体又分输入显示媒体和输出显示媒体。输入显示媒体，如键盘、鼠标器、光笔、数字化仪、扫描仪、麦克风、摄像机等；输出显示媒体，如显示器、扬声器、打印机、音箱、投影仪等。

4）存储媒体。存储媒体又称存储介质，指的是存储数据的物理设备。这类存储媒体有硬盘、软盘、CD-ROM、U 盘、磁带、半导体芯片等。

5）传输媒体。传输媒体是指传输数据的物理设备。这类媒体包括各种导线、电缆、光缆、电磁波等。

媒体依据信息的载体不同又有不同的分类：

- 按载体的种类不同，媒体可分为报纸、信件、电话、计算机、网络等。
- 按照不同应用方式，媒体可分为印刷媒体、幻灯、电影媒体、广播电视媒体、计算机媒体、计算机多媒体、网络媒体等。
- 按照媒体产生的时间和历史划分，媒体又可分为新媒体和旧媒体（或传统媒体）。
- 按人们对载体的心理承认度，媒体又可分为时尚媒体和传统媒体。
- 按载体的传播范围，媒体又可分为个人媒体和大众媒体。

4. 多媒体技术的特点

多媒体技术的发展及应用拓宽了计算机应用的领域，使人们的工作、学习、生活更加丰富多彩、高效和便利，其实这是多媒体本身的特性所决定的。

1）集成性。多媒体的集成性是信息处理技术的一场革命。它整合了两个一体化技术于多媒体技术：一个是媒体种类的一体化；另一个是多媒体设备的一体化。媒体种类一体化使得包括文字、声音、图像、视频等各种媒体集成为一个整体，它们不再是分离、独立的元素，可以按照应用需要同步进行组合，构成一个完整的多媒体信息系统，同时支持交互操作、实时控制等功能。多媒体设备一体化使得处理多媒体的各种设备集成为能够实现统一调度和管理的系统平台，包括高速并行的 CPU 系统、海量信息的存储系统、多通道的输入/输出系统、大带宽多媒体通信网络接口等。

多媒体的集成性就像人的感官系统一样，从眼、耳、脸、手势等多种渠道接收信息，送入大脑，然后通过综合分析、判断，获得全面准确的信息。显然，多媒体的集成性对计算机系统的整体性能提出了更高的要求，也因此把能够处理多媒体的计算机称为“多媒体计算机（MPC）”。

2）交互性。交互性是指人、机之间可以进行交流、对话的特性，即通过提供更加有效的控制和使用信息的手段，达到使人充分享受主动获取多媒体信息服务的目的。交互性包括人与机器之间、人与人之间，以及机器与机器之间的对话和通信。交互性是多媒体技术的关键特性，它使得人们可以有选择地接收多媒体信息服务。例如，远程教育中的虚拟教学平台，学生可以跳跃式地选择课程、选择学习内容、章节及进度。而在早期的电视大学教育节目中就不具备交互性，即学生没有主动选择的权利和可能。

多媒体的交互性表现在人们可以使用键盘、鼠标、触摸屏、声音、操纵杆、数据手套和传感器等设备，通过计算机程序来控制多媒体的播放。多媒体的交互性使得人与多媒体之间形成了一种互动关系，人是主动者，而多媒体是被动者，从而使得人可以充分享受多媒体信息的服务。

3）多样性。多样性是指信息媒体表现的多样化，不再局限于数据、文本，而是广泛采用图形、图像、视频、音频等信息形式来表达思想。使人类的情感表达不再局限于线性的、单调的、狭小的范围内，而有了更充分、更自由的空间，即把计算机变得更人性化。信息系统不再只是处理静态的文字、图像等信息，还可以处理语音、动画、视频等动态媒体。媒体的多样性极大地丰富了信息的表现力、增强了表现效果。

4）数字化。数字化是指计算机中处理的各种媒体都是以数字形式存在的，不仅数值、文字用数字化形式表示，就连语音、图像、动画、视频等信息也用数字化的形式表示。

5）实时性。多媒体具有实时性，即多媒体的表现要满足随时间变化的需要，图像和声音都必须是连续的。例如，在远程教育的虚拟课堂上播放视频课件，学生不仅可以看见老师讲课的影像，还能听到老师讲课的声音，而且影像和声音必须是同步变化的。

另外，多媒体还具有数据量大和要求传输速度高的特点。

5. 多媒体技术的发展

1984 年，美国 Apple（苹果）公司开创了用计算机进行图像处理的先河，在世界上首次使用 Bitmap（位图）概念对图像进行描述，实现了对图像的简单处理、存储，以及相互之间的传送等。当时，其装有 Macintosh 操作系统的 Apple 计算机率先实现了图形用户界面，并首次提出了窗口（Windows）、图标（Icon）的概念，以及图形化人机接口的标准。

1985 年，美国 Commodore 公司将世界上首台多媒体计算机系统 Amiga 公布与众。1985 年，激光只读存储器 CD-ROM 问世，为大容量多媒体数据的存储和处理提供了条件，也促进了多媒体技术的发展。在这一时期，CDDA（Compact Disk Digital Audio）技术趋于成熟，具备了处理和播放高质量数字音响的能力。

1986 年 3 月，荷兰 PHILIPS（菲利普）公司和日本 SONY（索尼）公司共同制定并发布了 CD-I（Compact Disc Interactive）交互式光盘系统（允许一片直径 5 in（1 in = 0.0254 m）的激光盘存储 650 MB 的数字信息）标准，促进了多媒体信息存储的规范化和标准化。

1990 年 11 月，美国 Microsoft（微软）公司和包括 PHILIPS 公司在内的一些计算机技术公司成立了“多媒体个人计算机市场协会”，负责计算机多媒体技术的规范化管理和多媒体计算机标准的制定。1991 年制定出 MPC1 标准，1993 年 5 月公布 MPC2 标准，1995 年 6 月又推出了多媒体计算机 MPC3 标准。

目前，多媒体技术的发展逐渐把计算机技术、通信技术和大众传播技术融合在一起，建立更广泛意义上的多媒体平台。

6. 多媒体的关键技术

多媒体技术具有美好的应用前景，但是在开发多媒体应用系统中，要达到普及、实用、方便、个性化的要求，还有许多关键性技术问题有待进一步研究和完善。行业内公认的有待解决的关键性技术包括以下几个方面。

（1）数据压缩/解压缩技术

由于多媒体信息具有数据量大的特点，所以处理多媒体信息要达到实用化程度，必须首先解决多媒体数据的压缩和解压缩问题。例如，一秒钟未经压缩的视频图像数据量约占 27 MB 存储空间，一分钟立体声音乐需要 100 MB 存储空间。所以，如何有效地保存和处理如此大量的数据一直是人们重点研究的课题。为了快速传输数据、提高运算处理速度和节省存储空间，数据压缩成了关键技术之一。数据压缩理论的研究和实践已有 50 多年的历史，并已取得了一系列重大研究成果，如早期的脉冲调制编码（PCM）技术，如今被广泛采用的静态图像压缩标准（JPEG）和运动图像压缩标准（MPEG）等。运用这些压缩技术可以使视频数据量的压缩率达到 1/100。目前，一些相对成熟的压缩算法和压缩手段已经被标准化和模块化，或者制作成计算机软件或大规模集成电路，被嵌入到多媒体应用系统中。

（2）多媒体专用芯片技术

由于多媒体信息具有数据类型复杂、数据量大、实时性要求高等特性，因此研发专门处理多媒体数据的专用芯片成为解决实时处理多媒体数据的关键性技术之一。例如，早期研制出的固定功能专用芯片（将图像处理程序固化在芯片中），后来的支持 MPEG 国际标准压缩编码的专用芯片，以及支持多种国际压缩编码标准的多功能视频压缩芯片等。采用多媒体专用芯片的计算机系统，在处理多媒体信息时明显具有比普通处理器更高的效率。

（3）大容量信息存储技术

多媒体信息虽经过压缩处理，但仍然具有相当大的数据量。传统的大容量外存是硬盘，但是硬盘的盘片是不可交换的，因此不能满足多媒体信息和软件发行的需要。大容量只读光盘存储器（CD-ROM）的出现，解决了多媒体信息存储空间及交换问题。CD-ROM 具有存储量大、密度高、介质可交换、数据保存寿命长、价格低廉，以及应用多样化等特点，但缺点是读取速度慢。如何在继续扩充 CD-ROM 盘片容量的基础上提高读取速度，如何解决光盘的可读写等，仍然是大容量信息存储技术有待解决的问题。

（4）多媒体输入/输出技术

多媒体输入/输出技术包括多媒体信息的变换、识别、理解，以及综合处理技术。多媒体变换技术只改变媒体的表现形式。例如，显卡、声卡等就属于媒体变换设备。多媒体识别技术是对多媒体信息进行一对一的映像过程。例如，触摸屏是根据触摸屏上的位置识别其操作要求。多媒体理解技术是对信息进行更进一步的分析处理，理解多媒体信息中包含的内容。例如，自然语言理解、图像识别等技术。多媒体综合处理技术是把低维信息表示映像成高维的模式空间的过程。例如，语音识别和语音合成技术是实现人机语言通信及建立一个有听和说的语言系统所必需的两项关键技术，使计算机具有类似于人一样说话和听懂人说话的能力。

（5）多媒体软件技术

在软件技术领域，多媒体技术的应用还面临各方面的挑战，包括多媒体操作系统、多媒体创作工具、多媒体素材采集、编辑与创作技术、多媒体应用程序开发技术、多媒体数据库管理技术等。

（6）多媒体通信技术

由于多媒体数据结构类型复杂、实时性要求较高，对通信技术的要求也高于传统信息通信。例如，语音和视频有较强的实时性要求，不允许出现中断和延迟。为了在同一个通道上同时传输语音、图像、文件等信号，必须解决复杂的多路混合传输问题。在信息点播服务中，要求信息的传输要采用双向通路，以解决交互性操作问题等。

（7）虚拟现实技术

多媒体技术的一个重要应用领域就是模拟仿真现实世界。虚拟现实技术就是以沉浸性、交互性和构想性为基本特征的计算机高级人机界面。它综合利用了计算机图形学、仿真技术、多媒体技术、人工智能技术、计算机网络技术、并行处理技术和多传感器技术，模拟人的视觉、听觉、触觉等感觉器官功能，使人能够沉浸在计算机生成的虚拟境界中，并能够通过语言、手势等自然的方式与之进行实时交互，创建了一种适人化的多维信息空间。使用者不仅能够通过虚拟现实系统感受到在客观物理世界中所经历的“身临其境”的逼真性，而且能够突破空间、时间以及其他客观限制，感受到真实世界中无法亲身经历的体验。例如，模拟飞机驾驶训练、分子结构世界、宇宙游戏等。

9.1.2 多媒体计算机系统的组成

多媒体计算机是指能综合处理多媒体信息，使多种信息建立联系，并具有交互性的计算机系统，也被称为 MPC（Multimedia PC）。多媒体计算机系统一般由多媒体计算机硬件系统和多媒体计算机软件系统组成。

1. 多媒体计算机硬件系统

多媒体计算机硬件系统主要包括以下几个部分，如图 9-1 所示。

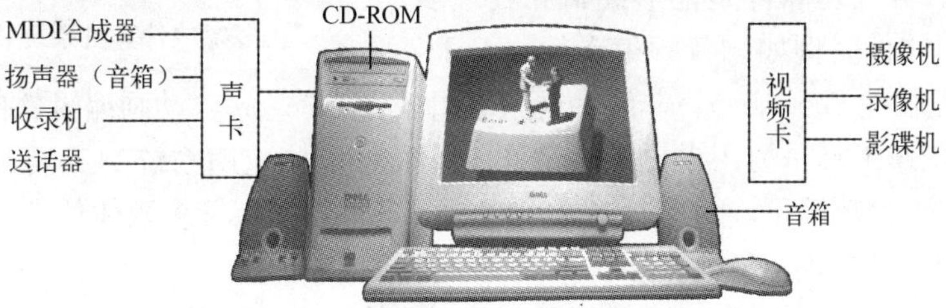

图 9-1 多媒体计算机硬件结构示意图

1）多媒体主机，如微型机、工作站、超级微机等。

2）多媒体输入设备，如送话器、录音机、扫描仪、摄像机、光驱等。

3）多媒体输出设备，如打印机、绘图仪、音响、电视机、录音机、录像机、高分辨率监视器等。

4）多媒体存储设备，如硬盘、移动硬盘、光盘、U 盘、声像磁带等。

5）多媒体适配器，如显卡、声卡、压缩卡、家电控制卡、调制解调器等。

6）操纵控制设备，如鼠标、操纵杆、键盘、触摸屏等。

表 9-1 列表显示了 MPC3 标准配置的多媒体计算机硬件系统的主要技术参数。

表 9-1 MPC3 标准配置多媒体计算机硬件系统主要技术参数

功能部件名称	技术参数及名数
微处理器	Pentium 75 MHz CPU 或更好的微处理器
内存（RAM）	8 MB 或更大的
外存（硬盘）	540 MB 或以上
接口	串行接口、并行接口、游戏棒接口
显卡（图形功能）	VGA 模式，分辨率 640×480，64 K 色
声卡	16 位采样，11.025、22.05 kHz 和 44.1 kHz 输出
MIDI	MIDI 合成、混音接口
激光驱动器	4 倍速 CD-ROM，数据传输速率 600 KB/s
视频卡（视频播放）	NTSC 制：30 帧/s，分辨率 352×240，PAL 制：24 帧/s，分辨率 352×288，数据格式：MPEG-1 压缩格式

2. 多媒体计算机软件系统

多媒体计算机的软件系统是以操作系统为基础的。除此之外，还有多媒体数据库管理系统、多媒体压缩/解压缩软件、多媒体声像同步软件、多媒体通信软件等。多媒体计算机软件系统的结构如图 9-2 所示。

1）多媒体操作系统是软件系统的核心，它除了具有普通操作系统具有的功能外，还必须具有实时任务调度、多媒体数据转换、多媒体硬件驱动软件的控制管理、同步控制多媒体设备，以及图形用户界面等功能。Windows XP 就是计算机上流行的一款多媒体操作系统软件。

图 9-2　多媒体计算机系统软件结构示意图

2）多媒体数据处理软件是能够编辑和处理多媒体信息的应用软件。例如，音频编辑软件 GoldWave，图像处理软件 Photoshop，非线性视频编辑软件 Premiere，动画编辑软件 Flash 等。

3）多媒体创作工具是为用户提供的制作、开发多媒体应用系统的工具。这些开发工具都具有在同一个平台环境下，对包括音频、视频、图像、文字等多媒体信息进行整合、编辑操作的功能。例如，Authorware、Director、Powerpoint 等。

4）多媒体应用软件即开发出来的用于各种用途的多媒体软件作品。

9.1.3　多媒体技术的应用

由于多媒体技术具有直观、信息量大、易接受和传播迅速等显著特点，随着计算机技术和网络技术的发展，多媒体技术的应用领域已拓展到了各行各业，以及人们的日常工作、学习和生活中。

多媒体技术在教育领域中的应用，引发了教育领域中的一场革命。这场革命改变了传统的教学模式，使得大众化教育、终身教育变为现实；使得学生可以不受时间和空间、年龄和职业的限制自主把握学习进度、学习方式，进行学习；学生不进校园、不进教室、不见教师就能完成学业。而这一切，得益于多媒体技术应用于教育领域。

1. 多媒体技术在教育和培训中的应用

教育领域是应用多媒体技术最早、也是进展最快的领域。由于多媒体技术能以图、文、声、像等方式将教学内容整合成立体化教材，从多角度、多侧面、多媒体、多方式地向学生展示教学内容，以最自然、最容易接受的多媒体形式使人们接受教育，不但扩展了信息量、提高了知识的趣味性，还增加了学习的主动性和对理论知识理解的准确性。

（1）教育

在教育中应用多媒体技术是提高教学质量和普及教育的有效途径。它不仅可以使教育的表现形式多样化，还具有传统的课堂教学方法不具备的其他优点。

利用多媒体（文本、图形、视频、音频及其交互性）的特点，可以编制出计算机辅助教学课件。课件具有生动形象、人机交流、即时反馈等特点，能根据学生的水平采取不同的教学方案，根据反馈信息为学生提供及时的教学指导，能创造出生动逼真的教学环境，提高学习效果。教师根据教学需要可以随时修改教学课件，不断补充新的教学内容。由于多媒体课件具有人—机对话的交互功能，使得师生之间的关系发生了根本性的变化，由“以教师为主”转变为“以学生主动学习为主”。学生可以自主控制、调整自己的学习进度和学习内容，通过自己的思考进行学习，能取得良好的学习效果。

另一方面，传统的教育是基于施教者和受教者必须面对面地进行教学。教学质量和效果与施教者的教学水平和受教者所能够得到的教学资源有很大的关系。而在基于现代教育技术的教学模式下，借助多媒体技术设计、构建虚拟的多媒体教室，也可以实现传统教学模式的各个教学环节。而且，在虚拟的多媒体教室中，学生会得到优秀教学资源的服务，包括优秀教师的授课、满足各种课程实验的实验环境和实验设备、认真负责的作业批改和测试练习、有问必答的答疑解惑，以及同学之间、师生之间的交流和讨论等。有人把基于现代教育技术的教学模式称为“数字化教学”模式，而数字化教学模式能够充分利用多媒体技术的特点开展个性化教学，满足因材施教的需要。任何学生只要能上网，就可以不受时间、空间、年龄、在职等客观因素的限制，满足求知解惑的学习需要。

（2）培训

将多媒体技术运用于培训，如用于军事、体育、医学、驾驶等专业培训中，不仅可以使受训者在生动直观、逼真的场景中完成训练过程，而且能够设置各种复杂环境，提高受训人员对困难和突发事件的应付能力，并能自动评测学员的学习成绩。特别是对于那些高成本、高风险、高难度的培训项目，如飞机驾驶、危险化学品实验等，人们越来越青睐于在虚拟仿真的模拟环境中进行，能够收到异曲同工的培训效果。

（3）多媒体的电子化教材

集图、文、声、像于一体的立体化教材将会与传统教材并驾齐驱，出版界已就这一点达成共识。如今出版社电子化教材以数字代码方式将软件、图像、文本、声音、视频等信息存储在磁、光、电介质上，通过计算机或者相应设备来阅读和观看。电子化教材的形态包括软盘、光盘、集成电路卡等。随着多媒体技术的普及，各类电子化教材中的多媒体技术含量也越来越多。比如，通过在触摸屏上设置动作按钮，可以实现课程视频的重播、快进、快退、定位在下一章节、启动教材中嵌入的场景动画等。电子化教材会以图、文、声、像并茂的效果给学习者在学习的同时带来听觉、视觉上的刺激，从而加深对学习内容的理解和记忆。

（4）在“6C”中的应用

有人形象地总结出多媒体技术在教育领域中的应用可以用6个“C”来概括，即计算机辅助教学（Computer Assisted Instruction，CAI）、计算机辅助学习（Computer Assisted Learning，CAL）、计算机化教学（Computer Based Instruction，CBI）、计算机化学习（Computer Based Learning，CBL）、计算机辅助训练（Computer Assisted Training，CAT）和计算机管理教学（Computer Managed Instruction，CMI）。

1）计算机辅助教学。计算机辅助教学是现代教育技术和计算机应用技术相结合的产物，其核心内容是指以计算机多媒体技术为教学媒介而进行的教学活动。

2）计算机辅助学习。计算机辅助学习着重体现在学习信息的供求关系方面，它突出教学的中心是学生的学习，以及计算机对帮助学生学习的作用。计算机辅助学习向受教育者提供有关学习的帮助信息。例如，检索与某个科学领域相关的教学内容，查阅自然科学、社会科学，以及其他领域中的信息，征求疑难问题的解决办法，寻求各个学科之间的关系和探讨共同关心的问题等。

3）计算机化教学。计算机化教学是近年来发展起来的，它代表了多媒体技术应用的更高境界；计算机化教学将使计算机教学手段从“辅助”位置走到前台来，成为主角。计算机化教学必将成为教育方式的主流和方向。

4）计算机化学习。计算机化学习是充分利用多媒体技术提供的学习机会和学习手段的技术。在计算机技术的支持下，受教育者可在计算机上自主学习多学科、多领域的知识。实施计算机化学习的关键是在全新的教育理念指导下，充分发挥计算机技术的作用，以多媒体的形式展现学习的内容和相关信息。

5）计算机辅助训练。计算机辅助训练是一种教学的辅助手段，它通过计算机提供多种训练科目和练习，使受教育者加速消化所学知识，充分理解、掌握重点和难点。

6）计算机管理教学。计算机管理教学主要是利用计算机技术解决多方位、多层次教学管理的问题。教学管理的计算机化，可大幅度提高工作效率，使管理更趋科学化、严格化，对管理水平的提高起着重要的作用。

2. 多媒体技术对远程教育的影响

现代远程教育（网络教育）是伴随现代信息技术的发展而产生的一种新型教育方式，它是以现代远程教育手段为主，集多种媒体优化、有机组合的教育方式，是构筑21世纪终身学习体系的主要手段。

目前，工业发达国家在现代远程教育方面处于领导地位。1996年，前美国克林顿政府在“教育技术规划”中提出“到2000年，全美国的每间教室和每个图书馆都将联上信息高速公路，让每个孩子们都能在21世纪的技术文化中受到教育”。为此，美国教育联合会建立了“21世纪教师”网络服务，其目的是“鼓励、组织和支持使用新技术对学生进行革新教育的教师。21世纪的教师上课再也离不开计算机。

现代远程教育不同于传统教育的本质区别在于这是一种基于网络的数字化教学模式，或者称为网络数字化教学平台。

所谓“数字化教学模式”就是通过计算机网络环境和数字化技术在网上实现传统教学模式中的各个教学环节，包括数字化教学、数字化课件、数字化作业、数字化答疑和数字化考试等。

（1）数字化教学

远程教育的最大特点是无法面授，即师生不见面。唯有开展数字化教学能满足远程教育的特殊需求。教师和学生都是借助网络数字化平台进行教和学。通过数字化技术将课堂“搬”到网上的数字化教室中，将教师的授课转换为数字化课件发布在数字化教室中，学生自主登录数字化教室就可以“听课”学习。总之学习的过程是通过数字化教学方式实现的。

（2）数字化课件

在传统教学过程中，教师将教学要点、内容、举例都书写在黑板上，费力、费工，擦之即失。在数字化教学中，教师将教学要点、内容、举例等事先制作成数字化课件。在数字化课件中通过文、图、声、像的多媒体将抽象的理论知识诠释成通俗易懂的表现形式，提供逼真的表现效果，使授课的内容更具生动性和真实性。数字化课件的特点之一就是易于在计算机网络环境中的传播、复制和浏览。学生可以根据自己的需要有选择地主动去学习。因此，数字化课件适用于因材施教和个别化教育。

（3）数字化作业

在远程教育的教学环节中，传统的纸质作业本显然是行不通的。学生的作业必须数字化。教师在数字化教学平台中开辟一个“作业区”用以发布作业、批改作业，以及公布作业完成情况；学生通过自己的学习平台（用浏览器登录）进行登录，下载、提交数字化作业并查看自己的作业成绩。

(4) 数字化答疑

在数字化教学模式中，数字化答疑几乎是唯一切实可行的答疑方式。在数字化教室中，开设专门的“答疑室”并向学生全天候开放。学生可以随时登录答疑室提交自己的问题，而教师可以根据自己的时间灵活机动地“安排”答疑。数字化答疑使得答疑这种传统的教学环节不再受时间、地点、表达方式、语言描述、表达能力的限制。特别是一些内向、不善言辞的学生，可以通过数字化答疑方式解决自己的问题。图 9-3 和图 9-4 显示的是西安交通大学网络教育学院数字化教学平台的答疑讨论区和答疑记录。

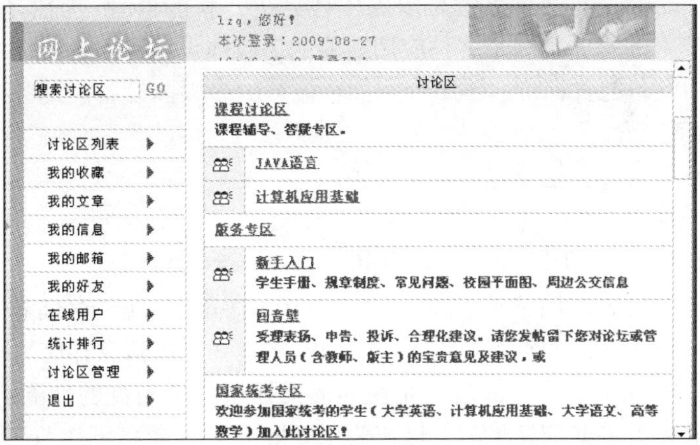

图 9-3　讨论答疑室示意图

图 9-4　讨论答疑记录

(5) 数字化测试

计算机基础课是实践性很强的课程，要求学生要掌握“应知”的理论知识和“应会”的操作技能。为培养学生实际动手能力，引导学生真正掌握计算机基础知识和基本操作技能，避免“高分低能”。“死记硬背”不再是灵丹妙药。数字化教室全天候对学生开放“数字化测试”环境。学生可以随时登录数字化测试区，选择不同程度的测试，检验自己的学习效果。

（6）数字化考试

远程教育的计算机应用基础课程考试和国家统考都是数字化考试，也叫“机试”。考试在计算机上进行，学生必须转变传统考试的应试思想。数字化考试检验的是真才实学，光靠“死记硬背”是很难通过考试的。这也引导学生必须在计算机上学习计算机课程。

9.1.4 多媒体设备

满足 MPC3 标准配置的计算机就是多媒体计算机，就能处理一般的多媒体应用了。但是，随着多媒体技术的发展，满足各种应用需要的多媒体设备和设备接口层出不穷，已经远远超过了 MPC3 的设备配置标准。本节介绍如今流行的多媒体设备及设备接口。

1. 多媒体设备简介

多媒体设备种类繁多，主要包括以下几种。

（1）光盘驱动器

光盘驱动器包括 CD-ROM、M. O. 、CD-R、CD-RW 和 DVD 等。

CD-ROM 是只读光盘存储器的英文缩写。由于 CD-ROM 具有存储容量大、价格低廉、便于携带等优点，倍受人们的青睐。如今，CD-ROM 是多媒体信息存储的重要解决方案，现在的多媒体软件、资料、作品等都是以光盘的形式提供的。光盘的性能指标有倍速和容量等。倍数是指读取光盘数据的速度（1 倍速为 150 kbit/s），最高可达 56 倍速。光盘容量一般是 740 MB。

CD-ROM 的缺点是无法重新写入信息。而 M. O. 磁光盘存储器是解决可重写的理想设备。M. O. 磁光盘是采用光学和电磁学相结合的高效、大容量存储器，其特点是使用寿命长，读写次数无限制。M. O. 磁光盘存储器采用 SCSI 接口，有两种规格；一种是 3. 5 in（1 in = 0. 0254 m）可读写激光盘片，存储容量有 230 MB、540 MB 和 640 MB 这 3 种；另一种是 5. 25 in 可读写激光盘片，存储容量有 1. 3 GB、2. 6 GB 和 5. 2 GB 这 3 种。

CD-R 可写光盘驱动器，又称光盘刻录机。CD-R 的特点是“有限次写，多次读”。CD-R 有两个速度指标：刻录速度和读取速度。一般而言，读取速度大于刻录速度。一般的读取速度是 32 倍速。

CD-RW 可重写光盘驱动器，又称可擦写式光盘刻录机。CD-RW 的特点是可以反复读写。CD-RW 有 3 个速度：刻录速度、复写速度和读取速度。一般而言，复写速度要低于刻录速度，而刻录速度要低于读取速度。注意：在复写时，由于要对盘面进行烧结，因此速度不宜过快，以免导致烧结不完全而使复写失败。

DVD 数字视频光盘驱动器，也称多用途光盘。DVD 虽然是光盘家族中的后起之秀，但是却因其大容量、可重写等显著特点而被娱乐业公认为新一代标准的存储技术。其最大存储容量可达 4. 7 GB。

（2）音频设备

音频设备是音频输入/输出设备的总称，主要包括声卡、功率放大器设备、音箱、麦克风、多媒体控制台、耳机 MIDI 接口等。

声卡也称声音适配器，其作用是将声音在模拟信号与数字信号之间双向转换。声卡由声音处理芯片、功率放大器、总线连接端口、输入/输出端口、MIDI 和游戏杆接口，以及 CD

音频连接器等构成。声卡的主要功能是音频的录制与播放、编辑与音乐合成、文字语音转换、CD-ROM 接口、MIDI 接口等。声卡的种类目前主要有 3 种：8 位声卡、16 位声卡和 24 位声卡。声卡的性能指标主要是声道数（单声道和双声道），以及采用频率（一般采用 11.025 kHz、22.05 kHz 和 44.1 kHz，最高可达 96 kHz）。

声音的录制除了需要声卡的支持外，还需要送话器等设备。而声音的还原（播放）则需要声卡、音箱、功放机及耳机等设备。音频设备中还包括 MIDI 接口，可以用来播放电子合成音频文件。

（3）视频设备

视频设备是视频输入/输出设备的总称，主要包括视频采集卡、电视卡、视频监控卡、视频压缩卡、1394 接口等。

视频采集卡是主要的视频设备，它的核心是视频芯片，它与播放软件和显示设备一起可以完成视频信息的采集和显示播放。视频采集卡主要用于提供视频加速、播放、捕捉和数字化等功能。视频卡种类繁多，按功能分为 6 类：视频转换卡、视频采集卡、非线性编辑卡、视频压缩卡、视频合成卡和视频解压缩卡。对普通用户而言，在计算机中配置视频采集卡就可以处理一般视频信息了。而对于专业用户而言，根据工作的特殊需要，可选用非线性编辑卡、视频压缩卡，以及视频合成卡等，完成专业级视频编辑、加工、制作的功能操作。

（4）图形图像设备

图形图像设备是图形图像输入/输出设备的总称，主要包括笔输入设备、触摸屏、扫描仪、数码照相机、数码摄像机、投影仪等。

扫描仪是一种图形图像转换装置，属于输入设备。它通过捕获图像并将其转换成计算机可以显示、编辑、存储和输出的数字化格式。扫描仪可以将照片、文本页面、图纸、美术图画等作为扫描对象，并将扫描处理结果以指定的格式保存于文件中。

扫描仪的技术指标有分辨率、灰度级和颜色数等。分辨率表示图像细节的表现能力，通常用每英寸长度上所包含的像素点的个数来表示。目前大多数扫描仪的分辨率在 300 ~ 2400 dpi 之间。dpi 数值越大，扫描的分辨率越高，扫描图像的品质就越好。灰度级表示图像的亮度层次范围，级数越多扫描仪图像亮度范围越大、层次越丰富，目前多数扫描仪的灰度为 256 级。色彩数表示彩色扫描仪所能产生颜色的范围。通常用二进制位数表示每个像素点颜色的数目。例如，真彩色图像的每个像素点有 2^{24} 种颜色。

触摸屏是一种坐标定位装置，属于输入设备。它是多媒体应用系统中的一种输入手段，具有界面直观、操作简单等优点，可以极大地改善人机交互方式。触摸屏主要用于银行自动柜员机、旅游导航服务、交互式培训等方面。

投影仪是一种图形图像以及视频的投放装置，属于输出设备。由于投影仪具有体积小、便携、遥控、操作方便等优点，被广泛应用于课堂教学、小型会议、影视欣赏、专题报告会等场合。投影仪的主要技术指标是流明度和分辨率。流明是光通量的单位。光通量是描述单位时间内光源辐射产生视觉响应强弱的能力，也叫明亮度。投影仪表示光通量的单位是 ANSI 流明，ANSI 流明是美国国家标准化协会制定的测量投影仪光通量的标准。流明值越高表示越亮。目前投影仪的流明值在 2000 ~ 6000 lm 之间。

数码照相机和数码摄像机是照片、音频和视频输入的常用设备。通过 1394 接口可以把数码照相机和数码摄像机中的照片、录像等信息转储为数字化格式的文件。

2. 多媒体设备接口

目前通用的多媒体设备接口包括并行接口、USB 接口、SCSI 接口、VGA 接口和 1394 接口等。

并行接口是一种双向并行传输接口，一般用于连接打印机、扫描仪等设备。并行接口具有不需要其他卡、无连接数目限制、设备安装及使用容易等优点，最高传输速度为 1.5 Mbit/s。

USB 是通用串行总线接口的英文缩写，由于它具有支持热插拔（即插即用）、采用集线器方式连接多个外部设备、适合连接低速外部设备等特点，深受广大用户欢迎。目前普通的 PC 中一般都带有 2 ~ 4 个 USB 接口，而 MPC 中配带的 USB 接口可达 4 ~ 8 个。USB 有两个标准，早期的 USB 1.1 标准和目前流行的 USB 2.0 标准。目前计算机外部设备的制作商都以 USB 标准设计生产外部设备。对普通用户而言，无论配置何种外部设备，都可以通过 USB 接口方便地接入计算机。USB 接口可连接多个不同设备，并支持同步数据传输。通常用于连接数码照相机、摄像机、DVD 驱动器等设备。

IEEE 1394 接口是苹果公司开发的串行标准，也称为“火线”接口。后来被 IEEE 国际标准化组织采纳并推荐为视频传输的串行接口标准。同 USB 一样，IEEE 1394 也支持设备热插拔，不同的是 IEEE 1394 还可以为外部设备提供电源，能连接多台不同设备，支持同步数据传输。IEEE 1394 具有热插拔、速度快（S100、S200、S400 标准分别可达 100 Mbit/s、200 Mbit/s 和 400 Mbit/s）、接口设备对等（不分主次）以及廉价等特点。目前 IEEE 1394 接口被广泛配置在 MPC 中。

SCSI 接口是一种小型计算机系统接口，它是一种较为特殊的接口总线，具备与多种类型的外部设备进行通信的功能。SCSI 接口具有应用范围广、多任务、带宽大、CPU 占用率低，以及热插拔等优点。目前，SCSI 接口的速率可达 320 Mbit/s。

VGA 接口是视频图形阵列接口，它是显卡上输出模拟信号的接口，一般用于连接显示器。如果用户想把计算机的信息通过投影仪投放，就是通过 VGA 接口用视频数据线连接投影仪实现的。

9.1.5 多媒体信息数字化

媒体信息要在计算机中处理必须采用二进制编码方式，即用一组二进制数来表示。例如，英文字符采用 ASCII 编码，大写“A”在计算机中的编码是 41H（十进制编码是“65”）；汉字采用国标 GB 2312—1980 编码，一个汉字在计算机中占两个字节（机内码），“中国”的机内码分别是 D6D0H、B9FAH。多媒体信息要在计算机中处理，也必须采用编码机制。那么，音频、视频、图形、图像等多媒体信息是如何编码的呢？

解决多媒体信息的编码问题实际上就是多媒体信息的数字化问题。本节将介绍音频、图形及图像的数字化概念。

1. 音频数字化

声音是通过空气传播的一种连续声波，这些声波通过振动耳膜使人感到声响，即人听到了声音。声音有两个基本参数：频率和幅度。幅度用来描述声音的大小、强弱的程度，而频率表示每秒钟声源振动的次数，用赫兹（Hz）来表示。人对声音的感觉是有限的，只在一个频带范围内有效，将这样的一个频率范围称为带宽。人耳感觉声音的带宽在 20 Hz ~

20 kHz 之间，超出了这个范围，人耳是感觉不到的。

自然界中的声音是连续的，即声音的振幅和频率都是连续变化的，把连续变化的声音称为模拟音频信号。连续的模拟音频信号要用离散点来表示将有无穷多的个点，显然用编码方式处理无穷多个离散的音频点是不可能的。因此，将音频信息编码的过程实际上就是把连续的模拟音频信号变换为离散的、有限的数字音频信号的过程，即音频数字化。

音频数字化的处理技术最早可以追溯到上 20 世纪 30 年代。1939 年，法国工程师 Alec Reeves 发明了将连续的模拟信号变换为时间和幅度都离散的二进制表示的脉冲编码调制信号，简称 PCM 编码，并申请了专利。如今，音频数字化基本沿用了 PCM 编码原理，即用采样、量化、编码的处理方式。

（1）采样

在某些特定的时刻对音频模拟信号进行测量叫做采样，得到的信号称为离散时间信号。实际上，采样就是在单位时间里取多少个点，点取的越多，采样频率越高。即单位时间内采集的样本数越多，得到波形越接近于原始波形，音质就越好。常用的采样频率有 11.025 kHz、22.05 kHz 和 44.1 kHz。CD 光盘的音频采样频率采用的是 44.1 kHz。

（2）量化

量化也称采样精度或量化位数，它实际上是描述采样点值的精细程度，即在采样值刻度表中采用多少个刻度值进行细等分。量化值越大，刻度越精细，描述的声音越接近原声。例如，每个声音样本用 16 位二进制位表示，则量化样本值在 0 ~ 65535 之间，它的精度是输入信号的 1/65536。显然量化位数越多，声音的质量越高，而需要的存储空间也越多；位数越少，声音的质量越低，需要的存储空间越少。高保真音频的量化位数采用的是 16 位。

（3）编码

把时间和幅度都用离散的数字表示的信号就称为数字信号。将采样、量化得到的数据值用二进制表示就是编码。例如，量化得到了 60 个数据值，用 6 位二进制（26 是 64）就可以表示这 60 个数据。

（4）声道数

单声道信号一次产生一组声波数据。双声道也称立体声一次产生两组声波数据。双声道在硬件中占两条线路：一条是左声道，一条是右声道。立体声不仅音质、音色好，而且能产生逼真的空间感。但立体声数字化后所占空间比单声道多一倍。

（5）音频数据传输率

模拟音频信号数字化后会产生大量数字化数据，数据传输率用每秒钟传输的数据位数表示，记为 bit/s，即每秒传输的二进制位数。未经压缩的数字音频数据传输率按下列公式计算：

数据传输率(bit/s) = 采样频率(Hz) × 量化位数(bit) × 声道数

【例 9-1】 计算一分钟未经压缩的高保真立体声数字音频的数据量。

解：高保真立体声数字音频采样频率为 44.1kHz，16 位量化值，双声道，其数据传输率计算为：

数据传输率 = 44.1(kHz) × 16(bit) × 2(声道) = 1411.2 kbit/s

数据量计算为：

音频数据量 = 1411.2(kbit/s) × 60(s) / 8(bit/B) = 10584 KB

即一分钟未经压缩的高保真立体声数字音频的数据量是10584K字节。

2. **图像数字化**

自然界中的景物通过人的视觉器官的作用（接受外部景物的光线、成像）使大脑感知，这就是图像。人们能够看到各种不同颜色的景物都离不开光。景物的颜色是人的视觉器官受光的刺激后在大脑的一种反映。

（1）图像和颜色

图像是由不同颜色构成的。颜色是人的视觉系统对可见光的感知结果，感知到的颜色由光波的频率决定。人的感知系统并不能感知所有的光波，被人感知到的光波被称为可见光。可见光是波长在370～780 nm范围内（大于780 nm的是紫外光，小于370 nm的是红外光）。颜色的实质是一种光波，不同波长的光就是不同的颜色。例如，红色的波长在780～622 nm，绿色的波长在577～492 nm，蓝色的波长在420～380 nm。

（2）三基色原理

现代颜色视觉理论中的三色学说认为人眼的锥状细胞是由红（R）、绿（G）、蓝（B）3种感光细胞组成的（锥状细胞分别对长、中、短3种光波产生敏感性的视觉反映，而长、中、短3种光波分别对应R、G、B）。三基色原理即自然界中的任何一种颜色都可以由R、G、B这3种颜色值之和来确定，它们构成一个三维的RGB矢量空间。

（3）色彩三要素

色彩的三要素是色相、明度和纯度。色相也称色调，是指颜色的相貌，它只和颜色的波长有关，明度和纯度变化时，波长不变。色调有一个自然的顺序：红、橙、黄、绿、青、蓝、紫。在这个顺序中，当人们混合相邻颜色时，可以获得在这两种颜色之间连续变化的色调。明度也称亮度，是指光所产生的亮暗感觉。同一个物体在强光照射下会明亮，在弱光照射下比较暗淡。色彩明度的变化会对纯度产生影响。纯度是色彩鲜艳的程度，也称饱和度。对于有色物体，其颜色的纯度与该物体的光洁度有关，光洁度越高，色彩越鲜艳。

（4）图像数字化

图像与其他多媒体对象一样是连续的，在计算机中处理必须将连续的图像离散化。与音频数字化原理是类似的，数字化图像的过程就是离散化图像的过程，它也包括采样、量化和编码。

图像在空间上的离散化称为采样，即用空间上部分点的灰度值代表图像，这些点被称为采样点。由于空间点是二维坐标（x，y），所以空间点离散化的结果是一个二维采样点的矩阵。例如，如果采样在每行（横向）上取N个间隔，在每列（纵向）上取M个间隔，则得到一个N×M的二维矩阵，矩阵中点被称为像素点，则该图像的大小为N×M个像素点。采样间隔的大小决定了数字化的图像品质，采样间隔越小，像素点就越多，图像的品质就越高。对于运动图像（即时间域上的连续图像），则需要先在时间轴上采样，再在空间上采样，最后实现运动图像的数字化。采样的实质就是要用多个点来描述一张图像。例如，一幅640×480的图像，就表示这幅图像是由307 200（640×480）个像素点组成。

图像经过采样后，得到了离散化的像素点。但是，每个像素点的灰度值（颜色）仍然是连续的。将采样得到的像素点的灰度值再离散化的过程被称为量化。量化是指要使用多大范围的数值来表示图像采样后每一个像素点的颜色数。显然，量化值越大，表示的颜色数就越多，图像的色彩就越逼真。例如，用一位二进制数表示颜色数，只能表示黑、白两种颜色；如果用8位二进制数表示，则可以表示256种颜色。

（5）图像分辨率

图像的分辨率是指在单位长度内所包含的像素点（单位是ppi，即每英寸像素点数目）。如果图像分辨率是100 ppi，就是在每英寸长度中包含100个像素点。图像分辨率越高，意味着该图像所包含的像素点就越多，图像表现的就越细腻，图像颜色过渡就越平滑。图像分辨率和图像大小之间有着密切的关系，图像分辨率越高，所包含的像素点越多，因而文件就越大。

（6）色彩深度（像素深度）

色彩深度是指每个像素点包含多少个二进制位的色彩信息。色彩深度值越大，表明像素中含有更多的色彩信息，更能反映真实的颜色。例如，对于黑白图像，只有两种颜色，所以黑白图像的色彩深度值是1；对于灰度图像，因为有明暗之分，需要用多位二进制来表示，如果用8位来表示，即256个灰度级，像素深度值是8；对于真彩色图像，由于R、G、B都取8位，共24位二进制，则像素深度值是24。

（7）图像容量

图像容量是指图像文件的数据量，也即所需要的存储空间，其计量单位是字节（Byte）。图像的容量与图像的品质、颜色数、画面大小等因素有关。一幅未经压缩图像的数据量计算公式为：

$$图像容量 = 图像分辨率 \times 色彩深度 \div 8(B)$$

【例9-2】 计算未经压缩的、分辨率为640×480、色彩深度为24位的真彩色图像的数据量。

解：图像数据量 $= 640 \times 480 \times 24 \div 8 = 900$ KB

即未经压缩的分辨率为640×480、色彩深度为24位的真彩色图像的数据量为900 KB。

3. 视频数字化

早在1829年，比利时物理学家约瑟夫·普拉托提出了“视觉滞留”的理论，即当人们眼前的物体被移走之后，该物体反映在视网膜上的影像不会立即消失，会继续短暂滞留一段时间。利用视觉滞留原理，人们发明了电影和电视。将多个静态图像连续播放，就会产生动画的视觉效果（我国电视每秒放送25幅图像，但有闪烁效果；把每幅图像分先、后两次来放送，这样，光亮度变化的次数就增加到50次/秒，就改善了闪烁效果）。

所以说，视频是连续运动的图像，视频信息实际上是音频信息加运动图像构成的。因此，对视频信息的数字化处理与音频、图像的数字化处理机制是类似的，即对模拟视频信号进行采样、量化和编码。视频数字化的工作一般是由视频采集卡完成的。视频采集卡不仅提供接口以连接模拟视频设备和计算机，而且将模拟视频信号转换成数字化数据。

（1）电视与视频

电视信号主要由图像信号（视频信号）和伴音信号（音频信号）两大部分组成。图像信号的频带为0～6 MHz，伴音信号的频带一般为20 Hz～20 kHz。

（2）电视制式

将实现电视的特定方式称为电视制式。电视制式的区分主要在于其帧频（每秒传送的图像数）、扫描分辨率、信号带宽以及色彩空间的转换关系等不同。主要的电视制式有：

1）NTSC制。NTSC制是1952年由美国国家电视标准委员会制定的彩色电视广播标准。

它采用正交平衡调幅的技术方式，故也称为正交平衡调幅制。美国、加拿大、日本、韩国、菲律宾等国家和我国台湾均采用这种制式。NTSC 制的扫描特性为每帧 525 行，每秒 30 帧，采用隔行扫描方式。

2）PAL 制。它采用逐行倒相正交平衡调幅的技术方法，克服了 NTSC 制相位敏感造成色彩失真的缺点。德国、英国等一些西欧国家，新加坡、澳大利亚等国家和我国内地和我国香港采用这种制式。PAL 制的扫描特性为每帧 625 行、每秒 25 帧，画面高宽比为 4∶3，采用隔行扫描方式。

3）SECAM 制。它由法国在 1966 年制定的一种新的彩色电视制式。它也克服了 NTSC 制式相位失真的缺点，但采用时间分隔法来传送两个色差信号。使用 SECAM 制的国家主要集中在法国、东欧和中东一带。

(3) 时间采样

视频的数字化不仅要在空间上采样，还要在时间上采样，即每隔一定的时间进行一次空间上的采样。PAL 制式的采样帧速率是 25 帧/s，NTSC 制式的文件采样帧速率是 29.97 帧/s (30 帧/s)。

9.2 多媒体基本应用工具与常用数码设备

考试内容：

多媒体基本应用工具和常用数码设备的分类与用途

教学内容：

- 掌握 Windows 画图工具的基本操作
- 掌握使用 Windows 音频工具进行音频播放
- 掌握使用 Windows 视频工具进行视频播放
- 了解常用的数码设备的基本功能

知识点（6 个）：

- Windows“画图” 的界面环境、画图的基本操作
- Windows 录音机、媒体播放器、其他音频播放工具的使用
- Windows Media Player 软件的使用

在 Windows XP 中，系统提供了用于处理图形图像、声音，以及视频的应用软件，包括处理简单图形图像的“画图”工具、处理音频的“录音机”工具，以及播放音频和视频的媒体播放器“Windows Media Player”工具等多媒体应用程序，在本节中将介绍这些多媒体应用工具及使用方法。

9.2.1 Windows“画图”工具及使用

“画图”程序是 Windows XP 系统提供的一种绘图工具，它可以用于绘制图画，也可以对扫描的图片进行编辑修改，并将结果保存为 BMP、JPG、GIF 等格式的文档。画图默认的

文件格式是位图格式（BMP），因此也被称为位图编辑器。

1. 启动“画图”程序

当用户要使用画图工具时，可选择菜单选项“开始”→“程序”→“附件”→“画图”命令，启动画图程序，打开“画图”窗口，如图 9-5 所示。

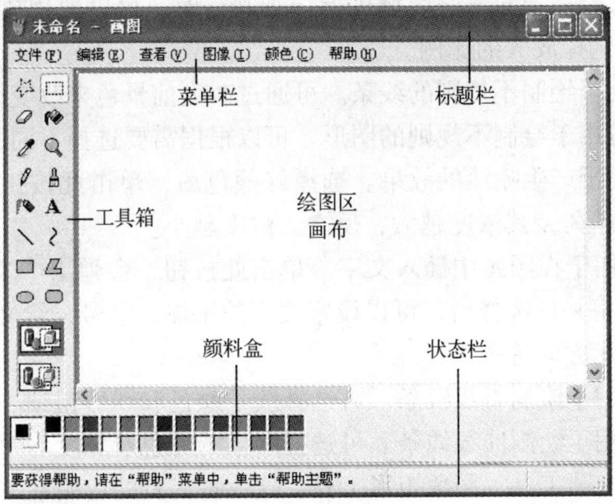

图 9-5　“画图”窗口

2.“画图”界面环境

画图窗口由标题栏、菜单栏、工具箱、颜料盒、绘图区及状态栏组成。

1）标题栏：显示正在使用的程序名和正在编辑的文件名。

2）菜单栏：排放为用户提供的各种操作命令。

工具箱：包含了 16 种常用的绘图工具和一个辅助选择框，为用户提供多种选择。绘图工具如图 9-6 所示。

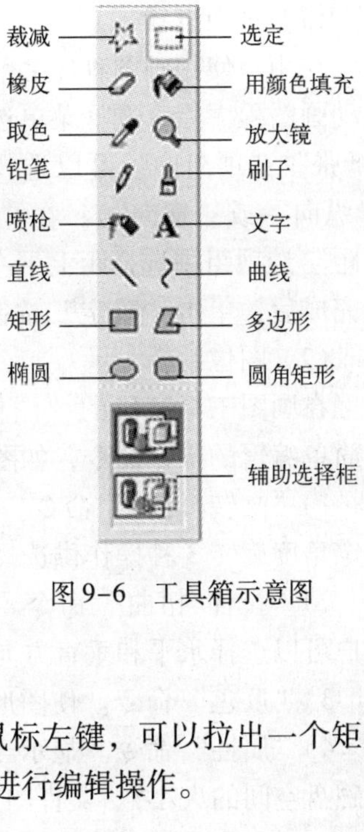

图 9-6　工具箱示意图

1）颜料盒：用于调整、改变颜色。

2）状态栏：它的内容随光标的移动而改变，可显示当前鼠标所处位置的信息。

3）绘图区：处于整个界面的中间，为用户提供的画布。

3. 工具箱中的工具

在“工具箱”中，为用户提供了 16 种常用的工具，当每选择一种工具时，在下面的辅助选择框中会出现相应的信息，比如当选择“直线”工具时，在辅助选择框中会出现各种粗细不同的线形供用户自行选择。

1）裁剪工具。对图片进行任意形状的裁切。使用时单击此工具按钮，按下左键不放，对所要裁剪的对象进行圈选后再松开，此时出现虚框选区，拖动选区，即可看到裁剪效果。

2）选定工具。用于选中对象。使用时单击此按钮，拖动鼠标左键，可以拉出一个矩形选区对所要操作的对象进行选择，用户可对选中范围内的对象进行编辑操作。

3）橡皮工具。用于擦除绘图中不需要的部分。用户可根据要擦除的对象范围大小，来选择合适的橡皮擦，类似于刷子的功能。

4）填充工具。对选区内填充颜色，来达到不同的表现效果。

5）取色工具。该工具的功能类似于在颜料盒中选择颜色。

6）放大镜工具。当需要对某一区域进行详细观察时，可以使用放大镜进行放大。使用时可以在辅助选框中选择放大的比例。

7）铅笔工具。用于绘制不规则的线条。可通过改变前景色来改变线条的颜色。

8）刷子工具。可用于绘制不规则的图形。可以根据需要选择不同的笔刷粗细及形状。

9）喷枪工具。用于产生喷绘的效果。选择好颜色后，单击此按钮，即可进行喷绘。在喷绘点上停留的时间越久，其浓度越大，反之，浓度越小。

10）文字工具。用于在图画中插入文字。单击此按钮，会弹出“文字工具栏”，用户在文字输入框内输完文字并且选择后，可以设置文字的字体、字号，给文字加粗、倾斜、加下画线，改变文字的显示方向等等。

11）直线工具。用于绘制直线线条。可选择线条颜色和线形粗细。

12）曲线工具。用于绘制曲线线条。可选择线条的颜色及宽度。

13）矩形工具、椭圆工具、圆角矩形工具。这 3 种工具的应用基本相同，当单击工具按钮后，在绘图区直接拖动即可拉出相应的图形。可以选择线条颜色、粗细以及填充色等。

14）多边形工具。用于绘制多边形。选定颜色后，单击工具按钮，在绘图区拖动鼠标左键，当需要弯曲时松开手，如此反复，到最后时双击鼠标，即可得到相应的多边形。

4.“画图”的基本操作

画图工具的基本操作包括设置页面（画布）、绘图、图像编辑、保存文件、文件格式选择等。

（1）页面设置

在用户使用画图程序之前，首先要根据自己的实际需要确定画布的大小，即页面设置。启动画图程序后，选择菜单选项“文件”→“页面设置”命令，打开页面设置对话框。在“纸张”选项组中，可以选择纸张的大小及来源；在“方向”选项组中选择纸张的方向（“纵向”或“横向”）；在“居中”选项组中选择对齐方式（“水平”或“垂直”）；在“页边距”选项组中选择距上下左右页边的距离；在“缩放比例”选项组中选择缩放比例。设置完成后，单击“确定”按钮，画图程序即按用户定制的参数打开画图窗口。

（2）图像编辑

在画图工具窗口的“图像”菜单中，提供有对图像进行简单编辑的操作命令，如图 9-7 所示。

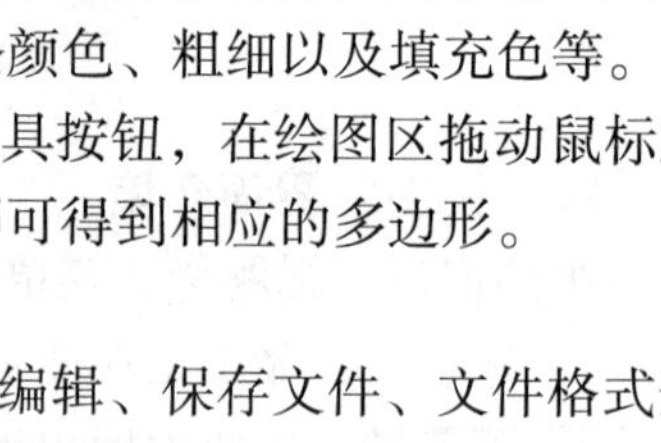

图 9-7 “图像”菜单

1）“翻转/旋转”命令。提供水平翻转、垂直翻转和按一定角度旋转 3 种操作供选择。

2）“拉伸/扭曲”命令。包括拉伸和扭曲两个选项组，用户可以选择水平和垂直方向拉伸的比例和扭曲的角度。

3）“反色”命令。使图形呈反色显示。

4）“属性”命令。显示当前文件的属性，包括上次保存文件的时间、磁盘大小（文件占磁盘空间的大小）、文件图片的分辨率、高度、宽度、单位及颜色等。

5）“清除图像”命令。清除当前画布中的图像。

6）“不透明处理”命令。若要画出不透明图像，选择“不透明处理”命令，并确保旁边出现检查标记。

（3）编辑颜色

在实际图像处理过程中，颜色是极其丰富多彩的，而颜料盒中提供的色彩远远不能满足实际着色的需要。在这种情况下，可使用“颜色”菜单中的“编辑颜色”命令。选择“颜色”→“编辑颜色”命令后，系统弹出“编辑颜色”对话框，如图 9-8 所示。用户可在“基本颜色”选项组中选择色彩，也可以单击“规定自定义颜色”按钮，自定义颜色，然后再添加到“自定义颜色”选项组中。

（4）绘制图形

首先创建文件，设置页面，然后就可以绘图了。绘图时使用工具箱中提供的各种绘图工具进行绘制。操作要领是：先选工具，再执行绘制操作。例如，要画红色的一条直线，就要先选颜料盒中的“红色”工具，后选“直线”工具，然后再在画布中画直线（鼠标拖动）。在绘制图形过程中，可以使用编辑工具进行修改。例如，可以使用橡皮擦除图中不需要的元素。可以在画布中或绘图上添加文字。例如，在绘制的图片左上角落款自己的名字。插入文字，可选用文字工具。文字工具可用来书写文字，可以指定文字的颜色、大小、字体、字型。

（5）保存文件

绘图完成后，或者对指定的图片进行编辑操作完成后，要保存结果，这时执行文件保存操作。选择菜单选项“文件”→“另存为”命令，系统弹出如图 9-9 所示的对话框。在“保存类型”下拉列表框中可以选择不同类型的格式，包括单色位图、16 色位图、256 色位图、24 位位图、JPEG、GIF、TIFF 以及 PNG 等文件格式。最后，单击“确定”按钮，保存结果。

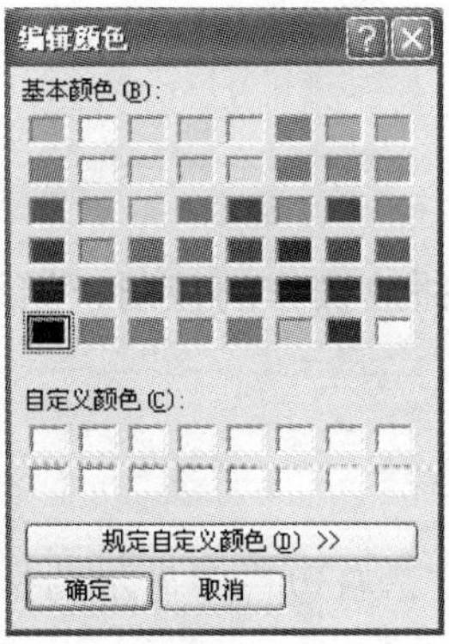

图 9-8 “编辑颜色”对话框

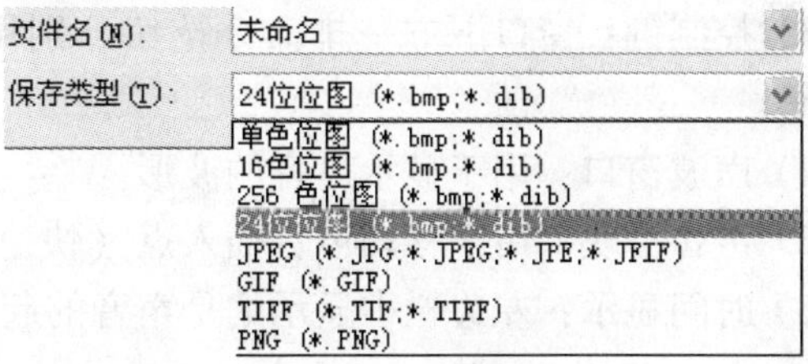

图 9-9 文件保存

9.2.2 Windows“录音机”工具及使用

“录音机”是 Windows XP 系统提供的一种录音及音频处理工具，使用“录音机”可以录制、混合、播放和编辑声音，也可以将声音链接或插入另一个文档中。

1. 启动录音机

当要使用录音机时，选择菜单选项“开始”→“程序”→“附件”→“娱乐”→“录音机”命令，启动录音机程序，打开“录音机”窗口，如图 9–10 所示。

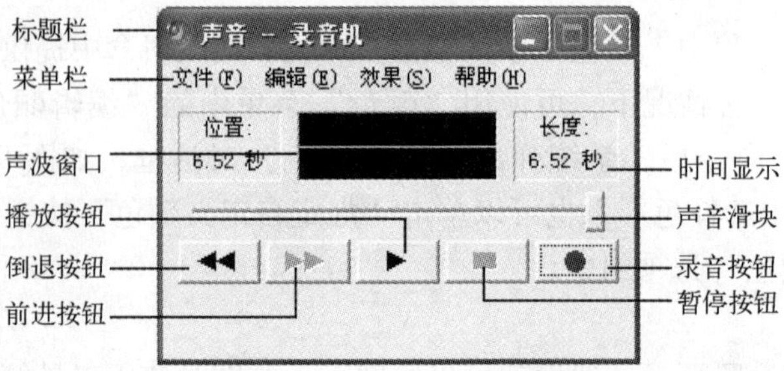

图 9–10 “录音机”窗口

2. “录音机”界面环境

“录音机”界面环境由标题栏、菜单栏和录音操作控制键组成。

1）标题栏：用于显示文件的名称、右边 3 个按钮分别用于最小化窗口、最大化窗口和关闭窗口，还可以用于在桌面上移动窗口的位置。

2）菜单栏：列表为录音机所提供的菜单命令，如图 9–11 所示。

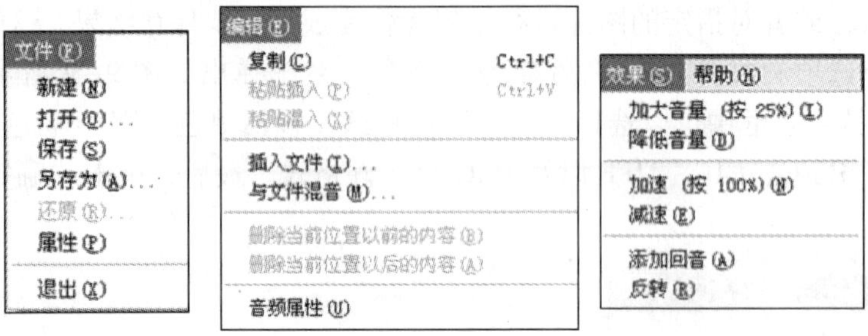

图 9–11 菜单示意图

3）控制键：窗口下方一排命令按钮分别用于录音、播放操作的控制，如录音、播放、暂停等。

4）声波窗口：用于显示声音的波形。

5）声音滑块：用于移动声音插入点（快速改变时间）。

6）时间显示：左边栏中显示的是声音的起始时间（s），右边栏中显示的是声音的当前时间。

3. 设置麦克风

在默认状态下，麦克风（扩音器，本书系称为麦克风）是不打开的。所以，在录音操作之前，必须先设置麦克风。设置麦克风的具体操作步骤如下：

1）启动录音机，打开录音机窗口。

2）选择菜单选项“编辑”→“音频属性”命令，打开“音频属性”对话框，如图 9–12 所示。

3）在“录音”选项组中单击“音量”按钮，打开“录音控制”窗口，如图 9-13 所示。

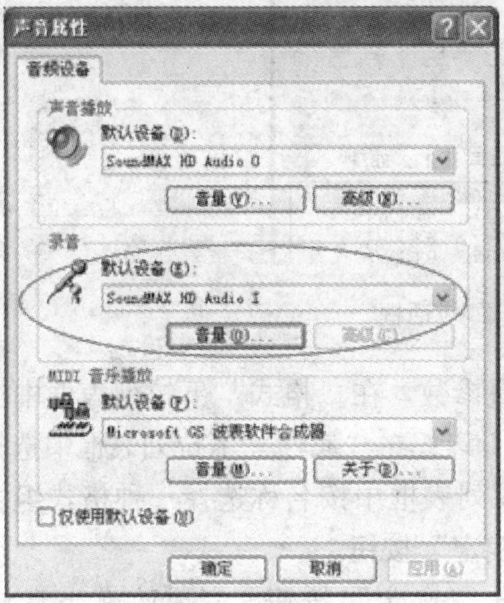

图 9-12　“声音属性”对话框

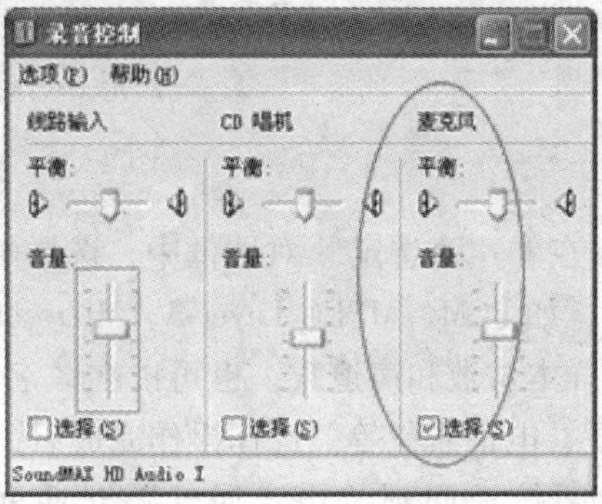

图 9-13　“录音控制”窗口

4）在“录音控制”窗口的“麦克风”选项组中选中“选择”复选框。

5）关闭“录音控制”窗口，单击“声音属性”对话框中的“确定”按钮，完成设置麦克风的操作。

麦克风设置完成后，最好测试一下设置是否成功。具体操作在“录音”操作中介绍。

4. 录音机基本操作

录音机的基本操作包括录音、改变声音质量、编辑声音、混音等。

(1) 录音

录音的操作步骤如下：

1）接入录音设备，如送话器。

2）启动录音机，打开录音机窗口。

3）选择菜单选项“文件”→“新建”命令，新建一个声音文件。

4）录音前最好先测试一下“麦克风”设置是否成功，只需单击“录制”按钮，对着麦克风（或送话器）说话，只要声波窗口中有波形呈现，说明麦克风连接是好的。将时间恢复到原点（鼠标拖动时间滑块到最左端）。单击“录制”按钮，这之后发出的声音就会被录制到缓冲区中。若要停止录制，单击“暂停”按钮。

5）在保存文件前，最好先播放刚才录制的声音，试听录制的音频是否有效。单击“播放”按钮，就可以听到录音的效果。

(2) 改变声音质量

声音质量包括声音的采样频率、样本位数、声道数和压缩算法。其具体的操作步骤如下：

1）选择菜单选项“文件”→“属性”命令，打开“声音属性”对话框。

2）在“声音属性”对话框的“格式转换”选项组中“选自”下拉列表框中的“全部格式”选项，单击“立即转换”按钮，打开“声音选定”对话框，如图 9-14 所示。

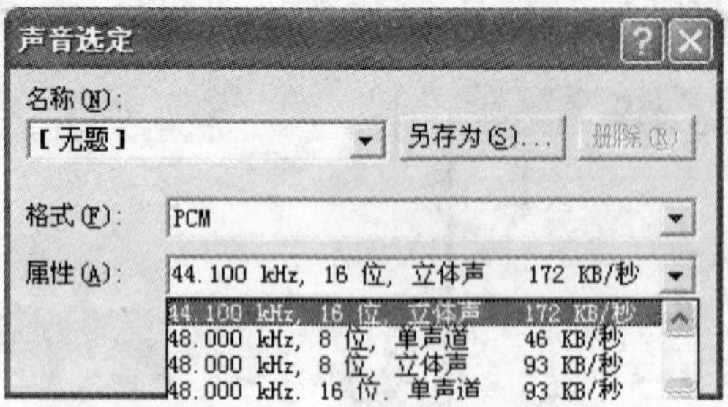

图 9-14 “声音选定”对话框

3）在“声音选定”对话框中，选择声音的质量参数。在“格式”下拉列表框中选择压缩算法，如 PCM、MPEG Layer-3、Microsoft G. 723. 1 等；在“属性”下拉列表框中选择采样频率、样本位数和声道数；也可以在“名称”下拉列表框中按名称选择一种格式组合，如 CD 音质、电话质量等。选择操作完成后，单击“确定”按钮。

4）系统返回到“声音属性”对话框中，单击“确定”按钮。完成改变声音质量的操作。

（3）编辑声音

录音机编辑声音的操作包括改变声音的音量、速度、增加回音、反向播放声音、删除一段声音、与文件混音、将声音录制在已有的文件中等。各项编辑命令包含在“编辑”和“效果”菜单中。

1）加大/降低音量：增加/减小当前声音的音量。

2）加速：加快声音的速度可以使其更快地播放，但同时也会使声音失真。例如，如果加快播放包含语音的声音文件，则语音的音调会更高。注意：只能更改未压缩声音文件的播放速度。

3）减速：降低声音的速度。

4）添加回音：在原声音文件的基础上添加回音效果。

5）反转：将原声音文件倒置播放。

6）插入文件：在一个已有的声音文件中插入声音。移动声音滑块改变声音的插入点，如果选择的是将声音添加到现有声音文件的中间，新的声音将替换插入点后的原有声音。

7）与文件混音：将当前声音与指定文件中的声音混合（如在背景音乐中插入语音）。选择一段声音，选择“编辑”→“复制”命令，将选中的声音保存到剪贴板中。打开指定文件（双击该文件），选择“编辑”→“粘贴插入”（或“粘贴混入”）命令。

8）删除当前位置以前（以后）的内容：删除插入点之前（或之后）的内容。

注意：所有编辑操作后，必须选择“保存”命令，才能使编辑操作的结果生效。

（4）保存文件

保存文件的具体操作步骤如下：

选择菜单选项“文件”→“另存为”命令，打开“另存为”对话框。在“保存在”列表框中选择指定文件存放的路径；在“文件名”列表框中输入文件的名称；录音机默认的“保存类型”是“声音（*.wav）”，如果要改变文件类型，单击“更改”命令按钮，打开“声音选定”对话框（见图 9-14），修改文件类型。最后，单击“保存”按钮，保存文件。

5. 媒体播放器及其他音频播放工具

媒体播放器是既可以播放音频文件，也可以播放视频文件的工具。例如，Windows Media Player 就是一种媒体播放器。关于 Windows Media Player 工具及使用方法在下一节介绍。

其他常见的音频播放软件有 Real Player、Winamp 等，而对音频文件进行加工处理的软件有 Sound Forge、GoldWave、Audition 等。

9.2.3 Windows Media Player 工具及使用

Windows Media Player 是 Windows XP 系统自带的一款播放器（简称 WMP）。使用 WMP 可以查找和播放音频（支持的文件格式有 WAV、MP3、MIDI 等）、视频（支持的文件格式有 MPG、AVI 等）、播放 CD 和 DVD，可以从音频 CD 上翻录音乐、刻录音乐 CD，可以将音频、视频等数字媒体文件同步到便携设备，可以收听电台广播，还可以在 Internet 上通过网上商店查找和购买数字媒体商品。

1. 启动 WMP

选择“开始”→“程序”→“附件”→“娱乐”→“Windows Media Player”命令，打开 Windows Media Player 窗口，如图 9-15 所示。

图 9-15 “Windows Media Player”窗口

2. WMP 界面环境

“Windows Media Player”窗口由标题栏、菜单栏、任务栏、媒体演播窗口、播放控制键、列表窗口等组成。

1）菜单栏：提供文件、查看、播放、工具、帮助等操作命令。

2）任务栏：将常用任务列放于任务栏中，通过选项卡可以快速切换到相关任务。

3）列表窗口：用户可以根据需要创建每一项任务的列表。

4）导航窗口：列表显示各项任务的类别清单，帮助用户快速定位选择操作任务和内容。

5）详细信息面板：以不同方式（图标、详细信息、平铺）显示对象信息。图 9-15 中显示的是图标方式。

6）地址栏：用于搜索指定媒体文件，快速确定所需信息的位置。

7）播放控制区：嵌入常用的播放控制键，包括播放、暂停、调节音量、全屏视图、最小模式显示、上一个、下一个、重复播放、无序播放等命令按钮。

8）正在播放：该选项卡用于观看数字媒体内容及所在位置。使用该选项卡进行诸如播放 CD 或 DVD、播放音乐时观看可视化效果、无序和重复播放所播放的项目、更改音量和其他音频设置、切换到全屏模式等操作。

9）媒体库：使用“媒体库”选项卡可以访问和组织用户自己的数字媒体集。提供的操作包括播放音频或视频文件、在媒体库中查找、添加以及删除项目、创建播放列表、添加或编辑媒体信息、添加或更改唱片集画面等。

10）翻录：使用“翻录”选项卡可以从 CD 翻录或复制音乐，翻录是一种向播放器媒体库添加文件的好方式。

11）刻录：使用“刻录”选项卡可以刻录 CD，并且被刻录的 CD 可以在任何标准 CD 播放机上播放。

12）同步：可以使用播放机将音乐、视频和图片同步到多种便携式设备上（如便携式媒体播放机、存储卡、MP3、MP4、iPod 等）。

13）在线商店：使用“在线商店”可以在 Internet 内容提供商提供的在线商店中查找和订阅音乐、视频、广播节目等。

3. WMP 基本操作

（1）播放音频、视频文件、CD 唱片

使用 WMP 播放音频、视频文件及 CD 唱片的具体操作步骤如下：

1）启动 WMP，打开 WMP 窗口。

2）若要播放本地磁盘上的音频或视频文件，选择“文件”→“打开”命令，选中该文件，单击“打开”按钮或双击即可播放。

3）若要播放“媒体库”中的音频、视频文件，单击“媒体库”选项卡，在媒体库中浏览或搜索要播放的文件，找到后双击该文件即可播放。

4）若要播放 CD 唱片，先将 CD 唱片放入 CD-ROM 驱动器中，单击“CD 音频”按钮，再单击“播放”按钮即可。

（2）更换 WMP 面板

Windows XP 系统提供了多种不同风格的面板供用户选择。要更换 WMP 面板，具体的操作步骤如下：

1）打开 WMP 窗口。

2）单击“外观选择器”按钮。

3）在“面板清单”列表框中选择一种面板，在预览框中即可看到该面板的效果。单击“应用外观”按钮，即可应用该面板。单击“更多外观”按钮，可在网络上下载更多的面板。

(3) 复制 CD 音乐到媒体库中

利用 WMP 复制 CD 音乐到本地磁盘中的具体操作步骤如下：

1) 打开 WMP 窗口。

2) 将要复制的音乐 CD 盘放入 CD-ROM 中。

3) 单击“CD 音频”按钮，打开该 CD 的曲目库。

4) 清除不需要复制的曲目库的复选标记。

5) 单击“复制音乐”按钮，即可开始进行复制。

6) 复制完毕后，单击“媒体库”按钮，即可看到所复制的曲目及其详细信息。

7) 选择一个曲目，单击“播放”按钮或单击鼠标右键，在弹出的快捷菜单中选择播放，即可播放该曲目，也可在弹出的快捷菜单中选择将其添加到播放列表中，或将其删除。

(4) 将曲目添加到播放列表

将曲目添加到播放列表的具体操作步骤如下：

1) 单击“媒体库”按钮，打开 WMP 媒体库。

2) 单击“选择新建播放列表”按钮，系统弹出“新建播放列表”对话框。

3) 在“输入新播放列表名称”文本框中输入新建播放列表的名称，单击“确定”按钮即可。

4) 选中要添加到播放列表中的曲目，单击“添加到播放列表”按钮，在其下拉列表框中选择要添加到的播放列表即可。

5. 其他视频工具

除了 WMP 之外，常见的视频播放工具软件还有 Real Player、QuickTime Player、超级解霸等。如果要进行视频加工，可选择 Premiere、Aftereffct 等专业视频处理工具软件。

9.3 多媒体信息处理工具的使用

考试内容：

文件压缩与解压缩的基本概念和 WinRAR 的使用

教学要求：

- 了解文件压缩和解压缩的基本知识
- 解常见多媒体文件的类别和文件格式
- 掌握压缩工具 WinRAR 的基本操作

知识点（7个）：

- 文件压缩、解压缩
- 压缩工具 WinRAR 的基本操作
- 常见音频文件格式、常见视频文件格式、常见图像文件格式
- 常见多媒体创作工具

9.3.1 信息压缩的基本知识

多媒体的数字信息量一般都相当大。例如，一幅 800×600 像素色彩图像（24 位）的数据量接近 1.4 MB，一秒钟高清晰度电视（1280×720 像素色彩图像×24×60 帧）的数据量接近 1.3 Gbit/s。这就需要大量的存储空间和传输带宽。但是，多媒体所拥有的巨大数据量中并不都是本质性的、必不可少的信息。例如，一个 40 行，每行 40 个字的页面上的字数量是 1600 个，但是就像本教材的页面一样，并不是每行都是 40 个字，其中有许多空格。显然，去掉那些空格，就可以在不影响字面意思的情况下减少数据量。

根据例 9-1 的计算，一分钟高保真立体声的音频信息占用 10584 KB 的存储空间，而人耳能够感知的声音频率只在 20 Hz～20 kHz 的范围内，除此之外的声音对人的感知器官而言是无用的。既然包含无用数据，去掉了即不影响信息本质，又减少了存储空间。

1. 信息冗余类型

将数据中包含的重复信息、无用信息称为信息冗余。冗余是指信息所具有的各种性质中多余的无用空间。多余的无用空间的程度被成为冗余度。下面介绍几种信息冗余类型：

1）空间冗余。空间冗余指规则物体的物理相关性。例如，同一幅图像中，很多相邻像素点是完全一样的或十分接近的。

2）时间冗余。时间冗余是指视频与动画画面间的相关性。例如，视频每秒连续播放 25 帧，相邻两帧画面之间大部分信息是相同的或十分接近的。

3）视觉冗余和听觉冗余。视觉冗余和听觉冗余是指视觉和听觉的敏感度和非线性感觉，人的视觉感知和听觉感知都是有限的，看不见的、听不到的显然是冗余的。

4）知识冗余。知识冗余是指凭借经验可以识别。

5）结构冗余。结构冗余是指物体表面的规则纹理、相互重叠等构成的冗余。

2. 数据压缩和解压缩

将去掉信息冗余的过程称为压缩。数据压缩实际上是对数据重新进行编码，剔除冗余信息或人感知器官不敏感因素（颜色、亮度、细节、超声波、次声波等），减少存储空间的操作过程。将压缩数据还原的过程称为解压缩。解压缩是数据压缩的逆过程。

当多媒体数据被压缩后，数据量将减少，占用的存储空间将缩小。将压缩后的数据量和压缩前的数据量之比称为压缩比。显然压缩比是衡量一个压缩算法的指标之一。例如，国际专业标准组织（CCITT）和 ISO 公布的“JPEG 高质量静止图像压缩编码标准”（简称“JPEG 标准”），其无损压缩比可达 4:1，有损压缩比可达 10:1～100:1。如果是 40:1 的压缩比则表示经过压缩处理后的数据量只是原数据量的 1/40。

3. 压缩算法分类

以压缩/解压缩后的数据是否与压缩前的原始数据完全一致作为标准，可以把数据压缩方法划分为无损压缩（可逆压缩）和有损压缩（不可逆压缩）两类。无损压缩算法压缩数据还原后，与原始数据一致，无损失，其压缩比在 2:1～5:1。有损压缩算法数据压缩后再还原的数据有损失，其压缩比≤100:1。

4. 压缩标准

在国际上有专业的国际性标准化组织负责研究、制定和推广多媒体数据压缩标准，如国际标准化组织（ISO）、国际电子学委员会（IEC）、国际电报电话咨询委员会，以及国际电信协会（ITU）等。20 世纪 90 年代制定了 3 个重要的多媒体国际标准 H. 261、JPEG 和 MPEG。

（1）H. 261 标准

H. 261 标准的名称为“视听业务速率为 P × 64 kbit/s 的视频编译码”，它是 CCITT 制定的国际上第一个视频压缩标准。H. 261 标准最初是针对在综合业务数字网（ISDN）上实现电信会议应用，特别是面对可视电话和视频会议而设计的。

（2）JPEG 静态图像压缩标准

JPEG 是联合图像专家组的英文缩写。JPEG 标准是由 ISO 和 CCITT 共同制定的一种基于离散余弦变换（DCT）的静止图像压缩和解压缩算法，并在 1992 年后被广泛采纳后成为国际标准。JPEG 是一种有损压缩算法，能够将图像压缩在很小的储存空间，图像中重复或不重要的资料会被丢失，因此容易造成图像数据的损伤。尤其是使用过高的压缩比例，将使最终解压缩后恢复的图像质量明显降低。JPEG 的压缩比可以达到 100∶1，但是在这个级别上，图像的质量不好；压缩比为 20∶1 时，能看到图像细微的变化；当压缩比大于 20∶1 时，图像质量开始变坏。

（3）MPEG 运动图像压缩标准

MPEG 是动态图像专家组的英文缩写。MPEG 是由 ISO 与 IEC 于 1988 年联合成立，致力于运动图像（MPEG 视频）及伴音编码（MPEG 音频）标准化工作。目前，MPEG 标准主要有 5 个：MPEG-1、MPEG-2、MPEG-4、MPEG-7 及 MPEG-21 等，它们的应用是有所侧重的。

MPEG-1 标准制定于 1992 年，是针对 1. 5 Mbit/s 以下数据传输率的数字存储媒体运动图像及其伴音编码设计的国际标准，主要用于在 CD-ROM（包括 Video-CD、CD-I 等）存储彩色的同步运动视频图像。它针对 SIF（标准交换格式）标准分辨率（NTSC 制式为 352 × 240；PAL 制式为 352 × 288）的图像进行压缩，每秒播放 30 帧画面，具备 CD（激光唱盘）音质。同时，它还被用于数字电话网络上的视频传输，如视频点播（VOD）、教育网络等。

MPEG-2 标准制定于 1994 年，是针对 3 ~ 10 Mbit/s 的数据传输率制定的运动图像及其伴音编码的国际标准。MPEG-2 除了作为 DVD 的指定标准外，还可用于为广播、有线电视网、电缆网络等提供广播级的数字视频。

MPEG-3 是最初为高清晰电视广播（HDTV）制定的编码和压缩标准，但由于 MPEG-2 的出色性能已能适用于 HDTV，因此 MPEG-3 标准并未制定。人们通常所说的 MP3 指的是 MPEG Layer3，只是 MPEG 的一个音频压缩标准。

MPEG-4 于 1998 年 11 月公布，它是针对一定比特率下的视频、音频编码，更加注重多媒体系统的交互性和灵活性。MPEG-4 标准主要应用于视像电话、视像电子邮件等，对传输速率要求较低（在 4800 ~ 6400 bit/s 之间，分辨率为 176 × 144）。由于 MPEG-4 具有基于内容的交互性 、高效的压缩性和通用的访问性等特点，被广泛应用于因特网视音频广播、无线通信、静止图像压缩、电视电话、计算机图形、动画与仿真、电子游戏等领域。

MPEG-7 确切地讲并不是一种压缩编码方法，正式名称是“多媒体内容描述接口”。MPEG-7 公布于 2001 年。MPEG-7 旨在解决对多媒体信息描述的标准问题，并将该描述与所描述的内容相联系，以实现快速有效的搜索。MPEG-7 在数字图书馆、多媒体目录服务、广播媒体选择、多媒体编辑、教育、娱乐、医疗应用、地理信息系统等领域都有潜在的应用价值。

MPEG-21 于 1999 年 12 月的 MPEG 会议上被正式命名为“多媒体框架”或“数字视听框架”，该标准致力于在大范围的网络上实现透明的传输和对多媒体资源的充分利用。

9.3.2 常见多媒体文件的类别和文件格式

多媒体信息经数字化处理后，将根据类型的不同以及采用的压缩算法不同，而被保存为不同类型及格式的文件。本节将简要介绍常见的音频、视频、图形图像的文件类型和格式。

1. 音频文件

音频文件通常分为两类：声音文件和 MIDI 文件。声音文件指的是通过声音录入设备录制的原始声音，它是直接记录了真实声音的二进制采样数据，这种文件通常较大。而 MIDI 文件则是一种音乐演奏指令序列，相当于乐谱，可以利用声音输出设备或与计算机相连的电子乐器进行演奏，由于不包含声音数据，其文件尺寸较小。

常见的声音文件格式有：

(1) CD 格式

CD 格式是世界上最早被确认为媒体标准的音频格式，有“天籁”之声的美誉。因为 CD 音轨近似无损，因此它的声音基本上是原声的。CD 文件的扩展名为“.CDA”。

(2) WAVE 文件

WAVE 格式是 Microsoft 公司开发的一种声音文件格式，Windows 平台和一般的声卡都支持这种格式文件的生成、编辑和播放。文件扩展名为“.WAV”，是目前 PC 上广为流行的声音文件格式。WAV 采用无损压缩算法，在保证一定音质的前提下压缩比不够，文件较大，不易于网上传播。

(3) MP3 文件

采用 MP3 算法压缩生成的数字音频数据文件，以“.MP3”为文件扩展名。MP3 利用 MPEG 制定的 MPEG-1 Audio Layer 3 的压缩标准，将音频信息用 10:1 甚至 12:1 压缩率变成容量较小的数据文件。MP3 采用了人类心理声学特性的有损压缩算法，人耳基本不能分辨出失真，音质几乎达到了 CD 音质标准。目前使用最多的是 MP3 文件格式。

(4) Real Audio 文件

Real Audio 文件是 Real Networks 公司开发的一种流式音频压缩格式，它的压缩比可达到 96:1，其最大特点是可以采用流媒体的方式实现网上实时播放，即边下载边播放。它的文件扩展名为“.RA”。

(5) MIDI 文件

MIDI 是数字音乐/电子合成乐器的统一国际标准。在 MIDI 文件中，只包含产生某种声音的指令，这些指令包括使用什么 MIDI 设备的音色、声音的强弱、声音持续多长时间等。相对于保存真实采样数据的声音文件，MIDI 文件的尺寸通常要小得多。

2. 图形、图像格式

一般来说，目前的图形、图像格式大致可以分为两大类：位图和矢量图。前者是以点阵形式描述图形（图像），后者是以数学方法描述的一种由几何元素组成的图形（图像）。

常见的图形、图像文件格式有：BMP、GIF、JPG、TIF、PSD 等。

(1) BMP 文件

BMP 是 Windows 采用的图形文件格式。Windows 系统内部各图像绘制操作都是以 BMP

为基础的。BMP 文件默认的文件扩展名是“. BMP”。BMP 格式主要用于表现打印、显示用图像，但因体积大而不适于网络传送，也不适用于印刷文件。

（2）GIF 文件

GIF（图形交换格式）文件是由 CompuServe 公司开发的，其文件扩展名为“. GIF”。GIF 文件的主要特点是采用256 色彩色模式、可以实现动画和交互应用。GIF 格式文件主要用于屏幕显示图像和动画，因体积小适合在网络上传送，但因图像品质不高不适于保存高质量印刷文件。

（3）TIF 文件

TIFF 是 Aldus 公司与微软公司共同开发设计的图像文件格式。TIFF 格式的优点是适合于广泛的应用程序，以及它与计算机结构、操作系统和图形硬件无关。TIFF 格式不易过时，对媒体之间的数据交换，TlFF 是位图模式的最佳选择之一。扩展名采用“. tif”。它是平面设计作品的最佳表现形式，适用于提供印刷文件，但因体积过大不适于网络传送。

（4）JPG 文件

JPG 格式是 JPEG 联合专家小组开发推出的一种静态图像压缩标准格式，主要用于彩色图像的存储和网络传送。JPG 文件的特点是采用有损压缩编码形式，数据量小，采用真彩色的颜色模式。扩展名采用“. jpg”。主要应用于用于保存表现自然景观的图像和用于网络传送，但不适于表现有明显边界的图形，也不适用于高质量印刷文件。

（5）PSD 文件

PSD 是 Photoshop 中采用的标准文件格式，专门为 Photoshop 而设计的优化格式文件。它支持 Photoshop 提供的所有图像模式，包括多通道，多图层和多种色彩模式。文件扩展名为“. PSD”。

3. 视频文件

数字视频的格式类型很多，主要包括 AVI、Windows Media 视频、Real Media 格式、QuickTime 电影格式、Mpeg 格式、DV 格式等。

（1）AVI 文件

AVI（音频视频交错）是 Microsoft 公司 1992 年推出的一种音频和视频交叉记录的数字视频文件格式。AVI 文件格式只是作为控制界面上的标准，不具有兼容性，用不同压缩算法生成的 AVI 文件，必须使用相应的解压缩算法才能播放。AVI 文件目前主要应用在多媒体光盘上，用来保存电影、电视等各种影像信息，有时也出现在 Intemet 上，供用户下载、欣赏新影片的精彩片断等。但是由于 AVI 格式的文件体积大，不适合在网上传播。文件扩展名为“. AVI”。

（2）Windows Media 视频格式

Windows Media 视频主要有两种不同的扩展名：ASF 文件和 WMV 文件。ASF 是微软所制订的一种媒体播放格式，它是一个可以在 Internet 上实现实时播放的标准，使用 MPEG-4 的压缩算法。ASF 包括音频、视频、图像，以及控制命令脚本等多媒体信息。通过这种格式，以网络数据包的形式传输，实现流式多媒体内容发布。ASF 的优点是体积小，适合网络传输。WMV 使用 Windows Media 音频和视频解码、编码器压缩的音频、视频文件。

（3）Real Media 文件格式

RM 格式是 Real Networks 公司开发的一种流媒体视频文件格式。它可以根据网络数据传输的不同速率制定不同的压缩比率，从而实现在低速率的 Internet 上进行视频文件的实时传送和播放。在数据传输过程中可以边下载边播放，而不必完全下载后再播放。也可以利用 Real Video 对重大事件进行实时转播。文件扩展名为“. RM”。

(4) QuickTime 电影

QuickTime 是 Apple 计算机公司开发的一种音频、视频文件格式，用于保存音频和视频信息，具有先进的视频和音频功能。QuickTime 以其领先的多媒体技术和跨平台特性、较小的存储空间要求、技术细节的独立性以及系统的高度开放性，得到业界的广泛认可，目前已成为数字媒体软件技术领域事实上的工业标准。国际标准化组织（1SO）选择 QuickTime 文件格式作为开发 MPEG－4 规范的统一数字媒体存储格式。MOV 视频影像，采用有损压缩方法，使用 QuickTime 播放，比 AVI 画面质量要好。

(5) Mpeg 格式

MPEG 文件格式是运动图像压缩算法的国际标准，它采用有损压缩方法减少运动图像中的冗余信息，同时保证 30 帧/s 的图像动态刷新率。MPEG 标准包括 MPEG 视频、MPEG 音频和 MPEG 系统（视频、音频同步）3 个部分。MPEG 的平均压缩比为 50：1，最高可达 200：1，压缩效率非常高，同时图像和音响的质量也非常好，并且在微型计算机上有统一的标准格式，兼容性相当好。MPEG 是压缩视频的基本格式，以这种压缩算法记录的视频称为 MPEG 文件，其文件扩展名为“. mpg”。MPEG 有两个变种格式 MPV 和 MPA。MPV 只有视频不含音频，MPA 是则只记录了音频没有视频。MPEG 格式的特点是体积不大、但质量较好。

9.3.3 压缩工具 WinRAR 的基本操作

WinRAR 是一款功能强大的压缩文件管理器软件，它可以用于备份数据、缩减电子邮件附件的大小、解压缩 RAR、ZIP 2.0 及其他文件，并且可以新建 RAR 及 ZIP 格式的文件。WinRAR 支持 CAB、ARJ、LZH、TAR、GZ、ACE、UUE、BZ2、JAR、ISO 以及 7Z 等多种类型的档案文件、镜像文件和 TAR 组合型文件的解压缩。由于采用独特的压缩算法，使得 WinRAR 比其他同类 PC 压缩工具拥有更高的压缩率，尤其是可执行文件、对象链接库、大型文本文件、多媒体数据文件等。

1. 启动 WinRAR 压缩程序

选择“开始”→“程序”→“WinRAR”→“WinRAR”命令，即启动了 WinRAR 程序，打开 WinRAR 窗口，如图 9-16 所示。

2. WinRAR 操作环境

WinRAR 与其他 Windows 应用程序一样，其窗口是由标题栏、菜单栏、工具栏、状态栏以及工作区组成。

菜单栏中包含了 WinRAR 提供的有关压缩和解压缩的所有操作命令，主要命令列表如图 9-17 所示。

工具栏中的命令图标代表 WinRAR 常用压缩、解压缩的操作命令。

1）添加。将所选择的对象（文件、文件夹等）添加到指定的压缩文件中。

2）解压到。将指定的压缩文件包解压缩到指定的文件夹中。

3）测试。测试已压缩的文件，若发现错误则将出错信息显示在“诊断信息”窗口中。

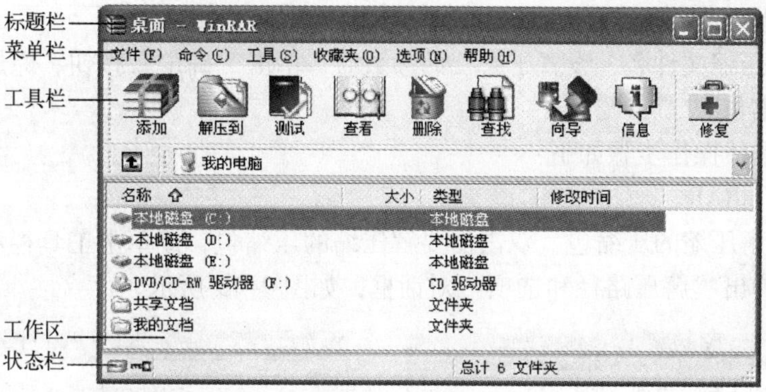

图 9-16 WinRAR 窗口

4）查看。用来查看指定的文件（可以是压缩文件，也可以是非压缩文件）。

5）删除。从压缩文件中删除指定的文件或文件夹。

6）查找。用于查找指定的文件和文件夹。

7）向导。为初级用户提供向导服务，包括压缩、解压缩操作的向导服务。

8）信息。扫描并显示指定文件和文件夹的特征信息（包括统计信息以及压缩率信息）。

9）修复。尝试修复被损坏的压缩文件（只能够修复 RAR 和 ZIP 压缩文件）。

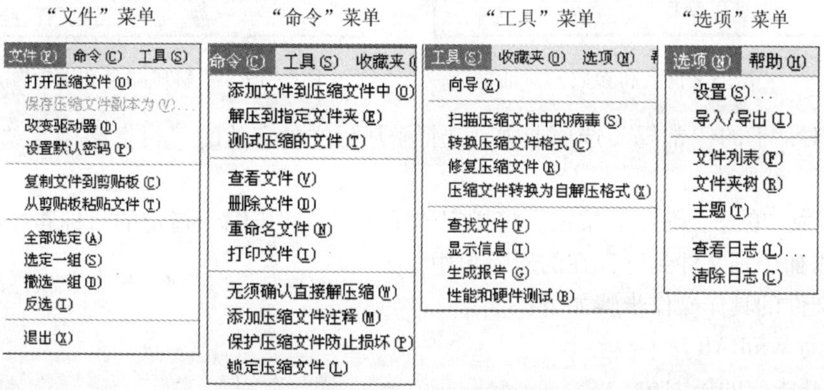

图 9-17 WinRAR 菜单命令列表

3. WinRAR 基本操作

WinRAR 的基本操作包括生成压缩包、添加或删除压缩包中的文件、解压缩包等。

(1) 生成压缩包

生成压缩包，即将指定的文件或文件夹压缩成一个压缩文件包。其具体的操作步骤如下：

1）启动 WinRAR，打开 WinRAR 窗口。

2）选择要压缩的文件或文件夹（注：要压缩的文件必须是关闭的）。

3）选择“命令”→“添加文件到压缩文件中”命令，或鼠标单击工具栏中“添加”命令图标，系统弹出“压缩文件名和参数”对话框，如图 9-18 所示。在对话框的“常规”选项卡中，可以选择执行填写“压缩文件名”、“更新方式”、“压缩文件格式”、“压缩选项”、

“压缩方式”以及“压缩分卷大小、字节”等参数。

4）输入了压缩文件名、设置了必要的参数后，单击“确定”按钮，完成压缩操作。

（2）解压缩包

解压缩的具体操作步骤如下：

1）启动 WinRAR。

2）选择要解压缩的压缩包。双击需要解压缩的压缩包，或单击工具栏中“解压到”命令图标，系统弹出“解压路径和选项”对话框，如图 9-19 所示。

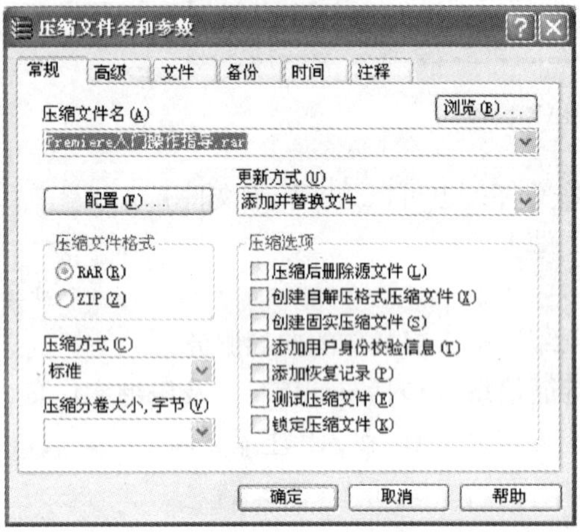

图 9-18 “压缩文件名和参数”对话框

图 9-19 “解压路径和选项”对话框

3）在对话框的“常规”选项卡中，选择解压后文件存放的“目标路径”、“更新方式”、“覆盖方式”等参数。

4）最后，单击“确定”按钮，将指定的压缩文件解压缩到指定的目标路径中。

（3）添加个别文件到已存在的压缩包中

添加文件的具体操作步骤如下：

1）启动 WinRAR。

2）打开指定的压缩包。

3）单击工具栏中的“添加”命令按钮，系统弹出“请选择要添加的文件”对话框，从中选择要添加的文件，单击“确定”按钮即可。或者在资源管理器中直接用鼠标左键拖动要添加的文件，拖动到已存在的压缩包上松开按键，则自动完成文件的添加操作。

（4）分卷压缩

分卷压缩是一个很有用的功能。当一个文件很大，并决定用 E-mail 发送时，压缩后的文件会因此体积超大（如 10 MB）而被拒绝发送或接收。使用分卷压缩就可以将大的文件分卷压缩成几个体积符合规定要的压缩文件，然后分别发送。

分卷压缩的具体操作步骤如下

1）启动 WinRAR。

2）选择要压缩的文件或文件夹。

3）在图 9-18 所示对话框中单击“压缩分卷大小、字节”下拉列表框右侧的下箭头，在列表项中选择分卷的大小。

4）单击“确定”按钮，WinRAR 将自动按用户指定的大小尺寸，分卷压缩出若干个文件。若干个文件的文件名是以序号的方式自动生成的。

注意：解分卷压缩文件时，必须将分卷压缩的文件全部放在一个文件夹下，解压缩的文件名必须是分卷压缩产生的第一个文件（文件名 . part1. RAR）。

（5）设置密码

为了安全起见，可以设置压缩口令，无口令则不能解开该压缩文件。设置密码的具体操作步骤如下：

1）启动 WinRAR，选择要压缩的文件或文件夹。

2）选择图 9-18 中的“高级”选项卡，单击“设置密码”命令按钮，系统弹出“带密码压缩”对话框，在对话框中输入密码，并进行二次输入确认。

3）最后，单击“确定”按钮，WinRAR 将对压缩产生的文件加设密码。

注意：解带密码的压缩文件时，必须输入设置的密码，才能解压该文件。

9.3.4　常见多媒体创作工具

随着多媒体技术的普及应用，人们已经不再满足简单的应用了，而是希望通过加工、整合、制作等方式，在更高的层面上综合应用多媒体，从而达到更有效、更灵活和更个性化的交流。多媒体创作工具就可以满足这种需求。

1. 多媒体创作工具

多媒体应用系统从体系结构上讲可划分为 4 个层次：

- 第一层是直接支配各种专用多媒体设备的多媒体操作系统。
- 第二层是基于操作系统之上的各种专用多媒体数据采集软件。
- 第三层是供创作人员使用的多媒体创作工具。
- 第四层是通过创作工具产生的最终多媒体应用产品。

处于第三层的多媒体创作工具实际上是将底层所生成的各种媒体数据（图、文、音、像等）集成在一起生成面向最终用户的多媒体应用产品的软件开发平台。

（1）多媒体创作工具的基本功能

什么是多媒体创作工具？一般认为多媒体创作工具要具有以下 4 个基本功能：

1）导入。使用多媒体创作工具可以方便地获取（导入）来自其他应用程序开发的图像、文本、影像、声音和动画等信息。

2）创建。使用多媒体创作工具，用户可以通过设计、编辑、绘画、输入文本等方式按既定设计思想和意图创建自己的作品。

3）集成。通过多媒体创作工具，用户可以非常方便地使用已有的图、文、音、像等资源，通过编排事件执行次序、定时、链接等，使多媒体产品具有交互性和可控性。

4）交付。通过多媒体创作工具开发的产品可以自运行。

（2）多媒体创作工具的基本类别

多媒体创作工具很多，但根据组织元素、排序事件和交付多媒体的方法不同，多媒体创作工具可分为 4 个基本类别：

1）基于时间的多媒体创作工具。对基于时间的多媒体创作工具，多媒体元素或事件是按时间精确展示和控制的。它可以控制每一个多媒体元素何时播放，以什么速度播放，以及它在屏幕上停留多长时间。Gold Disk 的 Astound 就是一个基于时间的创作工具。

2）基于卡片或页面的多媒体创作工具。这类多媒体创作工具把多媒体素材按书的结构组织，每一页中都可以集成多种媒体，任意页间都可以建立链接，具有很强的超文本功能，如 ToolBook、Asymetrix 和 SuperCard。

3）基于图标的多媒体创作工具。基于图标的多媒体创作工具为多媒体开发人员提供了一种可视化的编程方法，可以在多媒体应用中按顺序排列事件。使用基于图标的多媒体创作工具，用户能够通过从一个图标菜单中拖动图标，直观地表达事件的逻辑流程。Macromedia 的 Authorware Professional 是基于图标的一种创作工具。

4）基于舞台的多媒体创作工具。其代表是 Macromedia Director 5.0。Director 把多媒体元素称作班底成员（Cast Member）。班底成员在总谱中（Score）演出、被定序和链接。

2. 常用的多媒体创作工具

常用的多媒体创作工具如 PowerPoint、Director、Authorware、Toolbook、Frontpage 等。借助于这些工具，可以快速、方便地制作多媒体应用系统。

（1）PowerPoint

PowerPoint 是基于 Windows 环境下专门编制演示文稿的软件，它是一个制作多媒体演示系统的制作平台。使用 PowerPoint 不仅能够制作出集文字、图形、图像、声音，以及视频剪辑等多媒体对象于一体的演示文稿，还可以将演示文稿保存为 HTML 格式并在 Web 上使用。PowerPoint 展示的内容以文字、图像和图表为主，也可以通过 Windows 的对象连接与嵌入（OLE）技术嵌入声音、视频，以及动画等媒体，这也就是把它作为多媒体创作工具的原因。但由于 PowerPoint 本身的特征所限，交互能力较弱，不适合制作交互性很强的多媒体软件。

（2）ToolBook

Asymetrix 公司的 ToolBook 是一款多媒体软件开发工具，它功能强大、简单易用。用它开发出的软件具有交互性和可访问性的特点。利用 ToolBook 提供的丰富的模板和控件，可以快速开发出基于 WWW 的课件。ToolBook 最大特点是在 Windows 的集成环境下进行开发工作，开发者可以直接切入到用户层观看制作效果。软件本身除了具有内置的强大的面向对象的制作工具外，还能够直接支持动态数据链接（DOE）、对象的嵌入和链接（OLE），以及对所有 Windows 的 API 库函数的链接和使用。由于软件具有面向对象的编程结构和编程语言，因此，既使是没有编程经验的人，也可以在短时间内学习并掌握。

（3）Director

Macromedia 公司的 Director 是一种专门用于开发多媒体演示程序、游戏、画图程序、幻灯片、平面或三维演示空间的多媒体创作工具。使用 Director 可以创建包含高品质图像、数字视频、音频、动画、三维模型、文本、超文本，以及 Flash 文件的多媒体程序。与其他的创作工具相比，Director 更加专业、功能更加强大。

（4）Authorware

Macromedia 公司的 Authorware 是一个图标导向式的多媒体制作工具。它具有使非专业人员快速开发多媒体软件成为现实，它无需传统的计算机语言编程，只通过对图标的调用来编辑一些控制程序走向的活动流程图；它可以将文字、图形、声音、动画和视频等各种多媒体项目数据集成在一起，达到制作多媒体软件之目的。Authorware 的主要特点是通过图标的调用来编辑流程图，用以替代传统的计算机语言编程的设计思想。

(5) FrontPage

Microsoft 公司的 FrontPage 是一款典型的基于 Web 页面的网站设计制作工具，它以“所见即所得”方式创建、组织、编辑网页，使用者无需学习编程知识，即可迅速达到准专业级的设计、制作水平。FrontPage 可以实现对数据库的动态访问，从而实现数据应用管理。FrontPage 还可以轻松地创建、管理网站，发布 Web 网页。

不过，微软公司已经推出两款更专业的网页设计工具用于取代 FrontPage。这两款软件是 Expression Web 和 Sharepoint Designer。

(6) 方正奥思多媒体创作工具（Founder Author Tool）

方正奥思多媒体创作工具是北大方正技术研究院研发的一个可视化、交互式的多媒体创作工具。通过方正奥思，创作人员能够根据自己的创意，将文本、图片、声音、动画、影像等多媒体素材进行集成，使它们融为一体并具有交互性，从而制作出丰富多彩的各种多媒体应用软件产品。方正奥思具有很强的文字、文本、图形编辑功能，支持多种媒体文件格式，提供多种声音、动画和影像播放方式，提供丰富多彩的图文过渡方式和动态特技效果，并具有强大的集成和交互能力。它的主要应用领域包括多媒体课件、多媒体演示教学系统、电子出版物、多媒体演示查询系统、多媒体信息管理系统等。

9.4 习题

一、选择题

1. 下列关于流媒体概念的说法，正确的是（　　）。

A. 主要应用于网络中的一种压缩媒体格式

B. 光盘中的电影或音乐可以逐步加载到内存中

C. 可以直接在浏览器中播放，无需安装其他播放器

D. 不能直接下载的媒体称为流媒体

2. MIDI 是音乐设备数字接口的缩写，其记录的是（　　）。

A. 一系列指令　B. 声音的模拟信息　C. 声音的采样信息　D. 声音的数字化信息

3. 数据压缩技术可分为可逆压缩和不可逆压缩，压缩后不能还原的是（　　）。

A. 可逆压缩　B. 不可逆压缩

C. 保存到光盘上的可逆压缩　D. 保存到光盘上的不可逆压缩

4. 多媒体计算机系统的两个组成分部分是（　　）。

A. 多媒体器件和多媒体主机　B. 音箱和声卡

C. 多媒体输入设备和多媒体输出设备

D. 多媒体计算机硬件系统和多媒体计算机软件系统

5. MPEG 是数字存储（　　）图像压缩编码和伴音编码标准。

A. 静态　B. 动态　C. 点阵　D. 矢量

6. 多媒体信息具有（　　）的特点。

A. 数据量大和数据类型多　B. 数据量人和数据类型少

C. 数据量大、数据类型多、输入和输出不复杂

D. 数据量大、数据类型多、输入和输出复杂

7. 多媒体计算机软件系统的核心是（　　）。

A. 多媒体操作系统　　B. 多媒体数据处理软件

C. 多媒体驱动软件　　D. 多媒体应用软件

8. 扩展名为 WAV 的文件是（　　）。

A. 视频文件　　B. 矢量图形文件　　C. 动画文件　　D. 波形文件

9. 位图与矢量图比较，可以看出（　　）。

A. 对于复杂图形，位图比矢量图对象更快

B. 对于复杂图形，位图比矢量图对象更慢

C. 位图与矢量图占用空间相同

D. 位图比矢量图占用空间更少

10. 声卡是按（　　）分类的。

A. 采样频率　　B. 声道数　　C. 采样量化位数　　D. 压缩方式

11. 位图图像是用（　　）来描述图像的。

A. 像素　　B. 点和线　　C. 像素、点和线　　D. 直线和曲线

12. 下列不属于多媒体开发的基本软件是（　　）。

A. 画图和绘图软件　　B. 音频编辑软件　　C. 图像编辑软件　　D. 项目管理软件

13. MP3 是因特网上流行的（　　）压缩格式。

A. 视频　　B. 音频　　C. 图像　　D. 动画

14. 下面有关音频处理技术的论述，错误的是（　　）。

A. MIDI 文件中存储的是波形数据

B. 一般地，WAV 格式的文件容量会比较大

C. 声卡可以高效地完成模拟的波形声音和数字化采样的转换

D. MP3 文件的数据是经过压缩的

15. 图像按颜色数目分有彩色图像，灰度图像和单色图像。单色图像是指（　　）。

A. 只有黑和白色的图像　　B. 饱和度低的图像

C. 只有两种颜色的图像　　D. 只有亮度的图像

16. 多媒体技术未来发展的方向是（　　）。

① 高分辨率，提高显示质量　　②高速度化，缩短处理时间

③简单化，便于操作　　④智能化，提高信息识别能力

A. ①②③　　B. ①②④　　C. ①③④　　D. 全部

17. 两分钟双声道，16 位采样位数，22.05 kHz 采样频率声音的不压缩的数据量是（　　）。

A. 5.05 MB　　B. 10.58 MB　　C. 10.34 MB　　D. 10.09 MB

18. 以下的采样频率中（　　）是目前音频卡所支持的。

A. 20 kHz　　B. 22.05 kHz　　C. 100 kHz　　D. 50 kHz

19. 下列采集的波形声音质量最好的是（　　）。

A. 单声道、8 位量化、22.05 kHz 采样频率

B. 双声道、8 位量化、44.1 kHz 采样频率

C. 单声道、16 位量化、22.05 kHz 采样频率

D. 双声道、16 位量化、44.1 kHz 采样频率

20. 在多媒体计算机中常用的图象输入设备是（　　）。
① 数码照相机　　② 彩色扫描仪　　③ 视频信号数字化仪　　④ 彩色摄像机
A. ①　　B. ①②　　C. ①②③　　D. 全部
21. 图像序列中的两幅相邻图像，后一幅图像与前一幅图像之间有较大的相关性，这是（　　）。
A. 空间冗余　　B. 时间冗余　　C. 信息熵冗余　　D. 视觉冗余
22. 下面硬件设备中（　　）是多媒体硬件系统应包括的。
① 计算机最基本的硬件设备　　② CD-ROM
③ 音频输入、输出和处理设备　　④ 通信传输设备
A. ①　　B. ①②　　C. ①②③　　D. 全部
23. （　　）不是多媒体技术的主要特性。
A. 多样性　　B. 集成性　　C. 交互性　　D. 不可逆性
24. 下列论述（　　）是正确的。
A. 声卡分类主要是根据采样的频率来分，频率越高，音质越好
B. 声卡分类主要是根据采样信息的压缩比来分，压缩比越大，音质越好
C. 声卡分类主要是根据接口功能来分，接口功能越多，音质越好
D. 声卡分类主要是根据采样量化的位数来分，位数越高，量化精度越高，音质越好
25. 用 150 dpi 的分辨率扫描 8 * 10 的照片，得到的图像的分辨率是（　　）。
A. 150 * 150　　B. 1500 * 1500　　C. 1200 * 1200　　D. 1200 * 1500
26. 下列资料中，（　　）不是多媒体素材。
A. 光盘　　B. 文本、数据　　C. 图形图像、视频　　D. 波形、声音
27. CD-ROM（　　）。
A. 仅能存储文字　　B. 仅能存储图像
C. 仅能存储声音　　D. 能存储文字、声音和图像
28. 计算机内的音频必须是（　　）的。
A. 数字形式　　B. 模拟形式　　C. 离散　　D. 连续
29. 某图像是 16 位的图像，则该图像可以表示（　　）种不同的颜色。
A. 4　　B. 16　　C. 256　　D. 65536
30. 最基本的多媒体计算机是指安装了（　　）部件的计算机。
A. 高速 CPU 及高速缓存　　B. 光驱及音频卡
C. 光驱及视频卡　　D. 光驱及 TV 卡
31. 将连续的视频信号转换为离散量的过程称为（　　）。
A. 数字化　　B. 采样　　C. 量化　　D. 编码
32. 计算机的黑白图像中，每个像素占（　　）存储空间。
A. 1 bit　　B. 2 bit　　C. 1B　　D. 2B
33. （　　）用于压缩静止图像。
A. JPEG　　B. MPFG　　C. H. 261　　D. 以上均不能
34. 只读光盘 CD－ROM 属于（　　）。
A. 表现媒体　　B. 传播媒体　　C. 存储媒体　　D. 通信媒体

35. WAV 波形文件与 MIDI 文件相比，（　　）叙述不正确。

A. WAV 波形文件比 MIDI 文件音乐质量高

B. 存储同样的音乐文件，WAV 波形文件比 MIDI 文件存储量大

C. 在多媒体使用中，一般背景音乐用 MIDI 文件、解说用 WAV 文件

D. 在多媒体使用中，一般背景音乐用 WAV 文件、解说用 MIDI 文件

36. 比较下列声音，其质量最好的是（　　）。

A. 激光唱盘　　B. 调频广播　　C. 调幅广播　　D. 电话

37. 衡量数据压缩性能的重要指标是（　　）。

A. 算法复杂度　　B. 压缩比　　C. 标准化　　D. 恢复效果

38. 创作集声、文、像、图为一体的多媒体课件，可选用（　　）作为工具软件。

A. PowerPoint　　B. 图画　　C. 录音机　　D. Excel

39. Windows Media Player 不支持的功能是（　　）。

A. 浏览特定网站　　B. 播放电影　　C. 编辑文字　　D. 翻录音乐

40. JPEG 是（　　）图像压缩编码标准。

A. 点阵　　B. 动态　　C. 静态　　D. 矢量

二、判断题

1. 音频大约在 20 kHz ~20 MHz 的频率范围内。（　　）
2. 多媒体计算机必须包括 CD-ROM。（　　）
3. 对于位图来说，用一位位图时每个像素可以有黑白两种颜色，而用两位位图时每个像素则可以有 3 种颜色。（　　）
4. 声音质量与它的频率范围无关。（　　）
5. 我国大陆和我国香港地区采用的电视制式是不同的。（　　）
6. 多媒体技术中数据压缩技术是关键技术之一。（　　）
7. 现代网络教育离开了多媒体技术就无法开展教学活动。（　　）
8. 在计算机系统的音频数据存储和传输中，数据压缩会造成音频质量的下降。（　　）
9. Windows 录音机处理的音频文件大小是有限制的。（　　）
10. 流媒体尽管体积小，但是播放时必须下下载，再播放，否则无法保证播放效果。（　　）
11. 相同图像，保存为 GIF 文件和保存为 BMP 文件，文件大小是相同的。（　　）
12. Windows 画图软件不支持图像处理中常用的滤镜（特殊效果）功能。（　　）
13. Windows Media Player 可以播放 AVI、RM、MP3 等格式的文件。（　　）
14. 集成性和交互性不属于多媒体技术的特性。（　　）
15. 用 X 压缩算法压缩的文件，只能用该算法的逆过程才能解压缩。（　　）
16. WinRAR 具有分卷压缩的功能，但是不支持对压缩文件进行加密。（　　）
17. MIDI 文件存放的波形信息与 WAV 文件存放的波形信息是不同。（　　）
18. AVI 格式与 MPG 格式采用的压缩算法不同，文件格式也不同。（　　）
19. 音频数字化的核心步骤是采样、量化和编码。（　　）
20. 媒体数字化的过程就是把媒体连续的模拟信号转换为离散的数字信号。（　　）

9.5 习题答案

一、选择题

1. C	2. A	3. B	4. D	5. B
6. D	7. A	8. D	9. B	10. C
11. A	12. D	13. B	14. A	15. A
16. D	17. C	18. C	19. D	20. D
21. A	22. C	23. D	24. D	25. D
26. A	27. D	28. A	29. D	30. B
31. B	32. A	33. A	34. C	35. D
36. C	37. B	38. A	39. C	40. C

二、判断题

1. ×	2. √	3. ×	4. ×	5. √
6. √	7. √	8. √	9. √	10. ×
11. ×	12. √	13. √	14. ×	15. √
16. ×	17. ×	18. √	19. √	20. √

参 考 文 献

[1] 全国高校网络教育考试委员会办公室. 计算机应用基础[M]. 2 版. 北京:清华大学出版社,2007.
[2] 冯博琴. 大学计算机基础[M]. 北京:高等教育出版社,2004.
[3] 冯博琴. 大学计算机基础实验指导[M]. 北京:高等教育出版社,2004.
[4] 冯博琴,等. 大学计算机基础[M]. 北京:清华大学出版社,2005.
[5] 冯博琴,等. 大学计算机基础实验指导[M]. 北京:清华大学出版社,2004.
[6] 冯博琴. 计算机文化基础教程[M]. 3 版. 北京:清华大学出版社,2009.
[7] 冯博琴,等. 大学计算机基础[M]. 3 版. 北京:清华大学出版社,2009.
[8] 张连堂. 计算机应用基础及应用教程[M]. 2 版. 北京:机械工业出版社,2007.
[9] 刘瑞新,等. 计算机应用基础[M]. 北京:机械工业出版社,2004.
[10] 刘瑞新,等. 计算机应用基础上机指导及习题解答[M]. 北京:机械工业出版社,2005.
[11] 赵子江,等. 多媒体技术基础[M]. 北京:机械工业出版社,2004.
[12] 赵子江. 多媒体技术基础实验指导[M]. 北京:机械工业出版社,2007.
[13] 冯博琴,等. 多媒体技术及应用[M]. 北京:清华大学出版社,2005.